JN294459

早稲田大学学術叢書 25

兵式体操成立史の研究

奥野武志
Takeshi Okuno

早稲田大学出版部

The Establishment of *Heishiki Taisou*
(Military-Style Physical Training in Schools)

OKUNO Takeshi, PhD, is a teacher-training course lecturer at various universities including Waseda University as well as teaches social science at high schools in Tokyo.

First published in 2013 by
Waseda University Press Co., Ltd.
1-1-7 Nishiwaseda
Shinjuku-ku, Tokyo 169-0051
www.waseda-up.co.jp

© 2013 by Takeshi Okuno

All rights reserved. Except for short extracts used for academic purposes or book reviews, no part of this publication may be reproduced, stored in a retrieval system or transmitted in any form whatsoever—electronic, mechanical, photocopying or otherwise—without the prior and written permission of the publisher.

ISBN 978-4-657-13702-9

Printed in Japan

目　次

序　章
兵式体操成立史研究の意義　　1

一　本書の課題と分析の枠組み …………………………… 2
　　1　近代日本における学校教練　2
　　2　本書の対象時期　5
　　3　本書の課題　6
　　4　本書の分析の枠組み　7
二　先行研究の検討 ………………………………………… 8
　　1　兵式体操に関する先行研究　8
　　2　森有礼に関する先行研究　11
　　3　先行研究における論争点　13
三　構成と概要 ……………………………………………… 15

第1章
学校教練の構想期　　21

第1節　欧米における兵制と学校教育制度 …………………… 22
　　1　アメリカの兵制と学校教育制度　23
　　2　イギリスの兵制と学校教育制度　25
　　3　フランスの兵制と学校教育制度　27
　　4　オランダの兵制と学校教育制度　28
　　5　ドイツの兵制と学校教育制度　30
　　6　ロシアの兵制と学校教育制度　31
　　7　スイスの兵制と学校教育制度　33
第2節　構想期の学校教練論 …………………………………… 36

1　山田顕義の学校教練構想　36
　　2　西周の学校教練構想　40
　　　1．「徳川家兵學校掟書」における学校教練構想　41
　　　2．「文武學校基本幷規則書」における学校教練構想　44
　　　3．「兵賦論」における学校教練構想　50
　　3　福澤諭吉の学校教練論　52
　　　1．『會議辨』における「調練」観　53
　　　2．『通俗民権論』における学校教練論　54
　　　3．『時事小言』における学校教練論　55
　　4　阪谷素の学校教練論　57
　　　1．「養精神一説」における学校教練論　58
　　　2．東京学士会院における演説　59
　　5　尾崎行雄の学校教練構想　61
　　　1．「解兵論」における愛国心教育論　61
　　　2．『尚武論』における学校教練構想　63

第2章
マサチューセッツ農科大学と札幌農学校における軍事教育　73

第1節　アメリカ南北戦争と土地付与大学　……………………75
　　1　南北戦争と徴兵制　75
　　2　モリル法と土地付与大学　76
第2節　マサチューセッツ農科大学と軍事教育　………………79
　　1　マサチューセッツ農科大学の設立　79
　　2　学者・軍人としてのW. S. クラーク　81
　　3　マサチューセッツ農科大学における軍事教育　84
　　　1．軍事戦術教授の開始　85
　　　2．第4代兵学担当教官トッテンの兵学科報告　89
　　　3．マサチューセッツ農科大学の経営難と軍事教育　92

4　森有礼とマサチューセッツ農科大学　95
第3節　札幌農学校と軍事教育 ……………………………… 98
　1　札幌農学校の設立　98
　2　札幌農学校における初期軍事教育　101
　　1．札幌農学校の教育課程における軍事教育　101
　　2．札幌農学校の初期軍事教育の実態　105
　3　札幌農学校の軍事教育改革　111
　　1．農商務省移管と歩兵操練科卒業証書対策　111
　　2．兵学担当助教高田信清の改革意見　114
　4　その後の札幌農学校の軍事教育　120
　　1．北海道庁への移管と組織の再編　120
　　2．札幌農学校と屯田兵士官養成　121
　　3．文部省直轄学校化と兵式体操　125

第3章
元老院における学校教練をめぐる議論　141

第1節　元老院における審議と学校教練 ……………………… 142
第2節　1879年の徴兵令改正と「兵隊教練」論議 …………… 145
　1　徴兵忌避と1879年改正徴兵令　146
　2　徴兵令改正案の服役年限短縮条項　147
　3　「公立学校ニ於テ兵隊教練ノ課程ヲ設クルノ意見書」
　　をめぐる議論　149
　　1．意見書提起の経緯　149
　　2．意見書賛成の論拠　151
　　3．意見書反対の論拠　157
　4　元老院における「兵隊教練」論議の位置付け　163
第3節　1880年の教育令改正と「武技」論議 ………………… 165
　1　教育政策の転換　165

2　「武技」追加修正案をめぐる議論　166
　　1．修正案提起の経緯　166
　　2．修正案賛成の論拠　168
　　3．修正案反対の論拠　173
　　4．河野敏鎌文部卿の漸進的学校教練導入論　179
　3　元老院における「武技」論議の位置付け　181
第4節　1883年の徴兵令改正と学校教練の要求 …………… 183
　1　内閣原案成立の経緯　183
　　1．陸軍省の上申と陸軍省原案　183
　　2．参事院における修正と内閣原案　186
　2　元老院における学校教練をめぐる議論　191
　　1．第1読会と学校教練必要論　191
　　2．九鬼隆一議官の提案　195
　3　元老院修正案の再修正　206
　　1．元老院修正案の成立　206
　　2．参事院における再修正　212
　4　第12条修正の背景　215

第4章
歩兵操練の諸学校への導入　　　231

第1節　1883年徴兵令改正前の歩兵操練 ………………… 232
　1　体操伝習所における歩兵操練　232
　2　中学校・師範学校の正格化と歩兵操練　237
　3　歩兵操練をめぐる新聞論調　241
　　1．『内外兵事新聞』上の歩兵操練論　243
　　2．『東京日日新聞』上の歩兵操練論　245
　　3．『東京横浜毎日新聞』上の歩兵操練論　247
第2節　東京師範学校と歩兵操練 ………………………… 250

1　歩兵操練の導入と実態　250
　　2　校務嘱託西周と東京師範学校の校風　253
　第3節　1883年の徴兵令改正後の歩兵操練 ……………………………… 256
　　1　文部省の対応　256
　　2　歩兵操練導入の促進　260

第5章
森有礼と兵式体操　　　　　　　　　　　　269

第1節　森有礼の兵式体操論 ……………………………………… 270
　1　兵式体操論の模索期　271
　　1．「教育論−身體ノ能力」の身体観　271
　　2．「學政片言」における身体観の変化　272
　　3．「徴兵令改正ヲ請フノ議」における「兵式ノ操練」論　273
　2　兵式体操論の確立期　276
　　1．東京師範学校の視察と兵式体操導入　276
　　2．「埼玉縣尋常師範學校における演説」における
　　　　兵式体操論　277
　　3．「閣議案」と「兵式體操に關する建言案」における
　　　　兵式体操論の変化　279
第2節　兵式体操の展開 ……………………………………………… 281
　1　東京師範学校への兵式体操の導入　282
　　1．歩兵操練と兵式体操　282
　　2．兵式体操指導体制の強化　291
　2　諸学校への兵式体操導入　292
　　1．兵式体操教員の養成　292
　　2．学校令と兵式体操　296
　　3．1889年徴兵令改正と兵式体操　298
第3節　兵式体操のその後 ………………………………………… 299

1　師範学校の兵営化と師範タイプ　　300
　　2　森死後の兵式体操　　302

終　章
総括と課題　　311

一　本書の総括　……………………………………… 312
二　今後の課題　……………………………………… 320

あ と が き　　323
参照史料・文献一覧　　325
図・表・写真一覧　　341
「兵式体操成立史」関係年表（1872-1889年）　　345
事 項 索 引　　349
人 名 索 引　　351
英 文 要 旨　　353

タイトルページ挿画
大沼浮蔵『生徒必携普通兵式體操法』第1編（国立国会図書館蔵）より

凡　例

(1) 史料の引用を除き，通常の表記は現行の字体・現代かな遣いの使用を原則とした。
(2) 史料の引用にあたっては，できるだけ原文を尊重し，漢字の字体・かな遣いは原文の通りとすることを原則とした。ただし，「ゟ」「ミ」「ヿ」「ノ」「ㇱ」「圧」といった合字はそれぞれ「より」「こと」「コト」「シテ」「トキ」「トモ」とするなど分解し，変体がなについては原則として現行の字体に改めた。なお，漢字についても原文の通りとすることが困難な場合は，現行の字体に改めた。
(3) 複数の字体による表記が行われている人名については，旧字体による表記を原則とした。
(4) 国立公文書館アジア歴史資料センターがインターネットに公開している史料については JACAR:〜と表記し，何画像目か記した。また，海外の図書館等がインターネットで公開している史料については，該当アドレスを記した。
(5) 年号の表記は原則として西暦を用い，必要に応じて元号を補足した。

序　章

兵式体操成立史研究の意義

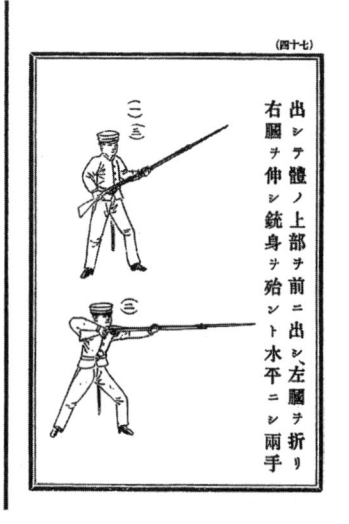

（四十七）

出シテ體ノ上部ヲ前ニ出シ左腳ヲ折リ
右腳ヲ伸シ銃身ヲ殆ント水平ニシ兩手

（五十七）

チ以テ活潑ニ銃ヲ前ニ突キ出タス
頭ヲ拂ヘ突ケ銃
第七十七　頭ヲ拂ヒ左足ヲ凡ソ二十珊知米
突前ニ踏出シテ體ノ上部ヲ前ニ出シ左
腳ヲ折リ右腳ヲ伸シ兩手ヲ以テ活潑ニ
突キ出ス銃
抛け突け銃
第七十八　左足ヲ凡ソ二十珊知米突前ニ
踏出シテ體ノ上部ヲ前ニ出シ左腳ヲ折
リ右腳ヲ伸シ左手ヲ右手チ全ク伸
シ銃ヲ敵ニ向ケテ抛ケ突キ直ニ銃ヲ構

大沼浮蔵『生徒必携普通兵式體操法』第３編（国立国会図書館蔵）

一　本書の課題と分析の枠組み

1　近代日本における学校教練

　本書は，軍隊における兵士の訓練に起源を持つ身体的な訓練（以下学校教練と呼ぶ）が，どのような過程で，またどのような論理によって，軍人養成を目的としない普通教育機関に導入・確立されていくのかについて究明するものである。対象とする時期は，「学制」発布の1872年頃から森有礼文部大臣暗殺の1889年頃までの近代日本における学校教練の確立期である。

　学校教練は，一定の準備期間を経て1880年代前半に歩兵操練という形態で中学校や師範学校に導入された後，森有礼による兵式体操の導入によって初等・中等普通教育機関の男性に義務付けられ，近代日本の学校教育制度上に確立された。「軍国主義」を「他の全領域を軍事的価値に従属させるような思想ないし行動様式」と理解するならば，本書が後に明らかにするように，兵式体操の成立は近代日本の学校教育が「軍国主義」化する重要な一契機であったと見ることができる。一般的には，学校教育が「軍国主義」化する転機とされるのは日露戦争（1904–05年）とされているが，森による兵式体操導入はこれに20年近く先立つものであった。学校教育の「軍国主義」化に関しては，教科書等に現れる教育内容の戦争賛美・肯定化という教育内容面と，学校組織の軍隊化という学校管理面の2つの観点で捉えることができるが，学校教練は軍隊の組織原理に従って行動することが要求されることから，教育内容面だけでなく学校組織の軍隊化とも密接に関係する性格を持つものである。本書は，軍人養成目的でない初等・中等普通教育機関に，兵式体操という形で学校教練が確立されたことが近代日本の学校教育と「軍国主義」との関係で，どのような歴史的意味を持つのか究明しようとするものである。

　はじめに，本書の検討課題を明確にする意味から，幕末維新期から第二次世界大戦終結までの時期を対象として，近代日本における学校教練の歴史について概観しておきたい。

江戸時代は，各藩に藩校や郷学などの学校が設けられる一方，庶民向けの教育機関として寺子屋が発達していたが，全国的に統一された学校教育制度は存在していなかった。そして，武士の嗜みとされていた伝統的な弓・馬・槍・剣術等の武芸は，基本的には，個人的な身体動作の訓練を主としており，集団的行動を訓練するものではなかった。ところが，ペリー来航等の外圧を受けた幕府・諸藩は，西洋式砲術とともに集団的身体訓練を導入して洋式兵制への移行を進め，講武所や藩校等で「操練」が実施された。

その後，幕藩体制が崩壊して明治政府が成立し，中央集権化が進行する中で，1872年には「学制」が公布されて統一的な近代学校教育制度の整備が始まる一方，1873年には徴兵令が施行されて，兵役が武士だけでなく一般庶民の義務となった。なお「学制」では，小学校には「養生法講義」「體術」が科目として規定されていたものの，中学校の科目の中に体操は規定されていない。

文部省は，1878年にアメリカから体操教師としてリーランドを招聘する一方，体操伝習所を開設して体操の普及を図っていくが，1880年11月から1881年5月にかけては，陸軍から教官を招聘し，体操伝習所の生徒を対象に歩兵操練を教授させている。なお，この間1878年には札幌農学校に「武藝」が導入されているが，学校教練を実施している普通教育機関は全国的に見ても少なかった。ただし，小中学校への学校教練導入が元老院でたびたび議題となる等，学校教練導入を求める声は高まっており，文部省は学校教練導入に向けて準備を進めていた。

1882年4月には官立大阪中学校，翌年8・9月には東京師範学校において，歩兵操練を体操科目に入れた教則が文部省に認可されたことを受けて，他の中学校や師範学校でも歩兵操練を教則に導入する動きが見られた。そして，1883年12月改正の徴兵令第12条に，小学校を除く官立公立学校の歩兵操練科卒業証書所持者に対する服役年限満期前の帰休が規定されたことにより，中学校等への歩兵操練の導入が促進された。

ところが，1885年5月に文部省御用掛森有礼は，すでに歩兵操練が実施されていた東京師範学校に，兵式体操を新たに導入した。そして同年12月に初代文部大臣に就任した森により，1886年4月の諸学校令制定に伴う中学校・

師範学校の「学科及其程度」の「体操」中に兵式体操が規定された。この時小学校の「学科及其程度」では隊列運動という名称であったが、1888年に兵式体操に改められている。これにより、軍隊に範をとった身体訓練が男性の初等・中等教育全般に普く義務付けられることになった。従って、兵式体操の成立によって学校教練が近代日本の学校教育制度上に確立されたと言える。しかし、森は1889年の大日本帝国憲法発布の日に暗殺されたため、森による教育改革は道半ばで終わり、兵式体操という形で近代日本の学校教育制度に確立された学校教練は、転機を迎えたのである。

　以上のように、近代日本における学校教練は、歩兵操練としての導入・普及を経て、森有礼による兵式体操の導入により近代日本の学校教育制度上に確立された。本書は、軍人養成を目的としない初等・中等普通教育機関に、軍隊の組織原理に従って行動することが要求される学校教練が兵式体操という形で確立されたことが、近代日本の学校教育と「軍国主義」との関係の上で、どのような歴史的意味を持つのか究明しようとするものである。

　なお、その後の学校教練はおおよそ以下のような変遷をたどる。木下秀明によれば、森による兵式体操導入の頃までは学校教練について積極的でなかった軍の姿勢も、日露戦争（1904-05年）を境として変化していく。[9]1907年に設置された体操調査会での文部・陸軍両省合意に基づき、1911年7月、高等中学校規定と中学校令施行規則が改められた際、兵式体操は「教練」と名称を変えている。[10]ただし、その後の大正デモクラシーの潮流下、学校教練は形骸化したため、1917年12月、臨時教育会議は、学校教練が衰微しているという認識の下に、「兵式教練振作ニ関スル建議」を出して学校教練を振興することの必要性を訴えた。しかし、この時直ちに振興策がとられたわけではなく、この時期は学校教練の停滞期と捉えることができる。

　このような状況が変化するのは第一次世界大戦（1914-18年）後である。1920年代の3次にわたる軍縮名目の軍備近代化によって現役将校が過剰となったことを背景として、1925年に陸軍現役将校学校配属令が公布され、[11]中等学校以上に陸軍の現役将校が配属されて教練を担当することとなった。これ以降、軍が教練の成果の査閲等を通じて、教育現場へ直接的な干渉を行うようになったのである。[12]従ってこの時期は学校教練の転換期と捉えることがで

きる。なお，翌1926年には青年訓練所令が公布され，中等学校以上へ進学できなかった青年に対する兵役年限短縮のための軍事教練も制度化された。その後第二次世界大戦（1939-45年）を迎えると，学徒勤労動員等により，学校教育は総力戦体制に組み込まれる。しかし結局，日本は1945年に戦争に敗れて連合国に占領され，学校教練は廃止される。

　以上のように，近代日本における学校教練の歴史は，「学制」発布の1872年頃から兵式体操が成立するまでの確立期，1889年の森有礼の暗殺以降形骸化して不振に陥った停滞期，現役将校学校配属制度が確立する1925年以降の転換期，の3つの時期に区分することができる。そして，本書は，近代日本の学校教育制度が整備されていく時期と重なる学校教練確立期に，なぜ軍人養成を目的としない普通教育機関への学校教練の導入が主張されたのか，その主張の背後にある理念と期待の諸相を明らかにするとともに，兵式体操の成立が，近代日本の学校教育と「軍国主義」との関係の上で，どのような歴史的意味を持つのか究明することを試みる。

2　本書の対象時期

　本書の対象時期は，近代日本における学校教練の確立期にあたる1872年頃から1889年頃までであるが，この時期はさらに以下の3つに分けることができる。

(1) 1872年頃から1881年頃までの「学校教練構想期」

　この時期は，「学制」・徴兵令の発布により，近代的な学校制度と軍事制度が整備されていく中で，欧米をモデルとした学校教練が構想されていた時期である。1871年から73年まで欧米各国を回覧した岩倉使節団は，同時代の欧米各国の学校教育制度や兵制を『理事功程』や『米欧回覧実記』によって日本に紹介した。また，山田顕義・西周・福澤諭吉・阪谷素・尾崎行雄らの論者は，小学校等への学校教練導入を主張した。なお，この時期に学校教練を実施していた学校は札幌農学校など一部に留まる。また1880年には，元老院での議論を受けて，文部省が体操伝習所における歩兵操練の教習に乗り出している。

(2) 1881年頃から1884年頃までの「歩兵操練展開期」

この時期は，歩兵操練が中学校等に積極的に導入されていった時期である。1881年の中学校教則大綱・師範学校教則大綱制定により師範学校・中学校の正格化が進む中で，1882年に官立大阪中学校に導入された歩兵操練がモデルとなり，歩兵操練を導入する中学校・師範学校が多数現れた。その後，1883年の改正徴兵令により，歩兵操練科卒業証書による兵役年限満期前の帰休が明示されたことを受けて，さらに多くの中学校等が積極的に歩兵操練を導入している。

(3) 1885年頃から1889年頃までの「兵式体操成立期」

　この時期は，歩兵操練に代わって兵式体操が導入されていく時期である。1884年に文部省御用掛となった森有礼は，翌1885年，東京師範学校に歩兵操練に代わる兵式体操を導入した。その後文部大臣となった森は，1886年に兵式体操を諸学校の「学科及其程度」に規定して導入を推進していく。しかし1889年，大日本帝国憲法発布の日に森は暗殺され，森による教育改革は中途で終わる。

　本書は，以上3つの時期区分に基づいて論究を行う。

3　本書の課題

　本書は，学校教練確立期に，なぜ軍人養成を目的としない普通教育機関への学校教練の導入が主張されたのか，その主張の背後にある理念と期待の諸相を明らかにするとともに，兵式体操の成立が，近代日本の学校教育と「軍国主義」との関係の上でどのような歴史的意味を持つのか明らかにすることを目的としている。ここで，本書の課題として以下の3点を設定する。

(1) 兵式体操成立過程の通史的論究

　本書は，学校教練確立期を①学校教練構想期，②歩兵操練展開期，③兵式体操成立期，の3期に分けて考察する。まず，①学校教練構想期においては，どのような理念と期待を持って学校教練の導入が主張されたのかについて論究する。そして，②歩兵操練展開期においては，どのような過程をたどって，どのような理念と期待の下に歩兵操練が中学校や師範学校に導入されていったのかについて分析する。さらに③兵式体操成立期において，森有礼がどのような理念と期待によって歩兵操練に代えて兵式体操を導入し

たのか明らかにするとともに兵式体操の実態を究明する。
(2) 兵式体操成立の近代日本の学校教育史上における意味の究明

　森有礼は，歩兵操練に代えて兵式体操を導入し，初等・中等普通教育機関の男性に普く学校教練を義務付けた。本書は，森の兵式体操論を同時代の学校教練論と比較することによりその特徴を明らかにし，兵式体操という形で学校教練が確立したことの近代日本の学校教育史における意味について究明する。
(3) 兵式体操に関する先行研究の論争点に対する一定の見解の提示

　後述するように，兵式体操に関しては，① その歴史的評価，② 歩兵操練との関係，③ 森の兵式体操論が変化した時期，について先行研究の見解が分かれている。本書は，兵式体操成立の過程とその背景にある論理を究明することにより，前記の論争点に対して一定の見解を提示する。

4　本書の分析の枠組み

　前項の課題の究明のため，本書では以下の3つの分析の枠組みを設定する。
(1) 学校教練確立期に展開されていた学校教練論と森有礼の兵式体操論との比較

　「学制」が公布されて近代学校教育制度が整えられていく時期には，山田顕義・西周らにより学校教練を小学校等で実施する構想が示され，その後も福澤諭吉・阪谷素・尾崎行雄らが小学校等への学校教練導入を主張していた。また元老院では，1879年，1880年，1883年の3次にわたって小・中学校への学校教練導入をめぐる議論が展開された。本書は，これら学校教練確立期に展開されていた学校教練論と比較することにより，森有礼の兵式体操論が同時代の学校教練論の中でどのように位置付くのかを明らかにする。
(2) アメリカ・マサチューセッツ農科大学や札幌農学校における軍事教育と兵式体操との比較

　外交官としてアメリカに滞在していた森有礼は，アメリカ・マサチューセッツ農科大学における軍事教育に関心を寄せていた。本書は，同農科大学等の土地付与大学（land-grant college）に軍事教育が義務付けられた歴史的背

景について論究するとともに，同農科大学において実施されていた軍事教育の実態を明らかにする。その上で，同農科大学をモデルとした札幌農学校で実施されていた軍事教育の実態を明らかにして，両校の軍事教育の違いを生み出した社会的背景について考察する。さらに両校の軍事教育と比較することにより森有礼の兵式体操論の特徴を明らかにする。

(3) 兵式体操に先立って諸学校で実施されていた歩兵操練と兵式体操との比較

　1881年の教則大綱制定後，中学校や師範学校では兵式体操に先立って歩兵操練が実施されていた。本書は，歩兵操練がどのような理念と期待の下に導入されたのか，またその実態はどうであったのかを各学校の教則等に基づいて考察する。その上で，森有礼がなぜ歩兵操練に代えて兵式体操を導入しようとしたのかその理由を明らかにする。

二　先行研究の検討

　ここでは，兵式体操に関する先行研究を概観して，現在までの到達点と見解が分かれている論点を明らかにする。兵式体操に関する先行研究には，①兵式体操そのものを主題とした研究，②教育史・体育史・軍事史等の立場から学校教練について論究する中で兵式体操に言及した研究，③森有礼研究の立場から森の思想や教育政策について論究する中で兵式体操に言及した研究，の3つに分けることができる。

　以下に，まず「兵式体操に関する先行研究」として，前記①〜③の先行研究のうち，「兵式体操」に関する先行研究の流れをまとめる。そして次に「森有礼に関する先行研究」として，特に③に関連する森有礼の思想や教育政策に関する先行研究の流れをまとめた後，最後に「先行研究の論争点」として，本書の課題に関連して見解が分かれている論点をまとめて提示する。

1　兵式体操に関する先行研究

　兵式体操を主題とした研究が現れるのは1960年代である。すなわち，加賀秀雄「森有礼の体育論について」（『日本福祉大学研究紀要』通号7，1963年），

木村吉次「兵式体操の成立過程に関する一考察——とくに徴兵制との関連において」(『中京体育学論叢』第5巻第1号，1964年)[13]，塩入隆「徴兵令と教育——学校に於ける兵式体操をめぐって」(『國學院雑誌』第65巻第7号，1964年）及び「兵式体操の起源と発達」(『軍事史学』創刊号，1965年)，横須賀薫「森有礼の思想と教育政策Ⅳ——7兵式体操」(『東京大学教育学部紀要』第8巻，1965年）が1960年代に発表されている。

このうち加賀は，森の兵式体操論を歴史的背景と関連付けて考察している。また，木村と塩入は，明治初期から森有礼が兵式体操を導入するまでの日本における学校教練の展開を，それぞれの問題意識に基づいて論究している。ただし，彼らは兵式体操という語を，軍隊における兵士の訓練に起源を持つ身体訓練という広い意味で使用しており，歩兵操練と兵式体操を，基本的には同質のものとして捉えている。

これに対して，森有礼の思想と教育政策に関する共同研究の中で，兵式体操を主題としたのが横須賀薫である。横須賀は，森による兵式体操導入を，兵式体操以前の歩兵操練とは質的に異なったものだと理解する。すなわち，歩兵操練は軍人としての能力を養成するために行われるものであるが，森の兵式体操は気質鍛錬といった教育上の目的で導入されたものだと捉えるのである。

なお，1960年代には，近代日本体育史を通史的に論究する中で，兵式体操成立の意味についても考察を加えた能勢修一『明治体育史の研究』(逍遥書院，1965年)，今村嘉雄『十九世紀に於ける日本体育の研究』(不昧堂書店，1967年）も刊行されている。

その後，1970年代には，園田英弘「森有礼研究・西洋化の論理——忠誠心の射程」(『人文学報』第29号，1976年）が，森有礼思想研究の一環として森の兵式体操論について綿密な考察を加え，個人－制度－国家という一連の系列の中で個人と制度を結び付けるために兵式体操が採用されたという見解を示した。また，佐藤秀夫「森有礼再考——初代文相森有礼にみる『名誉回復』の系譜」(『文研ジャーナル』第173号，1979年）は，森の兵式体操重視は，欧米市民社会におけるパトリオティズムを理想において，非封建的な集団意識の育成を意図したものだと指摘している。さらに，1980年代には，木下秀明

が兵式体操の成立と展開を通史的にまとめる中で，明治期に軍は学校教練の導入に積極的ではなかったことを論証している（『兵式体操からみた軍と教育』杏林書院，1982年）。

その後の注目すべき研究として遠藤芳信『近代日本軍隊教育史研究』（青木書店，1994年）がある。遠藤は，「陸軍省大日記」や「公文録」等の史料によって，1883年の改正徴兵令の参事院における修正経過とともに，歩兵操練や兵式体操の導入過程における文部省や陸軍省の動向を明らかにした。

また，近年では，岩手県と石川県における歩兵操練・兵式体操導入の過程を究明した大久保英哲「地方から見た近代体育史上の歩兵操練・兵式体操」（『成田十次郎先生退官記念論文集　体育・スポーツ史研究の展望――国際的成果と課題』不昧堂出版，1996年）や，札幌農学校におけるミリタリー・ドリルの変遷を追った，鈴木敏夫「札幌農学校のミリタリー・ドリル――担当教員の推移を中心として」（『体育史研究』第17号，2000年3月），そして，小学校の兵式体操における木銃使用の実際について論究した佐喜本愛「小学校の兵式体操――特に木銃の使用に注目して」（『日本の教育史学』第49集，2006年）等がある。また，長谷川精一『森有礼における国民的主体の創出』（思文閣出版，2007年）は，森による兵式体操導入の目的を，機械的・人工的な時間に対応できる近代的な身体へと改造することにより，国民国家を担う自己規律的な主体の育成を目指したものだとする見解を示し，中野浩一「森有礼の兵式体操論における『身体』の系譜――スイスとの関係に焦点を当てて」（『桜門体育学研究』第44巻2号，2009年）は，森の兵式体操論にアメリカだけではなくスイスのシュピース（Spiess）の体操論が影響を与えた可能性があることを指摘している。

以上のように，兵式体操に関する先行研究は，全体として通史的な研究から，各地方や現場における実態についての個別研究へと細分化する傾向が見られる。しかしそれは，俯瞰する視点からの研究の停滞を意味しており，歩兵操練と兵式体操が同質か否かという先行研究の論争点について研究が進捗しているとは言えない。本書は，このような先行研究の論争点について一定の見解を提示することを試みたい。

2　森有礼に関する先行研究

　森有礼の評価については，アイヴァン・ホール（Ivan Parker Hall）が整理した4つの森像が的を射ている。すなわち，(1)賞賛すべき欧化主義者（the Westernizer Commendable），(2)非難すべき欧化主義者（the Westernizer Reprehensible），(3)賞賛すべき国家主義者（the Nationalist Commendable），(4)非難すべき国家主義者（the Nationalist Reprehensible）の4類型である[14]。この類型を応用すれば，例えば，森は，賞賛すべき欧化主義者から非難すべき国家主義者へと「転向」したと捉えるなど，森の思想が変化したという立場の森評価も類型化することができる[15]。

　佐藤秀夫は，伊勢神宮への「不敬行為」を理由として暗殺されてしまった森の「名誉回復」のため，戦前はプラス評価として森の「国体教育」主義が強調されたものの，戦後は一転して，森の「国体教育」主義はマイナス評価の対象となったと捉える[16]。つまり，ホールの類型を使えば，非難すべき欧化主義者との評価を否定するため，戦前は，賞賛すべき国家主義者との評価が意図的につくられていたのが，戦後は一転して，非難すべき国家主義者とされたということになる。つまり，森は「軍国主義的国家主義的教育制度の基礎を確立した者」として「糾弾」される対象となったのである[17]。

　例えば，石田雄『明治政治思想史研究』（未來社，1954年）は，森による教育政策を，「余りにも露骨な国家主義教育」と評している[18]。また，唐澤富太郎『教師の歴史――教師の生活と倫理』（創文社，1955年）も，「要するに国家主義，軍国主義思想に立脚するもの」と森の教育政策を評している[19]。さらに土屋忠雄「森有礼の教育政策」（『石川謙博士還暦記念論文集　教育の史的展開』講談社，1952年）・武田清子『人間観の相剋――近代日本の思想とキリスト教』（弘文堂，1959年）・加賀秀雄「森有礼の体育論について」（『日本福祉大学研究紀要』通号7，1963年）なども森を軍国主義・超国家主義につながるものと見ている[20]。

　これに対し，軍国主義・超国家主義と森有礼を結び付けることに異議を唱えたのが林竹二である。林竹二「森有礼とナショナリズム」（『日本』1965年4月）及び「森『文政』の根底にあったもの」（『経済往来』1966年3-4月）

は，森のナショナリズムの「合理」的な面を高く評価して，森を「教育における国家主義にたいする，最後の抵抗者」[21]であったと評している。

その後は，森の思想が，近代のモデルとしての「西洋」をも相対化する方向で発展したという見解を示した園田英弘「森有礼研究・西洋化の論理——忠誠心の射程」（『人文学報』第29号，1976年）[22]がある。なお，佐藤秀夫は，「森有礼再考——初代文相森有礼にみる『名誉回復』の系譜」（『文研ジャーナル』第173号，1979年）において，森の教育政策の「啓蒙主義」性を指摘し，森文政は，「国体主義」の出発ではなくして，啓蒙主義の終焉と見るべきだと指摘して[23]，教育制度史の立場から，林竹二の森評価に同意している。さらにその後は，森の生涯を，自立的市民を土台にした近代的な国民国家，文化国家に日本をつくり変えようとしたものの，あまりに「早急すぎた」ところに森の孤独と悲劇の原因があったと描いた犬塚孝明『森有礼』（吉川弘文館，1986年）がある。これらの研究は，ホールの類型を使えば，賞賛すべき欧化主義者かつ賞賛すべき国家主義者として森を捉えようとしていると見ることができよう。

これに対して，近年の長谷川精一『森有礼における国民的主体の創出』（思文閣出版，2007年）は新たな問題提起をしている点で注目される。長谷川は，「良いナショナリズム」と「悪いナショナリズム」を相反するものとして区別するような理解に疑問を投げかけ[24]，自己規律的に国家を担おうとする人材の育成を目指した森有礼の思想は，啓蒙されない者を「非国民」，啓蒙されない共同体を「非文明国」として排除する「排除の構造」につながっていると指摘している[25]。

以上をまとめると，戦後主流となった，非難すべき国家主義者としての森有礼評価を，賞賛すべき欧化主義者かつ国家主義者へと転換したのが林竹二であった。林以降の研究は，どちらかと言えば，森有礼の西洋近代的・啓蒙的な面を彼の国家主義と結び付けて肯定的に理解する傾向にあると言えるが，そもそも，西洋近代的国家主義そのものが，果たして「賞賛すべき」ものなのかという問題提起が，長谷川精一によってなされたと言えよう。

3 先行研究における論争点

　前述した兵式体操に関する先行研究において，本書の課題に関連して見解が分かれている論点として以下の3点を挙げることができる。
　(1) 兵式体操を超国家主義・軍国主義の基礎をつくったとして否定的に評価するのか，それとも「啓蒙主義」的・「開明的・大衆的」であったとして肯定的に評価するのか。
　兵式体操に関する先行研究のうち，加賀秀雄・木村吉次・能勢修一・今村嘉雄・木下秀明らの研究は[26]，森の兵式体操をその後の日本の超国家主義・軍国主義へつながるものと捉えている。これは，森の教育政策が超国家主義・軍国主義の基礎をつくったとする石田雄・唐澤富太郎・土屋忠雄・武田清子らの森研究の流れを受けていると言える。
　一方，佐藤秀夫は，森による兵式体操などの「教室外の教育」は，近代的集団性訓練のモデルとして軍を選んだだけであるとし[27]，また，遠藤芳信は，「限定的・非大衆的」であった歩兵操練に対して兵式体操は「開明的・大衆的」であったと肯定的に評価している[28]。この佐藤や遠藤の兵式体操評価は，森を「教育における国家主義にたいする，最後の抵抗者」と捉えた林竹二の森研究の流れを受けていると見られる。
　つまり，森による兵式体操導入については，超国家主義・軍国主義とつながるとして否定的に評価する見解と，「啓蒙主義」的あるいは，「開明的・大衆的」であったとして肯定的に評価する見解とに分かれているのである。本書はこの点について，同時代の学校教練論などとの比較を通じて森有礼の兵式体操論の特徴を分析し，兵式体操の近代日本学校教育史における位置付けを明らかにしたい。
　(2) 兵式体操は歩兵操練と連続する性質なのか否か。
　能勢修一は「歩兵操練（兵式体操）」と記しているように両者をほとんど同一視しており[29]，木村吉次も両者を同質のものとして見ている[30]。一方で，横須賀薫，今村嘉雄，遠藤芳信は，両者を異質のものとして捉えている。ただし横須賀・今村と遠藤とではその観点が異なっている。
　横須賀や今村は，兵士としての訓練に止まっている歩兵操練に対し，兵式

体操には気質鍛錬³¹や道徳教育³²といった教育効果があるとして，教育上の観点から両者を異質なものだとしている。一方遠藤は，中等教育以上に限定されている歩兵操練の実施対象が「限定的・非大衆的」であったのに対し，全国民を対象とした兵式体操は「開明的・大衆的」なものであったとして，実施対象範囲の違いから両者を異質だとしている³³。

以上のように，先行研究では，歩兵操練と兵式体操は連続する同質のものと見る見解と，連続しない異質のものとする見解に分かれており，さらに異質のものとする見解も，教育上の観点から両者を異質と見る見解と，実施対象の範囲の観点から両者を異質と見る見解とに分かれているのである。本書ではこの点について，両者の導入過程とその背景にある理念を実証的に分析して比較することで，両者の性質が同質か否かを明らかにしたい。

(3) 森の兵式体操論が大きく変化した時期はいつか。

森有礼の思想について大きな変化があったかどうかは森研究上の大きな争点となっている。例えば大久保利謙は，森は最初から「国家至上主義」であったとしてその一貫性を重視しているが，森と同時代の徳富蘇峰は森の思想に大きな変化があったことを指摘していた³⁴。蘇峰は，森の前半生は「自由言論の勇將」であり「急進家」であったが，後半生は「擅制主義の保護者」となり「保守家」へと変化したと見ている³⁵。蘇峰の森有礼観は後の研究に影響を与えており，森の兵式体操論についても大きな変化があったと指摘するのは園田英弘と木下秀明である。

園田は，1879年の「教育論──身體ノ能力」の後，森の兵式体操論には「国民国家」(nation state) への志向の出現という変化が見られると指摘している³⁶。一方，木下秀明は，森の兵式体操が，「軍隊的なるものを国民教育に利用する姿勢」から，「指導を軍人に依存した軍事目的の国民教育」へと「変質」したと捉えるが，それは「明治20年夏頃」(1887年夏頃) だと指摘している³⁷。森の兵式体操論の変化の時期については，1880年頃とする見解と1887年頃とする見解とに分かれているのである³⁸。本書ではこの点について，森の兵式体操論の変化を同時代の学校教練論との比較という観点から分析することによって，森独自の主張が兵式体操に現れた時期を明確にしたい。

以上のように本書は，兵式体操成立の過程とその背景にある論理を究明す

ることにより，前述の先行研究において見解が分かれている論点について一定の見解を提示することを課題の一つとする。

三　構成と概要

本書は，序章，5つの章及び終章から構成される。以下に5つの章の概要と課題を記す。

第1章「学校教練の構想期」では，1872年頃から1881年頃までの学校教練構想期を対象とし，小中学校への学校教練導入が，どのような理念と期待の下に主張されていたかについて論究し，構想期の学校教練論の様相を明らかにする。はじめに，1871年から73年まで欧米各国を回覧して視察調査を行った岩倉使節団が，同時代のアメリカ，イギリス，フランス，オランダ，ドイツ，ロシア，スイス各国の学校教育制度や兵制をどう捉えたのかを『米欧回覧実記』や『理事功程』に基づき究明する。そして，山田顕義，西周，福澤諭吉，阪谷素，尾崎行雄の5人の学校教練構想期の論者がどのような理念に基づいて学校教練の導入を主張したのかについて分析して整理する。

第2章「マサチューセッツ農科大学と札幌農学校における軍事教育」では，1878年という早い時期に軍人養成目的の教育機関でないにもかかわらず，軍事教育を開始した札幌農学校と，そのモデルとなったアメリカ・マサチューセッツ農科大学の軍事教育の実態について究明する。はじめにマサチューセッツ農科大学等の土地付与大学に軍事教育が義務付けられた歴史的背景について論究した後，同農科大学における軍事教育の実態について明らかにするとともに，同農科大学の入学者数減少による経営危機と軍事教育との関係について考察する。また，マサチューセッツ農科大学を訪れその軍事教育に感銘を受けていたとされる森有礼の兵式体操論に与えた影響についても考察する。次に同農科大学をモデルとして設立された札幌農学校の軍事教育の実態とその変遷について論究し，両大学の軍事教育に違いが生まれた社会的背景について考察する。

第3章「元老院における学校教練をめぐる議論」においては，帝国議会開設前に立法審議機関としての役割を果たした元老院で，1879年，1880年，

1883年の3次にわたってどのような学校教練をめぐる議論がなされたかについて論究し，徴兵令改正等の政策決定の背景にある諸議官の認識を明らかにする。はじめに元老院で学校教練の導入が主張された歴史的背景について論究した後，森有礼の兵式体操論との比較という観点から，学校教練導入を求める主張の論拠を分析して整理する。また，1883年の徴兵令改正の経緯を，参事院・元老院における修正経過と併せて考察することにより，歩兵操練科卒業証書所持による兵役年限満期前の早期帰休制の規定を中等教育を受けることのできる者への特典と捉える先行研究への疑問を提起する。

第4章「歩兵操練の諸学校への導入」では，兵式体操に先立って各学校に導入されていた歩兵操練の導入意図とその実態について究明する。はじめに，体操伝習所等における歩兵操練導入に向けての準備の実態について論究した後，教則大綱制定後の正格化の流れの中，各地の中学校や師範学校が導入した歩兵操練の特徴を，各学校の教則等に基づいて明らかにする。そして東京師範学校において兵式体操に先立って実施されていた歩兵操練の実態について究明するとともに，森有礼が東京師範学校へ歩兵操練に代えて兵式体操を導入した理由を明らかにする。さらに，1883年の徴兵令改正で歩兵操練科卒業証書所持による兵役年限満期前の帰休が規定された後，中学校等において歩兵操練の導入が促進される経緯について論究する。

第5章「森有礼と兵式体操」は，森有礼の兵式体操論の特徴と，諸学校に導入された兵式体操の実態を明らかにすることを課題とする。はじめに森の兵式体操論の変遷を，同時代の学校教練論と比較して分析することにより，森の兵式体操論の独自性を明らかにするとともに，森独自の兵式体操論の成立時期について考察する。その上で，諸学校への兵式体操導入過程について論究するともに，導入後の兵式体操の実態を明らかにする。そして森の死後の兵式体操の変化について考察する。

終章では，研究全体を総括して兵式体操成立の近代日本学校教育史における意味を考察する。そして最後に今後の研究課題を提示したい。

註

1 軍隊における兵士の訓練に起源を持つ身体訓練は，英語では military

drill, military exercise, military training 等と記され，また日本語では，練兵，調練，操練，教練，歩兵操練，兵式体操等と記される。本書では，史料からの引用，及び引用に続く流れの中では，原史料で使用されている用語を用いるが，一般的な用語としては，学校教練で統一する。
2 丸山眞男によれば，軍国主義とは「一国または一社会において戦争及び戦争準備のための配慮と制度が半恒久的に最高の地位をしめ，政治，経済，教育，文化など国民生活の他の全領域を軍事的価値に従属させるような思想ないし行動様式」（丸山眞男『増補版　現代政治の思想と行動』未來社，1964年，285頁）と定義される。
3 大江志乃夫は，日露戦争時とその後の「国民の思想動員とその組織化の過程」を「軍国主義確立の過程」と見ている（大江志乃夫『国民教育と軍隊』新日本出版社，1974年，9頁）。また木下秀明は，日露戦争を転機に学校教練に消極的だった軍が教育の側に要求するようになったと指摘している（木下秀明『兵式体操からみた軍と教育』杏林書院，1982年，153-158頁）。
4 大江志乃夫は，日露戦争後の教育政策の特徴として，忠君愛国を中心とする精神教育の強化と，校長を頂点とする軍隊式学校管理の成立の2点を指摘し（前掲，大江『国民教育と軍隊』，200-202頁），第二期国定教科書が忠君愛国的かつ軍事的な内容になったことを指摘している（同上書，210頁）。
5 馬の体格が劣る日本の場合は騎兵の脅威が少なかったため，鉄砲の普及後もヨーロッパとは異なり，武士のユニットによる個人戦が戦闘の基本であり，銃兵の集団訓練も見られなかったと久保田正志は指摘している（久保田正志『日本の軍事革命』錦正社，2008年，250-251頁）。
6 今村嘉雄『修訂　十九世紀に於ける日本体育の研究』第一書房，1989年，510-511頁及び601頁。
7 『法令全書』明治5年，153-154頁。
8 能勢修一『明治期学校体育の研究——学校体操の確立過程』不昧堂出版，1995年，57-81頁。
9 前掲，木下『兵式体操からみた軍と教育』，134頁。
10 『法令全書』明治44年，省令256頁及び262頁。
11 前掲，木下『兵式体操からみた軍と教育』，164頁。
12 平原春好『配属将校制度成立史の研究』野間教育研究所紀要第36集，1993年，176-177頁。
13 木村は他に「兵隊教練論——兵式体操論以前」『体育の科学』第14巻10号，1964年10月，及び「森有礼——兵式体操の推進者」『体育の科学』第14巻11号，1964年11月も著している。
14 Ivan Parker Hall, *MORI ARINORI* (Cambridge, Massachusetts, 1973),

p.2.
15　*Ibid.*, p.7.
16　佐藤秀夫『教育の文化史　1　学校の構造』阿吽社，2004年，221-227頁。
17　秋枝蕭子『森有礼とホーレス・マンの比較研究試論――日米近代女子教育成立史研究の過程から』梓書院，2004年，165頁。
18　石田雄『明治政治思想史研究』未來社，1954年，36頁。
19　唐澤富太郎『教師の歴史――教師の生活と倫理』創文社，1955年，66頁。
20　「軍国主義」については註2参照。また，丸山眞男によれば「超」（ウルトラ）とか「極端」（エキストリーム）といった形容詞のつく日本の国家主義は，「内容的価値の実体たることにどこまでも自己の支配根拠を置こうとした」ところが，「超」（ウルトラ）とか「極端」（エキストリーム）であったとされる。丸山は，「帝国主義乃至軍国主義的傾向」だけなら，国民国家の形成される初期の絶対主義国家のいずれも露骨な対外的侵略戦争を行っているのであり，「武力的膨張の傾向」自体はナショナリズムの「内在的衝動」をなしていたとする。日本の国家主義は単にそうした衝動がより強度であったり露骨であったという以上に，その「対外膨張乃至対内抑圧の精神的起動力」に「質的な相違」が見出されることが「ウルトラ」だというのである（前掲，丸山『増補版　現代政治の思想と行動』，13-14頁）。
21　『林竹二著作集　第Ⅵ巻　明治的人間』，筑摩書房，1984年，44頁。
22　園田の「森有礼研究・西洋化の論理――忠誠心の射程」は，園田英弘『西洋化の構造――黒船・武士・国家』（思文閣出版，1993年）に集録されている。
23　佐藤秀夫『教育の文化史　3　史実の検証』阿吽社，2005年，21頁。
24　長谷川精一『森有礼における国民的主体の創出』思文閣出版，2007年，14頁。
25　同上書，444-445頁。
26　加賀秀雄「森有礼の体育論について」（『日本福祉大学研究紀要』通号7，1963年），木村吉次「兵式体操の成立過程に関する一考察――とくに徴兵制との関連において」（『中京体育学論叢』第5巻第1号，1964年）。及び前掲，木村「森有礼――兵式体操の推進者」，能勢修一『明治期学校体育の研究――学校体操の確立過程』，今村嘉雄『修訂　十九世紀に於ける日本体育の研究』，木下秀明『兵式体操からみた軍と教育』。
27　佐藤秀夫『教育の文化史　2　学校の文化』阿吽社，2005年，6頁。
28　遠藤芳信『近代日本軍隊教育史研究』青木書店，1994年，583-597頁。
29　例えば，前掲，能勢『明治期学校体育の研究――学校体操の確立過程』，203頁。
30　前掲，木村「兵式体操の成立過程に関する一考察――とくに徴兵制との関

連において」。

31 横須賀薫「森有礼の思想と教育政策Ⅳ-7 兵式体操」『東京大学教育学部紀要』第8巻，1965年。
32 前掲，今村『修訂 十九世紀に於ける日本体育の研究』，933頁。
33 前掲，遠藤『近代日本軍隊教育史研究』，583-597頁。
34 大久保利謙『森有礼』（1944年。引用は『大久保利謙歴史著作集 8 明治維新の人物像』，吉川弘文館，1989年，366頁）。ただし，ここで大久保は森の「国家至上主義」を，「明治維新の精神を正しく承けたもの」であって，「『学制』に端を発した明治初年の文部省文政」を「再び正道に復帰せしむるもの」と肯定的に評価している（同上書，369頁）。
35 「森有禮君」『國民之友』第4巻第42号，1889年2月22日。
36 前掲，園田『西洋化の構造——黒船・武士・国家』，273-278頁。
37 前掲，木下『兵式体操からみた軍と教育』，57頁。
38 加賀秀雄も「兵式体操を学校教育に導入するにあたっての森の微妙な考え方の変化」を指摘しているが，その時期は森の「兵式体操に関する上奏案」成立の頃としているので，木下の指摘する時期と同じ見解と考えられる（前掲，加賀「森有礼の体育論について」）。

第1章

学校教練の構想期

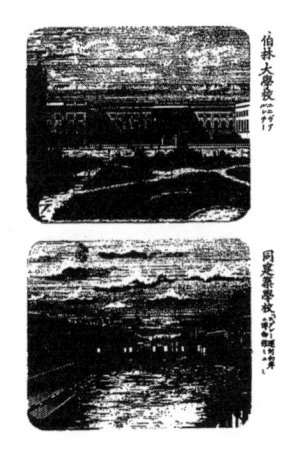

二十三日、雲晴頁颯ヲ唱ヘ国街ノ熾煜其ニ白日ノ如クナリキ。
○十時ヨリ小學校ニ至ル生徒ノ人ニ千人政府ヨリ設クル大校ナリ、
タユニ「ヴルデテー」ニ至ル高名ノ大學校ノ生徒二千人アリ、尤モ大
規則ニ出席スルニセン千餘人アリ敎官室二十五敎官スヘテ六十五人遠
從ノ廣大ナル「クヲチルブンプレシブン」街中ニ第一ニ躍目シル結ナリ。
○生徒戰死ノ懇ニ建等ヲ申渡ス堂アリ之ニ一千八百十三年ヨリ十五年
ニ俺頭ニ職ヲ「學校ノ生徒ニ諸死セシ人々ノ名ヲ金字ヲ以
ア大牌ニ揭ケ今度佛國ノ役ニモ赤軍ヲ觀死セシセリ、
為ニ當時其牌ヲ擧グト云○三屢ノ樓上ニ各觀畧意恩遐アリ
與這居宮ニ至ルマテ諸詢授諸ヲ遣フ千餘ノ大寶ニ一番ヲ將圍來丁邑ニ
ニ夏ニ城ナルヲ完了其內ノ奇眞ノ器飾ヒ殷々器イニ歐治ナリ、
首世界ノ烏鄕トス八朝アリ南亜米利加ノ伯剌西國ニ産スル水魚者
翼ヲ飛スマタ水居スルモノアリ其毛羽色ノ美ナル匹大臨ノトナセル者

伯林大學校
同更業學校

『米欧回覧実記』（国立国会図書館蔵）

本章は，学校教練が全国的に普及する以前の，1872年頃から1881年頃までの学校教練構想期を対象に，学校教練を小中学校に導入しようとする主張が，どのような理念と期待の下になされたのかを究明することを課題としている。

　そのため，まず第１節では，学校教練の小中学校への導入を主張する論者が参考にした，同時期の欧米における兵制や学校教育制度について概観する。具体的には，岩倉使節団が訪れた国のうち，学校教練構想期の日本における学校教練論で言及されることの多い，アメリカ，イギリス，フランス，オランダ，ドイツ，ロシア，スイスの７か国の兵制や学校教育制度を，岩倉使節団がどう捉えたかという観点から概観する。

　そして，第２節では，先行研究が明治初期の学校教練導入論者として注目してきた，山田顕義，西周，福澤諭吉，阪谷素，尾崎行雄の５人の論者の学校教練論の特徴を考察する。その際，第１節で論究した欧米における兵制や学校教育制度との関わりや，森有礼の兵式体操論との異同という点に留意しながら分析を進める。

第１節　欧米における兵制と学校教育制度

　本節では，明治政府が近代的な兵制や学校教育制度を整備していく上でモデルとなった，同時期における欧米の兵制と学校教育制度の実態を概観する。具体的には，岩倉使節団が，同時代の欧米各国の兵制や学校教育制度をどう捉えたのかを概観する。岩倉使節団は，1871年から73年まで，欧米を回覧して友好親善を図るとともに，視察調査を行った使節団である。正使に岩倉具視，副使に木戸孝允・大久保利通・伊藤博文・山口尚芳という，当時の明治政府の中心人物を配していた。田中彰によれば，岩倉使節団は「明治政府の薩長藩閥実力者をトップにして，幕末以来の国際的な経験や西欧の文化の蓄積をもつ旧幕臣をはじめ有能・多彩な人材によって構成されている」[1]の

が特徴であった。

　そして，岩倉使節団の回覧の記録は，久米邦武編修『米欧回覧実記』（1878年）として出版され，欧米の教育に関する調査報告書は，文部省『理事功程』（1873-75年）という形で出版されている。本節では，『米欧回覧実記』と『理事功程』を分析することにより，当時の明治政府の指導者たちに，欧米各国の兵制と学校教育制度の実態はどのように映ったのかを概観する。以下，『米欧回覧実記』に登場する順序に従い，アメリカ，イギリス，フランス，オランダ，ドイツ，ロシア，スイスの順に検討していくこととする。

1　アメリカの兵制と学校教育制度

　1872年1月（新暦），岩倉使節団が最初に訪れたのはアメリカであった。『米欧回覧実記』には，アメリカの兵制について以下のような記述がある。

　　○米国ノ制タル，多ク常備兵ヲ設ケス，市人村民ミナ平生兵ヲ講ス，若不虞ノ警アレハ，乃チ銃ヲ提テ軍ニ赴ク仕組ヲナセルコト，猶我消防仕組ニ彷彿タリ，是ヲ義兵トハ言ナリ，又此日ノ兵隊中ニ，十四五歳ノ童子ニテ編成セル一小隊アリ，是ハ「オヽクランド」ノ兵学校ニ出席スル書生ナリ，諸州ニ政府ノ免許ヲウケタル兵学校アリ，有産ノ家ノ子弟ハ，自費ニテ其校ニ入リ，陸軍ノ諸科ヲ講ス，是科ヲ済シタルモノヨリ将士ノ選ニ入ト云（傍点原文，原文のふりがな省略）[2]

　ここで『米欧回覧実記』は，アメリカの兵制の特徴は，常備兵を多く設けず，「市人村民」は皆平生から訓練をして，有事の際には銃を提げて軍に赴くという「義兵」の仕組みを取っているとしている。常備軍に頼らず，有事の際に市民が戦争に赴く民兵の仕組みを，日本の消防の仕組みになぞらえているところが面白い。第2節で論究するように，このようなアメリカの民兵制を念頭に置いて，日本の常備軍を解体すべきだとする「解兵論」を尾崎行雄が新聞に投稿している。また，『米欧回覧実記』は諸州にある兵学校に「有産ノ家ノ子弟」が自費で入校して陸軍の諸科を修めて，「義兵」の将校になることも紹介している。将校さえも職業軍人に頼らないことがアメリカの民兵制の特徴であった。

　そして『米欧回覧実記』はアメリカの学校教育制度については以下のよう

第1節　欧米における兵制と学校教育制度　　23

に記している。

　○学校ノ教育ハ、普通ニ手ヲ尽セリ、小学校ノ多キト、新聞紙ノ多キト、入学ノ童子ノ多キトハ、諸国ニ超越ス、一千八百六十年ノ教育調査表ヲミルニ、当時全国人口三千百三十一万六千六百四十二人ノ内、二十歳以上ノ成年、一千五百十八万三千五百八十人ニテ、文字ヲ知ラサルモノ、二百九十五万二千二百三十九人、五歳ヨリ二十歳マテノ童子、一千百二十一万〇百二十八人ニテ、就学セサルモノ、五百五十二万九千七百七十ナリ〈七十年ノ記載不詳〉、○又一千八百七十二年ノ記載ヲミルニ、全国大小学校ノ総数ハ、十四万一千六百二十九ヶ所、教師二十二万千四百〇二人〈内男九万三千三百二十九人女十二万七千七百十三人ナリ〉、生徒七百二十〇万九千九百三十八人〈内男三百六十二万千九百九十六人女三百五十八万七千九百四十二人〉、学費諸料総テ九千五百四十万四千七百二十六弗ヲ用フ、其内生徒ノ家ヨリ出セル学費ハ、只二千九百九十九万弗、各州郡ニテ一般ヨリ法ヲ以テ取立タル学税、六千百七十四万弗ニ及フ、其余ハ学校ノ所有物寄附金等ニシテ、三百五十八九万弗ノ多キニ及ヘリ、○教育ノ方法ハ、大政府ヨリ格別ニ注意セス、各州ノ自定ニ任ス、各州ノ政府ニ於テハ、之ヲ民政中ノ一大事務トナシ、毎年州ノ議院ニ於テ、学税ヲ議定シ、且積金ヲ大ニスル方法ヲ吟味シ、建校勧学職制等、ミナ州々ニテ思ヒ思ニ其周備ヲ競フ、故ニ全国一規ノ学制ハアラサルナリ、但其大要ハ、合衆国ノ本領ニヨリ、人民ノ意ニ任セ、人々自ラ奮発セシムルヲ旨トス、故ニ欧洲ノ如ク父兄ヲ督責シ強テ厳法ヲ以テ迫リ、子弟ノ入学ヲ促スコトナケレトモ、人ミナ不学ヲ恥テ、自怠ラサルハ、合衆国ノ気習ニテ、自由寛政ノ実効ト謂ヘシ、但「マッサッセッチュ」一州ハ、童男女ヲ入学セシメサル父母ニハ、二十弗ノ過料ヲ収ムル法ヲ、一千八百六十三年以来設ケタリ、勧学ノ法ハ、如此ニ寛政ヲ主トスレトモ、各州ニ於テ、学校ヲ平民ト僧徒トニ委任スルコトハ、其弊ヲ実験シテ廃止セリ（原文のふりがな省略）

『米欧回覧実記』は具体的な数字を挙げて、小学校の数が多いことや入学して学ぶ児童の数が多いことなどを紹介して、「諸国ニ超越」しているとアメリカの学校教育を高く評価するとともに、各州の自治に任されて連邦政府

が細かく干渉することがないことにアメリカの教育行政の特徴を見ている。1879年に制定される教育令は，アメリカの地方分権的な教育行政制度の影響を強く受けていると指摘されているが，その時の文部省の中心に位置していた文部大輔田中不二麿は，岩倉使節団に随行して『理事功程』をまとめた人物である。

以上のように，『米欧回覧実記』はアメリカの民兵制に関心を持つとともに，自発性を尊重するアメリカの学校教育制度を高く評価していた。なお，岩倉使節団がアメリカを訪れた頃，後に札幌農学校のモデルとなるアメリカ・マサチューセッツ農科大学で軍事教育が行われていたのだが，『米欧回覧実記』や『理事功程』には同校の軍事教育に関する記述は見当たらない。同大学の軍事教育については，第2章で改めて検討する。

2　イギリスの兵制と学校教育制度

1872年8月（新暦），岩倉使節団がアメリカの次に訪れたのはイギリスである。『米欧回覧実記』は，イギリスの兵制について以下のように記している。

> 英国ハ海軍ノ敵ヲモチタル地位ニテ，陸軍ノ用意ハ，是カ補助トナス目的ニスキス，内国ノ政度，公明平正ニテ，人民法ヲ守ルノ心ニ篤ク，勉励風ヲナシ，和協シテ自主ヲトケ，幸福満悦スルモノ衆多ナルニヨリ，常備兵ノ用意ハ，国中人口ノ割ニ比較スレハ，其数ノ少キコト，欧陸各国ミナ及フ能ハサル所ナリト，国人ミナ自負スル所ナリ，千八百七十年ニ，陸軍常備兵ノ数ハ，将校ヲ幷セテ十九万千○七十三人，其内ヨリ六万三千七百○七人ハ，印度地方ニ駐劄ス，二万八千三百三十三人ハ，殖民地ニ駐劄ス，故ニ内国ノ常備兵ハ十万ニスキス，其費用ハ千四百二十三万○四百磅ノ額ナリ，全国ヲ十鎮台ニ分チ，八十屯営ヲオク，此他予備兵，及ヒ郷勇ノ数，十二万八千九百人ニテ，九十五万二千七百磅ヲ費シ，又十九万九千ノ義兵アリ，政府ヨリ四十一万四千磅ヲ補助スルト云，軍備ノ事ハ政府ノ殊ニ詭秘スル所ニテ，公然タル統計ニテハ，未タ信ヲオキ難シ（傍点原文，原文のふりがな省略）

『米欧回覧実記』は，島国であるイギリスの兵制は海軍中心であって，陸

軍は「補助」に過ぎないとし，人口の割合から見てイギリス本土の常備兵は少ないと具体的な数字を挙げて説明している。なお，少ない常備兵を可能にしているのは，「公明平正」な政治制度と法を守る心に篤く「勉励」する人々の満足度の高さだと『米欧回覧実記』は記している。一方で，軍備に関する「公然タル統計」は信用できないとも記しており，『米欧回覧実記』の関心はイギリスについては，軍備よりも，その政治制度や人々の満足度の方に向いていると言える。

そして，『米欧回覧実記』は，イギリスの学校教育の実態については以下のように記している。

　　〇英国ノ学校ハ，「カンブリッチ」ト「オキシホール」，両所ニ建タル大学校，尤モ盛大ニテ，英国ノ鄒魯(すうろ)トモ云ヘキ所ナリ，此地ニ学校ヲ設ケルコト，英国ノ歴史ニ於テ，最モ久シク，在昔諾曼(ノルマンヂー)ヨリ侵領セラレシトキヨリ，已ニ此ニ学校アリキ，此時代ヨリ猶後(なお)ノ代ニ至ルマテモ，国中ニ文学ノ行ハルヽハ，僧ト貴族トノミニテ，仏文ト羅甸(ラテン)語ニテ，政律歴史経文ナトヲ著述シテ読ミ，且抄紙印刻ノ発明モナキ世ニテ，書籍ハ写本ヲ用ヒ，別(わけ)テ貴重ノ品ナレハ，王侯寺院ニ，僅ノ小文庫ヲ存スルノミ，千二百年ノ比(ころ)ニ，寺院ニテ建タル学校，五百五十余所ニ及ヒ，文学ノ運ハ僧侶ノ手ニアリ，唯貴人ニ行ハレタリ，間ニ地主豪家等，或ハ之ニ志スモノモアレトモ，概シテ下民ニ及ハス，賤者ハ之ヲ習フヲ欲セサルノミナラス，国法モ亦許サス，恰モ我邦ノ輓近マテノ風俗ニ符契セリ[6]

（傍点・ふりがな原文）

つまり，イギリスにはケンブリッジやオックスフォードといった古くからの「大学校」が存在するが，学問をするのは僧と貴族に限定されており，「地主豪家」が学問を志すことがあっても，身分の低い者が教育を受けることがなかったことは，日本の歴史と重なるとしている。ただし，近年では以下のような形で教育が庶民にまで普及したと記している。

　　〇一千六百年ノ比マテ，僧侶ノ輩ハ，文学ノ人民ニ及フコト，己ニ利アラサルヲ悟リテ，寺院附属ノ小学ヲ毀チ，教育ノ途ヲ荒セシヲ以テ，文明一頓シタリ，然トモ銅版ノ功業広マリ，文籍広布シタレハ，抑遏スヘカラサル勢トナリテ，一千六百八十年ニハ，英倫ノ人民，其子弟ヲ学校

ニ送リ、私ニ教師ヲ延クモノ、五十万戸ニ及ヒ、夫ヨリ千七百年ヨリ八百年マテ、「チャリティースクール」、「ソンテースクール」ナドノ建設アリテ、下等教育ニ進歩ノ階ヲアタヘ、一千八百十一年ニ始テ、「ナショナルスクール」ヲ建ツ、国立学校ハ是ヨリ始レリ、一千八百七十年ノ記載ニヨレハ、吟味ヲ経タル学校、一万〇九百四十九ヶ所ニテ、就学ノ生徒百九十四万九千人トナリ、頻年ノ文学ハ頗ル其進歩ヲ進メタリト云[7]

（原文のふりがな省略）

要するに、1600年頃までは、「僧侶ノ輩」が、学問が人々に普及すると自分たちの利益が侵害されると見て、寺院附属の小学を廃止したので教育が荒廃したが、印刷の発達により、書物が世に広まると教育要求を抑えることができなくなり、続々と学校が設けられたとしている。具体的には、1811年には国立の学校がつくられ、1870年には1万949か所の学校に、194万9千人が就学するまで教育が進歩しているとしている。

イギリスの学校教育制度について『米欧回覧実記』は、近年発達してきていると評価しているが、アメリカや後述するドイツやスイスほど高く評価しているとは言えない。学校教育の普及が進んでいるとは言え、身分制の伝統を残すイギリスの学校教育制度は、日本のモデルとして魅力的ではなかったと思われる。

3 フランスの兵制と学校教育制度

1872年12月（新暦）、岩倉使節団がイギリスの次に訪れたのはフランスである。『米欧回覧実記』はフランスを「欧羅巴洲ノ最モ開ケタル部分」[8]としている。大日本帝国陸軍は、徳川幕府がフランス式の訓練をしていたことの影響もあり、フランス式兵制を採用していたが[9]、使節団がフランスに到着した時は、普仏戦争でフランスが敗れてからまだ間もなく、大きく兵制を転換させていた時期であったためか、『米欧回覧実記』は「エコールサンシール」陸軍学校や陸軍病院については詳細な見学記を載せてはいるものの、フランス兵制に対する概説を記していない。遠藤芳信によれば、パリ・コミューン崩壊後のこの時期は、フランス革命以来の伝統のある護国兵（Gard Nationale）が解散させられ、徴兵制が再構築されていた時期である[10]。

第1節　欧米における兵制と学校教育制度　27

一方，フランスの学校教育制度について，『米欧回覧実記』は以下のように記している。

　　教育ハ，近年ノ進歩，甚タ渋鈍ナレトモ，全国ノ男女ニ，無学無筆ノモノハ，百二三十ニスキス，蓋此国ノ文化ハ，各地方ニヨリ，甚タ不平均ナリ，東北ノ諸州ハ，大ニ進ミ，西，及ヒ中部ハヤヽスヽミ，南部ハ甚タ劣ル，僻陬ノ邑ニハ，全ク一校ヲ設ケサル所モアルニヨリ，且普通ノ教育ハ，政府ヨリ勧督シ，「カトレイキ」教僧ノ手ニアリ，故ニ教則ニ完全ヲ欠クコト多シ，全国小学ノ数，八万二千百三十五ヶ所，生徒四百七十三万千九百四十七人，中ニ全ク僧徒ニテ教ユル男女学校モ少カラス，女学校ノ如キハ，女尼ノ集リ教ヘルモノ三分二ニオル，此国ノ教育全国ニ普クトヽキ，裨益ヲ施スニハ，更ニ人ノ一世ヲ要スヘシト云[11]（原文のふりがな省略）

　すなわち，フランスにおける近年の教育の進歩は「甚タ渋鈍」であり，「僻陬ノ邑」には学校が1校もないなど，文化が地方によって「甚タ不平均」であるとしている。また，全国の小学校の数は8万2,135校，児童数は473万1,947人という具体的数字が挙げられているが，教育の実際については，カトリックの僧侶にまかされているために「教則」を欠くことが多いと問題視されており，教育がフランス全土に普及するには，これからまださらに「人ノ一世」ほど時間を要するであろうというのである。

　つまり，『米欧回覧実記』は，フランスの学校教育制度については，地域格差が大きく，また，カトリックの僧侶に教育を任せていて教則が整っていないなど，問題のあるものと見ているのである。アメリカや後に見るドイツやスイスの学校教育制度を高く評価しているのとは対照的である。

4　オランダの兵制と学校教育制度

　岩倉使節団は，フランスの後ベルギーを経て，1873年2月オランダを訪れている。『米欧回覧実記』は，「海商」を主とするオランダは「国勢」の割には海軍に力を入れており，かつて「共和政治」だったころは「欧洲ニ超駕」し，しばしばイギリスやスペインを破ったと記している[12]。ただし，その兵制について『米欧回覧実記』は以下のような問題点を指摘している。

蘭国ノ兵ハ，常備軍六万ニ及ハス，専ラ義兵ヲ主トシ，徴兵ハ二十歳ヨリ，五年間ノ役ニ服スル法ニテ，実ハ一年間操練ノ後ハ，家ニ帰リ，四年ノ間ハ，年ニ六度ノ練兵ヲナスノミ，然レトモ全国ノ民丁，甚タ徴兵ヲ厭ヒ，兵ヲ逃ルヽモノ益多キヲ加ヘ，軍医ノ検査弊害百出シ，武官モ苦心ヲ極ムトナリ，民兵役ヲ逃ル、弊ハ，各国ミナアル通患ナレトモ，蘭国ノ甚シキカ如クナラス，故ニ兵隊ノ気炎モ，自萎靡シテ振ハサルヲ覚フ[13]（原文のふりがな省略）

　つまり，20歳から5年間の兵役を務めることになっているものの，実際は1年間「操練」した後は家に帰り，後の4年間は年に6度の「練兵」を行うだけなのであるが，人々が徴兵を厭う傾向が甚だしく強く，兵隊の「気炎」も「萎靡」して振るわないと指摘している。ただし，オランダで徴兵を忌避する傾向が強い理由など，さらに踏み込んだ考察を『米欧回覧実記』は行っていない。

　そして，オランダの教育について『米欧回覧実記』は以下のように記している。

　　教育ハ，欧州国中ニ於テ，最上開化ノ地位ニオル，此国ノ民，苟モ恒産アルモノハ，不学ナル男女甚タ少シ，一千八百七十一年，全国ノ学校ハ，三千七百二十七ヶ所，教員男女一万〇九百人，生徒ノ数ハ五十万千八百八十一人ニ及フ，「レーデン」「ユトレヒト」〈郡ノ名ニテ首府モ亦同名ナリ，人口六万五千余〉「グローニンヘン」〈上ニ同シ，「レーデン」ニ亜スル人口アリ〉ノ三地ニ，大学校アリ，其名欧洲ニ高シ，碩学ノ名士ヲ多ク出ス[14]（原文のふりがな省略）

　ここで，『米欧回覧実記』は「不学」の男女が甚だ少なく，またヨーロッパでも高名な「大学校」を3校擁するオランダの教育はヨーロッパの中でも「最上開化」の地位にあると高く評価している。ただし，教育に関する記述もこれ以上考察を深めることなく終わっている。かつての勢いを失い衰退した国と見られていた当時のオランダは，日本の手本とは考えられていなかったようである。

5　ドイツの兵制と学校教育制度

　1873年3月，オランダの次に岩倉使節団が訪れたのはドイツであった。『米欧回覧実記』は普魯士(プロイス)としているが，普仏戦争の勝利により，1871年1月にはドイツ帝国が誕生しているので，ここではドイツと表記する。なおフランス式であった大日本帝国陸軍の兵制は1878年以降ドイツ式へと転換している。[15]

　ドイツの兵制について『米欧回覧実記』は「普国ノ兵制ハ，一千八百十四年以来，国中ノ男子，兵器ヲ執ルニ堪ユルモノハ，悉ク兵卒ノ教練ヲウケ，少クモ一年間ハ，常備軍役ニ服セシメ，全国ミナ軍人ニ練磨セラル、モノナリ」[16](原文のふりがな省略)と記している。つまり，例外のない徹底した国民皆兵制がその特徴だというのである。ドイツの徹底した国民皆兵制については，本章第2節で詳述するように，学校教練をめぐる議論の中で，山田顕義・西周・阪谷素等によって一種の理想として言及されることが多い。

　一方，ドイツの学校教育の実態について，『米欧回覧実記』は以下のように記している。

　　教育ハ，欧洲中ニテ最上等ニ位ス，政府ノ特ニ心ヲ致ス所ニテ，各郡邑ノ人民，必ス租税ヲ以テ扶助シ，小学校ヲ立テ，地方ノ官吏ハ，必ス学校維持ノ務ヲ兼管セザルヲ得ス，父母タルモノハ，必ス其子ヲ学校ニ出サヽルヲ得ス，政府歳入ノ百分ノ二ヲ費シテ，貧窶(ひんる)ノ幼童ヲシテ，公費ニヨリテ上校シ，教育ヲ受ケシム，村邑学校ノ謝金ハ，一週ニ一「ゴロセン」，都府ハ十「ゴロセン」ヲイル、，国内学年ノ人員六分ノ一ハ，不断学校ニアリ，而テ全国ニ文字ヲ写ス能ハサルモノ甚タ稀ナリ，千八百七十年ニ，全国小学校ノ数，二万五千四百八十箇所，三万千〇五十三人ノ教師ニテ，二百九十八万五千八百七十人ノ童男女ヲ教ユ，是ヨリ上等ノ学校ニ至テハ，前文ノ如キ厳法ヲ設ケテ迫ルコトナシ，中学校ノ数，一千八百六十四年ニ，五百八箇所，教員一千七百九十七人ニテ，生徒九万八百九十九人ナリ，其他技術学校，羅甸(ラテン)語学校等，尚三百〇二箇所アリ，教員二千八百十二人ニテ，生徒五万五千七百人アリ，大学校ハ全国ニスベテ十箇所アリ，其他ハ伯林「ボーン」「ブレスロウ」「グライ

フスウワルテ」「ケーニングス」堡「ミンステル」「キール」「ゲッチンゲン」「マルボルヒ」等ニテ，博士一千百五十四人，生徒一万三千九百二十人〈一千八百七十年〉(ふりがな原文)[17]

つまり，『米欧回覧実記』は，ドイツの教育はヨーロッパでも「最上等」であると非常に高い評価を与えている。それは政府が「特ニ心ヲ致」して教育にあたり，父母は必ず子どもを就学させなければならないという義務教育制により，全国に文字を写すことのできない者が「甚夕稀」な状態をもたらしているからである。そして，1870年では全国2万5,480か所の小学校で，3万1,053人の教師が298万5,870人の生徒を教えているなどの具体的な数字も紹介されている。

ところで，第2節で検討する山田顕義「兵制につき建白書」では，古来，プロイセンでは貴賤貧富の別なく幼時から「普通学」と並んで「採器調練」を演習させていると記しているが，成田十次郎によれば，ドイツの各国では1860年代から70年代にかけて，中等学校では体育がある程度実施されていたものの，小学校，女学校において体育はほとんど実施されていなかった。[18]実際，『理事功程』巻之十一所収の「孛國教育雜記」や「伯霊府學校事務局直轄ノ平民學校寺院附屬ノ學校及ヒ私學校普通ノ學科表」を見ると，小学校で教える学科の中には「採器調練」の類はおろか「体操」さえ含まれていない。[19]プロイセンは国民皆兵制をとってはいたが，小学校の段階から全国的に「採器調練」を行わせていたということではなかったようである。山田は後に検討するスイスの制度と混同している可能性がある。

以上のように，『米欧回覧実記』はドイツの徹底した国民皆兵制を紹介するとともに，義務教育制をとる学校教育制度については，ヨーロッパで「最上等」と非常に高い評価を与えているのである。

6 ロシアの兵制と学校教育制度

岩倉使節団は，ドイツの後，1873年3月にロシアを訪れるが，使節団のロシアに対する評価はヨーロッパの5大国の中でも最も「不開」という厳しいものであった。[20]例えば，以下のような記述がある。

二百年前マテハ，欧洲ニ甚夕著レサリシニ，彼得帝(ピートル)ノ奮発ニヨリ，始メ

写真1-1 『理事功程』

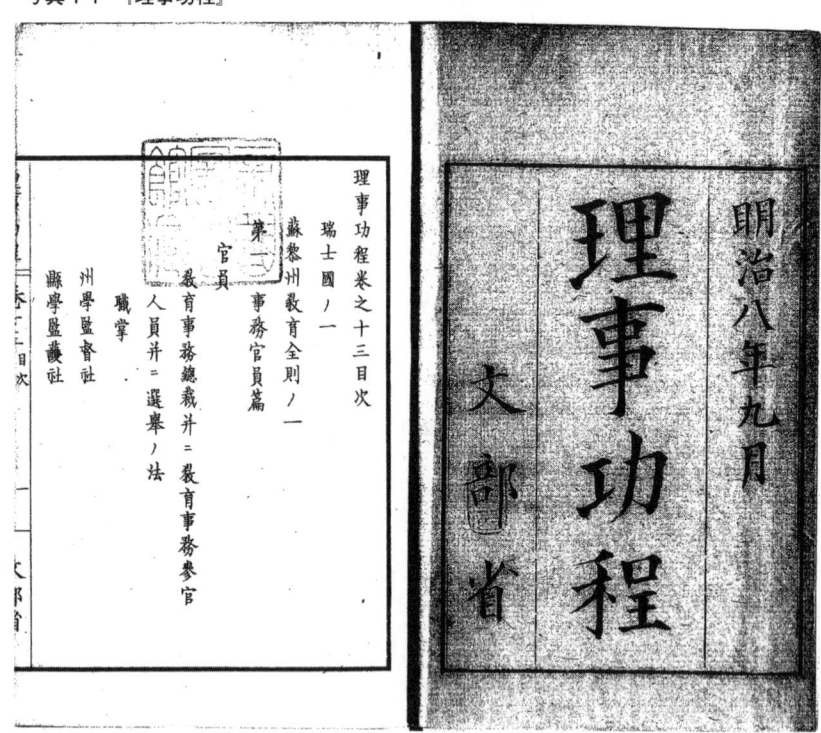

国立国会図書館蔵

テ欧洲ニ一大国ヲ生シタリ，爾来世々，国勢ヲ振興シ，強兵ノ誉レハ，
一千八百年間ノ騒乱ヨリ著レ，文化ノ進ミハ，近二十年間ニ著レタリ，
然レトモ其政ハ専制ノ下ニ圧セラレ，其化ハ古教ノ内ニ迷ヒ，其富ハ豪
族ノ手ニ収メラレ，人民一般ノ開化ハ，猶半開ノ地位ヲ免レス[21]（ふりが
な原文）

　ここでは，ロシアの「専制」的な社会体制が富を一部の「豪族」の手に集
中させる一方，人民一般は「半開」の地位にとどめられていると問題視して
いる。なお，『米欧回覧実記』には，騎兵で有名なコサックについての記述
が出てくるものの[22]兵制一般の記述はなく，教育については以下のような記述
が見られる。

　教育ハ一千八百六十五年ニ学校ノ数三万三千ニ及ヒ，生徒一百万ニミツ

ルトイヘトモ，民間ニハ只五百ノ小学，語学校アルノミ，全国ニ概算ス
レハ，人口百五十人ニ付テ，平均一人入学スル割ナリ，欧洲中ニテ文学
ノ等ハ，最下ニ位ス，然レトモ都府ニ於テ，都人士ノ学ヲ勉メ，且進歩
セルコトハ，文明諸国ト相較シテモ譲ラサルヘシ，首都聖彼得堡ニ於
テ，医学校，及ヒ病院ノ盛ナル，独逸ト相匹ス，其他大学校六箇所ア
リ，農学，化学，礦学，地学等，ミナ国人ノ勉強スル所タリ，又婦人モ
大学ニ入ルモノアリ，現ニ医学校ノ解剖寮ニ於テ，婦人ノ此科ニ従事セ
ルヲミタリ[23]（原文のふりがな省略）

　つまり，都府における学術の進歩は文明諸国と比肩し得るものだが，全国
的に見れば人口150人に対して1人しか就学していないなど，学問に関して
はヨーロッパの中でも「最下」に位置すると酷評している。従って，ロシア
の学校教育制度は，日本のモデルとはならなかったのである。

7　スイスの兵制と学校教育制度

　岩倉使節団は，ロシアの後，デンマーク，スウェーデン，ドイツ，イタリ
ア，オーストリアを経て，1873年6月スイスを訪れる。ヨーロッパにおける
小国スイスの兵制や学校教育制度に関する使節団の関心は高く，かなり細か
い言及がなされている。まず，『米欧回覧実記』はスイスの国防方針を以下
のように説明している。

其武ヲ張ルヤ，一旦隣邦ニ不虞アレハ，中立ノ義ヲ堅クシテ一兵ヲシテ
境ニ入ラシムルナシ，敵来レハ之ヲ逐ヒ，又他国ノ権利ヲ重ンシ，敵兵
モ其国境ヲ出レハ，即止テ逐ハス，他国ノ地ニ入リテ，兵ヲ動カスコト
ヲセス[24]（原文のふりがな省略）

　「中立ノ義」を堅くするスイスは，敵兵も国境を出れば逐うことはせず，
他国に侵略することもない専守防衛の立場であるとするのである。その上
で，当時のスイスの民兵制についてはまず，以下のように説明している。

全国ニ民兵ヲ置テ，常備兵ヲオカス，丁壮二十歳ヨリ，三十歳マテ，民
兵入籍ノ期トシ，少クモ人口百人中ヨリ，三人ヲ徴ス，当時ノ兵数ハ，
八万五千ニ及フ，三年ヲ休シ，三十四歳ヨリ四十歳マテヲ，予備民兵ト
ス，百人中ヨリ，一人半ヲ徴ス，今三万五千余ノ予備兵員ナレトモ，自

ラ奮フテ予備ニ加ハルモノアリテ，実数ハ五万余ニ及フ，四十一歳ヨリ四十四歳マテヲ内備兵トス，此兵数モ六万六千ノ員ニ及フ，其他ニ又内守ノ兵ト称スルモノアリテ，総兵ハ二十万員ニ及フ，而テ兵費ハ，年ニ五十万弗ニ上ラスト云（傍点原文）

スイスでは常備兵を置いていないが，20歳から30歳までの民兵，34歳から40歳までの予備民兵，41歳から44歳までの内備兵，その他合わせて総力20万に及ぶ兵力があり，費用は年50万ドルもかからないというのである。1872年の統計で人口266万9,147人の小国スイスが，民兵制をとることにより有事20万の動員が可能となっているという数字は，本章第2節で詳述する尾崎行雄の『尚武論』でも言及されている。そして，スイス軍の実際については，以下のように記されている。

外国侵入ノ防禦ハ，国中ミナ奮フテ死力ヲ尽スコト，火ヲ防クカ如シ，家家ニミナ兵ヲ講シ，一銃一戎衣ヲ備ヘサルナシ，殊ニ山地ノ戦ニ慣熟シ，嶮ヲ越ヘ岨ニヨリテ，敵ト拒戦スルニ長シ，散兵ノ運動ヲツトム，隣国ヨリ来リ侵ストキハ，民ミナ兵トナリ，先ンスルニ壮丁ヲ以テシ，其年高キモ，四肢猶健ナル以上ハ，ミナ兵トナル，婦人ハ軍糧ヲ辨シ，創傷ヲ扶ケ，人人死ニ至ルモ，他ヨリ其権利ヲ屈セラル、ヲ恥ツ，故ニ其国小ナリト雖トモ，大国ノ間ニ介シ，強兵ノ誉レ高ク，他国ヨリ敢テ之ヲ屈スルナシ（傍点原文，原文のふりがな省略）

「外国侵入」には国中死力を尽くして戦うスイスは，小国ではあっても「強兵ノ誉レ」が高いと評価されているのであるが，ここで注目しておきたいのは，スイス民兵の強さが，人々が死に至っても他から「権利」を侵害されるのを恥じるという「権利」意識の高さによるものだと理解されていることである。そして，この「権利」意識の高さは，以下のように，「自主ノ力」を暢達させるという点で，国内の文教の隆盛とも関連させて捉えられている。

此国ノ政治ヲ協定スルヤ，唯三章ノ目的アルノミ，自国ノ権利ヲ達シ，他国ノ権利ヲ妨ケス，他国ノ妨ケヲ防ク是ナリ，故ニ内ニハ文教ヲ盛ンニシテ，其自主ノ力ヲ暢達ス，教育ハ独逸語ノ部分殊ニ盛ナリ，教育ノ浹クシテ，民ニ礼アリ学アリ，生業ニ勉強スルコト，此国ヲ最ト称ス，

有名ノ大国ヨリモ，亦此国ニ遊学シテ，大学校ニ入ルモノ絶ヘス（傍点原文，原文のふりがな省略）[28]

　武装中立に徹し，自国や他国の「権利」を尊重するスイス国民の意識が，国内の文教を盛んにして「自主ノ力」を伸ばしていると捉えられているのである。なお，スイスの学術や教育程度は，「文明国ノ最上等」[29]と非常に高く評価されている。

　さらに『米欧回覧実記』には，以下のように使節団が，小学校の児童による操練と楽隊演奏の歓迎を受けた記事が登場する。

東北ニ回リ出テ，一ノ苑ニ至ル酒楼アリ，小学校ノ生徒，正ニ此ニテ操練ヲナセリ，楼ニ休スレハ，楽隊楼ニ向ヒ，楽ヲ調スルコト三闋，ミナ十二歳ヨリ十四五歳マテノ童子ナリ，童児ノ心ハ，純粋主一，唯教規ヲ守リテ，其業ヲ講スル中ニ，自ラ瑞士ノ本領タル，内ヲ保チ外ヲ防キ，其権利ヲ全クスルト，人ニ交際スル礼トヲ誘知セラレ，海外絶遠ノ使ニ向ヒ，此窈窕ノ音ヲ調ス，其協和シテ国ニ報フ，実ニ感悦ニ堪ヘサルナリ，瑞士ノ男子ハ，十一歳ヨリ短キ銃ヲ与ヘテ，学校ニ於テ兵ヲ兼習ハシ，其保国ノ心ヲ侵潜スル此ノ如シ，此其文武兼秀ツル所ナリ[30]

　ここでは，スイスの男子は，11歳から短銃を用いた軍事訓練を学校で課されることが紹介されているが，それは，スイスの「本領」である自国や他国の「権利」を全うすることと結び付けて理解されているのである。

　なお，『理事功程』巻之十三に記載されているスイスの「蘇黎州教育全則ノ一」には，満6歳で入学する6年課程の初等小学の教授課目には「體操」が規定され，3年課程の高等小学の教授課目には「體操幷ニ武技演習」が規定されている[31]。また，『理事功程』巻之十四に記載されているスイスの「上等諸學校」のうち教授科目が掲載されている学校の中で体操や武技演習の規定がないのは畜医学校（3年課程）だけで，その他の下等中学（4年課程），上等中学（2年ないし1年半課程），下等工学校（3年課程），上等工学校（3年課程），師範学校（4年課程）のいずれの教授課目にも「體操幷ニ武技演習」が規定されている[32]。

　以上のように，スイスでは，6歳から入学する初等小学では「體操」を行い，その後高等小学や「上等諸學校」に進学すると，「體操」に加えて「武

技演習」を行うことになっていたことがわかる。『米欧回覧実記』では11歳からとなっているが、6歳で初等小学に入学して6年後高等小学に進学するとすれば、12歳になっている計算になる。ともあれ、スイスでは11～12歳から本格的に「武技演習」を開始していたのである。

　以上、本節では1871年から73年まで欧米各国を回覧して視察調査を行った岩倉使節団が、欧米各国の兵制や学校教育制度をどう捉えたかについて検討した。岩倉使節団が欧米各国の中でも高く評価したのはアメリカ・ドイツ・スイスの教育制度であった。後に検討するように、日本における学校教練をめぐる論議においてもこれら3国について言及されることが多い。中でもヨーロッパにおける小国スイスで採用されている民兵制とそれを支える学校教練については、やはり小国と意識されていた当時の日本のモデルとすべく強い関心を持って岩倉使節団が視察にあたっていたことが窺えるのである。

第2節　構想期の学校教練論

　本節は、1872年頃から1881年頃までの学校教練構想期に提唱された学校教練論の特徴を究明することを課題とする。そのため、先行研究で言及されてきた山田顕義・西周・福澤諭吉・阪谷素・尾崎行雄の5人の論者の学校教練論の特徴を、森有礼の兵式体操論との比較という観点から検証し直すこととする。

　なお、ここでは、学校教練について論じている論考一般を「学校教練論」と表現しているが、その中でも、考察が学校教育制度全体にまで及んでいる場合（山田顕義・西周・尾崎行雄）を「学校教練構想」と記すことにより、考察が学校教育制度全体にまで及んでいない場合（福澤諭吉・阪谷素）と区別している。

1　山田顕義の学校教練構想

　山田顕義（1844-1892年）は松下村塾に学んだ長州出身の軍人・政治家である。山田は、1871年11月岩倉遣欧使節団に随行して各国の軍制調査にあたり、1873年帰国して「兵制につき建白書」をまとめた。この内容は、山田顕

義「建白書」(発行元＝馬喰町二丁目英蘭堂・嶋村利助)という四六判和紙33葉の小冊子として発行され，一般にも知られることになった。

写真1-2　山田　顕義
国立国会図書館蔵

「兵制につき建白書」は，岩倉使節団に随行して欧米の軍制を調査した成果を踏まえて，各国の「兵理」・「編隊則」・「徴兵ノ制」などを概観した後，日本で行われるべき政策の提言を行うという構成になっている。このうち，西欧の徴兵制についての以下のような記述が先行研究で注目されてきた。

　徴兵ノ制亦各国自カラ其法ヲ異ニス。国民一般ニ必ラズ学術ト兵役トニ服事スベキヲ以テ常法ト為シ，徴募ニ応ズル後，五年間常備スル者アリ〈仏国ノ制〉，三年間常備スル者アリ〈普国ノ制〉，二年間常備スル者アリ〈墺国ノ制〉，或ハ又数旬間常備スル者アリ〈瑞国ノ制〉。徴兵ノ法第一国体，第二会計，第三自他ノ国況，第四当時ノ用兵術ニ関ス。之ヲ賦役スルノ法自カラ異同有リト雖モ之ニ示令スルノ文意大差異アルコトナシ。人民ノ其土ニ生ル者ハ貴賤ノ別ナク必ズ皆兵役ニ服シ，各其国権ヲ保護シ而又其身所有ノ権ヲ固守シ決シテ他人ノ軽侮侵奪ヲ受クベカラザルヲ以テス。人民能ク其理ヲ了解シ而後以テ徴集スベシ。然リト雖ドモ此兵ヲ徴スルヤ，菅ニ容貌ヲ強兵ニ模擬シ隊伍ニ編シ銃砲ヲ採リ敵前ニ進マシムル而已ヲ以テ本務トスベカラズ，人民一般ノ知識敵兵ニ超越スルヲ以テ最要トス。於レ是国民中貴賤貧富ノ別ナク幼稚ノ時ヨリ郷校ニ於テ普通学ヲ教ヘ兼テ採器調練ヲ演ハシム〈普瑞両国古来有二此法一，仏墺魯伊太利近年此法ニ慣フ，人民必服ノ兵役ヲ金銭ニテ売買スル者ハ欧州昔日ノ弊ナリ〉是レ人民ヲシテ各自文武ノ道決シテ偏ナルベカラザルヲ知ラシメ，是ノ土ニ生ズル者ハ相共ニ此国権ヲ保護シ而テ又各自所有ノ権ヲ固守シ決シテ他人ヲシテ侵奪セシムベカラザルノ理ヲ講究スルナリ。故ニ強兵ノ基ハ採銃運動スルニアラズ，国民一般都鄙ノ別ナク郷校ノ教育ヲ充分ニシ普ネク人民ノ知識ヲシテ甲乙ナカラシムルニ在リ(原文のふりがな省略)

このうち,「人民必服」の兵役を金銭で売買するのは「欧州昔日ノ弊」とし,「貴賤ノ別ナク必ズ皆兵役」に服すことを前提と見ている部分などを, 木村吉次は「身分的秩序と職業世襲化を破棄し, 一応四民平等・職業選択の自由をたてまえとした上での国民皆兵の理念を原則としている」と評価している。さらに, 木村は「国権」の保護と「其身所有ノ権」の固守とが内的連関をもって捉えられていることや,「人民一般ノ知識」の向上の必要性を説いていることを指摘して, 山田の論を「開明主義的で進歩的」と評価している。

　本書では木村の指摘に加えて, 山田は「貴賤貧富」の別なく「幼稚ノ時」から「普通学」と「採器調練」を演習させることが, プロイセンやスイスでは「古来」, フランス・オーストリア・ロシア・イタリアでは「近年」行われているという認識を持っていることを指摘しておきたい。ヨーロッパ諸国では「貴賤貧富」の別なく,「幼稚ノ時」から「普通学」と「採器調練」を演習させているという認識が, 山田の日本における学校教練実施の主張の根底にあるのである。ただし, 当時, スイスの小学校で「採器調練」が行われていたことは事実であるが, プロイセン（ドイツ）の小学校において,「採器調練」が一般的に授業として教えられていたわけではなかったことと, フランスやロシアではそもそも学校教育が十分普及していなかったことは前節で指摘した。

　なお, ここで山田が具体的な徴兵年限を挙げているのがフランス, プロイセン, オーストリア, スイスの4か国であり,「幼稚ノ時ヨリ郷校ニ於テ普通学ヲ教ヘ兼テ採器調練ヲ演ハシム」例として挙げているのも, 以上の4か国にロシアとイタリアを加えた6か国であることに注目しておきたい。山田の兵制論の対象はヨーロッパであり, 中でもプロイセンやスイスをかなり意識しているが,「欧米」と言いながらアメリカの兵制は視野に入っていない。

　山田は, 以上のようなヨーロッパ諸国の兵制などの紹介を行った後, 日本で行うべき施策を第一から第七まで7つに分けて提言していく。このうち, 第六が陸軍士官の養成, 第七が下士官と兵卒の養成についての提言である。山田は次のように述べている。

　　兵ハ護国ノ要器ニシテ内外ノ景況ニ応ジ張弛スベキ者ト雖ドモ, 之ヲ教

練スルノ士官及下士官ナク，之ニ付スルノ良器ナク，之ヲ運ブノ道路ナク，之ヲ保護スルノ砲台ナク，況ヤ民律兵律其権衡ヲ得ザルニ於テヲヤ。然ルニ巨万ノ金額ヲ費シ，許多ノ人力ヲ労シ，多少ノ光陰ヲ費シ兵卒ヲ徴募ス。此レ実ニ其本末ヲ知ラザルノ甚シキ也。伏願クハ断然徴兵ノ挙ヲ延ベ，此ノ間国中ノ警備ニ充ツル者，各地下士官学校ノ人員ヲ以テシ，八年或ハ十年後ノ大成ヲ期シ，只其根本ニ尽力スルヲ以テ目今ノ務トシ，国法ニ依リ省中ノ章程ヲ定メ，国律ニ準ジ兵律ヲ改正シ（軍律中割腹ノ刑，天理ニ悖ル甚シカルベシ。其他文武互ニ関渉ノ事件公理ニ反スル者，少トスベカラズ），天皇陛下ノ陸軍大規則ヲ編束シ，諸兵学校ヲ興シ，器械火薬製造，城堡及道路堤防幷ニ家屋建築ノ事ヲ以テ専務トスベシ（原文のふりがな省略）

つまり，兵卒を養成しようにも，教練する士官や下士官もなく，与える良器も兵士を運ぶ道路も砲台もなく軍律も整っていない状況なので，これらの環境を整える間，8年から10年徴兵を延期することを主張しているのである。そして，山田は徴兵のための条件整備の一環として，次のように小学校における軍事訓練を主張するのである。

文部所轄ノ諸小学校学則ニ増加スルニ，陸軍所要ノ技術・体術・演陣ノ如キ者ヲ以テシ，童子年齢十歳ヨリ十六歳迄ノ者ヲシテ毎日一時間又ハ三十分時間之ヲ教練シ，毎日曜日ニ於テ一村落又ハ一郡ニ招集合併シ，之ニ付スルニ其地在住ノ陸軍下等士官ヲ以テシ陣法ヲ演ゼシムベシ。如レ此シテ八年若シクハ十年ヲ経バ，皇国壮年ノ人民悉ク文武ノ大概ヲ了得シ，遂ニ老少ノ別ナク文武ヲ知リ続々絶ユルコトナキニ至ルベシ。於レ是始テ兵卒ヲ徴募シ隊伍ニ編スベシ。其徴募ハ各地ニ付シ招集スベシ。此ノ時ニ当テハ其募ニ応ズル者（年二十歳ノモノ），悉ク皆読書筆算ヲ知リ技術・体術・演陣ヲ知ル。故ニ入営ノ日ニ至リ教授スベキ者ハ陸軍所要ノ数件ニ過ギズ。是以滞営ノ日数凡二ケ月又ハ三ケ月ニシテ十分ナルベシ。砲兵造築兵ノ如キモノト雖ドモ，四ケ月又ハ五ケ月ニシテ充分スベシ（原文のふりがな省略）

以上のように山田は，小学校の教育課程に「陸軍所要ノ技術・体術・演陣」を加えて，10歳から16歳までの者に対して毎日1時間か30分教練を課

し，日曜日には「陣法」の演習をすべきと主張している。そうすれば，「読書筆算」と，陸軍で必要な「技術・体術・演陣」を身に付けることになり，入営後の訓練も2〜3か月だけで十分だとするのである。ここで，山田が学校における「教練」に期待しているのは，「陸軍所要ノ技術・体術・演陣」という「技術」的なものである。つまり，入営後に必要な訓練時間の短縮を目的としているのであり，他の学校教練の論者が主張する「気質」の鍛錬といった要素や，森の兵式体操論における秩序や規律の確立といった要素は，山田の主張には見られないのである。

　山田の「兵制につき建白書」は，貴賤貧富による別なく兵役に服するという四民平等的な思想を根底にし，「読書筆算」といった「人民ノ知識」の向上を図ることが先決だとして，「普通学」教育の充実を主張するところに特徴があり，先行研究においては「開明的」・「進歩的」と評価されてきた。本書がこれに加えて確認しておきたいのは，山田が主張した小学校における「教練」は，あくまで技術の習得を主目的とするものであって，気質の鍛錬や秩序・規律の確立といった要素はその目的に含まれていなかったことである。この点が後に検討する森有礼の兵式体操論との大きな違いなのである。

2　西周の学校教練構想

　西周（1829-97年）は，明六社に参加し東京学士会院の会長を務めるなどした明治期における代表的啓蒙学者である。また，1870年には大学の学制取調御用掛を務めており，さらに1881年から1885年までは東京師範学校校務嘱託を務めるなど，教育方面においても活躍している。しかし一方では陸軍省・参謀本部に出仕する軍事官僚として，軍人訓誡（1878年）・軍人勅諭（1882年）の起草にも関わるなど，山縣有朋の下で軍制整備に尽力してもいる。そのため西には「軍国主義者のイメージ」がつきまとい，福澤諭吉や加藤弘之らと比べ研究対象として重視されてこなかったと指摘されている。[39]

　このうち，東京師範学校校務嘱託時代の西については，第4章第2節で検討することとし，本節では「德川家兵學校掟書」（1868年）から「文武學校基本并規則書」（1870年）を経て「兵賦論」（1878-81年）に至るまでの西の学校教練構想の内容と特徴を，特に森有礼の兵式体操論との比較という観点か

ら検証する。

1.「德川家兵學校掟書」における学校教練構想

写真1-3 西　周

国立国会図書館蔵

　西は1868年，徳川宗家静岡藩70万石の領地に編入された沼津に設けられた旧幕府の兵学校の頭取に迎えられる。この時，西が兵学校のために起草したのが「德川家兵學校掟書」である。なお，徳川家兵学校には本校の予備教育機関として附属の小学校が設置されていた。小学校についても「德川家兵學校小學校掟書」が残されているが，大久保利謙によれば，「德川家兵學校小學校掟書」を起草したのは西ではなく，一等教授となった赤松大三郎の可能性が高い。[40]

　徳川家兵学校は1869年の静岡藩藩制改革の際に今日の通称となる沼津兵学校と改称されたが，1871年，開校してからわずか3年で兵部省に接収されてしまうことになる。兵学校には，14〜18歳に限るという入学年齢制限があり，また「其父より徳川家御家臣之列ニ相違無之候事」が条件とされる，あくまで徳川家の家臣の子弟を対象とした学校であった。[41]

　徳川家兵学校の学科は歩兵将校之科，砲兵将校之科，築造将校之科の3科に分かれており，4年間の資業生で基礎を学んだ後，3年間本業生として学ぶという教育課程になっていた。試験に合格した本業生は得業生となり，陸軍士官になる資格を得るとされ，将校養成を目的とした機関であったと言える。先行研究において，能勢修一[42]と塩入隆[43]は，主に附属小学校の課程に注目してきたが，本書では本体の兵学校と附属小学校の課程の両方を比較検討する。

　兵学校の3科共通の資業生教育課程は表1-1に示す通りである。

　兵学校は，陸軍将校養成が目的の学校なので，軍事的訓練が教育課程にあるのは当然と言えるが，軍事的意味合いのある科目としては「乗馬」「銃砲打方」「操練」の3つが規定されている。このうち，「操練」は「生兵小隊幷ニ大砲ハセキ于一運轉位マデ」，「銃砲打方」は「銃ノ組立的打等打交セ」と

表1-1　徳川家兵学校資業生教育課程

書史講論	英佛語の内一科	數學	器械學	圖畫	乘馬	銃砲打方	操練
瀛環志畧　孫子　博物新編　地理全誌	會話　文典	點竄　開平　開立マデ　幾何　平面式	本源ノミ　フロゼクシオンの學	プランセット　セキスタント　ブースソル等ノ理並ニ用法又實地測量　此測器ナクシテ目ニテ遠近ヲ測リ圖ニ寫ス事又水平術の大畧	乘馬	銃ノ組立的打等打交セ	生兵小隊幷ニ大砲ハセキテ一運轉位マデ
皇朝史畧　日本外史		八線正斜三角　二次方程式マデ					
	天文　窮理　概畧　萬國地理　概畧						
綱鑑易知錄	萬國史　經濟説　大畧	立體　連數對數の理					

『西周全集』第２巻

説明されている。

　この後，本業生になると，歩兵将校之科，砲兵将校之科，築造将校之科に分かれて専門的に本格的な軍事教育を受ける課程となっていた。[44]

　なお，兵学校に関しては兵学専攻に加えて文学専攻を設置することを規定した「徳川家沼津學校追加掟書」という文書も存在する。大久保利謙によれば，これは1869年に制定されはしたものの，実際には実施されなかったようである。[45] この「追加掟書」は，文学専攻として「政律」「史道」「醫科」「利用」の４科を設けることを構想している。このうち，「政律」は「古今律令之利害を講究し治術之基を立る所」，「史道」は「天下古今道理之本源を講究

し敎化之源を深うする所」,「醫科」は「人命之係はる所」,「利用」は「土木之功器械之製より水利礦山樹藝農耕等之事を司り候人材を致教育候事」と規定されており,「追加掟書」の文学専攻とは兵学に対する普通学全般の学問を専攻することを意味しているのである。[46]

そして,「政律」「史道」の２科の資業生は，兵学専攻の学課中,「試銃砲操練」の日課を緩めてその時間を「温古前課」に充てることとされ,「醫科」資業生は「器械學」と「試銃砲」を他の学課に,「利用」科資業生は「試銃砲操練」を他の学課に充てるとされていた。さらに，文学専攻本業生の学課には，４科とも「試銃砲」「操練」等は入っていない。[47] なお,「試銃砲」は表では「銃砲打方」と表現されているものと同じである。[48] つまり，この時期の西には，文学専攻の学生に対して軍事的訓練を積極的に施す意識はなかったと思われる。

なお，先に述べたように兵学校は附属小学校を併設していた。小学校は，兵学校本体とは異なり，受け入れ対象を徳川家家臣だけでなく「最寄在方町方有志之者」にも開放していた。[49] この附属小学校の教育課程は表１-２に示す通りである。

体操は以下のように規定されていた。

> 體操は休日を除く之外日〻一小時演習いたし身體之強壯を養ひ可申講釋聽聞は日曜日朝毎ニ出席いたし德義之方向を辨候樣可致此兩科は是非とも校内ニ而修業可致候事水練は毎夏土用中稽古可致右規則書は別本ニ見合候事[50]

つまり，休日を除いて日々実践すべきものとして規定されていた体操のねらいはあくまで「身體之強壯」を養うことにあった。他に剣術・乗馬・水練が課せられてはいるが，兵学校の科目に規定されていた「試銃砲」は附属小学校の課程にないのである。

従って，仮に附属小学校から文学専攻の医科や利用科へと進んだ場合，「試銃砲」は全く履修しないことになる。つまり，この時期の西は将校の養成を目指す兵学の専攻と普通学専攻の課程を分けて考えており，将校の道を選ばない学生に対する軍事的訓練についてはあまり重視していなかったと考えられる。

表1-2　徳川家兵学校附属小学校教育課程

童生學科表	素讀	學書	算術	地理	體操	水練	講釋聽聞
一級	三字經 孝經 大學 中庸	以呂波片仮名 数字名頭	数字度量權衡 加減		劍術 乗馬		小學 論孟循環
二級	論孟五經	往来物 私用文章	乗除比例 雜雜	皇國地理			
三級	十八史略 元明史略 國史畧	公用文章	分數開平開立 雜題				

『西周全集』第2巻

2．「文武學校基本幷規則書」における学校教練構想

「文武學校基本幷規則書」は1870年，徳川家から100日の休暇を得て帰郷した西が津和野藩主亀井茲監の諮問に応じて提出した学校体系構想である。西はこの中で，「四海古今學校施設之制度」を比較講究した結果，大中小の3校を設けることが「古今四海」とも「一轍」していたという結論に至り，「府」には大学，「藩縣」には国学，「郡郷」には小学を設置すべきであると提案している。[51] このように，全国的な視野で大学・国学・小学という3段階の本格的学校体系を構想していることが「文武學校基本幷規則書」の大きな特徴である。

西は，このうち小学については「在來之寺子屋素讀師匠劒術道場」などにあたるものと説明しているが，これら在来の教育機関との違いについて，

表1-3 「文武學校基本幷規則書」小学教育課程

一 小學學科は大略左之通二而可然哉と奉存候

學科	三級	二級	一級	級外
素讀	三字經 大統歌 孝經	孟子 易詩書禮 春秋除	國史略十八史略元明史略 蒙求	左史傳 外史
手習	以呂波 數字 名盡	私用文章 賓客諸贈 答之分類 四季吉凶	公用文章 屆出 願書 口達 留 布告 高札 捨札 類	檄文 言上書之類
算術	加減乘除	諸等分數	比例開平開立	仕法書
日本語學	國盡 往來物類	假名遣 音便 互仁遠波法	虛語用法 實語用法	和文書法 和史購讀
日本地理學		地球說概畧 皇國國郡都邑	山川道程 人口多寡 諸國產物	萬國地理概畧
體操・劍術	體操劍術取交 但體操四分之三 劍術四分之一		小銃用法	小隊運動
水練	六月朔日ヨリ 七月廿日マテ			
講釋	毎日曜日朝一字間			

『西周全集』第2巻

「公之費用」を使っていることと,従来別々に教授されてきた「諸術」を「合併」して1箇所で教授することにより,「童生」も「東奔西走」することなく進歩も速やかになるという利点を持つものだと説明している。[52]ちなみに,小学の教育課程は表1-3に示す通りである。

表1-3を表1-2の德川家兵学校附属小学校の教育課程と比べると,全体として似通った印象を受けるが,「體操」については大きな相違が見られる。德川家兵学校附属小学校の課程では,「體操」「劍術」「乘馬」「水練」は級

第2節 構想期の学校教練論 45

によって行う内容が細かく分けて規定されていないが,「文武學校基本并規則書」小学では,三級と二級で「體操」と「劍術」を3対1の割合で学んだ後,一級で「小銃用法」,級外で「小隊運動」を学ぶというように,段階を追って履修する課程となっている。また,「乗馬」が課程から消えている一方で,「小銃用法」「小隊運動」が課程に入っていることも特徴である。

なお,西が「體操は童生身體之強健を保候爲ニ是を設け兼而練兵之基礎を立テ他日國中皆兵となすへしと申候獨逸國之制習候積ニ御座候」[53]と述べていることについて,塩入隆は「後に何人かによって展開された兵式体操論の全てが蔵されている」[54]と評している。ここで西が「國中皆兵」を目指すドイツをモデルとしていることに注目しておきたい。

「小銃用法」や「小隊運動」という軍事的色彩の濃いものを含む「文武學校基本并規則書」中の小学「體操」の内容は,徳川家兵学校附属小学校よりも,「試銃砲」「操練」を規定していた徳川家兵学校資業生の教育課程に近い。これは,徳川家兵学校附属小学校掟書を起草したのが赤松大三郎の可能性が高く,西によるものでないことによると考えられる。

そして,小学の次の段階に位置付けられた教育機関が国学であった。国学は大きく「文學」専攻と「武學」専攻に分かれており,「文學」専攻はさらに「政律」「史道」「醫科」「利用」の4科に分かれ,「武學」専攻は「歩兵科」「砲兵科」「築造科」の3科に分かれる規定であったが,これは「徳川家沼津學校追加掟書」で構想された幻の文学専攻の4科と「徳川家兵學校掟書」の3科と同じであった。

国学は3年若しくは4年を一期と定め,資業生として2年若しくは3年予備教育を受けた後[55],本業生に進むと規定されていた[56]。徳川家兵学校の資業生・本業生制度を踏襲したものと言えよう。このうち,「武學」の資業生教育課程は表1-4に示す通りである。

軍事の意味合いのある課目としては「調馬」「調練」「操砲」の3つであり,徳川家兵学校資業生の教育課程と似ている。徳川家兵学校資業生課程では「操練」とされていたものが「調練」となって,「生兵調練ヨリ小隊マテ大隊以上算木ニ而　目算測量狙撃術等」と内容がより細かくなり,「日々1時間」行うものとして規定されている。

表1-4 武學資業生教育課程

一武學生資業課目は左之通

業方法	漢書輪讀	數學授業	〃	〃	洋書授業	圖畫授業	調馬	調練	操砲
(内容)	七書之類 易知録并國史畧	尋常代數學 附ロガリタメンル線表用法	地球説畧 博物新編 格物入門之類	幾何學 附實地測量測量器用法	洋字 單語 會話 文典 格物學 練兵書類 萬國地理 萬國歴史畧	直線曲線外圍染影銃砲諸圖ヨリ見取圖マテニ終ル	小隊マテ	生兵調練ヨリ 大隊以上算木二而 目算測量狙撃術等	運轉打方ノミ
時間割合	隔日 一時間	隔日 一時間	隔日 一時間	代數學中此ヨリ 隔日 一時間	日々 一時間	一週 二時間	一週早朝 二次或三次	日々 一時間	一週 二次 此日ハ調練ナシ

『西周全集』第2巻

　なお，武学資業生の後の武学本業生の場合，歩兵科は「操練」，砲兵科は「大砲操練」，築造科は「築造操練」という課目名である。つまり西は，武学資業生に課す基本的な訓練を「調練」，武学本業生に課す，より専門性の高い訓練を「操練」として呼び分けているのである。

　次に，文学専攻4科のうち，「政律」「史道」の2科の資業生の教育課程を示すと表1-5の通りである。

　ここでは，1週1時間の「練兵」が1週早朝2時間の「調馬」と並んで課程の中に位置付けられている。なお「練兵」の内容は「銃砲打方ヨリ小隊運

表1-5 「政律」「史道」資業生教育課程

一政律史道二科之資業生學科は左之通

業方法	漢書輪讀	〃輪講	〃自讀	洋書授業	數學授業	練兵	調馬	課題
	國語　史記　皇朝史畧　政記　逸史　明微錄　日本書紀之類	地球説畧　地理全志　瀛環志畧　博物新編　格物入門之類	四書　書經　及第後一年間を隔始むへし	綱鑑易知錄　明鑑易知錄　宋元通鑑　明紀綱目　大日本史之類	漢書溫史　文典萬國地理　萬國歴史　格物學　經濟學	洋字單語　會話	尋常代數學	銃砲打方ヨリ小隊運動マテ	復文譯文打交及第後一年ヨリ復文一年半ヨリ譯文
時間割合	日々　一時間	一週　二時間	日々餘間	日々　一時間	一週　二時間	一週　一時間	一週　早朝二時間	一週一次

『西周全集』第2巻

動マテ」と説明されている。「徳川家沼津學校追加掟書」では「試銃砲操練之所日課相緩め其時間を以温古前課講究可致候事」と大まかに規定されていたものを，より具体的に規定していると言えよう。さらに，「練兵」という語を用いて武学生資業生に課せられた「調練」と区別している点にも注目しておきたい。また，「醫科」「利用」の2科の資業生課目については「醫科利用科ニ而は乗馬練兵等は自身好尚ニ任せ責むる所ニ無之尤療用掛り士官ニ被補候者は兼而此二術とも講究可致候事」と注意書きがあるだけで，教育課程

には「練兵」は記載されておらず，必修ではなかった。そして本業生の場合，文学専攻の4科全ての課目表に「練兵」「調練」といった軍事訓練課目は載っていない。[59]

「德川家兵學校掟書」及び「德川家沼津學校追加掟書」では一律「操練」とされていたものが，「文武學校基本幷規則書」の国学においては，「調練」「操練」「練兵」と用語の使い分けが行われてより緻密な構想になっていることが分かる。つまり，将来の将校を養成する武学専攻の場合，その基礎を身に付けるのが「調練」，応用を身に付けるのが「操練」と位置付けられている。そして，普通学を修める文学専攻の場合，今で言うところの「文系」にあたる「政律」「史道」には「練兵」が課せられていた。小学の学科「體操」が「練兵之基礎」と規定されていたことと対応しているが，武学の学生が行う「調練」「操練」とは区別されているのである。これは，「政律」「史道」の学生に対しては，将校としてではなく兵士としての訓練をするという意味であろう。一方，現在の「理系」にあたる「醫科」と「利用」の2科に「練兵」は課されていない。普通学を修める文学専攻においても，この2科の卒業生については兵士とすることは考えられていなかったのである。

なお，塩入隆は，文学専攻の「政律」「史道」の2科の学生には練兵と調馬が課せられ，「醫科」と「利用」の2科の学生については「乗馬と練兵を自由に選択できる」と解釈して，「将来の士官を養成する」ものとして乗馬と練兵を捉えているが，[60]「醫科」と「利用」の2科の学生については，表に記載がないことから，「自由に選択できる」というよりも「必修」でなかったと解する方が自然である。そして，武学の課程における「調練」「操練」と「練兵」の用語の使い分けに着目すると，「政律」「史道」の学生には士官ではなく兵士としての訓練を考えていたと思われるのである。

一方，先に検討した山田顕義「兵制につき建白書」は，小学校学則に「陸軍所要ノ技術・体術・演陣」などを加えて，10歳から16歳までの「童子」を毎日1時間か30分「教練」するとしているだけであり，小学校以降の教育機関の専攻別にどうするかまでは規定していなかった。「文武學校基本幷規則書」における西の学校教練構想は相当に緻密であると言えよう。

3.「兵賦論」における学校教練構想

　西周は1878年9月15日以降，燕喜会において陸軍将校を前に断続的に3年にわたって講演を行った。大久保利謙によれば，燕喜会とは陸軍将校のクラブである偕行社内に結成された一種の部内サークルである。この講演が「兵賦論」として，『内外兵事新聞』第166号（1878年10月20日）から第289号（1881年2月27日）まで断続的に掲載されたのである。兵賦とは「軍ヲ立ルノ本資ニシテ之ヲ國民ニ賦課スル」こと，つまり徴兵のことである。なお，西の「兵賦論」については，大久保利謙，梅渓昇，加藤陽子の先行研究に言及が見られるが，学校教練の立場から論じたものは見当たらない。

　大久保利謙や梅渓昇が指摘するように，西の「兵賦論」の特徴の一つは，「竟ニ地球上一政府ノ下ニ立テ，四海共和無窮治休ノ域ニ至ルベキコト疑ヒナシ」というカントの永久平和論を理想としていることにある。ただし，西は永久平和の理想の実現には早くて1万年かかるという冷徹な歴史認識を持っていた。永久平和が実現するまでの期間を百里とすると，人生はそのうちのほんの一尺ばかりの短いものに過ぎないと認識していたのである。なお，西は陸軍将校の前にもかかわらず，自らも関わっている軍隊の仕事を「彼併合呑併ト云フ面白カラザル事業」であると述べてもいる。

　そして，西は，「戸主非戸主獨子獨孫廢疾罪犯官吏教員等」による区別や，「華士族平民」といった身分による区別を許さない徹底した国民皆兵によって，1年4か月という短期の服役年限を実現することを主張している。また，陸軍の組織は，伍長以上の「軀員」と砲工という二種の「學術兵」を中心とする「狹少」な組織が望ましいとして，組織の肥大化には批判的であった。こうした文脈において西は以下のような学校教練構想を提示するのである。

　　カノ小學教育ナドハ智力ノ發達ヲ求ムル上ニ兼テ體力ノ發達ヲ求メ，小學兒童ヲシテ體操等ニ訓練セシムルハ勿論，十二三歳ニ至レバ漸ク生兵學小隊運動ヲモ敎練シテ，十八歳許徴兵トナルモ左迄ノ苦勞無ク，易々調習ニ適シテ餘裕アラシムルコト此法制ノ企望スル所ナリトス，此ノ如クナレバ，蜻蜓全洲ハ譬ヘバ一城郭ノ如ク，其男兒タル者ハ悉ク軍人ナラザル莫キノ法制ナリ，然ルニ唯女子ハ兵役ヲ免ル、ヲ得ルカノ一問題

遺レリトス，是又此法制ノ精神ニテハ女子モ漸次ニ體育ノコトニ從事セシメテ，身體ノ強壯ヨリ精神ノ確充ヲ主義トシテ，而シテ父母共ニ強壯ナレバ生兒モ從テ健實ナルノ效驗ヲ得ント欲スルニ在リ，故此法制タルヤ徒ニ之ヲ一朝一夕ノ變革ニ望ム所ニ非ズシテ，其十成ヲ數世ノ後ニ期シ，百年ノ後女子ノ步銃隊ト女子ノ騎兵隊トヲ現出セシメタル時ニ至リ，始メテカノ男女同權ノ論ヲ申シ出ス可キノ時機ト觀ルナリ[71]

　ここで西は小学校教育において智力と体力を発達させることを前提に，12〜13歳以上を対象とした「生兵學」「小隊運動」を内容とする「教練」を実施することを求めている。そうすれば18歳で徴兵されても苦労なく調習に適するだろうというのであり，1年4か月という短期の在営期間を実現するための手段として学校教練を捉えていると言えよう。ここで注目されるのは，女子の徴兵の可能性にも触れていることである。すぐに実現は無理とするものの，女子も体育によって精神を鍛えていくことにより，数世代後には女子の「步銃隊」「騎兵隊」が出現するだろうし，その時こそ男女同権論を主張すべき時であるとしているのである。このように兵役という義務を，権利と表裏するものとして捉えているところが西の大きな特徴である。

　この後西は具体的な数字に基づき独自の徴兵論を展開する。西は，徴兵可能な30万人のうち2万5千人については，その服役年限を3年から1年4か月に短縮した上で従来通りに各軍管に配置すれば，兵備についての不安はないとしている[72]。そして，残りの27万5千人については，服役を6か月とさらに短縮し，そのうち3か月は「操練」を行うものの，後の3か月は「土工事業鍬兵事業運輸事業等」に従事させて服役費用を自弁させればよいとしている[73]。徹底した国民皆兵論であるが，実際に服役する者の負担は大幅に軽減されると言える。加藤陽子はこの徴兵案を「なかなかよくできている」[74]と評している。

　以上をまとめると，西周は，カントの永久平和を理想とし，軍の組織の肥大化に批判的で，陸軍将校の前で軍隊の仕事を「彼併合吞併ト云フ面白カラザル事業」と述べるような，およそ「軍国主義」的とは言えない思想の持ち主であった。西は，兵役の義務を権利と裏腹の関係にあるものとして捉えており，「男女同権」とつながる文脈で女子の徴兵の可能性にまで言及する徹

底した国民皆兵論がその特徴であった。西の国民皆兵論は，各軍管に配置されない者も例外なく，半分の3か月は「土工事業鍬兵事業運輸事業等」に従事させて費用を自弁させ，6か月服役させるという案を示すほど徹底したものであった。各軍管に配置される場合でも年限を1年4か月に短縮することを構想しており，そのために，小学校においては，体操の基礎の上に「生兵學小隊運動」を「教練」することを主張したのである。

ここでは，西が権利との関係で兵役を捉え，権利と裏腹の関係にある兵役は平等に負担すべきであり，またその負担をできるだけ軽くするために「教練」導入を構想していることに注目しておきたい。

以上検討してきたように，西周は「文武學校基本幷規則書」において，将来の進路に応じて生徒に課する学校教練を「調練」「操練」「練兵」と区別するような緻密な学校教練構想を示していた。後に陸軍省・参謀本部に出仕して近代日本陸軍の整備に関わっていく西の片鱗が窺える。また西の「兵賦論」は徹底した国民皆兵主義に基づいているが，西は権利の対価として兵役を捉えており，兵役負担をなるべく平等に負担し軽くするために学校教練の導入を主張したのである。従って西の学校教練構想は兵役年限短縮を主とするものであり，後に検討する森有礼の兵式体操論とは異なる立場からなされていると言える。陸軍と縁の深い山田顕義と西周の学校教練論はいずれも兵役年限短縮を主な理由にしていたのである。

3　福澤諭吉の学校教練論

福澤諭吉（1835-1901年）は，慶應義塾を創始した明治時代の代表的啓蒙知識人である。福澤も森有礼や西周，阪谷素らとともに明六社の社員であった。その福澤が，『通俗民権論』（1878年）や『時事小言』（1881年）において，学校教練実施を積極的に主張していたことは，木村吉次によって指摘されているが，他の学校教練論との比較は試みられていない。ここでは，森有礼の兵式体操論との比較という観点から，福澤の学校教練論の特徴を検証する。

そのため，まずはじめに，西洋式の「調練」になぞらえて「会議」の方法も習慣化することが必要だと説いた『會議辨』（1874年頃）によって，福澤

が近代軍隊における集団行動としての教練をどのように見ていたかを明らかにする。そして，その後，『通俗民権論』に現れた福澤の保健観を検討した上で，『時事小言』における学校教練論の特徴を明らかにする。

1.『會議辨』における「調練」観

福澤は，1874年頃刊行とされる[76]『會議辨』において以下のように記している。

> 昔西洋調練の我邦に始て行はれんとせしとき，其事の難きこと譬へん方なし。僅に一冊の譯書に據り，假に隊長を設て衆士を指揮するに，指揮する者も慣れず指揮せらるゝも慣れず，調練は既に始りたれども過半の兵士は未だ辨當終らず，右と令すれば左に向ひ，進めと云へば立ち止まり，或は不意に鐵砲を放て一隊の將士を驚かす等の間違を生じて，見物の人も笑ひ調練の兵士も笑ひ，遂に一日の調練は央に止て兵士の行く所を知らず，唯調練場に辨當箱と鐵砲の打捨たるあるのみ。其亂雜も亦甚しと云ふ可し（原文のふりがな省略）[77]

写真1-4 福澤 諭吉
国立国会図書館蔵

つまり，福澤は西洋流の「調練」が開始された時，指揮する方も指揮される方も慣れていないので「右と令すれば左に向ひ，進めと云へば立ち止まり，或は不意に鐵砲を放」つような混乱が生じたとしている。[78]西洋流の「調練」は，日本では習慣のなかったものであったため，その導入初期には混乱が伴っていたことを福澤は証言している。

ただし，福澤はこの後「然るに僅數年の習慣にて今日に至ては又この亂雜あるを聞かず。僻遠の士民を募て兵隊に編入するも，數日にして練兵と爲る可し。こは昔の人と今の人と智愚の異なるに非ず。唯慣るゝとなれざるとの相違あるのみ[79]」と述べている。要するに，福澤は数年経って習慣となると，「僻遠の士民」でも「數日にして練兵と爲る」ことができるようになったとして，日本には習慣のなかった西洋流の会議の仕方も慣れることにより身に付けることができると言っているのである。

つまり，西洋式の近代軍隊における集団行動は，西洋式の会議の方法とと

もに，それまでの日本にはなかった「近代」を象徴するものとして福澤に捉えられていると言える。このような，軍隊における「調練」を「近代」の象徴と見る認識は，その後の福澤の学校教練論の根底に流れているようである。

2．『通俗民権論』における学校教練論

次に，1878年発行された『通俗民権論』における福澤の保健観について検証する。

『通俗民権論』第7章「身體を健康にする事」において，福澤は，「智惠」と「身體」の関係を，「蒸氣」と「釜」の関係になぞらえて，「智惠」が逞しくて「身體」が虚弱なのは，「蒸氣」が強いにもかかわらず，「釜」が弱い状態のようなもので，「智惠」を発揮して「民權の事」などに取り組む場合でも，健康な「身體」がなければ，役に立たないと説明している[80]。そして，身体を健康にする方法として，福澤は以下のように記している。

　　近來西洋風に倣ひ「ジムナスチク」とて體操の法もあれども，彼の國の上等社會に行はるゝ遊戯の法にして，迚も我國一般に施す可きものに非ず。遊戯運動の法は最も國々の古習舊俗に從て行はる可きものなれば，日本は日本の流儀に從ひ，古來人の慣れたる劍術柔術角力遠足遊獵泳水競馬競舟等，各地方の風俗に由て兎にも角にも專ら荒々しき運動を勉む可し。或は家貧にして遊戯の暇なくば，米を搗くも可なり，薪を割り水を汲むも可なり。少なくも毎日一，二時間は必ず全身に汗する程に働かんことを要す。所謂新鮮の空氣を呼吸して戸外に散歩するが如きは運動の箇條に入る可らざるものなり。社友小幡君の考に，全國小學校の生徒に木筒を與へて調練の運動を教へたらば，筋骨の強壯を致して兼て兵事の精神を養ひ，一擧兩得ならんとの説あり。其詳なるは近日君の記載あらん。就て見る可し[81]

つまり，福澤は，西洋風の「ジムナスチク」は，西洋の「上等社會」で行われる「遊戯の法」であって，日本で一般に施すべきものではないとして，古来行われてきた「劍術柔術角力遠足遊獵泳水競馬競舟等」といった「兎にも角にも專ら荒々しき運動」を行うことを推奨している。また，家が貧しくてその暇がなければ，米を搗くなど毎日1-2時間全身に汗するほど働くこ

とを代わりに推奨している。その上で，全国の小学校生徒に調練を施すという社友小幡の説を，「筋骨の強壯」とともに「兵事の精神」を養う「一擧兩得」の考えだとして紹介しているのである。

なお，福澤自身，1898年に脳出血症で倒れるまで，居合の鍛錬と米搗きを日課の運動として実践しており，病後これらはやめたものの，散歩を日課として続けるなど身体鍛錬には人一倍気を遣っていた。福澤が『通俗民権論』で述べている，西洋風の「ジムナスチク」ではない日本古来の「專ら荒々しき運動」や，「米搗き」などの健康法は福澤自身が実践していたことでもあった。

3.『時事小言』における学校教練論

最後に，1881年の『時事小言』で展開された福澤の学校教練論を検討する。福澤は，『時事小言』第5編「財政之事」において，殖産の道に最も注意すべき二箇条の要訣の一つに「國民の體力を養ふ事」を挙げて，それが必要な理由を以下のように説明している。

> 殖産の本は人の勞力に在り，勞力は人の身體より生ず。又其事に就て智力を要するも無論なれども，活溌なる智力は健康なる身體に在て住すとのことも明白なるものなれば，苟も一國殖産の根本を固くせんとするには，國民一般の身體を強壯ならしむること争ふ可らざるの緊要事と云ふ可し。今我日本國と西洋諸國とを比較して，其智識道德風俗習慣等の得失を論ずれば，一得一失遽に優劣の品評を下し難しと雖ども，東西の人民其身體骨格の大小強弱如何を評するときは，之を平均して日本の人民は小弱なりと云はざるを得ず

ここでも，『通俗民権論』と同様，福澤は「智力」を発揮する前提として「健康なる身體」であることが必要なことを説いている。この後，福澤は，維新によって「武を賤しむの風俗」となった結果，近年の学生が「虛弱」に傾いていると説明した後，学校における体育奨励の必要性を以下のように説く。

> 若しも今日の風俗に從ひ，嘗て少年の身體に心を用る者なくして，唯其子を生むに任したらば，後世子孫如何なる人種に變化す可きや。恐る可きの甚しきものなり。華族其他富豪の子弟に屈強なる者少なきも，唯

第2節 構想期の学校教練論　55

世々相傳，虛弱の父母にして虛弱の子を生たる者のみ。決して偶然に非ず。然ば則ち今の教育の風を一變して，其智育に兼て又體育の法を獎勵し，心身の發達に偏重の惡弊を除くは，無上の緊要なること辨を俟たずして明なり。其方法の如きは劍槍柔術體操遊泳乘馬遠足等，學校に於ては當局者の工夫もあらん，家に在ては父兄の注意にも存することなりと雖ども，我輩の所見にて練兵の運動を以て學校教育の一課に設るが如きは，最も有效のものならんと思考す。數年來頻りに論ずる所なれども，世間未だ其實施を見ざるは遺憾に堪へず[86]

つまり，福澤は，現世代の「虛弱」さをそのままにしておくと，後の世代にまで受け継がれていくという危機感のもとに，体育を奨励して「教育の風を一變」する必要性を説いている。そして，教育を改革するためには，学校教育に「練兵」運動を取り入れることが「最も有效」だというのが「我輩の所見」だというのである。『通俗民権論』では，社友小幡の説とされていた意見が，ここでは，福澤自身の考えとして主張されているのである。そして，福澤は『時事小言』第6編「国民の氣力を養ふ事」の最後に，「國の元氣を養成する」具体策の一つとして，「徵兵令を改革して戸主嫡子の別なく一切これを免さず，仮令ひ代人料を拂ふ者にても男子の丁年より三十歳に至るまでの間，少なくも數月の間は必ず兵器を携へて操練せしむる事[87]」を挙げている。福澤は，徵兵を徹底させることが国民の気力を増進することに役立つとしているのだが，「兵器を携へて操練」させることに気力増進という精神的効果を期待していると言える。

なお，福澤は，第3編「政權之事」において，「事務上に權限を守る」ことの大切なことは，個人的戦闘から集団的戦闘へと移行してきた「世界古今兵制の進歩」が例証しているとして，近代西洋兵制の「一個の進退を不自由にして，全體の進退を自由にすればなり[88]」という行動様式が，近代の他の社会集団の行動原理を代表すると見ていることを，宮村治雄が指摘している[89]。『會議辨』の時と同じく，「近代」の象徴を軍隊の集団行動原理に見ているのである。ただし，ここではあくまで組織原理一般についての話であり，軍隊の組織原理を，「練兵」の形で学校に導入することを主張しているわけではないことに注意しておきたい。福澤が学校へ「練兵」を導入することの必要

性を説く理由は，あくまで身体的・精神的教育効果を期待してのことであった。

以上検討してきた点をまとめると，福澤の学校教練論の特徴は，身体と精神を鍛錬する上で学校教練の効果が高いということを理由にしている点にある。逆に言えば，福澤は，学校教練による兵役年限短縮の利点については全く触れていないのである。この点については，1884年の『全國徴兵論』（時事新報掲載は1883年）が示唆的である。

『全國徴兵論』において，福澤は「國中の男子は戸主も嫡子も學士も官員も一切これを免(ゆる)さずして服役」させるという徹底した国民皆兵を主張する一方，直ちに服役しない者に対して「兵役税」を課する独特の案を提唱している。[90] この中で福澤は，満20歳の人数をおおよそ26万人と仮定し，うち現役に服する者を3万3千（常備約10万）とし，2万6千が「白痴風癲不具廢疾」とすると，残りの20万人が兵役税納入の対象となると計算する。兵役対象が3年間であるので，毎年60万人が兵役税を納入することになり，1人年5円としても，毎年300万円の額に達し，除隊する者に給付すれば，1人あたり約100円となって現役に服する者に報いることができる一方，3年間で15円はそれほど大きな負担ではなかろうと説明している。見方を変えれば，『全國徴兵論』における福澤は，服役期間を3年と固定して考えており，服役期間短縮を全く考えていないのである。

4 阪谷素の学校教練論

阪谷素（1822-81年）は，森有礼が発起人となった明六社に参加した，幕末・明治初期の漢学者である。1873（明治6）年当時52歳（数え）の阪谷は明六社最年長の社員であった。[91] 阪谷は1875年，『明六雑誌』に「養精神一説」を発表し，また，1879年森有礼が東京学士会院で「教育論－身體ノ能力」演説をした後，「森學士調練ヲ體操ニ組合セ敎課ト爲ス説ノ後ニ附錄ス」と題する演説を行うなど，森有礼との関係が深い。先行研究では，塩入隆が「養精神一説」を詳しく紹介しているが，[92] 「森學士調練ヲ體操ニ組合セ敎課ト爲ス説ノ後ニ附錄ス」や森有礼と比較した分析は行っていない。そこで，ここでは，主に森有礼の兵式体操論との比較という観点から，阪谷の学

校教練論の特徴を究明する。

1.「養精神一説」における学校教練論

『明六雑誌』第40号・第41号（いずれも1875年8月）に掲載された「養精神一説」における阪谷の立場は、基本的に「武術」が廃れている風潮を憂うものである。

阪谷は「いわんや武術の平生筋骨を強くし胆力を壮にして難に臨み大益あるものをや」[93]（原文のふりがな省略）として、武術には精神を養うだけでなく、筋骨を強くし胆力を盛んにすることで難事にあたれるという大きな利益があると主張する。ところが、阪谷によれば、明治維新後の日本は「内に卑屈するの習、外に向てその弊を重さね、武術ことごとく地を掃う」[94]（原文のふりがな省略）状態で「柔惰」に流れてしまった。一方ドイツの場合は「武」の精神を保ちながら文明化を進めている好例と捉えており、ドイツとの比較[95]で日本の現状を批判したのである。

阪谷の主張の主眼は「文もって順良を教え、武もって勇気を養う」と、「文」だけでなく、「武」によって「勇気」を養うことの必要性を説くことにある[96]。そして、武術振興の必要性を説く流れで以下のように、「兵隊ノ調練」の必要性の主張が登場するのである。

> 主とするところは武術を興すにあり。体操の法もとより不可なし。しかれども刀槍・柔術・棒を使うの法、わが習用してその妙に至るものなり。西洋に出でざるをもってこれを擯斥するは、かえって野蛮の見のみ。いま士族のその術に熟する者なお多し。これを中小学に、これを鎮台・軍営・巡査の庁に聘し、その常業調練の暇、その宜きを謀て演習せしむべし。しかして中小学課業の暇、童児の戯遊に供するにおいてもっとも心を注ぎ、あるいは隔日、あるいは毎日順序を追てこれを習わし、また木銃・木炮を設け兵隊調練の下習しをなさしめば、数年の間、いわゆる順良の習、強勇の気、自ら並び長じ、闔国兵隊の風習また自ら備わり、愛国の胆力日々に壮ん。一旦事あるも、調練を待たず卒然立て戦地に向わしむべし。精神ここに至る、独逸の学術この気に奮発し、進んで英となり、仏となり、超て東洋文明の一強国たるもまた、ここに基いせずとなさんや[97]（文中のふりがな省略）

つまり，勇気を養う方法として「体操」を否定するわけではないが，日本には刀槍・柔術・棒の伝統があるので，これら伝統武術を日頃から練習することが有効であり，それとともに「兵隊調練の下習」をすれば，「順良の習」や「強勇の気」が自然に生じ，有事の際には調練を待たずに戦地に赴くことができるだろう，というのである。ここでの阪谷の兵制に対する考え方は素朴な民兵論とも言うべきもので，徴兵制を前提とした兵役年限短縮という発想にはなっていない点が山田や西の学校教練論と異なるところである。

写真1-5　阪谷　素

興譲館高等学校蔵『おかやま人物往来』より

なお，ここで阪谷が「順良の習」と言うのは，その前に「文もって順良を教え」という下りが出てくることから分かるように，「猛暴殺伐」といった気風とは逆の「落ち着きのある精神状態」とでも言うべきものを指していることに注意しておきたい。塩入隆は，阪谷のここでの主張を「順良の気風服従の良俗が調練から生まれる」と捉え，「後年の森有礼の兵式体操論の基調」となっていると評しているが，「規律」や「秩序」を徹底することを理想とした森の兵式体操における「順良」とは異なる意味で阪谷は「順良ノ習」という語を用いているのである。

2．東京学士会院における演説

森有礼が，1879年10月15日の「第13会」と11月15日の「第14会」の2回にわたって東京学士会院で行った演説の内容は「教育論－身體ノ能力」として知られるが，その後12月15日の「第15会」で阪谷素が森の演説の「附録」として行った演説の内容が，「森學士調練ヲ體操ニ組合セ敎課ト爲ス説ノ後ニ附録ス」である。

まず，阪谷は，「養精神一説」の内容の概要を紹介した上で，森の説は「躰力」を長じようとすることに，阪谷の旧説（「養精神一説」）は，「膽力」を養うことに主眼を置いているのが異なるところだと両説の違いをまとめて

いる。しかし、「躰力」を養わなければ「膽力」は長ぜず、「膽力」を長じなければ、「躰力」が功を奏すこともないから、両説は異なっているようで「其實ハ一」つ、であるので、森の説の附録としたと説明している。それでもなお、森と阪谷の説は、森の説が「調練ヲ躰操ニ合シテ施サントスルノミ」であるのに対し、阪谷の説は「之ニ並セテ刀法柔術ヲ用ヒントス」ところが異なるとして、健康に利益があり護身も兼ね、胆力を壮にするという「一擧両得」の「劍術柔術」を加えるべきだと改めて主張している。従って、阪谷自身がまとめているように、阪谷が最も重視するのは「膽力」の養成であり、その方法として「劍術柔術」といった伝統武術の稽古が最適であるとしており、逆に言えば、学校教練だけでは「膽力」の養成には不十分と見ているのである。

なお、阪谷の「森學士調練ヲ體操ニ組合セ教課ト爲ス説ノ後ニ附録ス」が『東京學士會院雜誌』に掲載されると、『教育新誌』が「貴重ナル頭部ヲ打撃」する剣術は有害だという批判論説を載せている。また、森の「教育論－身體ノ能力」の処置について、東京学士会院1880年9月15日の「第22会」で議論が行われた際、福澤諭吉は「若シ先回ノ阪谷君ノ説ノ如ク、其精神ヲ培育スルカ為ニ武芸ヲ参用スト云フニ至リテハ本員意見ナキニアラス」と述べており、阪谷の意見にはやや批判的だったことが窺える。「荒々しき運動」に励むことを奨励し、自らも居合を日課にしていた福澤は、「劍槍柔術體操遊泳乗馬遠足」等を基本的には肯定していたが、『時事小言』においては「練兵」を学校の課目に加えることが「最も有效」としており、「練兵」よりも伝統武術の方が、「膽力」養成効果が高いとする阪谷の論には納得できなかったと考えられる。

以上検討したように、阪谷素は山田顕義や西周とは異なり、兵役年限短縮の目的ではなく「勇気」や「膽力」の涵養といった精神的な教育効果のために学校教練の導入を主張した。この点では福澤諭吉や森有礼の立場と同じである。しかし、阪谷は教練よりも伝統武術の稽古の方がより効果があるとしており、この点においては教練の効果を高く評価した福澤や森の立場とは異なっていたのである。

5 尾崎行雄の学校教練構想

尾崎行雄（1859-1954年）は，第1回の総選挙から連続25回当選して「憲政の神様」と称され，1898年隈板内閣の文部大臣や東京市長等を歴任した政治家である。尾崎は新潟新聞に連載した論説をまとめて1880年に『尚武論』を出版したが，この『尚武論』について，今村嘉雄は「森有礼に先んじて兵式体操の必要をとなえ，精神的武備論を展開した」と評して，森の兵式体操論の先駆けとして位置付けている。

写真1-6 尾崎 行雄

国立国会図書館蔵

しかし一方，尾崎は『尚武論』に先立つ1876年，常備軍を解体してその費用を教育等に充てるべきだとする内容の「解兵論」と題する論考を『東京曙新聞』に発表している。若き日の尾崎行雄が常備軍不要論を主張するいくつかの投書を『東京曙新聞』に載せていたことは西田長寿によって指摘されている。しかし，一見矛盾する「解兵論」と『尚武論』との比較といった研究はなされておらず，尾崎の『尚武論』の内容理解のためには，それに先立つ「解兵論」の検討が必要と考える。そこで，以下にまず，尾崎の「解兵論」の内容を検討した上で，『尚武論』の特徴を森有礼の兵式体操論との比較という観点から考察を加える。

1．「解兵論」における愛国心教育論

尾崎行雄は，現在の東京大学工学部の前身である工学寮に在学中，新聞にしばしば投書して好評を博したと言う。『東京曙新聞』は，一時，古沢滋・大井憲太郎らが在社した民権派の新聞とされているが，西田長寿は『郵便報知新聞』や『朝野新聞』に比して征韓論を主張している点で開明的でなかったと評している。尾崎は，1876年10月3日「解兵論」と題する論考をこの『東京曙新聞』に発表している。

尾崎はまず，「天ノ時ハ地ノ利ニ如カズ地ノ利ハ人ノ和ニ如カズ」との「先哲ノ金言」を引用して，人心が一致しない場合は百万の精兵があってもだめだと主張する。そしてイギリスがスペインの無敵艦隊を破った例とアメ

リカの独立戦争の例とを出して「愛國心」の大切さを説いている。そして，貿易が平均を失い，「金貨ノ濫出」が止まない一方で，「不逞ノ徒」が「全國ニ充滿」している当時の日本の状況で必要な方策は「非常ノ節儉」を行うより他ないが，教育は盛大にしなければならないので，「海陸軍及ヒ教部省等ノ定額」の方を減らすべきだとして以下のような提案を行うのである。

　　若シ予ノ愚説ヲシテ是ナラシメバ速ニ新募ノ兵ヨリシテ解散シ之ヲシテ要用ノ業ニ就カシメ若シ大兵ヲ要スルノ時來ラバ一令ヲ發シテ之ヲ召ス可シ
　　君知ラズヤ「ナポレヲン」帝甞テ老少新募ノ兵ヲ以テ天下ノ名將ノ指揮セシ精錬ノ英兵ト鹿ヲ「ウワートルロー」ニ争ヒシヲ若シ普ノ援兵ヲシテ到ルコト少シク晩カラシメバ天下ノ大事未ダ知ル可カラザルナリ故ニ是レガ將帥其ノ人ヲ得レバ新募ノ兵ト雖トモ老錬ノ兵ニ優ルコト必セリ吾輩已ニ愛國ノ兵ハ必ラス敵ニ勝チ兵ニ愛國心ナケレバ精錬ナリト雖トモ敗ル、コトヲ云ヘリ而シテ人々ヲシテ愛國ノ心ヲ發セシムルハ教育ヨリ外ナシ故ニ曰ク宜シク兵士ヲ解散シテ教育ヲ盛ニス可シト民教育ヲ受クレバ愛國心ヲ發ス民愛國心ヲ發スルトキハ國家危急ノ時ニ當テハ民皆ナ其ノ國ヲ守ル是ニ由テ之ヲ觀レバ何ソ巨万費用ヲ散シ夥多ノ兵士ヲ備フルノ無益ヲ要センヤ[110]

尾崎は「新募」の兵を解散して「要用ノ業」に就かしめることを主張している。もし，「大兵」を要する時が来ればその時に召集すればよいと言うのである。そして，敵に勝つために必要な「愛國ノ心」を発せしめるのは「教育ヨリ外ナシ」として教育の充実の必要性を説いているのである。[111]

尾崎の「解兵論」掲載の1週間後の10月10日，『東京曙新聞』に横地敬三による「解兵論」批判が掲載された。[112] これに対して尾崎が反論し，[113] それに対する横地の反論，[114] さらに尾崎の再反論[115] といった形で論争に発展している。[116] 横地は，国防には「愛國心」が必要だと言う尾崎の主張は認めるものの，教育の効果が挙がるには数十年必要であり，そもそも徴兵を逃れようとする風潮が強い日本では有事に人々が愛国心に燃えて立ち上がることは期待できず，国内外に緊張を抱えている当時の情勢で常備兵を解体することは非現実的であると批判したのであるが，これに対して尾崎はまともに反論できていな

い。この後の「尚武論」で尾崎が軍備増強論に転向するのは，「解兵論」をめぐる横地との論争で優位に立つことができなかったことが背景にあったと思われる。

2．『尚武論』における学校教練構想

『尚武論』は，新潟新聞の主筆時代に同新聞に連載した論説をまとめて[117]
1880年に出版したものである。伊佐秀雄によれば，尾崎が新潟へ赴任する前に，当時海軍将校だった長谷川貞雄を介して頼まれて海軍士官相手に講演したものを，論説のタネがなくなったので連載したものである。ここでは，[118]
「解兵論」に見られた常備軍解体論は全く姿を消しており，「殖産興業教育其他急要の事業を節略して徒らに常備兵を増徴するは，余輩の好む所に非ず」と留保しながらも「當時海陸兩軍の費額に凡そ百萬圓を増して，歳入五分の一と爲すは，蓋し國力の堪ゆる所なる可し」と，むしろ常備軍の増強を主張してさえいる。ただし，以下のように，自ら進んで戦争に赴くような気質が[119]
なければ国防の役に立たないとする点においては「解兵論」と基本的に同じ立場をとっている。

> 今日の兵制は全國人民をして皆戰闘の事に堪へしむるの目的なる可しと雖も，文弱の弊習上下に浸染して世間極めて勇壯敢爲の人に乏しきが故，三年の兵役漸く戰器を執て戰場に臨むの法を習練し，以て少しく其勇氣を鼓舞せらるるも，一たび民間に歸れば忽ち柔弱怯懦の人と爲り，戰闘の事を聞けば頸を縮めて股慄するに至る，此の如き人物は設へ捧銃帶劍攻守進退の虚法に熟するも，何ぞ費用に供するを得ん。人苟も勇壯敢爲の氣象に富めば兵器を執るの法に熟せざるも，尚ほ戰場に出でゝ拔陣陷城の功を奏するを得可し。所謂る梃を制して秦楚の堅甲利兵を撃たしむ可き者則ち是れ也。故に今日國家の計を爲す者は我が人民をして勇壯敢爲の氣象を發達せしめ，硝煙彈雨を恐れざるに至らしむるより善きは無し。而して之を爲すこと固より易からずと雖も，夥多の費用を要するに非ず，政府の方向民間有力者の意氣一たび尚武の點に注がば，勇壯敢爲の氣象は漸く發成して國家隆盛の基亦成る可き也[120]

ここで，尾崎は「文弱」，「柔弱怯懦」な状態ではいくら技術を身に付けても国防の役に立たないが，「勇壯敢爲の氣象」に富んでいれば，戦場で活躍

できるとしており，「解兵論」の時の議論を彷彿とさせるが，ここでは「愛國心」ではなく，「勇壯敢爲の氣象」としているところに「解兵論」からの変化を見ることができる。そして，尾崎は「勇壯敢爲の氣象」を養成するための具体策について以下のように記している。

　　吾れ竊かに思へらく，小學課程中に三國誌水滸傳等の類を置かば，大に書生の勇氣を發育す可く，特に三國誌の如きは文章美にして，事跡も亦甚だ不經ならず，之を以て教課書に充てば生徒厭倦の心を生ぜず，好んで之を習讀し爲めに勇壯活潑廉節俠義の氣象を發す可しと。然りと雖も心志の強弱は概ね身體の強弱と併行する者にして，身體微弱なれば精神獨り勇壯なる能はず，故に各地の小學校皆體操場なる者を設け，休憩時間に於て生徒の運動を許し，文部亦體操學校を建て、體操の法を教へ，之を各地に派遣し書生をして益々體操を習はしめんと欲す[121]

尾崎は，勇気を発育させるために三国志や水滸伝を小学校で教えることを主張するとともに，「心志の強弱は概ね身體の強弱と併行する」という理由から，文部省が体操伝習所を建てて体操の普及を図っている事実を紹介している。そして，尾崎は以下のように学校教練の必要性を説くのである。

　　體育の法至らざるに非ずと雖も，教師動もすれば之を制御して，鞦韆行列の外充分の運動を爲さしめざるの状有り，爲めに書生の元氣を挫折すること果して幾何ぞや。今や此運動法に代ゆるに操銃行軍の法を以てせば，啻だ身體運動の功益有るのみならず，軍器を執り敵兵に當るの術を知り，兼て勇武の習を生ず可く，勇武の習一たび幼童の腦漿に深染すれば，長じて勇武の人と爲り，緩急軍務に從ふを得可し。現にスキツルランド國の如きは小學に練兵課程を置て，兵事を練習せしむるが故，人民皆兵事に堪へ普佛戰争の時に方り其國境を護せんが爲め，一朝二十五萬餘の戰士を擧げたり。而して其人口を問へば僅に二百六十餘萬に過ぎず，政府心を兵事に用ゐ平素之を訓練するに非ずんば，何を以てか幾んど人口十分の一に及ぶ所の戰士を擧ぐるを得。且つ小學生徒に敎ゆるに操銃行軍の法を以てするも夥額の費用を要するに非ず，敎ゆる所の敎師は老退士官にして可也，操る所の戰器は木製にして可也，其費少なふして其利多しと謂ふ可し[122]

つまり，尾崎は，スイスでは小学校に「練兵課程」を置いて兵事を練習させているので，普仏戦争の際に総人口の10分の1に及ぶ兵力を動員できたという例を挙げて，体育の方法を「操銃行軍」にすることを主張している。そして，尾崎の学校における軍事訓練の主張は以下のように，上級学校へも及んでいく。

　　今や各國皆な虎狼の慾を逞ふして併呑掠奪の機會を窺ふ。戰亂何の時に發するを知る可らず，此時に方り苟も國民たる者は平素心を兵事に用ゐ，一旦急あるに遇へば奮起以て攻守の業に従ふの志なかる可らず。約言すれば兵學は諸民の多少知らざる可らざる所の者たり。故に小學に於ては先づ操銃行軍の初歩を教へ，大中諸學亦兵學の一課を設け，以て之を講習せしむ可し。果して此の如くせば人民の元氣を鼓舞して，勇壯活溌の心志を發揮し，緩急事に堪ゆるに至るや必せり。米洲聯邦の如きは平和を以て立國の主旨とするも，尚ほ農學校に於てすら兵學の課程を置く者有るに非ずや [123]

ここで，尾崎は小学校で「操銃行軍の初歩」を教えるとともに，「大中諸學」では「兵學の一課」を設けることを提案している。そして，アメリカでは農学校においても「兵學」を設けていることを主張の根拠としている。なお，アメリカの農学校について尾崎は，以下のように記している。

　　米國マツサチユセット州農學校兵課の報告書に云へる有り，本校の卒業生は皆な常備軍の法式に從て，隊伍を整頓訓練指揮するを得るに至らしめんと欲するのみならず，又築堡行軍並に野營法等の要略を學習せしめんことを期す，是れ實際戰場に臨むに及んでは須臾も缺く可らざる所の知識にして，現に南北戰爭の時の如きは此等の知識を有する者少なきが爲め，上下齊しく夥大の災害を被り，苟も行軍築堡等の初歩を知る者有れば，直ちに擧て之を用ゐしも，尚ほ其不足を患へたるは世人の熟知する所に非ずや。且つ唯だ一個の兵學校を頼んで之に兵事の教育を委する者は，四方の大國中獨り本洲聯邦有るのみ，佛に兵學八校有り，墺に三十餘校有り，魯は則ち六十餘校を有す云々と。[124]

つまり，尾崎は，アメリカ・マサチューセッツ農科大学年報の兵学科についての記述の知識を得た上で「大中諸學」における兵学科の設置を主張して

第2節　構想期の学校教練論　　65

いたのである。

　以上のような尾崎の『尚武論』を「解兵論」と比較すると，横地との論争を経て，常備軍解体論から必要論へと尾崎が転換したことが分かる。しかし，自ら進んで戦争に赴くような気質の必要性を重視する点に関しての変化は見られないと言える。ただし，「解兵論」においては「愛國心」と表現されていた望ましい気質は，『尚武論』では「勇壯敢爲の氣象」となっている。

　なお，尾崎の『尚武論』については，今村嘉雄が「西洋流の文明開化の必要も民選議院設立の必要も十分に理解していながら，それらを担当するものは個人であり，個人の精神的態度が軟弱であっては，真の文明開化も，国力の伸展も望み得ないのであって，実践力の豊かな人間の形成こそ第一の目標でなければならないとした所に彼の尚武論の特色がある[125]」と評価している。たしかに，尾崎は「勇壯活潑自治獨立の民」にするために「警察の保護を減じ，人民をして自ら艱難辛苦に當らしむる」必要も「尚武の一法」だとしており[126]，またスイス・アメリカの兵制と教育制度を基準として論を組み立てているので，今村の評価は妥当と言える。西洋的「近代」の観点から「氣象」を問題にしている点は，後に検討する森有礼の兵式体操論と通じているとも言えよう。

　最後に，今村とは異なる観点からの考察を加えると，尾崎の『尚武論』における学校教練の特徴として，兵役年限の短縮について触れていない点を指摘したい。あくまで「勇壯敢爲の氣象」といった気質の養成を目指す点は，福澤諭吉と阪谷素に通じるが，兵役年限短縮を主目的とした山田顕義や西周と異なるのである。

　本節では学校教練確立期における学校教練論を検討した。その結果，山田顕義・西周といった陸軍に縁の深い２人の論者が，兵役年限短縮による兵役負担の軽減を主な目的として学校教練導入を主張したのに対し，福澤諭吉・阪谷素・尾崎行雄らは兵役年限短縮には触れず，主として身体や精神を鍛錬する効果を学校教練に求めていたことが明らかになった。第５章で検討するように，森有礼の学校教練論は兵役年限短縮には触れず，身体や精神を鍛錬する効果を主とした目的としており，福澤等の主張に近いものである。

　以上，本章では，学校教練が全国的に普及する前の時期の学校教練導入が

どのような理念と期待の下になされたのかについて検討してきた。まとめると以下の2点を成果として指摘できる。

(1) 学校教練確立期には、アメリカ・ドイツ・スイスの学校教育制度が高い評価を受けており、兵制との関わりではスイスの民兵制とそれを支える学校教練に強い関心が寄せられていた。

1871年から73年まで欧米各国を回覧して視察調査を行った岩倉使節団は、アメリカ・ドイツ・スイスの学校教育制度を高く評価し、中でも、ヨーロッパにおける小国スイスの民兵制とそれを支える学校教練に対して、当時は小国として意識されていた日本のモデルとして強い関心を寄せていたのである。

(2) 学校教練確立期の学校教練論は、兵役年限短縮と教育効果の2つの観点から主張されていた。

学校教練確立期の論者のうち、軍と関係の深い山田顕義と西周は兵役年限短縮による兵役負担の軽減を主な理由として学校教練導入を主張していた。これに対し、福澤諭吉・阪谷素・尾崎行雄らは、身体や気質の鍛錬といった教育効果をねらった学校教練導入論を主張していたのである。

次章では、軍人養成目的でない教育機関でありながら、1878年と最も早い時期に軍事教育を開始した札幌農学校における軍事教育を、同農学校がモデルとしたマサチューセッツ農科大学と対比させながら検討する。

註

1 久米邦武編、田中彰校注『特命全権大使米欧回覧実記（一）』岩波書店、1977年、395頁。
2 同上書、85頁。
3 同上書、70-71頁。
4 例えば、仲新・伊藤敏行編『日本近代教育小史』福村出版、1984年、55頁。
5 久米邦武編、田中彰校注『特命全権大使米欧回覧実記（二）』岩波書店、1978年、96-97頁。
6 同上書、41頁。
7 同上書、42頁。
8 久米邦武編、田中彰校注『特命全権大使米欧回覧実記（三）』岩波書店、1979年、21頁。

9 藤原彰『日本軍事史　上巻　戦前篇』日本評論社，1987年，35頁。
10 遠藤芳信「19世紀フランス徴兵制研究ノート」『北海道教育大学紀要第1部B社会科学編』第36巻第1号，1985年9月。
11 前掲，『特命全権大使米欧回覧実記（三）』，35-36頁。
12 同上書，241頁。
13 同上書，246頁。
14 同上書，229-230頁。
15 山田千秋『日本軍制の起源とドイツ——カール・ケッペンと徴兵制および普仏戦争』原書房，1996年，202頁。
16 前掲，『特命全権大使米欧回覧実記（三）』，339頁。
17 同上書，284-285頁。
18 成田十次郎『近代ドイツ・スポーツ史Ⅰ　学校・社会体育の成立過程』不昧堂出版，1977年，581-583頁。
19 文部省『理事功程』巻之十一，1875年（『明治初期教育稀覯書集成』第Ⅲ期，雄松堂書店，1982年）。ちなみに，中学校の場合は，宗教，獨乙語，羅甸語，希臘語，佛語，數學，物理學，博物學，地理，歷史，習字，圖畫が課目として列挙され，「右課目ノ外唱歌及ヒ體操ノ演習アリ」とされている。
20 久米邦武編，田中彰校注『特命全権大使米欧回覧実記（四）』岩波書店，1980年，106頁。
21 同上書，22頁。
22 同上書，35頁及び104-105頁。
23 同上書，36頁。
24 久米邦武編，田中彰校注『特命全権大使米欧回覧実記（五）』岩波書店，1982年，56頁。
25 同上。
26 同上書，53頁。
27 同上書，56頁。
28 同上書，55-56頁。
29 同上書，62頁。
30 同上書，71頁。
31 文部省『理事功程』巻之十三，1875年（『明治初期教育稀覯書集成』第Ⅲ期，雄松堂書店，1982年）。蘇黎はチューリッヒのことであろう。
32 文部省『理事功程』巻之十四，1875年（『明治初期教育稀覯書集成』第Ⅲ期，雄松堂書店，1982年）。他にも大学校と農学校が載っているが，教授課目の記載がない。
33 「解題」『日本近代思想大系四　軍隊　兵士』岩波書店，1989年，91頁。
34 同上書，94-95頁。

35 木村吉次『日本近代体育思想の形成』杏林書院，1975年，95頁。
36 同上。
37 前揭，『日本近代思想大系四　軍隊　兵士』，107頁。
38 同上書，107-108頁。
39 島根県立大学西周研究会編『西周と日本の近代』ぺりかん社，2005年，2頁。
40 大久保利謙「解説」『西周全集』第2巻，宗高書房，1962年，753頁。
41 「德川家兵學校掟書」第4条，同上書，447頁。
42 能勢修一『明治体育史の研究──体操伝習所を中心に』逍遙書院，1965年。
43 塩入隆「兵式体操の起源と発達」『軍事史学』創刊号，1965年5月。
44 前揭，『西周全集』第2巻，454-456頁。
45 同上書，754頁。
46 同上書，471頁。
47 同上書，472-473頁。
48 同上書，473-476頁。
49 同上書，462頁。
50 同上書，463頁。
51 同上書，486頁。
52 同上書，487頁。
53 同上書，491頁。
54 前揭，塩入「兵式体操の起源と発達」。
55 前揭，『西周全集』第2巻，494頁。
56 同上書，498頁。
57 同上書，506-507頁。
58 同上書，497頁。
59 同上書，498-502頁。
60 前揭，塩入「兵式体操の起源と発達」。
61 『西周全集』第3巻，宗高書店，1966年，解説5頁。
62 同上書，本文18頁。
63 大久保利謙「西周の軍部論──軍部成立の思想的裏づけ」『日本歴史』第45号，1952年2月。
64 梅溪昇「近代日本軍隊の性格形成と西周」『人文學報』Ⅳ号，1954年。
65 加藤陽子『徴兵制と近代日本──1868-1945』吉川弘文館，1996年。
66 前揭，『西周全集』第3巻，本文23頁。
67 同上書，本文24頁。
68 同上。
69 前揭，『西周全集』第3巻，本文75頁。
70 同上書，本文78頁。西は「言ハヾ日本全洲ハ擧リテ陸軍ナレバ，中ニ就テ

陸軍ト特稱スル者ハ唯陸軍驅員ト砲工二兵ノミナリ」と言っており、「日本全洲ハ擧リテ陸軍」という語句のみに注目すれば日本全土を「陸軍化」しようとする構想ということになるが、続いて「中ニ就テ陸軍ト特稱スル者ハ唯陸軍驅員ト砲工二兵ノミ」と言っているように、西は軍の本隊組織の肥大化にはあくまで否定的であったのである。

71 同上書、本文78-79頁。
72 同上書、本文84頁。
73 同上書、本文86頁。
74 前掲、加藤『徴兵令と近代日本』、99頁。
75 木村吉次「兵式体操の成立過程に関する一考察——とくに徴兵制との関連において」『中京体育学論叢』第5巻第1号、1964年。
76 富田正文「後記」『福澤諭吉全集』第3巻、岩波書店、1959年、663頁。
77 同上書、616頁。
78 宮村治雄は実際にこのような調練が行われていた可能性が高いことを栗本鋤雲の証言を紹介して指摘している(「『『会議弁』を読む——『士民の集会』と『兵士の調練』序論」『福澤諭吉年鑑』第28号、2001年)。
79 前掲、『福澤諭吉全集』第3巻、616頁。
80 『福澤諭吉全集』第4巻、岩波書店、1959年、592頁。
81 同上書、595頁。
82 『月桂新誌』第2号(1879年1月13日)と第3号(1879年1月20日)の2回にわたって、「社説」欄に福澤の『通俗民権論』をもとにした「體操論」が掲載されている。なお、『月桂新誌』第55号(1880年3月16日)と第56号(1880年3月31日)の2回にわたって「生徒体操ヲシテ練兵式ニ擬セシムルノ得失」と題して、第55号は4人、第56号は3人の計7人社員が意見を載せている。
83 石河幹明『福澤諭吉傳』第4巻、岩波書店、1932年、280頁。
84 同上書、270頁。
85 『福澤諭吉全集』第5巻、岩波書店、1959年、197頁。
86 同上書、199頁。
87 同上書、231頁。
88 同上書、155頁。
89 前掲、宮村「『会議弁』を読む——『士民の集会』と『兵士の調練』序論」。
90 前掲、『福澤諭吉全集』第5巻、399-400頁。
91 大久保利謙『明六社』講談社学術文庫、2007年、234頁。
92 前掲、塩入「兵式体操の起源と発達」。
93 『明六雑誌』(下)、岩波書店、2009年、336頁。
94 同上書、338頁。
95 同上書、338-339頁。

96 同上書，339頁。
97 同上書，340-341頁。
98 前掲，塩入「兵式体操の起源と発達」。
99 『森有礼全集』第1巻，宣文堂書店，1972年，解説119頁。
100 『東京學士會院雜誌』第1篇第7冊，133頁。
101 同上書，134頁。
102 同上。
103 同上書，136頁。
104 「東京學士會院雜誌ノ評」『教育新誌』第70号，1880年4月。
105 「東京学士会院紀事第二十一号」『日本学士院八十年史　資料編一』日本学士院，1961年，120-121頁。
106 今村嘉雄『日本体育史』不昧堂出版，1970年，383頁。
107 西田長寿『明治時代の新聞と雑誌』至文堂，1961年，43頁。
108 伊佐秀雄『尾崎行雄傳』尾崎行雄傳刊行會，1951年，66頁。
109 前掲，西田『明治時代の新聞と雑誌』，43頁。
110 楠秀「寄書」「解兵論」『東京曙新聞』1876年10月3日。
111 合衆国の独立の例を引いたり，「愛國心」の大切さを重視したりする点で，よく似た論の組み立ての投書が，尾崎「解兵論」が発表されるほぼ1年前の『郵便報知新聞』に現れている（星野郁「投書」『郵便報知新聞』1875年9月22日）。
112 横地敬三「寄書」『東京曙新聞』1876年10月10日。
113 楠秀「寄書」「読横地子之駁議」『東京曙新聞』1876年10月14日。
114 横地敬三「寄書」「再ヒ楠君ニ答フ」『東京曙新聞』1876年10月20日。
115 楠秀「寄書」「再読横地子之答弁」『東京曙新聞』1876年10月23日。
116 これ以外に廣瀬岬二による「解兵論」批判も掲載されたが，論争には発展していない（廣瀬岬二「寄書」『東京曙新聞』1876年11月2日）。
117 早稲田大学現代政治経済研究所図書室蔵の『新潟新聞』を見ると，「新潟新聞」欄に以下の見出しで「尚武論」が連載されていることが確認できる。
1880年3月30日「尚武論第一章惣論」。
1880年4月1日「尚武論第三章文徳」。
1880年4月2日「尚武論第四章武弊」。
1880年4月3日「尚武論第四章武弊（昨日ノ續キ）」。
1880年4月6日「尚武論第五章武徳」。
1880年4月8日「尚武論第五章武徳（昨日ノ續キ）」。
1880年7月3日「尚武論抄錄内勢篇」。
1880年7月4日「尚武論抄錄内勢篇（昨日ノ續キ）」。
1880年7月13日「尚武論抄錄外勢篇」。
1880年7月14日「尚武論抄錄外勢篇（昨日ノ續キ）」。

1880年11月6日「武尚マサル可ラス」。
1880年11月7日「武尚マサル可ラス（昨日ノ續キ）」。

　早稲田大学現代政治経済研究所図書室所蔵資料では欠号となっているので直接確認できていないが，単行本の内容と照らし合わせると，1880年3月31日には「尚武論第二章文弊」が，4月7日には「尚武論第五章武徳（昨日ノ續キ）」が掲載されていたはずである。単行本になる際に「尚武論抄録内勢篇」は「第六章内勢」に，「尚武論抄録外勢篇」は「第七章外勢」に，「武尚マサル可ラス」は「第八章尚武」にそれぞれ改められた上で収められたのである。

118 伊佐秀雄『尾崎行雄』（人物叢書新装版）吉川弘文館，1987年，42頁。
119 『尾崎咢堂全集』第1巻，1956年，216頁。
120 同上書，217頁。
121 同上書，218頁。
122 同上書，218-219頁。
123 同上書，219頁。
124 同上書，219-220頁。
125 今村嘉雄『十九世紀に於ける日本体育の研究』不昧堂出版，1967年，804頁。
126 前掲，『尾崎咢堂全集』第1巻，224頁。

第2章

マサチューセッツ農科大学と札幌農学校における軍事教育

マサチューセッツ農科大学の教練（A *General Catalogue of the Officers and Students of the Massachusetts Agricultural College: 1867-1897*）

札幌農学校は軍人養成を目的としていなかったにもかかわらず，1878年という早い時期に軍事教育を開始した教育機関である。その札幌農学校がモデルとしたのがマサチューセッツ農科大学であり，同農科大学の第3代学長W.S. クラークは教頭として札幌農学校に招聘されて同農学校の基礎を築いた。なお，後述するようにアメリカに弁務使として滞在中だった森はマサチューセッツ農科大学の軍事教育に感銘を受けたと新聞で伝えられており，同農科大学の軍事教育は森の兵式体操論に影響を与えた可能性がある。そこで，本章は森の兵式体操論との比較を意識しながら，アメリカ・マサチューセッツ農科大学と札幌農学校において行われた軍事教育の実態とその特徴を明らかにすることを課題とする。

　そのため，まず第1節では，マサチューセッツ農科大学等の土地付与大学（land-grant college）に軍事戦術（military tactics）の教授を義務付けたモリル法（Morrill Act）がどのような歴史的背景で制定されるのかについて論究する。

　そして，第2節では，土地付与大学として設立されるマサチューセッツ農科大学の特徴について論究した後，同農科大学の学長を務め，後に札幌農学校教頭となる W.S. クラークが，同農科大学における軍事教育をどのように捉えていたかについて考察を加える。その上で，マサチューセッツ農科大学で実施されていた軍事戦術（military tactics）の実態を明らかにし，同農科大学の入学者数の減少による経営難と軍事教育との関係について考察を加える。そして最後に，森有礼とマサチューセッツ農科大学で行われていた軍事教育との関係について考察する。

　さらに第3節では，マサチューセッツ農科大学をモデルとして設立された札幌農学校で軍事教育がどのように実施されていったのか，その実態を明らかにするとともに，両者の軍事教育の違いについて考察を加える。

第1節　アメリカ南北戦争と土地付与大学

　本節の課題は，軍事戦術（military tactics）の授業の実施を土地付与大学に義務付けたモリル法制定（1862年）の歴史的背景について論究することにある。はじめに，モリル法制定の背景にあるアメリカ南北戦争（1861-65年）について概観した後，モリル法制定の過程について論究する。

1　南北戦争と徴兵制

　1861年から65年にかけて，奴隷制存続を求めて連邦を脱退したアメリカ南部11州が結成したアメリカ連合国（Confederate States of America）と，連邦にとどまった北部23州との間で戦われた戦争が南北戦争（The Civil War）である。南北戦争においては，南部側が約26万人，北部側が約36万人と両軍合わせて計約62万の死者を出したが，長田豊臣によれば，この死者数は独立戦争からベトナム戦争まで合衆国が戦ったどの戦争の犠牲者数よりも多く，その後の政治・経済・社会に与えた影響の大きさにおいても突出している戦争である。

　そもそもアメリカ合衆国は，建国以来の歴史的特殊性から州の権限が強く，中央政府は，課税権や通貨発行権を実質的には行使できない状況に置かれていた。軍事の領域においても，独立戦争の終結後大陸軍は解散し，ごくわずかの常備軍しか残されなかった。有賀貞によれば，革命戦争という非常事態が終わった時，常勤の軍隊組織は不必要であり，むしろ共和政にとって危険なものと考えられたのである。

　ところが，内戦が当初の予想を超えて長期化すると，物的・人的に戦時総動員体制が築かれ，中央政府の権限と機能は大きく拡大していくことになる。南北戦争勃発時の合衆国陸軍の常備兵力数はわずか1万6千人に過ぎず，開戦当初は南軍も北軍も志願兵に頼っていた。ところが，戦局の長期化により兵員不足が深刻になってくると，まず1862年に，南部のアメリカ連合国が徴兵法（Conscription Law）を制定して徴兵に踏み切っている。しかし，裕福な人は金で雇った代理人を差し出すことで兵役を免れることができ，実

第1節　アメリカ南北戦争と土地付与大学　　75

際，5万人を優に超える上流階級の南部人が金で代理人を雇っていた[7]。このような不平等な兵役負担は，従軍する兵士の士気の低下をもたらした。1863年以降南軍では脱走が激増し，従軍兵の数が激減した。4万人から5万人の兵士が休暇届けなしに部隊を離れ，10万人がなんらかの方法で兵役を忌避していた[8]。

一方，合衆国側でも1862年に事実上の徴兵を意味する民兵法（Militia Act）が制定されたが，やはり，オハイオ，インディアナ，ウィスコンシンにおいて大規模な逃亡等の徴兵拒否や暴動が発生している[9]。さらに，1863年には徴兵法（Enrollment Act）が成立したが，この徴兵法も，身代わり制度や300ドルの免除金制度を規定しており，貧困層を中心に北部各地で激しい連邦徴兵に対する反対暴動が発生している[10]。

つまり，モリル法が制定された1862年は，アメリカ合衆国の歴史の中で最も苛酷な総力戦であった南北戦争の最中であり，連邦政府は中央集権化を進める一方で，深刻な兵力不足から徴兵制の導入に踏み切ったものの，貧困層を中心とした民衆による激しい抵抗を受けていた時期であったのである。

2　モリル法と土地付与大学

1862年に制定された通称モリル法（Morrill Act）の正式名称は，「農業及び機械工学のための大学を設立しようとする州等に国有地を提供する法律」(An Act Donating Public Lands to the Several States and Territories which may provide Colleges for the Benefit of Agriculture and the Mechanic Arts）である。起草したヴァーモント（Vermont）州選出の下院議員モリル（Justin Smith Morrill, 1810-98年）の名前をとって一般にモリル法と呼ばれ，同法に基づいて設立された大学は土地付与大学（land-grant college）と呼ばれている。

上原貞雄によれば，連邦政府が国有地を交付して教育を援助すること自体は，18世紀の憲法制定の頃から行われていた[11]。そして，上原によれば，19世紀中葉アメリカにおいて産業革命が進展し，製造工業・運輸業・農業の分野における科学者と技術者の養成が急務となったことがモリル法制定の背景にある[12]。ただしモリル法は，上下両院を通過したものの，当時のブキャナン（James Buchanan, 1791-1868年）大統領が拒否権を行使したため，1861年に

一度は廃案になっている。ブキャナンの反対理由は「不適当かつ憲法違反」(inexpedient and unconstitutional) というものであった。上原によれば，当時国有地の処理方法については，国有地を移住者に自由に獲得させるべきだという西部の「フリー・ホーム・ステッド派」(free home-steads) と，等しく全州に対して公共福祉増進のための援助として使うべきだという東部の「援助派」(grant-in-aid) とが対立しており，ブキャナンは州の権利を重視する立場からモリル法に反対したのである。しかし，南北戦争が長期化し，戦時総動員体制が築かれて連邦政府に権限が集中していく中，1862年に再度連邦議会を通過した修正モリル法に対して，リンカーン (Abraham Lincoln, 1809-65年) 大統領は拒否権を行使することなく承認している。

モリル法は，その第1項で1860年現在の連邦上院・下院の議員1人あたり3万エーカー（約1万2,140 ha）の割合で各州に国有地を交付すると規定し，さらに第4項では，土地の付与を受けた州は，産業労働者階級 (industrial classes) への普通教育と実業教育を促進するために (to promote the liberal and practical education)，土地の売却などで設立した基金からの利益を，少なくとも一つの大学への寄付・援助・維持にあてると規定していた。この第4項は，設立する大学に対する軍事戦術 (military tactics) の教授という条件が規定されている点でも重要であるので，以下に原文を示す。

SEC.4.And be it further enacted, That all moneys derived from the sale of the lands aforesaid by the States to which the lands are apportioned, and from the sales of land scrip hereinbefore provided for, shall be invested in stocks of the United States, or of the States, or some other safe stocks, yielding not less than five per centum upon the par value of said stocks; and that the moneys so invested shall constitute a perpetual fund, the capital of which shall remain forever undiminished, (except so far as may be provided in section fifth of this act,) and the interest of which shall be inviolably appropriated, by each State which may take and claim the benefit of this act, to the endowment, support, and maintenance of at least one college where the leading object shall be, without excluding other scientific and classical studies, and including military tactics, to teach such branches of learning as are related to agriculture and the mechanic arts, in such manner as the legislatures of the States may respectively prescribe, in order to promote the liberal and practical education of the industrial classes in the several pursuits and progressions in life.[16]

　土地付与により設立された大学については，農学や機械工学に関連した科目の教授をすること (such branches of learning as are related to agriculture and the mechanic arts) と規定されたのであるが，その大学は，他の科学や教養の教育を排除することなく (without excluding other scientific and classical studies), また軍事戦術を必修とすること (including military tactics) と注記されているのである。

　なお，軍事戦術を必修とすること (including military tactics) という文言は，ブキャナン大統領の拒否権によって葬られた1857年モリル法には入っていない[17]。つまり，この文言は，南北戦争の最中という「戦時」体制下で新たに挿入されたのである。ハンチントンによれば，アメリカの軍事教育は技術的なものに偏り，高度な軍事科学や戦略の教授を軽視する傾向にあった。ウエストポイント陸軍士官学校にしても，実用的な科学を教授する学校としての性格が強く，1858年なってようやく同士官学校に戦術学部 (Department of Tactics) が設けられたのである[18]。基本的に大きな常備軍を置かず，民兵組織の伝統に頼ってきたアメリカにとって，南北戦争という戦時下，軍事戦術 (military tactics) を身に付けた将校級の人材が必要とされたことが，軍事戦術義務付けの背景にあると思われる。アクストは，1862年のモリル法で新たに軍事戦術の教授が義務付けられた背景について，軍学校の存在が南部の軍事面での成果にかなり貢献していると北部では考えられるようになってきたことと，新設教育機関では，民兵として従軍することを含む「シティズンシップ」(citizenship) を教えて準備させるべきだという考え方がもともと存在していたこと，の2点を挙げている[19]。

　以上，本節では軍事戦術 (military tactics) の授業の実施を土地付与大学に義務付けたモリル法制定の歴史的背景について検討した。モリル法が制定されたのは，アメリカ合衆国の歴史の中で最も苛酷な総力戦であった南北戦

争の最中であり，将校級の人材が不足し，その育成が急務であったことが，軍事戦術（military tactics）の授業の義務付けにつながったのである。

第 2 節　マサチューセッツ農科大学と軍事教育

本節の課題は，マサチューセッツ農科大学（Massachusetts Agricultural College: MAC）で実施されていた軍事教育の実態を，後の森有礼の兵式体操論との比較という観点から究明することである。そのために，まずマサチューセッツ農科大学が土地付与大学として設立される過程について論究した上で，同農科大学の実質的な初代の学長となる W. S. クラークの経歴を軍事教育との関連という観点から検討する。その上で，マサチューセッツ農科大学で実施された軍事戦術（military tactics）の実態を，同農科大学の年報等から明らかにした上で，軍事戦術の授業と同農科大学の入学者数減少との関係について論究する。そして最後に，同農科大学の軍事教育と森有礼の兵式体操論との関係について考察する。

1　マサチューセッツ農科大学の設立

1863年 4 月18日にマサチューセッツ州議会はモリル法を利用することを議決した。そして 4 月28日にはマサチューセッツ農科大学を発足させる法案を可決し，翌29日に知事が同法案に署名している。[20]そして，11月 8 日に13人からなる理事会が組織された。[21]なお，1864年11月29日にはヘンリー・F・フレンチ（Henry F. French）が初代学長となったが，[22]1866年 9 月に辞任してしまい，ポール・A・チャドボーン（Paul A. Chadbourne）が同年11月第 2 代学長に就任している。[23]マサチューセッツ農科大学が実際に開学する前の準備段階で学長が交代しているのである。

立川明によれば，フレンチは当時のダートマス大学の学長アザ・D・スミスに対して，自分の提案している実用的な，専門の農学校のプランが理由で，理事会と公衆にそっぽを向かれてしまっていると書き送っており，フレンチ辞任の背景には専門を重視するか教養を重視するかという農科大学の設立方針に関する対立があったのである。[24]さらに，フレンチは公式の辞任説明

写真2-1　マサチューセッツ農科大学歴代学長

右下：ヘンリー・F・フレンチ（初代），右上：ポール・A. チャドボーン（第2代），
左上：W. S. クラーク（第3代），左下：C. L. フリント（第4代）
A General Catalogue of the Officers and Students of the Massachusetts Agricultural College: 1867-1897.

の中で，マサチューセッツ農科大学をウエスト・ポイントまがいの軍隊式の学校にすること，またアマースト大学の付属品にすることには絶対に反対であると述べて，暗にフレンチへの反対勢力を率いていたW. S. クラーク（元軍人・アマースト大学）を論難していると立川は指摘している。[25]つまり，理事会と大学の方針をめぐって対立して辞任したマサチューセッツ農科大学初代学長フレンチは，クラークが学長になる前からマサチューセッツ農科大学の「軍隊化」を懸念していたのである。

そして1867年2月6日，W. S. クラークは園芸学と植物学担当の教授としてマサチューセッツ農科大学に招かれたが，[26]マサチューセッツ農科大学の開学直前，第2代学長チャドボーンが健康上の理由から辞任してしまう。[27]そのため同年8月7日，同大学理事会はクラークを第3代の学長に選出し，クラークを実質的な初代の学長としてマサチューセッツ農科大学は開学するのである。[28]なお，入学試験は同年10月1日に行われている。[29]専門よりも教養ある人間づくりを優先したチャドボーンの流れにクラークは位置付けられるのであるが，[30]「農場経営者と園芸農家に対して専門的教育を行う（devoted exclusively to the professional education of farmers and gardeners)」唯一の大学のようだとクラークも年報に記しており、マサチューセッツ農科大学は、あくまで農業従事者を対象により高度の教育を行う機関として設立されたのである。

なお、1862年の段階では、アメリカの人口の約50％が農村に住み、また労働力人口の約60％が農業に従事しており、教養教育とともに農業の専門教育を行う教育機関を求める時代の期待を担ってマサチューセッツ農科大学は設立されたのである。

2　学者・軍人としてのW. S. クラーク

ウィリアム・スミス・クラーク（William Smith Clark, 1826-86年）は、マサチューセッツ農科大学の第3代学長にして、札幌農学校の初代教頭という学者・教育者としての面だけでなく、南北戦争に将校として従軍した軍人としての面、さらには、晩年鉱山経営に手を出して失敗する実業家としての面を持つ多面的な人物である。ここでは、主にクラークの生い立ちを軍事教育との関連において検討する。

クラークは、1826年医師の息子として生まれ、1844年秋にアマースト大学に入学している。松沢真子によれば、1821年創設のアマースト大学は、古典と数学で構成されたルネッサンス期の教育形態を継承する面で、当時の標準的なリベラル・アーツ・カレッジのタイプに属していた。表2-1は、松沢がまとめたクラーク在学中の1847-48年におけるアマースト大学の教育課程を原史料に照らして修正したものである。

松沢は、このアマースト大学の教育課程について、ギリシャ文学などの古典学と、科学・動物学・解剖学など自然科学が並行している教育課程であり、後にモリル法が規定する"scientific and classical studies"及び"liberal education"の原則をすでに備えていたという見方ができると指摘している。なお、この教育課程には体育や軍事訓練が規定されていないことに注目しておきたい。

一方で、ジョン・M・マキによると、クラークは妹宛ての手紙で、アマースト大学での5時半起床から10時就寝まで続く規則正しい学生生活を報告するとともに、父宛ての手紙では、体育館での運動 (exercise in the gymnasium)

表2-1 Course of Study and Instruction (Amherst College)

FIRST TERM	SECOND TERM	THIRD TERM
\multicolumn{3}{c}{FRESHMAN YEAR}		
Folsom's Livy. Classical Mythology and Geography, in Friske's Translation of Eschenburg's Manual of Classical Literature. Xenophon's Cyropædia. Arnold's Latin Prose Composition. Day's Algebra commenced. Elements of Orthoepy and Elocution. Text book, Caldwell's Manual of Elocution.	Livy finished, Homer's Odyssey commenced. Grecian Antiquities, in Eschenburg's Manual. Arnold's Latin Prose Composition. Algebra concluded. Elocution continued.	Cicero de Officiis, de Senecture and de Amicitia. Homer's Odyssey continued. Roman Antiquities, in Eschenburg. The Philosophy of English Grammar. Playfair's Euclid commenced.

During the year. A weekly exercise in Declamaton. Written Translations from the Ancient Languages, and from English into Latin and Greek.

	SOPHOMORE YEAR.	
Horace; Odes. Demosthenes; Oration on the Crown. Archæology of Literature, in Eschenburg. Arnold's Greek Prose Composition. Euclid concluded. Exercises in Elocution.	Horace; Satires, Epistles, and the Art of Poetry. Demosthenes continued. Archæology of Art, in Eschenburg. Arnold's Greek Prose Composition. Day's Mathematics; Logarithms, Plane Trigonometry, Mensuration of Superficies and Solids, Isoperimetry, Mensuration of Heights and Distances.	Cicero de Oratore. Sophocles; Œdipus Tyrannus. Day's Mathematics; Navigation and Surveying. Bridge's Conic Sections. History of English Language and Literature. French, or German.

During the year. – Weekly Rhetorical Exercises; Declamations, Debates or English Compositions. Written Translations.

	JUNIOR YEAR	
Xenophon's Memorabilia. Tacitus; History commenced. History of Classical Literature, Eschenburg. Spherical Trigonometry. Olmsted's Natural Philosophy; Mechanics. Natural Theology, embracing Zoology, Anatomy and	Plutarch de Sera Numinis Vindicta. Tacitus; History finished. Olmsted's Philosophy; Hydrostatics, Pneumatics, Electricity, Magnetism and Optics. Chemistry. Text Book, Silliman's (Junior) First	Homer's Iliad. Tactius, de Mor. Germ. and Vita Agricolæ. History of Classical Literature finished. Olmsted's Astronomy. Gray's Botany.

| Physiology. | Principles; Works of Reference, Kane's, Turner's, Daniell's Silliman's and Berzelius's Chemistry. Whately's Rhetoric. | |

During the year. Two weekly Rhetorical Exercises; Declamation, Debates, or English Compositions.

SENIOR CLASS		
Intellectual Philosophy, by Subjects. Text books, Brown's Lectures on the Philosophy of the Human Mind, and Stewart's Elements. References to Locke, Reid, Payne, Abererombie, and Upham. Paley's Evidences of Christianity. Campbell's Philosophy of Rhetoric. Kames's Elements of Criticism.	Intellectual Philosophy continued. Moral Philosophy, by Subjects. Text book, Paley's Elements of Moral and Political Philosophy. References to Edwards on the Will and on the Nature of True Virtue, Payne's Elements of Moral Science, Wardlaw's Christian Ethics, Whewell's Elements of Morarity. Butler's Analogy.	Wayland's Political Economy. Hitchcock's Geology. Latin and Greek reviewed.

Catalogue of the officers and students of Amherst College: for the academical year, 1847-48

について報告しているが[38]，その運動の内容には，ロープのぶら下がり（rope-swinging），フットボール（football），220ヤード30秒走（running 30-second 220-yard "dashes"）と並んで，木剣による軍事教練（military drilling with wooden swords）が含まれていた。

また，小枝弘和によれば，クラークは，ヒッチコック学長（Edward Hitchcock, 1793-1864年）の指導の下，アマースト大学で大学士官候補（College Cadets）と呼ばれた軍事団体（military company）で戦術やフェンシングを学び，肉体の鍛錬を行っている[39]。

クラークは学生時代に自ら積極的に運動を行って身体を鍛えるとともに，軍事団体に参加して軍事訓練を体験しているのであるが，これらはあくまで課外の活動であり，必修科目となっていたわけではない。

クラークはアマースト大学卒業後，母校のウィリストン校（Williston Seminary）で1848-50年の2年間科学（science）を教えた後[40]，ドイツのゲッ

ティンゲン大学（Georg-August-Universität Göttingen）に留学して1852年に化学の博士号（doctorate in chemistry）を取得している。そして同年母校アマースト大学の分析・農業化学の教授兼ドイツ語講師（professor of analytical and agricultural chemistry and instructor in German）として迎えられたのである。

　なお，1861年4月に南北戦争が勃発すると，クラークは積極的に戦争へ加担していく。マキによれば，クラークはアマーストの学生による義勇軍を組織し，6月の終わりにはアマーストにおける学生大隊演習（student battalion drill）に際して「埃にまみれて行進に加わって」（taking his share of the dust of the march）いたとされている。そして自らマサチューセッツ義勇軍第21連隊の少佐（Major）として従軍し，ニューバーン（Newbern）の戦い等で目覚ましい戦功を挙げ，大佐（Colonel）にまで昇進している。ところが，1863年4月国防省が連隊を統合する方針を打ち出すと，「軍にいるより帰郷した方が役に立つ」（I can be more useful at home than in the army）との理由で除隊してアマーストに戻り，軍人としてのクラークの経歴はここで終わる。しかし，将校として南北戦争に従軍した経験は，その後のクラークの教育活動にも影響していると思われる。マキは，戦争体験談は教室の内外で学生の心をつかむのに役立ち，また，2つの大学（マサチューセッツ農科大学と札幌農学校）でクラークが軍事教育を重視したことにつながったと指摘している。なお，ハンチントンによれば，南北戦争までのアメリカ陸軍では，民間人から将校になるのはありふれた現象であり，クラークの例が特殊であったわけではない。

　以上のように，化学の博士号を有する学者であったクラークは，学生時代から軍事教育に積極的に取り組んでおり，南北戦争では将校として従軍して戦功を挙げた軍人でもあった。クラークのように職業軍人ではないが軍事教育を受けて将校として従軍することは，常備軍に頼らない伝統のあるアメリカでは珍しいことではなかったのである。

3　マサチューセッツ農科大学における軍事教育

　ここでは，マサチューセッツ農科大学における軍事教育の実態について論

表2-2　マサチューセッツ農科大学軍事戦術担当教員一覧
　　　　（1867-91年）

在任期間	氏名	赴任時階級
1867-68年	Henry H. Goodell	-
1869-71年	Henry E. Alvord	Captain
1872-74年	A. H. Merrill	1st Lieutenant
1875-77年	C. A. L. Totten	1st Lieutenant
1878-80年	Charles Morris	1st Lieutenant
1881-84年	Victor H. Bridgman	2nd Lieutenant
1885-88年	George E. Sage	1st Lieutenant
1889-91年	Lester W. Cornish	1st Lieutenant

各年度の Annual Report より作成

究した後，同農科大学の入学者数減少による経営難と軍事教育の関係について明らかにし，最後に森有礼と同農科大学の軍事教育との関係について考察する。

1．軍事戦術教授の開始

　マサチューセッツ農科大学は，モリル法によって軍事戦術（military tactics）の教授が義務付けられていた。マサチューセッツ農科大学に実際に学生が入学する1867年から1891年までの期間にこれらの科目を担当した8人の教員の氏名と赴任時階級をまとめると表2-2のようになる。

　ただし，木下秀明が指摘するように，マサチューセッツ農科大学で本格的な軍事戦術（military tactics）が実施されるのは，2代教官のアルヴォードが赴任し，演武場（drill-hall）が完成する1869年からのことであった。[48] マサチューセッツ農科大学第5・第6年報に記載されている1867年と1868年の課程表（COURSE OF STUDY AND INSTRUCTION）の正規の時間割の中に軍事（military）関連の科目は組み込まれていないのである。ただし，課程表の末尾に，時間外に行うものとして，体操（Gymnastics）や農作業（various operations of the Farm and Garden）とともに軍事戦術（military tactics）も一応規定されてはいた。[49]

　この体操と軍事戦術についてクラークは同農科大学第6年報で以下のように報告している。

> The department of gymnastics and military tactics has been under the direction of Prof. H. H. Goodell, and has been managed with energy

and success. The sophomore class have been thoroughly drilled in the school of the soldier and of the company, and have become expert in the manual of arms. The freshmen have been drilled in light gymnastics, and are prepared to commence military tactics whenever arms and a suitable drill-hall are provided.[50]

グデル教授によって，第2学年（sophomore class）は個別に（soldier），そして集団で（company）徹底的に訓練されて武器の使用法に熟達し，また第1学年（freshmen）は武器と演武場が整えば兵学を始められるように軽体操（light gymnastics）を訓練された（thoroughly drilled）とされている。ここから，初代教官グデルは第1学年には軽体操（light gymnastics）のみを教授し，第2学年になって初めて軍事的な訓練を行っていたことが分かる。ちなみに，グデル教授の本来の専門は現代語（Modern Languages）であった[51]。なお，アルヴォードの赴任に伴い，グデルは英独仏語（English, French and German Languages）担当となり，本来の専門である語学の教授に専念することになる[52]。

そして，1869年からマサチューセッツ農科大学では本格的な軍事訓練が始まるのだが，翌1870年の同農科大学の課程表（COURSE OF STUDY AND INSTRUCTION）を「明治五年八月十一日」（旧暦，新暦1872年9月13日）付で日本語に訳出した史料が『北大百年史　札幌農学校史料（一）』に収められている。マサチューセッツ農科大学の教育課程はほぼ同時期に日本語に翻訳されていたのである。

この日本語訳から軍事教育に関する部分を抜き出し，原文の英語を付してまとめたものが表2-3である。

表2-3から明らかなように，同農科大学は軍事戦術（military tactics）の一環として練兵（Military Drill）を実施していた。そして，この練兵（Military Drill）の特徴は，大崎恵治が指摘するように[53]，歩兵（Infantry）だけでなく，砲兵（Artillery）・騎兵（Cavalry）についても訓練する総合的なものであったことにある。ちなみに，札幌農学校で行われた練兵は第3節で検討するように歩兵のみに限定されたものであった。なお，軍事戦術（military tactics）の科目としては，第4代兵学教官トッテンが就任した1875年度か

表2-3 マサチューセッツ農科大学における軍事教育（1870年）

初級の年 イールヲフフレスマン FRESHMAN YEAR	第一期 First Term	ミリタリージリル 練 兵　兵の道を教るを云 歩兵戦略　兵卒の職掌 Military Drill: Infantry Tactics; School of Soldier
	第二期 Second Term	練兵 歩兵戦略　小隊操練　兵器を扱ふの術 Military Drill: Infantry Tactics; School of the Company, and Manual of Arms
	第三期 Third Term	練兵 歩兵戦略　小隊並ニ大隊の教練 Military Drill: Infantry Tactics; School of the Company and Battalion
三級の年 イールヲフソボモアー SOPHOMORE YEAR	第一期 First Term	練兵 歩兵戦略　銃鎗術　巻戦法（コゼリアヒ） Military Drill: Infantry Tactics; Mannual of the Bayonet, and Instruction in duty as Skirmishers
	第二期 Second Term	練兵 歩兵戦略　銃鎗術 Military Drill: Infantry Tactics; Bayonet Exercise
	第三期 Third Term	練兵 歩兵戦略，巻戦並ニ大隊操練，番兵の職掌，屯営の形状並ニ閲兵の法 Military Drill: Infantry Tactics; Skirmish and Battalion Drill; Guard Duty; and Forms of Parade and Review.
第二級の年 ジュニヲルイール JUNIOR YEAR	第一期 First Term	練兵 砲隊戦略　砲術演習 Military Drill: Artillery Tactics; School of the Piece
	第二期 Second Term	練兵 砲兵及ひ騎兵戦略　剣法　下騎兵教門　重砲隊戦略ひひ砲術 Military Drill: Artillery and Cavalry Tactics; Mannual of the Sabre;School of the Trooper dismounted; Instruction in Heavy Artillery Tactics and Gunnery
	第三期 Third Term	練兵 砲隊戦略　方陣教門　歩兵戦略　大隊操練 Military Drill: Artillery Tactics; School of the Section; Infantry Tactics; Battalion Drill
第一級の年 セニヲルイール SENIOR YEAR	第一期 First Term	練兵 騎，砲，兵の戦略　操練教師たるの職掌，歩，砲，演習ニ於る士官の職掌，騎兵戦略並ニ騎兵整頓及ひ其効用の理論 Military Drill: Cavalry, Artillery, and Infantry Tactics; Duty Masters and Officers in Infantry and Artillery Drill; Theoretical Instruction in Cavalry Tactics, and the organization and uses of Cavalry

第2節　マサチューセッツ農科大学と軍事教育

第二期 Second Term	練兵 騎兵戦略　剣術 Military Drill: Cavalry Tactics;Sabre Exercise
第三期 Third Term	練兵 的射演習(タアケットプラクチース)　刀戦(ソヲールトプレー)　全軍操練 Military Drill: Target Practice; Sword Play;and General Drill

『北大百年史　札幌農学校史料（一）』および *Eighth Annual Report of the Trustees of the Massachusetts Agricultural College* より作成

ら，練兵（Military Drill）に加えて，4年次（Senior Year）に軍事学（Military Science）も規定されるようになる。

マサチューセッツ農科大学の実質的な初代学長となったクラークが練兵（Military Drill）をどう捉えていたかについては，マサチューセッツ農科大学第7年報（1870年）の報告によく現れている。クラークは以下のように記している。

> The act of Congress granting lands to the different States for the endowment of agricultural colleges requires that military tactics should constitute a part of the course of instruction. Believing that the training of a large number of her intelligent young men in all that pertains to the use of the rifles, the bayonet, the sabre, the cannon, and the duties of soldiers and officers in the different branches of service in the field, together with a knowledge of the construction of fortifications, would be of immense value to the Commonwealth, and that military drill is a most admirable means of physical culture, the College has made ample provision for this department.[54]

クラークは，軍事戦術（military tactics）を学ぶことにより，若者がライフル・銃剣・サーベル・大砲といった武器の使用法や，戦場における兵士や士官の各種の任務を訓練することは連邦（Commonwealth）にとっても大きな価値があると信じ，また練兵（military drill）は，身体修養の最もすぐれた手段（a most admirable means of physical culture）とも信じるので，クラークの大学は兵学科を重視してきたというのである。

クラークはこれに続けて，演武場（hall）における練兵（military drill）は悪天候時や冬季の労働作業（manual labor）の代用ともなっており，学生の

健康に疑いなく寄与している（very decided advantage to their health）とも記しており，練兵（military drill）についてはその体育的価値を重視していると言える。これは，第5章で検討する東京学士会院における森有礼の演説「敎育論－身體ノ能力」（1879年）の主張に一見似ている。ただし，クラークは武器の使用法や各種の任務を訓練しておくことの意義も重視しており，兵式体操は決して軍務のためではないとした森とは，実際に戦場に出て戦うことを想定している点で異なっている。

写真2-2 Charles Adiel Lewis Totten

Thirty-Ninth Annual Reunion of the Association of Graduates of the United States Military Academy, at West Point

2．第4代兵学担当教官トッテンの兵学科報告

マサチューセッツ農科大学における military drill の実際の様子は，1876年の第13年報における兵学担当教授トッテン（Charles Adiel Lewis Totten）の兵学科（military department）報告に詳述されている。トッテンは前任のメリル中尉（1st Lieut. A. H. Merrill）の任期満了に伴って赴任した合衆国砲兵第4連隊中尉（1st Lieut. 4th Art., USA）であった。トッテンはモリル法によって義務付けられた軍事教育の意義について以下のように説明している。

> It is especially pleasing to make a satisfactory report of work accomplished, because it has been my constant aim to impress upon the students that it was not only a patriotic duty in return for government patronage, but a matter of education particularly important to the farming community as the final owners and protectors of the soil. Our country is not warlike in the aggressive sense, and our "peace military policy" is barely sufficient to keep the art of war alive within our borders. The colleges endowed by the land grant of 1862 are a part of this policy, and as such are peculiarly responsible for the honest fulfillment of the military requirements of

> that Act. The real value of a military education is a *fact* of history, and sooner or later has been recognized by every great nation.[56]

ここで，トッテンはまず，土地付与大学における軍事教育は，公費の恩恵を受けている見返りとしての愛国的義務（a patriotic duty in return for government patronage）という面だけでなく，将来土地を所有し守ることが求められる農業地域社会にとって特に重要な教育事項としての面がある（a matter of education particularly important to the farming community as the final owners and protectors of the soil）と説明している。後に検討するように，森有礼はクラークに，農業教育と防衛のための軍事教育を結合させたマサチューセッツ農科大学のような大学が当時の日本に必要だと語ったとされているが，ここでトッテンは，アメリカの地域農業社会における土地の自衛の必要性という観点から土地付与大学における軍事教育の必要性を説いているのである。

そしてさらに，国境防衛のためにのみ戦争技術を維持するという合衆国の「平和的軍事政策」（peace military policy）の一環として1862年の土地付与で基金の提供を受けた大学は，法で定められた軍事的要求を誠実に遂行する責任を特に負っている（peculiarly responsible for the honest fulfillment of the military requirements of that Act）と説明している。トッテンはクラークのように身体的訓練や健康上の意義を説かず，国家的な軍事政策の一環として土地付与大学における軍事教育の意義を説いているのである。

また，トッテンは軍事訓練の教育的意義について以下のようにも記している。

> The aid rendered by a very efficient senior class in the transmission of elementary military knowledge to underclasses, has been very great. All of the responsible and important offices of the battalion are held by seniors, and the self-discipline and experience thence naturally derived is not only a means of realizing the object of the department, but as a matter of individual education is equally valuable. Four members of this class have been appointed to staff positions as assistant instructors in ordnance, signalling, artillery, and infantry, respectively, thereby

considerably lightening the labor of the professor, and enabling double the quantity of work to be accomplished.[57]

つまりトッテンは，下級生（underclasses）に基本的な軍事知識を伝える（the transmission of elementary military knowledge）にあたって，有能な最上級生（senior class）が助手を務めることが素晴らしいと言っている。大隊内の責任ある重要な役職はすべて（All of the responsible and important offices of the battalion）最上級生が担当しており，そこから生まれる自己規律と経験（self-discipline and experience）は，兵学科の目的を達成するために役立つ（a means of realizing the object of the department）だけでなく，個々人の教育という点からも等しく価値がある（as a matter of individual education is equally valuable）と言っているのである。軍組織の中で指導にあたる最上級生に自己規律という教育効果が得られるとしている点では，第5章で検討する規律と秩序を重視する森有礼の兵式体操論に近いとも言えるが，トッテンは，教授の負担を軽減して達成すべき課題を倍増することが可能になる（lightening the labor of the professor, and enabling double the quantity of work to be accomplished）といった実務的側面も重視しているのである。

なお，学校での日常生活についてトッテンは以下のように報告している。

A battalion of four companies, with a staff and permanent commissioned and non-commissioned officers, is the basis of military organization. The West Point method, so far as practicable at a college, is followed both in the matter of tactical instruction and military administration. The routine of company and battalion office-work is adhered to closely, making the department self-sustaining, and forming a valuable item of practical instruction. Special attention is paid to the rules of military etiquette, and to an impartial enforcement of the necessary discipline. The junior and sophomore classes are united for instruction in artillery tactics, being officered and equipped as a light battery. Drills amount to three or four per week, as directed in the catalogue, and are by class or college, according to their nature. Every Saturday morning the Commandant makes a thorough military inspection of the College. At this time the students are required to be in their rooms, for whose neat and orderly appearance they are held responsible.[58]

　これによると，参謀（staff）・士官（permanent commissioned officers）・下士官（non-commissioned officers）を擁する四中隊（four companies）で構成される大隊（battalion）が軍事組織の基礎とされ，戦術教育（tactical instruction）と軍事上の管理（military administration）は，可能な範囲で（so far as practicable at a college）ウエストポイント陸軍士官学校式で行われている。なお，軍隊の作法や必要な規律が行きわたっているかについては特に注意が払われたとある（Special attention is paid to the rules of military etiquette, and to an impartial enforcement of the necessary discipline）。また，演習（drill）はクラスまたは大学全体で週3回から4回行われ，毎週土曜の朝には司令官による大学全体の査察（a thorough military inspection of the College）が行われている。その際，学生は自分の部屋で待機し，清潔できちんとした身なり（neat and orderly appearance）をしていることが求められたとある。

　以上のようなトッテンの報告によれば，土地付与大学における軍事教育の意義について，国家的な軍事政策の一環として理解する見解があったことと，マサチューセッツ農科大学では，ウエストポイント陸軍士官学校と同様の本格的な軍事教育が実施されていて，大学全体が「兵営化」されていたことが分かるのである。

3．マサチューセッツ農科大学の経営難と軍事教育

　1867年にマサチューセッツ農科大学は，最初の学生を迎え入れたのだが，その後は入学者数の減少に悩まされることになる。表2-4は，1867-92年度の在校生と卒業生の数を各年度の年報からまとめたものである。[59]

　実質的な初年度の1867年には50人以上の入学者があったのが，徐々に入学者数が減少し，1875年にはついに20人を切って，18人しか新入生（Freshmen）がいない事態となっていることが分かる。この時クラークは，入学者の落ち込みの原因について，年報に以下のように記している。

　　Eight years is a brief period in the life of an institution, and especially

表 2-4　マサチューセッツ農科大学在校生・卒業生数一覧（1867-92年度）

	Freshmen	Sophomores	Juniors	Seniors	Graduates
1867	56				
1868	41	40			
1869	24	41	35		
1870	32	27	34	30	
1871	38	26	19	24	27
1872	37	42	24	16	24
1873	23	31	27	12	13
1874	24	21	22	20	13
1875	18	20	13	24	18
1876	18	15	17	12	24
1877	23	12	12	20	10
1878	88	16	11	9	21
1879	15	65	15	9	7
1880	14	16	44	19	7
1881	19	13	13	35	17
1882	13	25	7	11	31
1883	44	22	19	5	10
1884	25	41	17	14	4
1885	32	24	30	13	11
1886	36	22	23	27	12
1887	29	37	18	21	19
1888	48	27	30	15	19
1889	40	41	19	21	14
1890	62	35	27	20	20
1891	43	55	26	22	18
1892	46	39	45	22	22

各年度の Annual Report より作成

of one which, from its novel and peculiar character, has been forced to struggle for its very existence against the prejudices of the ignorant and the jealousy of the educated among its opponents, and has often in times of need found its nominal friends greatly lacking in hopefulness, courage and enthusiasm. Another practical difficulty in the way of the rapid development of such a college, lies in the impossibility of educating the people to a correct apprehension of the real objects and methods of the course of instruction, so long as the newspapers continually scatter broadcast disparaging and false statements concerning it. Again, there are many students who are prevented from attendance by erroneous ideas regarding the compulsory manual labor and military drill which are wisely required by the laws of both the States and the national government. But nothing has so severely checked the growth of the Massachusetts College as the high rate of tuition and the total want of means so abundantly provided in other colleges for the pecuniary assistance of worthy but indigent students.[60]

クラークは，他大学で行われている学生に対する金銭的援助（pecuniary assistance）の欠如による高い学費（high rate of tuition）が，マサチューセッツ農科大学の発展を妨げている最大の要因だとしているのであるが[61]，それとは別に，諸新聞によってマサチューセッツ農科大学を誹謗する虚偽の記事がまき散らされる等，偏見と誤解に囲まれていることを歎いている。そして，誤った考えに基づいて必修の労働作業（manual labor）と練兵（military drill）に出席しない多くの学生がいるとしていることに注目しておきたい。つまり，練兵（military drill）の必修が，マサチューセッツ農科大学の不人気の一因となっているとクラーク自身も認識しているのである[62]。なお，ここでクラークは，練兵（military drill）について，州及び国の法律で義務付けられている（which are wisely required by the laws of both the States and the national government）ことを強調している。ハンチントンによれば，南北戦争の結果，軍に同情的な保守主義は南部とともに消え去り，およそ軍的なものに対してアメリカ社会が徹底的で容赦のない敵意を持つような，軍孤立の時代を迎える[63]。平時において，ウエストポイント陸軍士官学校と同様の軍事訓練を行うことに関して一般的に理解が得られていたとは言い難く，クラークも練兵（military drill）は法的に義務付けられていると言い訳せざるを得ない状況にあったことが分かる。

また，1879年クラークがマサチューセッツ農科大学の学長を辞任するのとほぼ同時期に，マサチューセッツ農科大学同窓会が組織した臨時委員会が大学運営に関する報告書を出している。同報告書は兵学科（Military Department）について，以下のように報告している。

The military department has, at times by allowing the worthy enthusiasm of the commandant to have full scope, assumed more prominence than the time of the students could possibly afford, resulting in the curtailment or neglect of other duties. This department is an important one, but we respectfully submit that half the time devoted to it would be sufficient to fulfil all legal requirements of the endowment, and be ample for instructing the students in the "art of war."[64]

　要するに，臨時委員会は兵学科（Military Department）は大事な学科ではあるとしながらも，他の学業に支障が出るほど時間をかけ過ぎており，従来の半分程度の，法的な義務を最低限満たす時間を兵学科に割けば十分であると報告しているのである。また，ケアリーによれば，マサチューセッツ農科大学のウエストポイント式の寄宿舎制度は，望ましい成果を挙げることができず，規律面や修繕にかかる費用を問題視されて，この頃学生に部屋を賃貸する方式に改められている[65]。

　その後1882年に入学者が13人にまで落ち込んだマサチューセッツ農科大学は，労働作業（manual labor）を外すなど改革に取り組むが，その際，軍事戦術（military tactics）の授業も時間数を減らされることになるのである[66]。

　以上のように，マサチューセッツ農科大学は入学者数減少による経営難に苦しむが，本格的な軍事教育の実施は同農科大学の不人気の原因の一つとして考えられていたのである。

4　森有礼とマサチューセッツ農科大学

　ジョン・M・マキによれば，アメリカに弁務使として駐在していた森有礼は，1872年の夏，マサチューセッツ農科大学の学生であった内藤（のちに堀）誠太郎を訪れ，クラークにマサチューセッツ農科大学を案内されている途中，学生が練兵（military drill）を演じているのを目撃している[67]。内藤誠太郎は，森有礼に随行して渡米した森の元書生であり[68]，森の依頼によってケプロンがW.S.クラークに手紙を書いてマサチューセッツ農科大学入学に関する便宜を図った経緯があった。マキがこの時の詳細を伝える史料として挙げる1872年7月18日付の The Springfield Republican 紙の記事の中で該当する箇所は以下の通りである。[69]

The interest taken by our new friends and admires, the Japanese nation, in both these colleges, deserves mention. The first Japanese college graduate in America went forth from Amherst (the old college). There were three students of this nation among the hundred at the agricultural college a few months ago; two of them have lately been called away on public duty, but Saitaro Naito, who remains, is one of the most thoughtful and earnest of all the Japanese young men now in America, as his speech on Monday evening showed. He is a special protege of Arinori Mori, the Japanese minister at Washington, who supports him at the college; is 24 years old, well trained in the learning of his own country, and, like so many of the Japanese gentry, perfect in his manners and high in his purposes. His friend Mori, who has half a dozen more young men fitting to enter the college, is much delighted with its combination of agricultural and military education, and thinks such a college just what Japan needs, "This will teach us," he said to president Clark, "how to feed ourselves and defend ourselves," - and one great aim of the Japanese is to protect their country from foreign attack - especially from Russia, of whom they are not unreasonably suspicious. They are not the best judges, perhaps, of what a good American education is, but they know what they want for themselves, and, it is a striking testimony in favor of the experimental college that so sagacious a man as Mori likes it so well. Some of our grumbling legislators and taxpayers, perhaps, wish that he would take it over to Japan with him; but it will grow to be one of the favorite institutions of Massachusetts if it is judiciously managed for the next ten years.[70]

ここでは，食糧を自給しつつ自らを守る方法 (how to feed ourselves and defend ourselves) を教える，農業教育と軍事教育とが結び付いた大学を，外国（特にロシア）から自国を防衛することが大きな課題であった日本がまさに必要としていると，森がクラークに語ったと伝えられている。

マキは，農業の発展を必要とするとともに，戦略上の重要地であった北海道を抱える日本のニーズにアメリカの土地付与大学が合致して，クラークが札幌農学校に招聘される上で，森のマサチューセッツ農科大学訪問は大きな役割を果たしたと評している。たしかに，特にロシアの脅威を背景に，北海道に必要とされる開拓と防衛の2つのニーズを同時に満たす教育機関としてアメリカの土地付与大学は最適であったと言える。

　なお，森に関する記述は記事全体からすれば末尾のごくわずかの部分に過ぎない。記事全体のタイトルは「ハンプシャー郡の大学（THE HAMPSHIRE COUNTY COLLEGES）」というもので，ハンプシャー郡アマーストにある2つの大学（古くからあるアマースト大学と新設のマサチューセッツ農科大学）を対比して論評したものである。この記事の全体的な論調は，マサチューセッツ農科大学は，州から多額の援助を受けているものの財政状況が悪い上に，学生の学力も高くなく，アマースト大学に比べて評判が悪いというものであった。森がマサチューセッツ農科大学の軍事教育を賞賛したというエピソードも，引用文の最後の方にあるように，アメリカでは議員や納税者の間で評判が悪い農科大学を，当時の後進国日本に引き取ってもらえればいいのではないか（Some of our grumbling legislators and taxpayers, perhaps, wish that he would take it over to Japan with him）という，いくぶん皮肉を込めた文脈で紹介されているのであり，記事の筆者はマサチューセッツ農科大学における軍事教育について好意的とは言えない。この記事からも，同農科大学の軍事教育がアメリカで必ずしも好意的に受け止められているわけではなかったことが分かる。

　以上のように，アメリカの新聞は森有礼がマサチューセッツ農科大学における軍事教育に感銘を受けた旨クラークと話をしていることを伝えている。第5章で検討するように，森の最初の兵式体操論である「教育論－身體ノ能力」は，クラークと同様に身体上の鍛錬効果を重視しており，クラークの軍事教育論の影響を受けている可能性は高い。ただし，新聞記事では森がマサチューセッツ農科大学の農業教育と軍事教育とが結び付いた教育を国防の観点から評価したとされているが，これは後の森の兵式体操論には見られない観点であり，森の兵式体操論とマサチューセッツ農科大学における軍事教育

とが直接に結び付いているわけではない。後述するように，日本とアメリカの兵制の違いから，当時の日本では民間からいきなり士官として任官することが考えられなかったので，森が学校教練の教育的効果を殊更強調するようになった可能性がある。

　本節ではマサチューセッツ農科大学において実施されていた軍事教育の実態を検討した。同農科大学ではウエストポイント陸軍士官学校同様の本格的な軍事教育が実施されており，大学全体が「兵営化」されていた。アメリカに駐在していた森有礼は同農科大学の軍事教育に感銘を受けたとクラークに話したと新聞で伝えられており，同農科大学の軍事教育は森の兵式体操論に影響を与えた可能性が高い。ただし，同農科大学の軍事教育はアメリカにおいて必ずしも好意的に受け止められていたわけではなく，同農科大学の入学者数減少の一因として考えられてもいたのである。

第3節　札幌農学校と軍事教育

　本節の課題は，札幌農学校で実施された軍事教育の特徴を，モデルとなったマサチューセッツ農科大学の軍事教育や森有礼の兵式体操論との比較という観点から解明することである。そのため，まず，札幌農学校が設立される経緯を検証して，マサチューセッツ農科大学との違いを明らかにした上で，札幌農学校で実施された軍事教育の実態について論究し，その特徴について考察する。

1　札幌農学校の設立

　1869年7月，明治政府の官制改革に伴い「掌總判諸地開拓」[73]（諸地の開拓を總判することを掌る）機関として設立されたのが開拓使である。翌1870年5月，開拓次官となった黒田清隆（1840-1900年）[74]は，7月から10月にかけて樺太・北海道を視察し，帰京後太政官に以下のような建議書を提出した。[75]

　　其實地ヲ経歴スルト風土適當ノ固ヨリ開拓ニ長ズル者ヲ雇ヒ之ヲシテ移民ノ計數及ビ器械ノ精蘐考究セシメ其一定ノ法立ツニ及ンデハ鑛山舎密ノ業ニ精キ者ヲシテ金銀薬物ノ類ヲ考索セシメ且北海道樺太ノ海岸ヲ測

量シテ要害ノ地ヲ檢シ豫メ我海軍ヲ建ルノ計ヲ爲シ并魯人ノ根據トスル黒龍江及ビ東察加等モ亦マサニ測量ヲ爲スベシ[76]

写真2-3　黒田　清隆

　ここで，黒田は「開拓ニ長ズル者」を外国から雇い入れて，「移民」「器械」「鑛山」「舎密」（化学）の業務について「考索」させるとともに，ロシアを念頭に置いて測量や海軍建設に当たらせることを提案している。さらにこれに続けて黒田は「今ヨリ書生ヲ精撰シテ海外諸國ニ分遣シ事情ヲ偵探シ以テ他日ノ用ニ資本スベシ」[77]と留学生を海外に派遣することを提案している。この開拓のための外国人の雇い入れや留学生の派遣許可などは認められ[78]，黒田は1871年1月アメリカ合衆国に向かい，同国の農務局長官ホーレス・ケプロン（Horace Capron）らを雇い入れて帰国した。なお，原田一典によれば，このとき両者を仲介したのは当時在米少弁務使であった森有礼である[79]。そして，開拓使からの留学生も次々に海外に派遣され，わずか1年あまりで31名に及んだ[80]。

国立国会図書館蔵

　一方で開拓に必要な人材の国内育成のための教育機関の設立も行われた。1871年には函館学校や資生館（札幌）が設置されたが，これらの学校は，皇漢学や英学などを主な教科目とする一般的知識の向上を目的としたものであった[81]。これとは別の技術者養成を目的とした学校設立を提案したのが開拓使顧問ケプロンである。ケプロンは，進歩的な農業畜産家であり，南北戦争にはイリノイ第14騎兵連隊をひきいて参戦し，准将に昇進した軍人でもあった[82]。彼は，1872年1月2日（新暦）の Abstract of First Annual Report の中で，科学的・体系的・実際的な農業（scientific, systematic and practical agriculture）を確立するため，農園や農場と接続して農業学を教授する学校（institutions）が必要だと提案している[83]。

　なお，ケプロンとは別に，お雇い外国人アンチセルが医学等幅広い学科を教授する「北海道術科大学校」の設立を提唱しており[84]，1872年5月21日（旧暦明治5年4月15日）開設された開拓使仮学校は，当初，工業・鉱山・土木

第3節　札幌農学校と軍事教育　　99

工学・農学の4科を専門科とするものとして構想されていた[86]。しかし，原田一典によれば，開拓使の財政難が背景となって，開拓使の設立する技術者養成のための学校はケプロンの提唱した農学校を設立する方向に落ち着くのである[87]。

1874年11月30日開拓使仮学校校長調所広丈は，黒田開拓長官に専門科開設の伺いを提出するのと前後して[88]，内藤（堀）誠太郎・湯地定基ら4名に，開設予定の専門科の課程・教師の陣容・経費・整備すべき備品などの調査を命じている[89]。このうち，内藤と湯地はマサチューセッツ農科大学に留学した経験があった[90]。前述したように内藤（堀）は，森有礼に随行して渡米した森の元書生であり，森の依頼によってケプロンがW. S. クラークに手紙を書いてマサチューセッツ農科大学入学に関する便宜を図った経緯があった。開拓使で設置する農学校のモデルがマサチューセッツ農科大学となったのは自然な流れだったのである。

そして，黒田長官は，1875年3月29日太政官に専門教師の雇い入れを伺い出て，5月15日に裁可された。そして人選を在米全権公使吉田清成に依頼し，吉田は当時アメリカの教育界で活躍していたバーゼー・G・ノースロップ（Birdsey G. Northrop）に事を託した。このノースロップがW. S. クラークに会って札幌行きを勧めてクラークの来日が実現するのである[91]。そして，開拓使仮学校は1875年7月札幌学校と改称し，札幌に移転している[92]。

1876年3月3日，クラークの雇い入れに関する契約が結ばれ[93]，クラークの推薦によりウィリアム・ホイーラー（William Wheeler）[94]，ダビッド・P・ペンハロー（David P. Penhallow）[95]の2名が雇用され，彼ら3人は同年6月29日に横浜へ上陸し，しばらく東京に滞在した後，7月31日に札幌に到着したのである[96]。そして，8月14日専門科の開校式が行われ，8月17日から授業が開始された[97]。そして，9月8日札幌農学校と校名変更が行われたのである[98]。この9月8日付で認可された札幌農学校諸規則により札幌農学校の目的は「開拓ニ従事スベキ青年輩ヲ学識幷現術ノ為ニ教育スル」こととされ，卒業後5年間の奉職義務が卒業生に課せられた[99]。

つまり，札幌農学校は，北海道開拓のための技術者養成を目的として設立され，卒業生は開拓使の官吏として5年間奉職することが義務付けられたの

である。従って，19世紀中葉のアメリカ社会の中核を形成していた農場経営者層に，教養教育とともに専門教育を施すことを目的として設立されたマサチューセッツ農科大学と札幌農学校とは，その設立目的が微妙に異なっていたのである。

　また，日本の徴兵令は，中高等教育機関在学者・卒業者を平時にほぼ免役としていた。遠藤芳信の指摘するように，これは，専門的な知識・能力を持った人材を適材適所で生かすためであった[100]。そもそも，北海道は徴兵令の対象外に置かれており，変則的に屯田兵制が採用されていたが，1889年に屯田兵条例が改正されるまでは，札幌農学校と屯田兵士官の養成とは連絡しておらず，初期の札幌農学校卒業者は軍務に就くことがまずなかったのである[101]。この点も，自発的に民兵（militia）を組織する伝統のあったアメリカのマサチューセッツ農科大学とは異なっているのである。

2　札幌農学校における初期軍事教育

　ここでは，札幌農学校の初期の軍事教育について，同校の教育課程における位置付けとその実態について明らかにする。

1．札幌農学校の教育課程における軍事教育

　札幌農学校の教育課程は教頭クラークによって作成された。もともと開拓使では，専門科設置準備段階でマサチューセッツ農科大学留学経験者である内藤（堀）誠太郎や湯地定基が加わっていた経緯がある。そこに，同農科大学の現職の学長であるクラークが札幌農学校の教育課程を作成したので，札幌農学校とマサチューセッツ農科大学の教育課程が酷似しているのは当然だとされている[102]。教育課程を含む「札幌農学校諸規則」は，1876年9月2日付でクラークから黒田開拓使長官に示され，校長調所広丈による一部添削を経て，9月8日に黒田に「伺之通」と認可されている[103]。ただし，この「札幌農学校諸規則」に示されている和英国語・能弁学など20科目の中に，体操や練兵は含まれていない。この欠落について，木下秀明は「資料転記の時の脱落」だと見ている[104]。たしかに，札幌農学校の最初の業務報告書である『札幌農黌第一年報』には週2時間の「武藝」が学科目に記載されている[105]。

　次に掲げる表2-5は，三好信浩が作成した札幌農学校（1877年）とマサ

チューセッツ農科大学（1876年）の教育課程比較表である。

三好は，札幌農学校の教育課程の特徴として①マサチューセッツ農科大学同様，農学校ではあっても農学科目の比重が小さい，②マサチューセッツ農科大学よりも理学系科目の比重が大きく，農学校というより理学校の性格が強い，③マサチューセッツ農科大学同様，教養科目が重視されている，④マサチューセッツ農科大学同様軍事教練が導入されている，の4点を指摘している。[106] 農学校ではあっても農学科目の比重が小さく理学系科目や教養科目の比重が大きい点については，1877年2月1日に授業が開始された農事修学場（のちの駒場農学校）の教育課程と較べても明らかである。[107] 内務省勧農局編『勧農局年報第二回』記載の農事修学場開学時の「學科ノ順序」をまとめると表2-6のようになる。

予科には一般教養科目が見られるが，専門課程は専門科目ばかりのカリキュラムとなっている。三好はこれについて，「イギリス人教師の助言を得て決定されたものと思われる」[108] と推定している。なお，駒場農学校（農事修学場の後身）の教育課程に歩兵操練が導入されるのは，1884年2月の学則改正時である。[109]

ここでさらに軍事教育について細かく検討すると，札幌農学校では各学年各学期に Military Drill を毎週2時間ずつ，4年間で16時間配当し，4年間総授業時間数215に対し，7.4％の比率である。一方，マサチューセッツ農科

表2-5　札幌農学校・マサチューセッツ農科大学教育課程対照表

		Massachusetts Agricultural College (Jan.1876)		札幌農学校 (Mar.1877)	
		教科目（時間配当）	時数(%)	教科目（時間配当）	時数(%)
専門一	農学	Agriculture (3+4+2+2+4+2+2) Agricultural Review (4) Agricultural Debate (1)	24	Agriculture (4+4+2)	10
	園芸学	Market Gardening (2) Landscape Gardening (2) Floriculture (2)	6	Landscape Gardening (3) Fruit culture (3)	6
			77　24.8%		49　22.3%
農学系	畜産学	Veterinary Science (3+3+3) Animal Physiology (3) Stock and Dairy Farming (2)	14	Veterinary Science and Practice (6) Stock and Dairy Farming (3)	9
	実習	Manual Labour (6+6+6+6+6+3)	33	Manual Labour (6+6+6+3+2)	23+a

専門二 理学系	化学	Organic and Practical Chemistry (8) Agricultural and Analytical Chemistry (8) Quantitative Chemical Analysis (7) Inorganic Chemistry (4)	27	Organic and Practical Chemistry (8) Agricultural and Analytical Chemistry (8) Quantitative Analytical Chemistry (8) Chemical Physics and Inorganic Chemistry (6)	30	
	物理	Chemical Physics (5) Physics (5)	10	Physics (6)	6	
	生物	Botany (3+4+2) Zoölogy (5) Entomology and Zoölogy (3) Human Anatomy, Physiology and Hygiene (3) Microscopy (4)	24	Botany (3+4+3) Zoölogy (3) Human Anatomy and Physiology (3) Microscopy (3)	19	77 35.8%
			86 27.6%			
	地学	Astronomy (4) Geology (3)	7	Astronomy and Topography (6) Geology (4)	10	
	数学	Geometry (5+4) Analytical Geometry (4) Algebra (5)	18	Geometry and Conic Sections (6) Algebra including Logarithms (6)	12	
専門三 工学系	図学 測量	Trigonometry (5) Surveying (5) Topographical Surveying (4) Drawing (4+4) Levelling and Drawing (5) Freehand Drawing (2+4)	33	Trigonometry and Surveying (6) Mathematical Drawing and Plotting (3) Mechanical and Topographical Drawing (3) Freehand and Geometrical Drawing (3)	15	27 12.6%
			41 13.2%			
	工学	Mechanics (5) Roads and Railroads (3)	8	Mechanics (6) Roads, Railroads and Hydraulic Engineering (6)	12	
教養一 語学	国語	English (2+2+3) English Literature (4+4) Lectures on English Language (2)	17	Japanese (4+2)	6	35 16.3%
	外国語	French (5+5+4) German (5+4+4)	27	English (6+2+4) History of English Literature (6) English and Japanese Translations (2) English and Japanese Compositions (2)	22	
			51 16.4%			
	話法	Elocution (1+1) Declamation (1+1+1+1) Original Declamation (1)	7	Elocution (2+2) Extempore Debate (2) Original Declamation (1)	7	
教養二	その他	Mental Science (4) Rural Law (1) Book-keeping (2) Theses (1)	8 2.6%	Mental Science (4) Political Economy (4) Book-keeping (4)	12	12 5.6%
教練		Military Drill (4+3+4+4+3+4+3+3+4+3+3+4) Military Science (2+2+2)	48 48 15.4%	Military Drill (2+2+2+2+2+2+2+2)	16	16 7.4%
計			311		215	

三好信浩『日本農業教育成立史の研究——日本農業の近代化と教育』

表2-6　農事修学場「學科ノ順序」

豫科	算學　文典　綴文及讀法 英國史　地理學　幾何學 代數學　習字
農學	誘導篇 土壌ノ元始及天質　分科畧之 収納論　諸肥料用法　分科畧之 牧畜　分科畧之 農業　分科畧之
獸醫學	解剖　原生科　組織科 家畜内外科　臨時講義 家畜内外科　實踐 薬物科　薬功科　全上實踐 家畜産科　生馬論及理馬總論 蹄鞋論　實踐
化學	無機化學　分科畧之 有機化學　全 農藝化學　全

内務省勧農局編『勧農局年報第二回』より作成

　大学は，Military Drill を各学年各学期に３～４時間ずつ，４年間で42時間，Military Science を４年間総計で６時間の計48時間を配当しており，４年間の総授業時間数311時間に対する比率は15.4％である。マサチューセッツ農科大学は３学期制，札幌農学校は２学期制という違いがあるので，マサチューセッツ農科大学の時間数に２/３を掛けて調整すると，４年間でマサチューセッツ農科大学の Military Drill と Military Science は計32時間となるが，４年間で計16時間の札幌農学校の Military Drill はちょうどその半分でしかない。軍事教育の比率が低い分理学系科目の比重が高くなっているのが札幌農学校のカリキュラムの特徴なのである。

　札幌農学校のカリキュラムは，農学科目の比重が小さく理学系科目や教養科目の比重が大きいことにその特徴があった。このことが，松沢真子の指摘するように，農業の分野の枠を超えて活躍する幅広い教養を持つ卒業生を生んだのであるが，マサチューセッツ農科大学の半分程度の時間しか配当していない軍事教育を札幌農学校は重視していなかったと言える。これは，民間人が将校として従軍することが珍しくなかったアメリカのマサチューセッツ農科大学とは異なり，札幌農学校の卒業生は北海道開拓の技術者となること

が期待され，軍務につくことが想定されなかったことによると思われる。

2．札幌農学校の初期軍事教育の実態

クラークの帰国後教頭代理を務めたウィリアム・ホイーラーは，1877年9月20日付で調所校長に対し，兵学・英学・化学の担当教員の雇用と校舎の増築を提案しているが，その中で兵学担当教員については以下のように記している。

> 兵学教師ニハ「ウエスト，ポイント」ナル合衆国兵学校ニ於テ成業シ諸芸完備ノ一武官タルノミナラズ兼テ完全ノ一厳師トナリ又夕図学及ヒ数学ヲモ教授シ得ベキノ人ヲ要シ候但シ土木学理学図学及ヒ数学ノ全科ヲ教授スルニハ必ス二名ノ教師ナラルベカラス故ニ日本人ノ単ニ調練ノミヲ教フルモノ一名ヲ以テ其一ヲ補フモノトスルモ尚前条ニ記載セル学科ノ教師ニ一名ノ外国人ヲ聘センコト必要ニ可有之況ンヤ其実ヲ云ヘハ兵学教授ノ眼目ヲ保持シ該学科中第一肝要ノ制御法ヲ実施シ之ヲシテ採リテ以テ本校ニ行フニ足ルモノナラシムルヲ得ヘキ程ノ良士官ヲ陸軍中ヨリ発見シ得ンコト蓋シ甚夕難カルベキニ於テヲヤ
>
> 合衆国ノ如キモ教育ノ行届キタル数千ノ武官中ヨリ大頭領〔ママ〕ノ抜択シテ国内ノ大小学校大約四十箇所ニ分遣シ教官タラシムルモノハ必ス「ウエスト，ポイント」大学校ニ於テ高等ノ学業ヲ成就セシモノニ限リ候義ニ有之候本校ニ於テ兵学ノ教師タラン者ハ前陳ノ事業ノ外別ニ又夕時々生徒舎ヲ巡視シテ衣服住居及ヒ其身体ヲシテ整々清潔ナラシムルヲ以テ己ガ任ト為スヘキ様イタシ度候[111]

ここで，ホイーラーが兵学教師としてふさわしいと考えているのは，ウエストポイント陸軍士官学校を卒業した「諸芸完備ノ一武官タルノミナラズ兼テ完全ノ一厳師トナリ又夕図学及ヒ数学ヲモ教授シ得ベキ」人物である。ホイーラーは，兵学の中でも最も重要な「制御法」を実施することのできるような「良士官」は，合衆国でもウエストポイント陸軍士官学校で「高等ノ学業」を成就したものに限られているというのである。そして，その教師には時々生徒の寄宿舎を巡視して，「衣服住居及ヒ其身体ヲシテ整々清潔ナラシムル」ことも期待されている。これは，マサチューセッツ農科大学第13年報（1876年）のトッテン報告書に記されているように，同農科大学でも実際に

写真2-4　初期のアメリカ人教師たち

左からカッター，ホイーラー，ペンハロー夫人，ペンハロー，ホイーラー夫人，ブルックス，ピーボディ（『北大百年史　通説』）

行われていたことであった。この点は，木村吉次が指摘しているように，森有礼による師範学校寄宿舎の兵営化と通じるところがあると言える。[112]

　ただし，その後兵学教員については日本から採用することとなり，開拓使から陸軍省へ兵学教師の選定が依頼された。[113] 陸軍省からは，陸軍士官学校の第1期卒業生で現役の陸軍少尉加藤重任が推薦され，加藤は1878年11月1日付で兼任開拓五等属に任ぜられる。[114] 加藤は1875年に陸軍士官学校に入学し，西南戦争に出征した後，1877年12月に陸軍士官学校歩兵科を卒業して，東京鎮台歩兵第1連隊第3大隊第4中隊第1小隊長を務めていた。[115] 加藤は1878年11月29日，札幌に到着している。[116][117]

　加藤が作成した1878年12月から翌1879年9月までの兵学の実施計画は以下の通りである。

　　兵学科目制定の儀伺
　本校武芸科目別紙之通相定歩兵部生兵ヨリ大隊運動幷ニ野堡造法ニ至ル迄演習致追而大砲使用モ兼教授致可然哉此段相伺候也
　　明治十一年十二月

［別紙］
生兵学　自十一年十二月　至十二年四月下旬
小隊学　自五月上旬　至同　中旬
中隊学　自五月中旬　至六月中旬
生兵撤兵〔ママ〕　自六月中旬　至七月上旬
小隊撤兵〔ママ〕　自七月中旬　至八月上旬
大隊運動　自八月上旬　至九月
　　追加
射的
臨時築城造法大略
射的学大略
歩兵編制法
行軍哨兵及宿営法
以上或ハ之レヲ室内ニ講シ或ハ之レヲ実地ニ施行ス[118]

　ここに示されている教授内容は，鈴木敏夫によれば，1874年制定の「生兵概則附録歩兵訓練概則[119]」などに準拠している[120]。ただし，先に述べたように，マサチューセッツ農科大学で行われていた軍事教育が歩兵・砲兵・騎兵の3兵科にわたっていたのに対して，札幌農学校の兵学はフランス式歩兵に限定されていたのである。

　ところで，この加藤の作成した実施計画に関して，当時札幌農学校の2期生として在学中だった太田（のち新渡戸）稲造は，父親宛ての手紙に以下のように記している。

　○先達願済ニ付当校生徒演武演習之為免加藤某（士官学校卒業者之由）少尉を雇先日より壱週間ニ二時間ヅ、演武有之候而過日長官よりの廻状左之如し
　二
　生兵学　自十一年十二月至十二年四月
　小隊学　自五月上旬至同中旬
　中隊学　自五月中旬至六月中旬
　生兵撤兵〔ママ〕　自六月中旬至七月上旬

写真2-5 新渡戸 稲造
国立国会図書館蔵

小隊撤兵〔ママ〕　自七月中旬至八月上旬
大隊軍動〔ママ〕　自八月上旬至九月
　　追加
射的
臨時築城造法大略
射的学大略
歩兵編制法
行軍哨兵及宿営法
　　以上或ハ之レヲ室内ニ講シ或ハ之レヲ実地ニ施行ス[121]

　これにより，「兵学科目制定の儀伺」に示された実施計画が生徒にも提示されていたことが分かる。その後，1880年7月10日に行われた第1期卒業生の学位授与式では全学生による「演武」が実施されている。[122]

　4期生の志賀重昂は，三宅雪嶺らと政教社を興して雑誌「日本人」を刊行した地理学者であるが，彼は，1881年7月9日に行われた第2期生の卒業の式典について以下のように日記に記している。

　　午後一時十五分卒業ノ式典始マル号鐘一點全校本科生徒
　　四十五人武装シテ校前ノ草原ニ出デ数百名ノ看客前ニテ
　　錬兵［練兵］運動ヲナスコト一十五分此時ヤ平時錬修ノ節ノ如ク
　　錯雑セズ大ニ衆客ノ喝采［喝采］ヲ得タリ中ニモ文部大学校地層
　　学教師「ブラウン」氏ノ如キハ拍手シテ止マザリキ演武終リテ
　　生徒少時休息（原文のふりがな省略）[123]

　このように，札幌農学校の生徒の演じた「練兵運動」は参列者から喝采を受けた。亀井秀雄の指摘するように，多数の若者が揃いの軍装で整然と行動する姿は当時の日本人に新鮮だったはずで「デモンストレーションとしての効果は大きかった」[124]と思われる。

　次に，志賀が札幌農学校在学中に記した「在札幌農學校第貳年期中日記」から札幌農学校の初期軍事教育の実態を検討する。1881年から翌1882年にかけての「在札幌農學校第貳年期中日記」から「演武」に関する記事を抽出し

たものが表2-7である。

写真2-6　志賀　重昂

表2-7からまず分かることは、担当教員の加藤が1881年10月頃体調を崩したことである。加藤は2週間ほどで復帰しているが、体調を崩したせいか休講が非常に多い。1882年1月からの学期では、志賀の在籍した2年生の加藤の授業は、火曜日と金曜日の午後4時から5時までとされていたが、2月から3月にかけての2か月間で8回も休講している。これに対して志賀は自主的に演武場で運動したりしており、3月15日など「演武」の授業のない水曜日である

日本近代文学館蔵

が、雀を演武場に追うついでに練兵したとある。そして5月からは全校生徒による演武が毎週水曜日に行われるようになるが、これは卒業式での演武の練習のためだと思われる。ただし、火曜日と金曜日の正規の演武については相変わらず休講が見られる。

なお、志賀の「在札幌農學校第貳年期中日記」には労働作業（manual labor）の授業を同級生とともに無断で休んでブルックス教授（William P. Brooks）に怒られた話が出てくる。1881年12月16日の日記には「午後化学試檢アルヲ以テ『マニュアル，レーボル』ニ往カズ」とあり、志賀は同級生とともに労働作業（manual labor）の授業を化学試験があるためサボったのである。そして3日後の12月19日には以下の記述がある。

> 去ル金曜日衆舉［挙］リテ『マニュアル，レーボル』ニ出ザリシヲ以テ『ブルークス』氏痛ク警戒サレ併シテ黨與ヲ組ミタルヲ以テ責ム衆理アラザルヲ以テ一言モナシ依リテ品行点ヲ減ジ併シテ相黨［相当］ノ処置アルベシト謂ハレタリ畏ロシヤ〜〜（原文のふりがな省略）

つまり、正当な理由なく「黨與」を組んで行動したことに対しては「品行点」を減じて「相黨ノ処置」をすると、志賀らはブルックス教授に厳しく叱られているのである。

ただし、マサチューセッツ農科大学においても不評であった労働作業（manual labor）をサボった志賀も演武の授業には熱心に取り組んでいた。

第3節　札幌農学校と軍事教育　　109

表 2-7 「在札幌農學校第貳年期中日記」中「演武」関連記事

月　　日	曜　日	記　　事
10月11日	火	曇［欄外注，二行目］演武教師加藤重任氏以病辞職
10月25日	火	小晴午後九時半地震　演武科教師加藤少尉温泉ヨリ帰ラル依リテ本日ヨリ平常ノ如ク課業ヲ教授セラル　併シ本日ハ小生等ノ當日ナラズシテ初年生ノ課日ナリ
10月27日	木	放晴　演兵術始マル
11月3日	木	放晴　本日天長節ニテ休業且天氣モ晴朗ナレバ市街ノ錬兵場ニ到リ諸友ト共ニ待チ設ケタルニ凡ソ一時間餘ニテ屯田兵ノ整列操錬并ニ大小銃ノ発砲アリテ散ジタリ
12月26日	月	曇雪　午後三時ヨリ四時ニ到ル迠加藤少尉演武ノ試撿アリ号令及ビ運動ナリシ
1月31日	火	小晴　演武始マル
2月7日	火	晴　演武休業，演武場ニテ運動シタリ
2月8日	水	晴　演武場ニテ運動ヲナス
2月13日	月	曇　本日演武ヲ二時ヨリ始メテモラウ
2月17日	金	晴尋デ雪　演武休業
2月19日	日	晴　　午前演武場ニテ運動ヲナス
2月21日	火	晴　演武休業
2月24日	金	晴　演武休業
2月28日	火	小晴　演武休
3月10日	金	晴　演武休
3月15日	水	小晴　午後岡，武信，早川，河村，小野ト雀ヲ演武場ニ追ヒ尋デ錬兵ス
3月17日	金	雨曇小雪　午後武信，山下，頭本，渡瀬ト演武場ニテ錬兵，演武休業
3月28日	火	曇雪　演武休業
4月14日	金	雨　演武休業
5月5日	金	雨　毎水曜日大隊運動ヲナスノ掲示アリ　演武休
5月9日	火	曇　演武休
5月10日	水	晴後曇　全校生徒始メテ相會シ大演武操錬ヲナス
5月24日	水	曇　本日全校生徒相會シテ始メテ中隊運動ヲナス
6月6日	火	雨　演武休業
6月7日	水	曇　本日冷風ニモ係ラズ演武中隊運動ヲナセリ
6月20日	火	午前雨後晴　禁足ノ掲示アリ，演武休業　加藤中尉ヨリ銃劔ノ番號ヲ報記スベキ様ノ廻達アリ
6月21日	水	曇，半晴　夕散歩ノ際雨　午後三時ヨリ演武アリ本日ハ四年生ノ演武號令試撿ナレバ中隊運動ニテ予等ヲ將ヒラレタリ最初ハ尾泉氏ナリキ
7月4日	火	晴　午後演武ノ試撿アリ今日ニ終ル
7月5日	水	晴　午後四年生ノ演武試撿アリ久島氏ニ終リテ全級済ム

亀井秀雄・松本博編著『朝天虹ヲ吐ク－志賀重昂「在札幌農學校第貳年期中日記」』より作成

1881年までに札幌農学校本科に入学した102名のうち，72名を士族が占めており（平民19名，華族1名，不明10名[129]），軍事的な訓練を行うことに抵抗が少なかったことが推測される。

以上，札幌農学校における初期の軍事教育の実態について検討した。札幌農学校では1週間に2時間ずつ「武藝」（military drill）の授業が実施され，その成果は卒業式で全校生徒による「練兵運動」という形で披露され参列者に感銘を与えたのである。ただし，授業の実態としては，担当教員加藤重任の体調不良もあって休講が多く，後述するようにマサチューセッツ農科大学出身のブルックス教授にきちんと実施されていないと批判されることになるのである。

3　札幌農学校の軍事教育改革

ここでは，1882年の農商務省への移管後の札幌農学校における軍事教育改革の実態の究明を行う。

1. 農商務省移管と歩兵操練科卒業証書対策

1882年2月8日に開拓使が廃止され[130]，3月8日札幌農学校は農商務省管轄となった。1880年に官費生に代わって採用された貸費生に対しては，すでに卒業後の開拓使奉職義務はなくなっていたのだが[131]，農商務省への移管により，札幌農学校は「農商務省ノ設立ニシテ農事ニ関スル諸学科ヲ教授スル所トス」[132]とされ，卒業後の奉職義務規定が完全に消えるのである。すでに駒場農学校を有していた農商務省に移管したことは，札幌農学校の性格を分かりにくいものとし，学校の将来に対する疑念を生じさせて入学者が激減した。1882年の場合，志願者43名のうち，合格者はわずか3名で，札幌農学校は3名のためにクラスを設けるのは「無益之事」として入学を中止している[133]。

初代兵学担当教員加藤重任は1884年1月に宮内省兼勤となり[134]，1884年9月加藤に代わって赴任したのが退職陸軍大尉高田信清である[135][136]。鈴木敏夫によれば，高田は札幌農学校赴任時34歳で，1875年から1年間戸山学校に学んでいる[137]。

なお，1884年2月，森源三校長は，農商務省に対して，以下のような「歩兵操練科卒業証書授与ノ儀伺」を提出している。

　　　　札幌農学校ニ於テ歩兵操練科卒業証書ヲ授与スル義ニ付伺
　　　　　　　　　　　　　　　　　　　　　札幌農学校長
　　右審按候処札幌農学校学科中ニ従来兵学ノ一科ヲ置キ尉官一名ヲ其教員
　　トシ歩兵操練術教授致来リ候ヘトモ其卒業証書ハ農学士ノ学位ヲ与フル
　　ニ止マリ候慣例ニシテ兵学科ノ卒業ハ証書面ニ明記無之然ルニ已ニ改正
　　徴兵令総則第十二条中ニ官公立学校ノ歩兵操練科卒業証書ヲ所持スル
　　云々ノ明条モ有之其卒業者タルヲ表証スヘキ設ケ無之候而者不都合ナル
　　ヨリ今後ハ改テ農学士ノ学位ト歩兵操練科ト卒業ノ証トヲ区分シテ之
　　ヲ授与セラレ候様致度トノ趣意ニ有之就テハ其卒業証書ヲ与フル手続并
　　書式等予メ陸軍卿ヘ御照会相成本校規則書中該操練科卒業証書ノ書式相
　　補ヒ可然哉左ニ御照会按取調参考書類相添此段相伺候也[138]

つまり，1883年12月の改正徴兵令の第12条で，小学校を除く官立公立学校の歩兵操練科卒業証書を所持する者への在営年限満了前の帰休が規定されたことを受けて[139]，改正徴兵令の早期帰休の条件に適合するよう札幌農学校の卒業証書の書式を整えたいので陸軍卿へ照会して欲しいというのである。この背景には，改正前の徴兵令では認められていた「省使ニ屬スル官立學校」を卒業した者への「平時」における「免役」の規定がなくなり，平時であっても札幌農学校卒業生が徴兵される可能性が出てきたことがある[140]。この伺いを受けて農商務省は2月19日付で陸軍省に照会を行っている[141]。

この後，5月15日付で森源三札幌農学校長から，希望する既卒業者に対しても「歩兵科卒業証書」を下付したいという伺いが農商務省へなされ，7月3日付で安田定則農商務省管理局長から，本人の請求書と書式を添えてその都度伺い出るようにという返答がなされている[142]。そして実際に3名の既卒業生から申請があり，1884年12月9日付で森校長から安田管理局長へ授与について伺いが出されている[143]。

なお，その後札幌農学校は，農商務省の鈴木大書記官からの問い合わせを受けて，それまで実施してきた「歩兵科」の教育課程について以下のように回答している。

　　校第十九号
　　　　歩兵科教則之義ニ付鈴木大書記官ヘ御回答案

歩兵科教則之義ニ付本月五日付再応電信之趣敬承該科ハ本校諸学課中之一科目ニ付精細ナル順叙教則等モ無之候得共初年ヨリ卒業迄実際教授シ来リ候科目ハ別紙之通リニ有之候間右ニ御承知相成度此段御回報申進候也
　　年　月　日　　　　　　　　　　　　　　　　　　　校長名
　　　鈴木大書記官宛
　［別紙］
　初年生　一週二時間ツヽ
　　　体操　生兵　小隊運動
　二年生　同　二時間
　　　体操　生兵　小隊運動　中隊運動　生徒輪回号令
　三年生　一週二時間
　　　体操　中隊運動　生徒輪回号令　大隊運動法口授
　　　地形ニ応スル撒兵法口授
　四年生　一週二時間
　　　体操　中隊運動　輪回号令　行軍哨兵戦闘法ノ大略口授
　　　兵学摘講　野戦砲使用法[144]

　この教育課程は、小隊運動から中隊運動にまで及んでいるだけでなく、さらに大隊運動、「地形ニ応スル撒兵法」「行軍哨兵戦闘法ノ大略」などの口授、さらには野戦砲使用法にまで及ぶ相当高度な内容となっている。ここでは歩兵操典のどこに対応するかが示されていないので、単純な比較は難しいが、1884年に体操伝習所で教授されていた歩兵操練の内容は小隊運動止まりであり、中隊・大隊運動に及んでいない（第4章第3節参照）。また、1884年11月17日体操伝習所が文部省に復申した「歩兵操練科ノ程度」も「成列中隊運動ヲ修了」することを目標にするにとどまっており（第4章第3節参照）、札幌農学校「歩兵科」のカリキュラムは1885年6月30日演述の「兵式體操要領」（第5章第2節参照）に近いと言える。ただし、「兵式體操要領」は週5時間4年間行うことを前提としており、週2時間の授業でこれらをすべて「実際」に教授したとしている点については疑問である。
　前述したように、初期の札幌農学校卒業生が実際に軍務に就くことはまず

なかったこともあり，マサチューセッツ農科大学をモデルとして導入された「武藝」の授業も実際には休講が多いなど，札幌農学校における軍事教育は充実しているとは言えなかった。しかし，1882年に開拓使が廃止されて開拓使への奉職義務がなくなる一方で，1883年の徴兵令改正により札幌農学校卒業生も就く職業によっては徴兵される可能性が出てきたために，改正徴兵令第12条に規定された早期帰休の条件としての歩兵操練科卒業証書を得る手段としての軍事教育が大きな意味を持つようになったのである。

2．兵学担当助教高田信清の改革意見

1884年9月に兵学担当助教に着任した高田信清は，同年10月25日付で教育課程案とともに「武学」講習について提言を行っているが，その中に以下のような項目がある。

> 一　軍人ハ勿論文学生徒ト雖トモ起居進退ハ厳粛ナラサルヲ得サルノミナラス衛生上室内ノ清潔服装等自ラ法令規律ナキヲ得スヤ則チ本校生徒内則御設ケ有之毫モ間然無之候得共右内則ニ就テハ陸軍々隊起居定則中採テ可然廉々ハ可相成御採用被下常ニ軍隊居動ニモ亦慣レシメ度予メ御採決相成度追々其件々心付之義相伺ヒ度事[145]

高田は，軍人ではない「文学生徒」であっても厳粛な「起居進退」と室内を清潔にしたり服装を整えることは必要なので，陸軍の「軍隊起居定則」からしかるべきものを採用することを提言している。厳粛な「起居進退」を重視する点は，先のホイーラーの兵学教師採用に関する提言と対応しており，「規律」と「秩序」を確立しようとする森有礼の兵式体操論（第5章第2節参照）に通じていると言える。

なお，高田はこの提言の6日後に以下のような演武整列規定を出している。

> 演武整列規定
> 一　演武時間五分前ニ於テ各級生徒ハ予定ノ場所ニ並列センタメ武装ヲ整ヒ銃器ヲ掃ヒ出場ノ用意ヲナシ置ク可キ事
> 一　毎時間演武場屋上ノ鳴鐘ニ従ヒ各生徒ハ神速整列場ニ出揃フヘキ事
> 一　学科講習ノ日ト雖モ其用意出揃ノ義ハ前二条ノ如クスヘキモノニシテ唯武装シ整列スルニ換ヘ筆紙ヲ携帯シテ講堂ニ至ルヲ異ナリトスル

事
一　各級生徒ヲ一中隊ニ見做シ番号ヲ極メ部隊ヲ定ム故ニ居常一隊ノ教練ヲ要スル乎或ハ非常ヲ戒メンタメ急集合ノ号鐘ヲナストキハ予定ノ整列場ニ集合スヘキ事
一　急集合ノ号鐘ハ事務所前ナル半鐘ヲシテ引続キ打タシム然ルトキハ頓ニ武装シ三分間ニ駆足ヲ以テ必ス整列ス可キ事
一　整列場ハ生徒舎前表門二個ノ間ニ在テ北ヲ右翌(ママ)トシ路上ニ面シ整列スヘキ事
　　已上
　　　明治十七年十月三十一日[146]

　ここで高田は，実技や学科の授業の際に5分前の「並列」や「神速」の行動を要求するだけでなく，各級生徒を一中隊とみなして部隊を定めることと，「急集合」の際は3分間に「駆足」で整列することを求めている。逆に言えば，高田赴任時の札幌農学校では，これらの集団行動に関する規律がかなり緩んでいたことが推測される。この規律の緩みについては，加藤から高田へという兵学教員の交替に際して，11月1日付でブルックス教授が森校長宛てに提出した改善意見においても以下のように指摘されている。

　　十七年十一月一日札幌ニ於テ
　　森校長　　　　　　　　　　　ブルークス
本校兵学科ノ件ニ付予カ越俎ノ罪ヲ恕セラレンコトヲ信シテ茲ニ建議スル所アラントス蓋シ従来該科ノ業ハ萎靡進マス其当然ノ目的ヲ距ルコト太タ遠カリシカ如シ今ヤ新任教員其ノ授業ヲ始メントスルノ時ニ際シ同様ノ米国学校ニ生徒タリシ予カ自己ノ経験及目撃上ニ基キ数項ノ勧告ヲ為スヘキ好機会ト思量セリ即チ左ニ条陳スル所ニ注意スルトキハ該科ノ利益ト生徒ノ学業上ニ勉励心ヲ増加スルコト大ナルヘシト信スルナリ
一　兵学教員各舎ヲ巡視スルトキハ二年生一名同行スヘシ此巡視ハ少クモ一週一回ヲ下ラス且ツ各舎ニハ其住居ノ生徒立会フヘシ
二　生徒衣服ニ従来ヨリ一層注意ヲ加ヘ其整頓ヲ要シ操練ノ節ハ必ス制服ヲ着シ靴ハ足ニ密着シ踵辺ニ於テ緩鬆ナラシムヘカラス容貌ノ厳整ナルハ最モ全級ノ気勢ヲ励マスモノナリ

三　日々体操ヲ施シ身体ヲ健全ニスヘシ身体健全ナラサレハ良好ノ操練ヲ行フ能ハス

四　陸軍ノ三兵即チ歩騎砲ニ皆注意シ銃槍軍刀及大砲ノ演習ヲ行フヘシ如此其業ヲ種々ニスルトキハ大ニ該科ノ趣味ヲ増加スヘシ

五　予科第一級ノ生徒モ亦本科生ト共ニ操練スヘシ如此スルトキハ予科生徒ヲ益スルノミナラス員数ヲ増加シテ其小数ニテハ難行操練ヲ為スコトヲ得ヘシ

六　三年生若クハ二年生ニシテ操練ニ特達セルモノハ教員監督ノ下ニ在テ初年生及予科生ヲ操練セシムヘシ如此スルトキハ大ニ自強ノ精神ヲ発揮スヘシ

七　生徒ハ其惣員定数ノ士官ヲ得ル丈ハ日本陸軍ノ定数ニ編製スヘシ高等ノ士官タラント欲スルノ望ハ大ニ熟練ヲ奨励スベシ

八　夏期休業中若干ノ間総教員及生徒ハ近方便宜ノ地ヲ撰ヒ兵法上ノ野営ヲ為サシムヘシ此時間ハ空シク消費スルモノニ非スシテ兵事ノ教練植物地質動物学見本等ノ採集ニ従事シ且ツ如此野営ハ健全ナル変化ヲ呈シ生徒ノ兵事ニ関スル智識ヲ得ントスルノ熱心ヲ生シ年中之ヲ期待スルニ至ルヘシ

九　同シ目的即チ勉励心ヲ増加センカ為ニハ該教員及定数ノ士官ト共ニ公式祝砲等ニ加ハルヲ有益トス

十　生徒ノ士官タルモノニハ其格ニ随テ刀剣等ノ類ヲ以テ区別ヲ表章スヘシ

十一　教員ニ於テモ（予ノ説ニテハ）操練ノ節ハ必ス制服ヲ着シ兵事上ノ体勢ヲ保ツヘシ生徒ノ体勢ヲ正スニハ比例ヲ以テ示スヲ最モ有効ナルモノトス

十二　「タクテック」及他兵学ノ教授ニ於テモ一層注意ヲ為スヲ要ス

十三　兵学上ノ博物場モ漸次ニ蒐集アルヘシ

右ノ諸項ニ関シ注意ヲ請フカ為メニ其理由充分ニ詳述セサルハ冗長ニ渉ルヲ恐レテナリ然リト雖モ台下若シ此建議ヲ至要ト判定アルニ於テハ更ニ親シク之ヲ詳解センコトハ予ノ好ム所ナリ兵学科最上ノ好結果ヲ切ニ希望シ謹テ建議ス

ブルックスは，兵学教員による少なくとも１週１回以上の寄宿舎巡視と，衣服の「整頓」及び操練の際に制服や靴をきちんと着用することによる「容貌ノ厳整」さなどを求め，より規律を徹底するよう提案している。なお，ブルックスは教員も操練の際には必ず制服を着用して「兵事上ノ体勢」を保つことを求めているが，これは逆に見れば，演習の際に教員の服装や姿勢がきちんとしていなかったことを意味している。ブルックスは農学担当として呼び寄せられたマサチューセッツ農科大学の５期生であった。[148]マサチューセッツ農科大学出身のブルックスの目には札幌農学校の規律は相当緩んでいるように見えたのである。さらに，ブルックスは歩騎砲の三兵の演習を実施することや，３年生や２年生のうち「操練ニ特達セルモノ」に教員監督下で初年生と予科生に操練させること等，教授内容や方法についても提言している。これらマサチューセッツ農科大学で実施されていた事項は，札幌農学校では行われていなかったのである。

　ところで，このブルックスの改善意見については，11月23日付で高田が以下の所見を森源三校長宛てに提出している。

　　　今茲ニ教師ブルークス氏ノ建議スル処アリ書ヲ訳シテ小官心得ノ為メ特ニ此書ノ披見ヲ許サル信清謹テ其書ヲ閲シ為メニ感スル処少ナシトセス蓋シ条項中米国文学生徒ノタメニ行ハル、所暨教師ノ経験ト目撃上ニ止マリ我国制度ノ詳カナラサルト軍事ノ専門ナラサルトニ従テ或ハ行ハレサルニ邇キコト間々有之哉不顧陋見左ニ其条ヲ逐ヒ現行陸軍制ニ基キ解シテ以テ御参考ニ供セント欲ス閣下宜ク夫是ヲ恕セラレンコトヲ請フ
　　一　一項ニ於テハ軍隊起居ノ定則アリ譬ヘハ起床号音ニテ起キ寝具ヲ払ヒ器具ノ備ヘ方等形ノ如クスルヤ否分隊長之レヲ一見シ及ヒ其日ノ現役員ヲ調理ス亦日昼点呼ト称ヘ一聯隊ノ週番大尉之レヲ検スタノ呼集ハ臥床時間ニ於テ現員ヲ検スルタメ毎中隊ノ週番中少尉之レヲ検ス毎土曜日ニ於テハ清潔検査ナルモノアリ此時ニ限リ其中隊長兵舎ニ至リ銃器背嚢及寝具兵舎等到ル処ノ掃除ノミナラス身体衣裳ノ清善ヲモ検査スヘキノ法例アリ如斯場合ニ於テ士官室内ニ到ルトキ中隊長（大尉）ナレハ週番中少尉之レニ随行シ小隊長（中少尉）ナレハ週番軍曹之レニ随フ若シ分隊長（軍曹）ナレハ週番伍長之レニ随フヲ法トス由

之観之教師ノ説此生徒ヲシテ常ニ軍隊ノ体度ニ慣レシム可キノ意ナル乎将タ士官ハ国家ノ柱望ニシテ容威厳正ナルヲ示シ志気ヲ振ハシムルノ意ニ出ツルヤ然リ而シテ本校生ノ如キハ其目途他ニアルノミナラス能ク学芸ヲ修ムルモ未タ士官ニ任用証書ヲ与ヘシム可キ制規ヲモ無之以上ハ敢テ此法ヲ説クルモ益ナキ乎然トモ閣下他日ニ於テ望マシムル義在リ採択セラルハ亦此外ニアラン哉

一　二項ニ於テハ実ニ美ナリ依テ考フルニ定制ノ服ハ保存ニ期アリシノミナラス時々演習ニ用ユレハ破損多ク相成自然儀式等ノ際ニ於テモ只一枚ノミ彼是不都合ニ付士官学校或ハ戸山学校等ニ於テモ体操服ナルモノアリ其形チ本校農服ニ似タル所ナレハ幸ニ体操或ハ操練ノ際一斉ニ此農服ヲ着セシメ靴ハ半靴ニ限リ衣裳ヲ整ハシメヘシ然ルトキハ居常服装ヲ一体ナラシメ隊伍ノ厳正ヲ保チ且ツ定制ノ服モ其保存ヲ補ヒ両全ノ義ト思惟セラル、ナリ

一　三項ニ於テハ最モ然リ而シテ其時間ハ曩ニ上伸仕置キタルヲ以テ更ニ開陳セス

一　四項三兵学ノ言実ニ其道ヲ拡張増加スルニ似タリト雖トモ如何セン学術修業ノ年月僅少ニシテ施スニ術ナキ乎寧ロ歩兵一科ノ高尚ナルニ過キサラン然トモ戦略戦術ヲ解クニ方リテ自カラ諸兵連合ノ条項アレハ騎砲ノ効力及ヒ隊形ノ大意ハ知ル所アリ依テ歩兵一科ニテ然ルナラン哉

一　五項ニ於テハ独リ第一級ノ生徒ニ止マス各級生徒ニ体操ノミ御施行アランコトヲ請フ是レ服制ニ於テ予科生ノ及ヒ難キ廉アラン哉然トモ此農服ハ各自ノ支費ニ属セス演武農芸用備品トナルノ以上ハ尤トモ一般ノ操練ヲ切望スル処ナリ果シテ此法ノ行ハル、ニ於テハ其結果実ニ著大ナラン乎

一　六項ノ趣旨ニ於テハ毫モ間然スルナシ然トモ二年三年ノ生徒ハ未タ熟達トスルニ足ラス或ハ其人ニシテ其益アルモ之レヲ受クルノ生徒ハ操練ニ弊害ヲ遺スヤ必セリ加之其甚シキハ士気不振容儀不整ナルニ陥ラシム可キ乎信清惟フニ唯四年生ニノミ此法ノ行ハレンコトヲ請フナリ

一　七項定数ノ士官ヲ部隊ノ編制ニ従ヒ常ニ定メシムルハ其人ヲ限リ穏当ナラサラン乎寧ロ本校生徒ハ皆委ク士官ノ望ミヲ抱含セシメ度故ニ時々ノ演習モ士官ノ作業ニ於テシ弥々増々目適ヲ大ニシ以テ奨励セシメン哉然トモ高尚ノ学科ヲ極ムルハ一兵卒ノ業ヨリ基ク可キモノナレハ亦生兵ノ操練ヨリ熟達セサル可ラス夫レ是ヲ以テ其人ヲ限ラス順次其職務ヲ命セシムヘキナリ故ニ野営或ハ行軍等其隊伍ヲ編制スルトキニ於テハ刀剣等ヲ帯ハシムルモ実ニ可ラン哉

一　八項ニ於テハ実ニ然リ而シテ兵事上或ハ舎営或ハ露営ヲ布クコトアリ就中夏季ハ気候ノ宜シキヲ以テ露営ヲ布クニ如カス斯ノ如クスレハ会計上ハ勿論鍬兵作業ヲ兼行シ及ヒ地形ニ応スル戦闘術ノミナラス本科植物採集ニ従事スルモ亦利スル所アラン依テ此演習ヲ行ハセラル、秋ニ方リ其野営ノ趣旨ヲ予言シ御参考ニ供スルノミ

一　九項ノ趣旨ニ随ヒ倩々之レヲ考フレハ士官学校或ハ教導団生徒ト雖トモ公式隊列ニ加ハルコトナシ或ハ見学ノ趣意ヨリ其場ニ望マシムルコト有之ノミ故ニ敢テ説ナシ

一　十項ノ趣意ハ第七項ニ基キタレハ更ニ之レヲ開陳セス

一　十一項教員自カラ服装ヲ正シ生徒ノ体勢ヲ驕正ス可キ言実ニ間然スルコトナシ然トモ軍装ヲ着スルハ尚御教示ヲ請フナリ

一　十二項タクチック及ヒ他兵学ノ教授ニ於テモ注意ヲ要スルノ語恐ラクハ其高尚ナランコトヲ望メリト信スルモ尚注意ノ語ニ於テハ更ニ説明ヲ欲スル所ナリ

一　十三項博物場ハ遺伝奨励ノ効力甚タ多ク尤トモ望ム所ナリト雖トモ当地ノ如キハ未タ行ハレサル所アラン哉依テ所見ナキナリ

　　右ノ諸項ハ教師ノ建言ニ従テ信清所見ヲ開陳スルノミ猶曩ニ上伸仕置候条項ヲ併セ至急御実施アランコトヲ請願ス云爾
　　明治十七年十一月二十三日　　　　　　　　　助教高田信清
　　校長森源三殿[149]

　高田は，ブルックスの意見のうち，操練時の服装をきちんとするといった部分については賛同しているが，歩騎砲の三兵の内容も実施したらどうかという部分については，歩兵一科に絞る方がよいとの意見を述べている。ここ

で注目したいのは，高田の兵学教員の各舎巡視についての反対意見である。高田は「起床号音ニテ起キ寝具ヲ払ヒ器具ノ備ヘ方等形ノ如クスルヤ」と問いかけ，軍隊の方法をそのまま実施することは「益ナキ」としている。それは高田によれば，札幌農学校の生徒には，軍隊の士官以外の目途が他にあり，そもそも「士官ニ任用証書ヲ与ヘシム可キ制規」がないからである。高田はもともと，厳粛な起居進退を札幌農学校の生徒に求め，「軍隊起居定則」から然るべきものを取り入れ，「軍隊居動」に慣れさせることを提案していたのであるが，将校を養成する機関ではない札幌農学校に「軍隊起居定則」をそっくりそのまま持ち込むことには無理があると考えていたのである。

このため，後に森有礼が兵式体操を師範学校に導入する際に行われたような寄宿舎の「兵営化」は札幌農学校では行われなかった。札幌農学校の初期の寄宿舎の様子については，2期生の太田（のちの新渡戸）稲造が「学校之規則は至てゆるく御座候て夜は何時迄勉強致し候ても宜敷」と1877年9月30日付の父宛ての手紙に書いている。[150] このように自由だった札幌農学校の寄宿舎は，高田着任前の1884年6月に生徒取締役がつくられたことにより，[151] 監督が厳しくなったとされるが，それは宿直員による舎内巡視が行われたり，夜9時（日曜休日10時）に人員検閲が行われるといった程度であった。[152] 号音とともに起床して寝具を払って器具の備えをするという，軍隊そのままの「兵営化」は札幌農学校では行われなかったのである。

4　その後の札幌農学校の軍事教育

ここでは，1886年の北海道庁移管後の札幌農学校における軍事教育の変遷について論究する。

1．北海道庁への移管と組織の再編

1886年1月26日，函館・札幌・根室の3県と北海道事業管理局が廃止され，北海道庁が設置されると，[153] 札幌農学校の管轄は農商務省から北海道庁へと移管した。[154] 北海道庁への移管を受けて森源三校長は，1886年5月に校則改正を伺い出ているが，本科生の「練兵」については，週2時間の配当で変化がない。ただし，予備科生については，従来第2級と第1級にあった「運

動」が「体操」へと名称変更され，時間も週1時間半から2時間へと若干増えている。同年森有礼により，小学校には「隊列運動」，その他の学校には「兵式体操」が体操の科目として導入されたのだが（第5章第2節参照），札幌農学校の「練兵」は名称もそのままで変化がない。

その後1888年1月，兵学担当の高田信清が助教兼舎監を辞職し，その後嘱託という形で勤務を続けていたが同年6月完全に辞めてしまったため，1888年前期の札幌農学校のカリキュラムから兵学と体操の授業が消えてしまう。そして，翌1889年6月に陸軍屯田兵大尉岡三郎が兵学教授を兼任するまで，札幌農学校ではまるまる1年間教練の行われない空白の期間が存在したのである。

2．札幌農学校と屯田兵士官養成

屯田兵とは，松下芳男によれば，「平時は農耕に従事する農夫であるが，有事の際には直ちに軍隊を組織して戦闘に当たる土着兵士」のことである。1874年の屯田兵例則に基づき，翌年琴似兵村がつくられたのが屯田兵の始まりで，1904年の屯田兵条例廃止まで存続した。北海道に屯田兵という変則的な兵制が敷かれた理由について，松下は，当時の北海道が人口稀薄であって，「警備隊に充当するだけの壮丁がえられなかった」からだと説明している。当初北海道には徴兵令が適用されず，1882年2月に開拓使が廃止されるまで屯田兵は開拓使の管轄下にあったが，この時点で札幌農学校は屯田兵の士官養成とは無関係の存在であった。

陸軍省移管後の1885年5月に制定された屯田兵条例には「屯田兵曹長以上ノ者」を士官に「抜擢」するとの規定が設けられ，屯田兵にも陸軍武官進級条例と同様に下士から士官への昇進規定が設けられていた。ところが，1886年7月の陸軍武官進級条例の改正により下士から少尉への昇進が例外的なものとされて，士官学校を出なければ現役将校には事実上昇進できなくなったことを受けて，屯田兵条例も1889年7月に改正されている。改正後の屯田兵条例は，「屯田兵現役士官ハ陸軍武官進級令ニ依ルノ外札幌學校卒業生徒及各兵科現役士官ノ内ヨリ適任ノ者ヲ以テ補充ス」と，士官の補充については各兵科の現役士官とともに，札幌農学校卒業生を充てることが規定されている。この時初めて札幌農学校が，屯田兵の士官養成に関わることになるの

写真2-7　佐藤 昌介

盛岡市「盛岡の先人たち」より転載

である。その背景には当時札幌農学校が存続の危機を迎えて改革に取り組んでいたことがある。『北大百年史　通説』によれば，当時札幌農学校は，参議伊藤博文の命を受けて北海道を視察した太政官大書記官金子堅太郎にその存在意義を疑問視されており，また経費節減により農園を大幅に縮小されていた。札幌農学校が屯田兵の士官養成に関わる経緯については，当時札幌農学校教授兼幹事であった佐藤昌介による以下のような回想がある。[164]

　時の文部大臣は森有禮氏であつた。森さんは有数の教育家であるが，札幌農學校の改革の事は知らなかつた。北海道の事業は總理大臣の直屬だから文部大臣が知らなかつた譯だが，文部大臣が知らぬ敎育を施すといふことはよくないといふので，森さんから故障が入つた。そこで僕は呼出されて森文部大臣の所へ行つた。森さんは流石は敎育家である。僕がその時に出した意見書を見て，『よし，何でもやれ，北海道でやることは單り農業工業の敎育ばかりでない，屯田兵の士官を養成するがよい。兵農を兼ねるものだから，屯田兵だつて農業敎育のないサーベルにばかりまかせて居つて，農村が開けるか』と言はれた。

『それはやりませう。やらせる樣に法を立てゝ下さい』
と願つたら，陸軍と相談をして，陸軍の方から參謀官が來て兵事敎育を授ける，農學の敎授が農業敎育を授けるといふことになつた。そこで敎育された學生が屯田の士官になる途を開いたのである。さうして參謀官と吾々の敎授と一緒になつて一年間敎育をして屯田兵少尉にした。その連中が屯田兵營に配置されて，屯田兵の訓練のことも，土地の開拓のことも，皆敎へるやうな按配にした。それが役に立つて，後に日清の戰役から日露戰役までも續いた。札幌農學校出身の軍人は佐官級まで昇つて大いに軍功を樹てた者がある（原文のふりがな省略）[165]

　つまり，当時不要論の出ていた札幌農学校の存続をかけた改革に佐藤が取り組む中で，佐藤が示した意見書に文部大臣森有礼が共鳴して，札幌農学校

における屯田兵少尉育成が実現したというのである。なお，1889年2月には屯田兵入植20中隊増強計画が閣議決定されており，屯田兵士官の増員が急務となっていたことも背景となっていた[166]。ちなみに，この時佐藤が森に提出した意見書のうち，屯田兵の士官に関する部分は以下のようなものであった。

> 之ニ加フルニ北海道ニ於テ一種ノ兵農移民者アリ屯田兵是ナリ該兵ハ兵備ト開拓ノ二業ヲ兼ネ其成蹟大ニ見ルベキモノアリ然ルニ之ヲ統御スルノ士官タルモノハ独リ操兵ノ術ノミナラズ又拓地ノ業ニ通暁スルヲ要ス札幌農学校ハ創立以来兵学ノ一科ヲ設ケテ之ヲ教授ス故ニ其卒業生タルモノハ兵農ノ二事ヲ兼ヌルニ於テ最モ適当ナル者トス他日政府若シ該兵ノ規模ヲ伸張スルニ際シ該校卒業生ヲ以テ其士官ニ採用スルノ挙アラバ卒業生ノ需用ハマタ益々多キヲ加ヘン果シテ然ラバ農学校ハ当初ノ文官学校タルノミナラズ殖民地ニ必要ナル文武官ヲ養成スルノ学校タル可シ農学校ノ用モ亦大ナリト謂ハザル可ケンヤ[167]

ここで佐藤は，札幌農学校の卒業生を屯田兵士官に採用することを提唱している。ただし，佐藤の主眼は札幌農学校不要論に対して札幌農学校の必要性を説くことにあり，新たに兵学科の設置を要求しているわけではない。しかし結局，札幌農学校卒業生をそのまま屯田兵士官として採用することにはならず，札幌農学校では新たに兵学科を設けることになる。その理由について，『北大百年史　通説』は週2時間程度の兵学の教授では士官養成に役立たないと陸軍が判断したのだろうと推測している[168]。

同農学校の兵学科は，1889年9月19日の校則改正により実現する。兵学科は「農学科第二学年ノ課程ヲ卒ヘタル学生中屯田兵士官出身志願ノモノヲ以テス」と，農学科を2年修めた後に，1年間兵学の専門科目を学ぶと規定されていた[169]。なお，この校則改正の際に，農学科と工学科には「練兵」名称の科目がそのまま存続していたが，予科の科目「体操」の内容に普通体操と兵式体操が記載され，札幌農学校のカリキュラムに初めて「兵式体操」が登場している。

しかし，札幌農学校の兵学科は初年度の1889年に4名が入学したのみでその後の募集は行われず，しかも入学した4名は2年の課程を終えると農学科に編入され，結局兵学科の専門課程は一度も開講されることなく廃止されて

いる。この件に関連して注目したいのは，屯田兵司令官永山武四郎による札幌農学校官制に関する以下の1890年９月付照会文書である。

　　今般陸軍各兵科現役士官補充条例幷ニ陸軍予備後備将校補充条例改正相成リ屯田兵士官ノ補充ハ他ノ同兵科ノ士官ヲ以テスル事ニ改定セラレ候ニ付札幌農学校官制第一条第二項ノ生徒中ヨリ屯田兵士官出身志願者ヲ養成スルハ将来不要ニ属シ之ニ替ユルニ予備士官ヲ養成スル事ニ相成候就テハ同校官制第一条第二項左之通リ改正ノ義其筋ヘ御上申相成候様致度此段及御照会候也[170]

　永山はここで，屯田兵の士官は他兵科の士官をもって補充することとなって，札幌農学校の生徒から屯田兵士官を養成する制度が不要となり，代わりに予備士官を養成することになったと述べている。なお，永山がここで触れている陸軍各兵科現役士官補充条例と陸軍予備後備将校補充条例は1890年８月29日付で改正されている。陸軍各兵科現役士官補充条例の改正は，第１条に新たに「屯田各兵科士官ノ補充ハ他ノ同兵科士官ヲ以テシ」と明記して屯田兵以外の士官から屯田兵士官を補充することを原則とする一方，札幌農学校兵学科卒業生からの任用を「當分」の例外として条例の末尾に第35条として加える内容であった[171]。また，陸軍予備後備将校補充条例の改正は，「屯田兵ニ在テハ前項ノ外屯田兵豫備下士ニシテ本隊（歩兵ニ在テハ札幌農學校）ニ於テ一箇年間軍事學ヲ修メ終末試験及第證書ヲ所持スル者」と，屯田兵下士出身の屯田兵士官を予備後備将校の対象として追加するものであり，屯田兵下士出身の士官を予備後備将校として位置付けて士官学校卒業生と区別する内容となっていた[172]。札幌農学校や屯田兵からの士官養成はあくまで例外であることを明確にし，士官学校出身者でなければ将校へ昇進できないような制度をより徹底する改正が行われたのである。

　以上のような状況を踏まえて，札幌農学校兵学科は卒業生を出す前に消滅したのである。兵学科に代わって当面の屯田兵士官の需要に応えたのが兵学科別課生の制度であった。上述の佐藤の回想に出てくるのはこの兵学科別課生のことであり，屯田兵下士に札幌農学校で１年間農学や兵学の教育を行って士官を養成する制度であった。兵学科別課生は1889年11月に24名，1891年５月に18名の屯田兵の予備役曹長及び軍曹等が入学して，それぞれ翌年卒業

しているが、1892年には予備士官が補充されたということで制度が廃止されてしまう。1893年の段階で1889年入学組はほとんど「陸軍屯田歩兵少尉」になっているようであるが、1891年入学組は「予備陸軍屯田歩兵少尉」とされていたようである。その後1896年には第7師団が設立されて、北海道の軍備も徴兵軍隊に置き換えられていき、1904年には屯田兵制度自体が廃止される。

　以上のように、札幌農学校兵学科が構想されたのは、北海道の軍備が変則的な屯田兵から徴兵軍隊へと転換していく過渡期であった。屯田兵入植20中隊増強計画に伴う士官養成の必要性と、存在意義が問われ存続の危機に直面していた札幌農学校の生き残り策の一環として札幌農学校における屯田兵士官養成が構想されたのであるが、屯田兵制度時代が消滅していく流れの中、屯田兵下士を対象とした別課が40名余の卒業生を送り出しただけでその役割を終えるのである。

3．文部省直轄学校化と兵式体操

　1890年の帝国議会開会後、民力休養・経費削減を唱える民党が衆議院の多数を占めて政府予算の伸びが抑えられて札幌農学校は財政難に苦しんだ。そのため、同校は、文部省直轄学校となって財政難を脱却する道を選び、1895年4月1日に文部省直轄学校となった。

　文部省直轄学校となった札幌農学校は、従来の農学科のみを修業年限4年の本科とし、「簡易ノ農理及実業ヲ授ク」修業年限2年の農芸伝習科を併設する簡素なものとなったが、この時、本科及び農芸伝習科の教育課程から「練兵」や「体操」が消えてしまっている。これ以降の札幌農学校の教育課程の変遷をまとめたものが表2－8である。

　鈴木敏夫は、文部省直轄学校化に伴い、「ミリタリー・ドリルは、予科生を対象とする『兵式体操』に改変されていった」とまとめているが、かなり説明が不足している。まず、文部省直轄学校化に伴い、「予科」はひとまず廃止されており、1898年に設置されるのは「予習科」である。そして、「予習科」に週3回の兵式体操が規定される1898年まで、札幌農学校の教育課程からは体操が消えてしまっているのである。また、本科については、確かに一貫して体操は入っていないが、入学者資格の点で中等実業教育機関として

第3節　札幌農学校と軍事教育　125

表 2-8　札幌農学校の教育課程の変遷（1889-1907年）

1889.9.19	1896.6.23	1897.5.10	1898.5.3	1899.3.22	1899.5.11	1901.7.24	1905.8.29	1907.2.1
本科 練兵 週2	本科 なし	本科 なし	本科 なし	本科 なし	本科 なし	本科 なし	本科 なし	本科 なし
予科 体操 週2			予習科 兵式体操 週3	予習科 兵式体操 週3	予習科 兵式体操 週3	予習科 兵式体操 週3	予習科 兵式体操 週3	予習科 兵式体操 週3
		土木工学科 なし	土木工学科 なし	土木工学科 なし	土木工学科 なし	土木工学科 なし	土木工学科 兵式体操 不定	土木工学科 兵式体操 不定
農芸伝習科 なし	農芸伝習科 なし	農芸伝習科 なし	農芸伝習科 なし	農芸科 兵式体操 週1〜2	農芸科 兵式体操 週1〜2	農芸科 兵式体操 週1〜2	農芸科 兵式体操 週1〜2	農芸科 兵式体操 週1〜2
				森林科 兵式体操 週0〜2	森林科 なし	林学科 兵式体操 不定	林学科 兵式体操 不定	
								水産学科 兵式体操 不定

『北大百年史　札幌農学校史料（二）』より作成

写真 2-8　兵式教練（1897年頃）

『恵迪寮小史』

の位置付けを持つ農芸科や，専門学校程度となる土木工学科・林学科・水産学科については，兵式体操が教育課程上は取り入れられており，決して「予習科」生のみを対象としていたのではないのである。

ともあれ，文部省直轄学校化により，初期の「武藝」以来，週2回実施されてきた札幌農学校の軍事教育の伝統は一度断絶し，1898年に予習科が設置される際に週3回実施される兵式体操という形で復活するのである。

本節では，札幌農学校における軍事教育の変遷とその実態について論究してきた。札幌農学校の軍事教育はマサチューセッツ農科大学をモデルとしたものであったが，歩兵・砲兵・騎兵の3科にわたって総合的に訓練するマサチューセッツ農科大学の本格的な軍事教育に比べ，歩兵の訓練のみの時間的にも内容的にも形式的なものにとどまり，マサチューセッツ農科大学出身の教員からは，きちんと実施されていないと批判されるほどであった。両者の相違が生じた背景には両国の兵制の違いがあり，民兵の伝統の下，卒業生が将校として従軍する可能性があるマサチューセッツ農科大学に対して，卒業生が兵役に就くことが原則としてなかった初期の札幌農学校では，本格的な軍事教育を実施する動機が乏しかったのである。そして1883年の徴兵令改正により，札幌農学校卒業生でも徴兵される可能性が出てくると，札幌農学校の軍事教育は，服役年限短縮のための歩兵操練へとその性格を変えていくが，軍隊的な厳粛な起居進退を導入しようとした兵学担当教員高田信清にしても，将校養成を目的としない札幌農学校に軍隊のやり方をそのまま持ち込むことには無理があると認識しており，寄宿舎等の「兵営化」は札幌農学校では行われなかったのである。

以上，本章ではマサチューセッツ農科大学と札幌農学校における軍事教育の実態について論究する一方，両者の違いの背景にある両国の兵制の違いや，森有礼の兵式体操論との関連について考察した。その結果，以下の4点を本章の成果として指摘できる。

(1) マサチューセッツ農科大学ではウエストポイント陸軍士官学校同様の本格的な軍事教育が実施されていた。

南北戦争という戦時体制下制定されたモリル法に基づいて設立されたマサチューセッツ農科大学では，ウエストポイント陸軍士官学校同様の本格的な

軍事教育が行われ，毎週末の査察が行われるなど同農科大学は「兵営化」されていた。ただし，南北戦争終結後のアメリカでは軍事的なものに対する批判が強く，本格的な軍事教育の実施は同農科大学が入学者数減少に苦しむ原因の一つと考えられていた。

(2)札幌農学校における軍事教育は配当時間や内容において形式的なものにとどまっていた。

マサチューセッツ農科大学をモデルとし，陸軍将校を招聘して軍事教育を実施した札幌農学校であったが，全教育課程に占める軍事教育の配当時間の比率はマサチューセッツ農科大学の半分でしかなく，内容も歩兵・砲兵・騎兵の3兵科にわたっていたマサチューセッツ農科大学に対して歩兵のみにとどまっていた。また，マサチューセッツ農科大学や兵式体操導入後の師範学校のような「兵営化」は札幌農学校では行われなかった。

(3)札幌農学校でマサチューセッツ農科大学のように本格的な軍事教育が実施されなかった背景には日米両国の兵制の違いがあった。

民兵制の伝統のあるアメリカでは，クラークのように民間から士官として従軍することが珍しいことではなかったのに対し，札幌農学校は屯田兵制とは基本的に連絡しておらず，卒業後に士官として従軍することが当初想定されていなかった。1883年の徴兵令改正後に札幌農学校の軍事教育改革に取り組む高田信清も，卒業後に士官になるわけではない札幌農学校に軍隊の方式をそのまま導入することは無理だと考えていた。

(4)マサチューセッツ農科大学の軍事教育に森有礼が感銘を受けてはいるが，森の後の兵式体操論に直接つながっているわけではない。

当時の新聞記事では，森有礼がマサチューセッツ農科大学の農業教育と軍事教育とが結び付いた教育を国防の観点から評価したとされているが，これは後の森の兵式体操論には見られない観点である。森が後に兵式体操の教育的効果を強調するのは，アメリカとは異なり当時の日本では，民間から士官として従軍することがなかったからであった可能性がある。

次章では，西南戦争後の深刻な徴兵忌避状況を受けて，帝国議会設立前の立法審議機関であった元老院でどのような学校教練論が展開されていたのか明らかにする。

註

1. Mary Beth Norton et al., *A People and a Nation: A History of the United States,* (Boston,2005), 7th ed., p415.
2. 長田豊臣『南北戦争と国家』東京大学出版会，1992年，1頁。
3. 同上書，11-12頁。
4. 有賀貞『アメリカ革命』東京大学出版会，1988年，9頁。
5. 前掲，長田『南北戦争と国家』，12頁。
6. 同上書，90頁。
7. Norton, *op. cit.*, p392.
8. *Ibid.*, p406.
9. 前掲，長田『南北戦争と国家』，93-95頁。
10. 同上書，97-100頁。
11. 上原貞雄『アメリカ教育行政の研究——その中央集権化の傾向』東海大学出版会，1971年，14頁。
12. 同上書，34頁。
13. Sol Cohen ed., *Education in the United States A Documentary History,* (New York, 1974), Ⅲ, p.1527.
14. 前掲，上原『アメリカ教育行政の研究——その中央集権化の傾向』，48頁。
15. 上原は，モリル法に先立ちホーム・ステッド法（Homestead Act）が成立したことが，西部側の「援助派」に対する態度を軟化させ，モリル法の成立を容易にしたと指摘している（同上書，48頁）。
16. Sol Cohen, *op. cit.*, pp.1528-1529.
17. *The Congressional Globe,* 35th Congress, 1st Session, p.1697.
18. Samuel P. Huntington,*The Soldier and the State*,renewed ed., (Cambridge, Massachusetts/London,England., 1985), pp.198-199.
19. Richard G. Axt, *The Federal Government and Financing Higher Education,* (New York, 1952), p.42.
20. Harold Whiting Cary, *The University of Massachusetts A History of One Hundred Years,* (Amherst, Mass., 1962), p.21. なお，マキ は州議会がモリル法を利用することを決議した日を3月18日としているが（John M. Maki, *A Yankee in Hokkaido: The Life of William Smith Clark* (Lanham, 2002), p.82.），トゥルーもケアリー同様，4月18日としている（Alfred Charles True, *A History of Agricultural Education in the United States 1785-1925* (New York, 1969), p.144.）。
21. True, *op. cit.*, p.144.
22. *Ibid.*, p.145.
23. 立川明「二つの科学とランド・グラント・カレジ——マサチューセッツの

場合」(『日本の教育史学』第30集, 1987年)。
24 同上論文, 註41。
25 同上論文, 註32。
26 Maki, *op. cit.*, p.85.
27 True, *op. cit.*, p.145. Cary, *op. cit.*, p.35.
28 Maki, *op. cit.*, p.86.
29 Cary, *op. cit.*, p.38.
30 前掲, 立川「二つの科学とランド・グラント・カレジ――マサチューセッツの場合」。
31 *Fifth Annual Report of the Trustees of the Massachusetts Agricultural College*, January, 1868, p.4.
32 National Research Council, *Colleges of Agriculture at the Land Grant Universities Public Service and Public Policy*, (Washington, D. C., 1996), p.13.
33 Maki, *op. cit.*, p.17.
34 *Ibid.*, p.18.
35 松沢真子『札幌農学校の忘れられたさきがけ――リベラル・アーツと実業教育』北海道出版企画センター, 2005年, 26頁。
36 原史料 *Catalogue of the Officers and Students of Amherst College: for the Academical Year*, 1847-48 (*Collection of College Catalogues* [1841-1848] 所収) に照らし合わせて, 松沢の表に大幅な修正を加えた。
37 前掲, 松沢『札幌農学校の忘れられたさきがけ――リベラル・アーツと実業教育』, 26頁。
38 Maki, *op. cit.*, pp.19-20.
39 小枝弘和「札幌農学校建学の理念――W・S・クラークの教育思想とその実践を中心に」『北大百二十五年史 論文・資料編』2003年, 16頁。
40 Maki, *op. cit.*, p.34.
41 *Ibid.*, p.47.
42 *Ibid.*
43 *Ibid.*, p.58.
44 *Ibid.*, p.66.
45 *Ibid.*, pp.72-73.
46 *Ibid.*, p.76.
47 Huntington, *op. cit.*, p.206.
48 木下秀明「札幌農学校『演武場』とマサチューセッツ農科大学」『体育学研究』第32巻第3号, 1987年12月。
49 *Fifth Annual Report of the Trustees of the Massachusetts Agricultural College*, January, 1868, p.19. 及び *Sixth Annual Report of the Trustees of*

the Massachusetts Agricultural College, January, 1869, p.29.
50 *Ibid.*（*Sixth Annual Report*), p.8.
51 *Ibid.*, p.25.
52 *Seventh Annual Report of the Trustees of the Massachusetts Agricultural College*, January, 1870, p.27.
53 大崎恵治「札幌農学校の特異な教科目」『北大百年史編集ニュース』第2号，1977年9月．
54 *Seventh Annual Report of the Trustees of the Massachusetts Agricultural College*, January, 1870, p.14
55 *Ibid*.
56 *Thirteenth Annual Report of the Massachusetts Agricultural College*, January, 1876, p.66.
57 *Ibid.*, p.67.
58 *Ibid.*, p.71.
59 Freshmen, Sophomores, Juniors, Seniors は，16th（1878年）以降の年報ではそれぞれ，Freshman Class, Sophomore Class, Junior Class, Senior Class と表示されている。なお，6th（1868年）から20th（1882年）までの年報には，これ以外にSelect（16th［1878年］以降はSelect Class）も記載されている。例えば，1874年のGraduates13人のうち，1873年にSeniorsであったのは8人で，残りの5人はSelectである。なお，この5人は1872年にはJuniorsに属していた。1873年のSeniorsが12人なのに1874年のGraduatesが13人となっているのはこのためである。
60 *Thirteenth Annual Report of the Massachusetts Agricultural College*, p.9.
61 クラークは1870年代の全米的不況の影響を受けた農民には高い学費を負担することができないと見ており，後に授業料無料化を打ち出して事態を打開しようとしたため（Cary, *op. cit.*, pp.53-58），1878年度入学生が88人とそれまでより突出して多くなっている。
62 ケアリーによれば，マサチューセッツ農科大学の第1期生（Pioneer Class）は2度大学に対してストライキを起こしている。一度は日陰でも華氏100度（摂氏約37.8度）を示すような暑い朝にアマースト大学の礼拝堂までの行進（march）を拒否したことであり，もう一度は労働作業（manual labor）を集団的に拒否したことである（*Ibid.*, p.45）。
63 Huntington, *op.cit.*, pp226-227. ハンチントンによれば，多くの州が陸海の常備軍に籍を置く者に選挙権を与えることを拒否している（*Ibid.*, p.227）。
64 *An Address to the Trustees of Massachusetts Agricultural College Concerning Its Managements, from the Associate Alumni*, Boston, January 13, 1879, p.10.
65 Cary, *op. cit.*, p.86.

66 1882年の兵学の時間数は以下の通りであった。

	First Term	Second Term	Third Term
Freshman Year	Military Drill 4	Military Drill 3	Military Drill 4
Sophomore Year	Military Drill 4	Military Drill 3	Military Drill 4
Junior Year	Military Drill 3	Military Drill 3	Military Drill 4
Senior Year	Military Science 2 Military Drill 4	Military Science 2 Military Drill 3	Military Science 2 Military Drill 4

(*Nineteenth Annual Report of the Massachusetts Agricultural College,* January, 1882より作成)

1883-86年については，年報に時間数が記載されておらず不明であるが，1887年の時間数は以下の通りである。

	Fall Term	Winter Term	Summer Term
Freshman Year	Military Drill 3	Military Drill 3	Military Drill 3
Sophomore Year	Military Drill 3	Military Drill 3	Military Drill 3
Junior Year	Military Drill 3	Military Drill 3	Military Drill 3
Senior Year	Military Drill 3	Military Drill 3	Military Drill 3

(*Twenty-fourth Annual Report of the Massachusetts Agricultural College,* January, 1887より作成)

67 Maki, *op. cit.*, p.124.

なお，木村吉次が指摘するように，1872年7月18日付の *The Springfield Republican* 紙の記事には，森がマサチューセッツ農科大学を訪れたとは明記されていない（木村吉次「兵式体操成立過程の再検討」『体育学研究』第43巻第1号，1998年5月）。クラークにより大学を案内されている途中でミリタリードリルを学生が演じているのを目撃したというマキの記述は他の史料に基づくと思われるが，マキの *A Yankee in Hokkaido* には注記されていないので確認できない。

68 朝比奈英三「堀誠太郎について」『北大百年史編集ニュース』第3号，1977年12月。

69 Maki, *op. cit.*, pp.121-122.

70 *The Springfield Republican*, Thursday, July18, 1872.

71 Maki, *op. cit.*, pp.124-125.

72 札幌農学校の第1期卒業生の大島正健は，クラークがロシアとの戦争という事態に備えて，士官を養成するために週3時間の兵式教練を行うと宣言し，農学校卒業生に士官適任証を与えるべく黒田清隆を通じて交渉したが認められなかったと証言している（大島正健著，大島正満・大島智夫補訂『クラーク先生とその弟子たち』教文館，1993年，104頁）。

73 『法令全書』明治2年，262頁。

74 『開拓使日誌』補遺上（日本史籍協会編『明治初期各省日誌集成　開拓使日誌1』東京大学出版会，1987年覆刻，139頁）。

75 『北大百年史　通説』1982年，4頁。
76 「黒田次官開拓ノ方法等建議　附欧羅巴支那ヘ派遣等御下命」「記録材料・雑書」国立公文書館本館 -2A-035-01・記00427100（JACAR［アジア歴史資料センター］Ref.A07060169700，記録材料・雑書〔国立公文書館〕，第5画像目）。
77 同上（Ref.A07060169700，第5画像目）。
78 同上（Ref.A07060169700，第19-20画像目）。
79 原田一典『お雇い外国人　13開拓』鹿島出版会，1975年，44-45頁。
80 前掲，『北大百年史　通説』5頁。このうち，1871年1月の黒田渡米に同行した第1陣は山川健次郎ら7名であり，同年11月岩倉使節団に同行した第2陣が津田梅ら女子5人を含む7名であった。
81 同上書，7-8頁。
82 藤田文子『北海道を開拓したアメリカ人』新潮社，1993年，32-33頁。
83 *Reports and Official Letters to the Kaitakushi*（Tokei,1875　早稲田大学図書館所蔵），pp.50-51．これは，1875年5月の帰国に先立ってケプロンが北海道開拓に関して提出，進言，回答した記録の中から主要なものを抜粋し，また彼の助手として開拓事業に参加した外国人技師たちの参照すべき調査報告書を付したものである。1875年に英語原文，1879年に日本文に翻訳され，開拓使より出版された（前掲，原田『お雇い外国人　13開拓』，65-66頁）。なお，日本語訳の方は『新撰北海道史』（第6巻史料2，1936年）に「開拓使顧問ホラシ・ケプロン報文」として掲載されている。
84 『北大百年史　札幌農学校史料（一）』1981年，8-16頁。
85 前掲，『北大百年史　通説』，11頁。
86 同上書，30頁。
87 原田一典「研究ノート　開拓使仮学校考（1）」『北大百年史編集ニュース』第7号，1978年12月。
88 前掲，『北大百年史　札幌農学校史料（一）』，156頁。
89 前掲，『北大百年史　通説』，31頁。
90 青山英幸・山田博司「札幌農学校成立の背景」『北大百年史編集ニュース』第1号，1977年6月。
91 前掲，『北大百年史　通説』，31頁。
92 「學校轉移並改稱ノ義上申」『開拓使日誌』明治8年第14号，3-4頁（日本史籍協会編『明治初期各省日誌集成　開拓使日誌4』東京大学出版会，1987年覆刻，130-131頁）。
93 「クラーク条約書」（前掲，『北大百年史　札幌農学校史料（一）』，200-201頁）。
94 「ホイーラー条約書」（同上書，204-206頁）。
95 「ペンハロー条約書」（同上書，206-207頁）。

96 前掲,『北大百年史　通説』, 32頁。
97 同上書, 33-34頁。
98 『開拓使日誌』明治9年第14号, 16頁（日本史籍協会編『明治初期各省日誌集成　開拓使日誌5』東京大学出版会, 1987年覆刻, 236頁）。
99 前掲,『北大百年史　札幌農学校史料（一）』, 231頁。
100 遠藤芳信『近代日本軍隊教育史研究』青木書店, 1994年, 340頁。
101 札幌農学校第2期生岩崎行親は,「兵科」を修めることにより少尉の資格が得られると聞いて入学したと回想しているが（岩崎行親『神道論』（非売品）1927年, 24頁), 岩崎の在籍時にはそのような制度はない。
102 前掲,『北大百年史　通説』, 48頁。
103 前掲,『北大百年史　札幌農学校史料（一）』, 231頁。
104 前掲, 木下「札幌農学校『演武場』とマサチューセッツ農科大学」。
105 『札幌農黌第一年報』（北海道大学図書刊行会, 1976年覆刻）。
106 三好信浩『日本農業教育成立史の研究——日本農業の近代化と教育』風間書房, 1982年, 346-353頁。
107 内務省勧農局編『勧農局年報第二回』, 98-100頁。
108 前掲, 三好『日本農業教育成立史の研究』, 316頁。
109 安藤圓秀『駒場農学校等史料』東京大学出版会, 1966年, 741-743頁。ただし, 1884年9月の日課表には歩兵操練は記載されておらず（同上書, 744-851頁), 時間割に組まれていたわけではない。1886年5月に予備学科の生徒に対して以下のような通達が出されているが, あまり真面目に生徒が取り組んでいなかった様子がうかがわれる。

明治十九年五月二十五日
操練ニ関シ処罰ノ件
歩兵操練ノ節怠惰等ニシテ教員ノ指揮号令ニ従ハサルモノハ該教員練兵場内ニ於テ直ニ左ノ処罰ヲ行フ
　　直立不動ノ姿勢五分間乃至十分間
右為念及御通達候也
明治十九年五月二十五日　　　　　　　　　　　　　　　舎監
　　　予備学科第一, 二年級生　御中　（同上書, 470頁）

110 前掲, 松沢『札幌農学校の忘れられたさきがけ——リベラル・アーツと実業教育』, 3頁。
111 前掲,『北大百年史　札幌農学校史料（一）』, 307-308頁。
112 前掲, 木村「兵式体操成立過程の再検討」。
113 「化学及び数学英語教師等の件」（前掲,『北大百年史　札幌農学校史料（一）』, 367頁）。
114 「本校卒業生徒人名表」『陸軍士官學校一覽』兵事雑誌社, 1904年。加藤

は，後に北海道庁第二部の常備課長を経て1895年，台湾総督府に移り橋口文蔵の下で勤務し，翌年道庁から転じて来た農学校時代の教え子，柳本通義と交流し，1904年台北で死去したとのことである（神埜努『柳本通義の生涯──クラークの直弟子札幌農学校第一期生』共同文化社，1995年，127頁）．

115 「武芸教員として陸軍少尉加藤重任譲受の件回答」（前掲，『北大百年史 札幌農学校史料（一）』，377-378頁）．

116 「恩給年計算方の件」『陸軍省大日記 壱大日記 明治二十四年七月』陸軍省壹大日記-M24-7-12（JACAR〔アジア歴史資料センター〕Ref. C03030665100，明治24年7月「壹大日記」〔防衛省防衛研究所〕）．

117 『明治十二年三月 札幌農黌第三年報』（北海道大学図書刊行会，1976年覆刻），7頁．

118 「兵学科目制定の儀伺」（前掲，『北大百年史 札幌農学校史料（一）』，387頁）．

119 生兵概則附録
　　歩兵訓練概則
　　　　第一條　歩兵ノ術科ハ分テ左ノ九目トス
　　　　第一　體操術
　　　　第二　生兵學
　　　　第三　小隊學
　　　　第四　大隊學
　　　　第五　射的學
　　　　第六　營内要務
　　　　第七　衛戍要務
　　　　第八　撒兵學
　　　　　平地丘陵山林家屋及ヒ狭隘等ノ撒戰
　　　　第九　野戰要務（『法令全書』明治7年，879頁）
　　ただし，「兵学科目制定の儀伺」『北大百年史 札幌農学校史料（一）』では，「撒兵」となっているが，「生兵概則附録」では「撒兵」である．

120 鈴木敏夫「札幌農学校のミリタリー・ドリル──担当教員の推移を中心として」『体育史研究』17号，2000年3月．

121 東京女子大学新渡戸稲造研究会編『新渡戸稲造研究』春秋社，1969年，413頁．

122 前掲，大島『クラーク先生とその弟子たち 改訂増補』，191頁．

123 亀井秀雄・松本博編著『朝天虹ヲ吐ク──志賀重昂「在札幌農學校第貮年期中日記」』北海道大学図書刊行会，1998年，98頁．

124 亀井秀雄「『日記』解説」，同上書，269頁．

125 前掲，『北大百年史 札幌農学校史料（一）』，567頁．

126 前掲,『朝天虹ヲ吐ク——志賀重昂「在札幌農學校第貳年期中日記」』,148頁.
127 同上書,149頁.
128 ブルックスが厳しく叱った背景には,1881年2月25日に教員への不満から予科1級生が授業を集団ボイコットして全員退校処分になるという事件が起こったことがある(「予科一級生徒一同無断欠席に付退校申付の旨上申」『北大百年史 札幌農学校史料(一)』,542頁)。ただし,願い出により,退校処分になった者の多くの再入校が許可されている(「退校生徒再入校に付上申」同上書,543頁)。
129 前掲,『北大百年史 通説』,47頁.
130 『法令全書』明治15年,6頁.
131 「演舌書」(前掲,『北大百年史 札幌農学校史料(一)』,581-582頁).
132 「札幌農学校規則」(同上書,583頁).
133 「本科生徒招募延期の儀上申」(同上書,630-631頁)。なおここで校長森源三は「本年者廃使等ノ為メ当校将来之方向ニ自然疑惑ヲ抱キ候ヨリ応募者此ノ如ク相減シ候義ト被察候」と記している。
134 「農商務二等属加藤重任本省御用掛兼勤ノ件」「公文録・明治十七年・第二百三巻・明治十七年一月~七月・官吏進退(宮内省)」国立公文書館本館 -2A-010-00・ろ03867100。鈴木敏夫は「1884年9月に宮内省御用掛兼勤を命ぜられ,札幌農学校を去った」(「札幌農学校のミリタリー・ドリル担当教員の推移を中心として」)としているが,宮内省御用掛兼勤に関しては,以下のように1884年1月19日付で宮内省から太政大臣に伺いがあり,1月24日付で承認されている。

　　　　　農商務二等属兼札幌農学校助教
　　　　　　歩兵少尉正八位加藤重任
右之者今般當省御用掛兼勤申付判任官ニ准シ取扱度候條此段相伺候也
　明治十七年一月十九日
　　　　　　宮内卿徳大寺實則

　　　太政大臣三條實美殿
　追テ農商務卿并東京鎮臺ヘモ照會濟ニ有之候此段添而申進候也
伺ノ趣聞届候事
明治十七年一月二十四日

　　ただし,加藤は宮内省兼勤後も肩書き上は兼任農商務省2等属・勤札幌農学校助教のままで,札幌農学校助教がはずれて専任農商務省2等属となるのは1884年11月13日である(前掲,「恩給年計算方の件」『陸軍省大日記

壱大日記　明治二十四年七月』JACAR:C03030665100，第14画像目)。
135「退職歩兵大尉高田信清札幌農学校助教被任ノ件」「公文録・明治十七年・第百九十九巻・明治十七年八月〜十二月・官吏進退（農商務省）」国立公文書館本館 -2A-010-00・公03863100。
136 高田は，1880年3月陸軍を「依傷痍退職」している（「歩兵大尉高田信清外二名退職ノ件」「公文録・明治十三年・第百二十三巻・明治十三年一月〜六月・官吏進退（陸軍省）」国立公文書館本館 -2A-010-00・公02754100）。
137 前掲，鈴木「札幌農学校のミリタリー・ドリル——担当教員の推移を中心として」。
138「歩兵操練科卒業証書授与の儀伺」（前掲，『北大百年史　札幌農学校史料（一）』，671頁)。
139 徴兵令第12条（『法令全書』明治16年，76頁)。
140 徴兵令第29条第7項（『法令全書』明治12年，90頁)。
141『陸軍省大日記　明治十七年従一月至四月諸省院庁』各省雑 M17-1-109（JACAR〔アジア歴史資料センター〕Ref.C09121109500，明治17年従1月至4月　諸省院庁〔防衛省防衛研究所〕）。
142「歩兵科卒業証書書式等に付伺」（前掲，『北大百年史　札幌農学校史料（一）』，675頁)。
143「小野兼基外二名に歩兵科卒業証書授与の儀伺」（同上書，734-735頁)。
144「歩兵科教則に付回答案」（同上書，673-674頁)。
145 同上書，701頁。この後，「各聯隊ニ於テ兵卒ヲ撰抜シテ上等卒ト為シ分隊長ノ任ヲ命セシムル為メ更ニ教ユル学術」（同上書，702頁）として教育課程が別に記されているが，後に1889年に屯田兵士官の養成を目的として札幌農学校に設置される兵学科のような性格をもったものだと思われる。
146 同上書，705頁。
147「兵学教授に関する意見」（同上書，721-722頁)。
148 前掲，藤田『北海道を開拓したアメリカ人』，173頁。*A General Catalogue of the Officers and Students of the Massachusetts Agricultural College*: 1867-1897 にブルックスは1875年卒業の5期生として掲載されている。
149「兵学教授に関するブルックスの意見に付所見」（同上書，724-725頁)。
150 前掲，『新渡戸稲造研究』，396頁。
151 1884年6月から生徒取締となった碇山晋が1886年12月の札幌農学校官制制定に伴い舎監となり，1887年3月碇山に代わって舎監となったのが高田信清である（恵迪寮史編纂委員会『恵迪寮史』1933年〔復刻版，1987年〕，121頁)。
152 同上書，122頁。
153 布告第1号『法令全書』明治19年上，布告1頁。

154 内閣達第6号「北海道庁官制」『法令全書』明治19年上，達1-5頁。
155 「校則改正に付伺」（『北大百年史　札幌農学校史料（二）』1981年，12-18頁）。
156 「札幌農学校沿革略」，同上書，166頁。
157 1888年8月31日付「本科及び予備科前期授業時間割通達」（同上書，107-110頁）及び1889年1月18日付の「本科予備科後期授業時間割に付伺」（同上書，157-160頁）。
158 前掲，『北大百年史　通説』，158頁。鈴木敏夫「札幌農学校のミリタリードリル　担当教員の推移を中心として」所収の「札幌農学校歴代ミリタリードリル教員」表には岡の名前がなく，練兵の助手を務めたと思われる山田敬一郎・金子芳蔵の2人の下士官の名前が記されている。なお，鈴木は札幌農学校における教練の空白期間については言及していない。
159 松下芳男『屯田兵制史』五月書房，1981年，153頁。
160 同上書，145頁。
161 屯田兵条例第13条（『法令全書』明治18年上，300頁）。
162 広田照幸『陸軍将校の教育社会史——立身出世と天皇制』世織書房，1997年，93頁。
163 屯田兵条例第20条（『法令全書』明治22年，勅令241頁）。
164 前掲，『北大百年史　通説』，76-79頁。
165 佐藤昌介「北海道五十年」『現代』第12巻第3号，1931年3月。
166 伊藤廣『屯田兵の研究』同成社，1992年，202頁。
167 「北海道殖民地に農学校を必要とするの意見」（前掲，『北大百年史　札幌農学校史料（二）』，125-126頁）。
168 前掲，『北大百年史　通説』，91頁。
169 「札幌農学校校則改定の件」（前掲，『北大百年史　札幌農学校史料（二）』，177頁）。
170 「札幌農学校官制改正に付照会」（同上書，218頁）。
171 勅令第184号（『法令全書』明治23年，勅令371-372頁）。
172 勅令第186号（同上書，373頁）。
173 前掲，『北大百年史　通説』，92頁。
174 「屯田兵予備下士官入学取止の旨通知」（前掲，『北大百年史　札幌農学校史料（二）』，249頁）。
175 「兵学科概要に付回答」（同上書，321頁）。この「概要」は卒業生の「現職」について，陸軍屯田歩兵少尉23名，見習士官2名，依病免官1名，予備陸軍屯田歩兵少尉18名としているが，一方で「卒業生徒数」を42名としており数が合わない。
176 前掲，『北大百年史　通説』，110頁。
177 同上書，111-112頁。

178「札幌農学校校則」(前掲,『北大百年史 札幌農学校史料 (二)』, 404-406頁)。
179 前掲, 鈴木「札幌農学校のミリタリー・ドリル――担当教員の推移を中心として」。
180 前掲,『北大百年史 通説』, 134頁。

第3章

元老院における
学校教練をめぐる議論

『元老院会議筆記』(国立公文書館蔵)

本章の課題は，帝国議会開設前の立法審議機関であった元老院で3次にわたって展開された学校教練をめぐる議論を，主に森有礼の兵式体操論との比較という観点から分析し，その特徴を明らかにすることにある。
　第1節では，元老院がどのような性格の機関であったのか概観した後，元老院で3次にわたって展開された学校教練をめぐる議論に関する先行研究を総括して本章の課題を明らかにする。その上で第2節では，1879年の徴兵令改正の際に提起された「公立学校ニ於テ兵隊教練ノ課程ヲ設クルノ意見書」をめぐる議論を検討する。さらに，第3節では，1880年の教育令改正の際に提起された，小学校科目に「武技」導入を求める修正案に関して展開された議論について検討し，第4節では，1883年の徴兵令改正時に小学校等への歩兵操練導入をめぐってなされた議論について検討する。

第1節　元老院における審議と学校教練

　元老院は，1875年4月14日に最高司法機関としての大審院とともに設置され，1890年10月20日の帝国議会開設に伴い廃止される立法審議機関である。1875年11月25日付で改められた元老院章程の第1条は，「元老院ハ議法官ニシテ凡ソ新法制定旧法改正ヲ議定スル所ナリ」と規定している。
　内閣から元老院へ送られた議案は「検視」か「議定」のどちらかで処理されると規定されていた。このうち，「検視」に付された議案については，元老院には「可否」する権限も「修正」する権限もないとされており，著しく不備な場合にのみ，理由を付して「太政大臣ニ通牒シテ改正ヲ求ル」ことができるとされているだけであった。一方，「議定」に付された議案については，元老院がその議案全体の可否を含めて審議をして修正を加えることも可能であった。
　議案が「議定」に付される場合には3読会制がとられた。第1読会では，議案朗読後，内閣委員による趣旨説明と質疑が行われ，「議案ノ大意」につ

いて可否の討論を行うとされ、第1読会では修正案を提出することはできないと規定されていた。そして第2読会では逐条審議が行われるのであるが、各議官はここで修正意見を提案することができた。なお、第2読会の場合、提案者以外に1名でも賛成の議官があれば修正案を審議の対象とすると定められていた。最後に議案全体を確認しながら確定していくのが第3読会である。第3読会

写真3-1　元老院

毎日新聞社「一億人の昭和史12」より転載

では原則として修正意見を提出することができないとされていたが、止むを得ない場合には5名以上の賛成で修正案を審議の対象とすることが可能であった。

　元老院では、①1879年の徴兵令改正、②1880年の教育令改正、③1883年の徴兵令改正にあたり、それぞれの改正案が「議定」に付された際、学校教練をめぐる議論が展開されている。これらの議論については、塩入隆や木村吉次の先行研究によって以下の3点が明らかにされている。

　(1)　①1879年徴兵令改正については、背景に深刻な徴兵忌避の状況があった。そして小中学校に「兵隊教練」導入を求める号外第27号「公立学校ニ於テ兵隊教練ノ課程ヲ設クルノ意見書」が提起されたものの否決されているが、この時、意見書の採択に強硬に反対した河野敏鎌の反対理由も「時期尚早」というものであり、決して「兵隊教練」の実施そのものが否定されたわけではない。

　(2)　②1880年の教育令改正の際には、小学校の科目に「武技」を加えることを内容とする楠本正隆議官提案の修正案が否決されてはいるものの、この時文部卿であった河野敏鎌が、文部省として漸進的に学校教練の導入を進めるべく準備していると答弁している。

　(3)　③1883年の徴兵令改正の際、第12条に歩兵操練科卒業証書所持者への兵役年限満期前の帰休を認める項目を加える修正は、元老院の第1読会にお

第1節　元老院における審議と学校教練　143

いて意見として出されていた。

　以上の点についての異論はないが，先行研究の課題としては以下の２点を指摘したい。第一は，①の1879年徴兵令改正時に提起された「公立学校ニ於テ兵隊教練ノ課程ヲ設クルノ意見書」をめぐる議論の内容が，1873年の山田顕義「兵制につき建白書」と同様「開明的」か否かについて見解が分かれていることである。

　木村吉次は，1873年の山田顕義「兵制につき建白書」を「開明主義的」と肯定的に評価する一方，①の1879年徴兵令改正時に提起された「公立学校ニ於テ兵隊教練ノ課程ヲ設クルノ意見書」をめぐる発言は，「国民の権利や義務といった根本的な問題」と関連しておらず「政治的民主主義」との関連が認識されていないとして否定的に捉えている。

　これに対して，塩入隆は②の1880年になると，「地方の首長等を歴任した明治維新の功労者達」が元老院議官に多数任用されて，元老院の性格が変化したとする。①の1879年「公立学校ニ於テ兵隊教練ノ課程ヲ設クルノ意見書」は，徴兵の負担軽減を求める国民の声を反映していたものであるが，1880年の議論は，修身の重視と一体化した忠君愛国思想に基づく学校教練論に変化しているとするのである。塩入も元老院の議論が国家主義的な方向に向かうとしている点は木村と同じであるが，①1879年「公立学校ニ於テ兵隊教練ノ課程ヲ設クルノ意見書」を山田顕義「兵制につき建白書」と同様「開明的」と捉えるか否かで異なっているのである。

　第二は，元老院における学校教練をめぐる議論が，中高等教育を受けることのできる者への特典を設ける目的で行われていたとしている点である。

　木村吉次は，開明的で進歩的な山田顕義「兵制につき建白書」とは異なり，元老院での学校教練をめぐる議論は，「教育を受けることのできるものとできないものとの間にもたらす不平等」を無視していると評している。これに関連して，遠藤芳信は，③の1883年改正徴兵令に規定された歩兵操練を，対象者が限定された「非大衆的」なものと評する一方，全国民を対象とした森有礼の兵式体操を「開明的・大衆的」と対照的に捉えている。しかし，後述するように，元老院における学校教練導入をめぐる議論は，一貫して「小学校」への導入を前提としてなされており，これらの先行研究につい

ては再検討が必要である。

　以上の課題を解決するため，第2節では，1879年の徴兵令改正をめぐる「兵隊教練」論議の特徴について，特に山田顕義「兵制につき建白書」との比較の観点から論究する。そして，第3節では，1880年の教育令改正をめぐる「武技」論議の特徴を，1879年徴兵令改正の際の「兵隊教練」論議や森有礼の兵式体操論との比較の観点から明らかにする。最後に第4節では，1883年の徴兵令改正の際の元老院の議論の特徴を，1879年の「兵隊教練」論議や1880年の「武技」論議との比較の観点から論究するとともに，1883年徴兵令成立の過程を検証して，1883年徴兵令第12条に規定された歩兵操練科卒業証書所持者に対する兵役年限満期前の早期帰休条項の性格を究明したい。

第2節　1879年の徴兵令改正と「兵隊教練」論議

　本節の課題は，1879年の徴兵令改正審議の際に元老院で学校教練をめぐって展開された議論を分析して整理することである。木村吉次・塩入隆の先行研究は，修正委員が徴兵令改正案とは別に提起した「公立学校ニ於テ兵隊教練ノ課程ヲ設クルノ意見書」（号外第27号）をめぐる学校教練に関する議論について分析を行っているが，徴兵令改正案自体については，元老院修正委員により修正された徴兵令改正案第2条第1項との関連で「公立学校ニ於テ兵隊教練ノ課程ヲ設クルノ意見書」が提起されたことを指摘する程度にとどまっている。[18] 徴兵令の改正は，元老院選出の修正委員が内閣原案に修正を加えた案を審議の過程でさらに修正して行われたのであるが，この過程全体で学校教練に関する規定がどのように変化したかについての分析は先行研究ではなされていない。しかし，1879年の徴兵令改正過程で学校教練がどのように扱われたのかについて究明することは，後の1883年の徴兵令改正の際と比較する上でも重要な意味を持つと考える。

　そこで，本節はまず1879年徴兵令改正の背景にある深刻な徴兵危機の状況について概観した後，元老院における徴兵令改正の過程で学校教練に関する条文がどのように変化していくかについて検討し，元老院修正委員が提案した号外第27号「公立学校ニ於テ兵隊教練ノ課程ヲ設クルノ意見書」について

の賛成論・反対論それぞれの論拠について分析を加えて整理する。そして最後に1879年の「兵隊教練」論議の位置付けについて考察する。

1 徴兵忌避と1879年改正徴兵令

　1879年10月に徴兵令が改正された背景には西南戦争後の深刻な徴兵忌避状況があった。『陸軍省第四年報』に記載された1876年から1879年までの徴兵対象人員と免役人員の変化を示した表が表3-1である。
　この表によると、西南戦争の翌年にあたる1878年は、免役名簿に載る人員が4万人以上も急増する一方、徴兵名簿に載る人員が逆に1万7千人以上も減っていることが分かる。そして、翌1879年には、徴兵名簿に載る人員がさらに3千人近く減少している。これについて『陸軍省第四年報』には以下のような記述がある。

　　前表ニ拠テ之ヲ推ストキハ逐年人員ノ減少ヲ致シ、遂ニ常備ノ定員ヲ備フルコト能ハザルニ至ルカ。否豈夫レ然ランヤ。抑王政復古以来制度日ニ新ニ月ニ就リ年紀未ダ久シカラズト雖モ、文化ハ已ニ四境ニ遍ク人智ハ年ヲ逐テ開進スルヲ以テ、人々国役ノ負担スベキト義務ノ欠クベカラザルトヲ知リ、遂ニ進テ上古尚武ノ俗ニ復スルヲ得バ今日ノ弊風ハ固ヨリ地ヲ払フニ至ルベシ[19]（原文のふりがな省略）

ここでは、徴兵忌避が続いていくことへの危機感を持ちながらも、「人智」が「開進」していくに従い、人々が「国役」を負担すべきことを知り、当時の徴兵忌避状況が改善していくのではないかと期待している。つまり、徴兵忌避の改善のための方法として教育に期待しているのである。なお、当時の徴兵忌避の実態について、『陸軍省第三年報』は次のように記している。

　　蓋シ徴兵名簿中、事故免除人員ノ減少スルモノハ、地方官下調漸次精密ニ至ルガ故ナリ。又翌年廻シ人員ノ増加スルモノハ、徴兵ヲ忌避セント欲シ、其期ニ至リ故ラニ脱走シ、或ハ病気事故等ニ托シ呼集ニ応ゼザル者多キヲ以テナリ。又免役連名簿中戸主幷嗣子及承祖ノ孫或ハ父兄ニ代リ家ヲ治ル者等ノ増加スルハ、所謂法ヲ仮リ官ヲ欺キ以テ兵役ヲ逃レント欲シ、或ハ他人ニ依頼シ一時養子ト成リテ嗣子ノ名義ヲ冒シ、或ハ名ノミ分家ヲ為シテ其実ハ同居スル者等、漸々増加スル故ナラン[20]（原文の

表 3-1　徴兵対象人員・免役人員一覧（1876-79年）

		1876	1877	1878	1879
二十歳丁壮之総員		296,086	301,259	327,289	321,594
二十歳丁壮総員中	徴兵連名簿人員	45,221	44,458	26,881	23,981
	前年ニ於テ翌年廻シトナル名簿人員	8,005	7,028	9,623	10,384
	免役連名簿人員	242,860	249,773	290,785	287,229
徴兵連名簿幷翌年廻シ名簿人員中	常　備　兵	9,405	10,688	9,819	8,605
	補　充　兵	1,090	7,381	2,819	2,190
	五　尺　未　満		2,440	659	1,853
	事故免役死没翌年廻等	31,731	30,977	23,207	21,717
免役連名簿人員		242,860	249,773	290,785	287,229

『陸軍省第四年報』（『日本近代思想大系4　軍隊　兵士』岩波書店）より作成

ふりがな省略）

　脱走や理由をつけて呼集に応じず翌年廻しになっている者が増えているとともに，一時養子となったり，名ばかりの分家を起こすといった「法ヲ仮リ官ヲ欺」くことが横行していたのである。そのため，1878年8月に分家を制限する内容の太政官布告が出される。ちなみに，分家制限布告案が元老院で審議された際，中島信行議官が，スイスで「兵式」の「体繰」を「小児輩ノ學校」に行っていると発言したことを，木村吉次や塩入隆が指摘している。

　1878年12月18日，陸軍卿山縣有朋は右大臣岩倉具視宛てに徴兵令改正の上申を行った。山縣は，具体的数字を挙げて当時の深刻な兵役忌避の状況を説明した上で，兵役忌避を防ぐためには「断然徴兵令御改正相成候外有之間敷」，つまり徴兵令を改正するほかないと主張している。その後陸軍省原案を法制局で修正したものが内閣原案となり，1879年6月23日付で元老院の「議定」に付されるのである。元老院では修正委員による修正改正案が作成され，審議の結果修正された布告案が10月23日付で議長熾仁親王から三條太政大臣に上奏されている。これにさらに一部修正を加えた改正徴兵令が10月27日付で布告されるのである。

2　徴兵令改正案の服役年限短縮条項

　1879年に改正される前の徴兵令第6条は「兵卒ハ總テ三ヶ年ノ服役ヲ有スト雖モ，太平閑暇ノ時ハ服役二ヶ年以上ニシテ技藝熟練スル者ハ詮議ノ上帰

休ヲ許ス」と原則3年の服役年限満期前の帰休を一定の条件で認めていた。ただし，あくまで2年以上は服役しなければならなかったのである。

　これに対し，第146号議案「徴兵令及ヒ近衛兵編成改正案」として元老院に付された内閣原案の第2条第9項は「兵卒三ヶ年ノ服役ヲ有スル者平時ハ服役未タ終ラスト雖モ技藝熟練スル者ハ詮議ノ上歸休ヲ許ス」と規定していた。つまり，「服役2年以上」という条件を削って場合によっては服役2年以内でも早期帰休が可能になるようにしたのである。

　内閣原案に対して，元老院は7月10日の第1読会で5人の修正委員を選出して修正案を作成している。元老院修正委員案は，第2条第1項として「學校ニ於テ生兵教練，中隊教練ノ課程ヲ卒リタル者平時ハ服役未タ終ラスト雖モ在營一ヶ年ノ後願ニ依リ假ニ歸郷ヲ許スヘシ」という規定を，第2条第2項として「殊ニ技藝ニ熟スル者平時ハ服役未タ終ラスト雖モ在營一ヶ年ノ後詮議ノ上假ニ歸郷ヲ許スヘシ」という規定を新たに設けた。内閣原案は「2年以上」の服役という条件を削っただけであったが，元老院修正委員案は在営「1年」と，改正前の半分の服役年限条件を新たに明記したのである。なお，第1項と第2項の違いは，学校で「生兵教練，中隊教練」の課程を修了しているか否かで，在営1年後の早期帰休が「願」に依って認められるか，「詮議」の上で認められるか異なってくることにある。つまり，「詮議」にかけられる学校教練未修了者とは異なり，学校教練修了者は，願い出により原則認められる早期帰休の「権利」を有していたのである。

　ただし，元老院修正委員案の第2条第1項は，号外第27号意見書が否決されたことを理由として削除された。また，歩兵・騎兵・砲兵と兵科によって熟練に要する期間が異なるのに一律に1年とするのはおかしいという意見が出されたため，「在營1年」という条件も削られ，最終的な元老院修正案第2条第1項は「殊ニ技藝ニ熟スル者平時ハ服役未タ終ラスト雖モ詮議ノ上假ニ歸郷ヲ許スヘシ」となった。この項目については，その後修正されることなく布告されている。

　ちなみに，木村吉次や塩入隆の先行研究は，元老院修正委員案第2条第2項との関連で第1項を考察していないため，学校教練修了者に早期帰休を「権利」として付与しようとしたという側面を捉えていない。元老院修正委

148　　第3章　元老院における学校教練をめぐる議論

員案第2条第1項・第2項は，結果として布告された改正徴兵令に反映されなかったこともあり，先行研究では見落とされてきたが，元老院修正委員が学校教練修了者に早期帰休を「権利」として認めようとした事実は，同じ修正委員が提案した号外第27号意見書の性格を理解する上で，また，後の1883年徴兵令改正の際の学校教練論議の性格を理解する上でも注目されるべきである。

3　「公立学校ニ於テ兵隊教練ノ課程ヲ設クルノ意見書」をめぐる議論

　本項では，まず「公立学校ニ於テ兵隊教練ノ課程ヲ設クルノ意見書」が元老院で提起される経緯を明らかにした後，意見書に賛成する意見の論拠と反対する意見の論拠をそれぞれまとめる。

1．意見書提起の経緯

　1879年7月10日，第146号議案「徴兵令及ヒ近衛兵編成改正案」を審議した元老院の第1読会では，内閣原案は「平時」と「戰時」の定義が明らかでないという批判がなされたため，元老院で修正委員を選出して修正案を作成することになった。その際に修正委員として選出されたのは，佐野常民，山田顕義，中島信行，細川潤次郎，津田出の5人の議官である[36]。この5人の修正委員が徴兵令改正案とは別に元老院に諮ったのが号外第27号「公立学校ニ於テ兵隊教練ノ課程ヲ設クルノ意見書」である。元老院章呈は，元老院として法の制定・改廃に関する意見書を上奏することを認めており[37]，号外第27号は，元老院として公立学校に「兵隊教練」の課程を設けることを求める意見書を上奏することを提案したものであった。

　意見書の主旨は，「各地方公立學校」では12歳以上の生徒のために「兵隊教練ノ課程」を「適宜」設けて授業を行うべく布告するというものであった[38]。これは，同じ修正委員が作成した修正委員案第2条第1項で，新たに，学校で「生兵教練，中隊教練」を修了した生徒へ在営年限満了前の早期帰休を，「詮議」することなく認めると規定したことを踏まえたものであった。なお，意見書には以下に示す提案理由が付されていた。

　　謹テ按スルニ本院第百四十六號議按徴兵令常備服役ヲ以テ三ヶ年トス此固ヨリ人民護國ノ義務ナリト雖トモ此年限中ハ一身ノ教育ヲ受クルコト

ナク又一家ノ生計ヲ營ムコト能ハス其服役ノ永キヲ厭フモ亦人情ノ免カレサル所ナリ故ニ該議按ヲ附託セラレタルニ當リ修正シテ第二條第一項トシ以テ變通ノ方アルヲ示シ且ツ豫備徴兵并ニ國民軍籍ニ在ル者ヲシテ豫メ執銃ノ技演陣ノ方ヲ知ラシメ有事ノ日直ニ其用ニ適セシメントス然ラハ則宜ク學校ニ於テ生兵教練中隊教練ノ課程ヲ立テ一週中ニ二三時間之ヲ教授セシムヘシ然レトモ俄ニ之ヲ各中小學校ノ必學科目ト爲サハ教員ノ設器械ノ備十分ナラサランコトヲ恐ル故ニ今將ニ時勢ヲ量リ適宜ノ法ヲ設ケ漸ヲ以テ兵隊教練ノ事ヲ勸誘セントス因テ左ノ布告按ヲ草シテ上奏ス冀クハ徴兵令ノ改正布告ノ日同ク布告アランコトヲ謹テ裁可ヲ乞フ[39]

　意見書の提案者は，兵役年限が長いことを人々が嫌っているという認識の下に，兵役年限短縮のための「生兵教練中隊教練」を中小学校に実施していこうとしているのである。ただし，直ちに各中小学校に必修とするのは教員や設備の点で難しく，時勢に応じた「適宜ノ法」によって漸次充実させていくとしており，決して即座の実施を求める内容ではなかった。

　なお，この意見書を提出した5人の修正委員の前官等と元老院議官在任時期（幹事・副議長・議長含む）をまとめたものが表3-2である。

　5人中2人が陸軍の将官（山田・津田）であった。ただし，山田は意見書の第1読会が開かれる9月10日付で退任し，参議兼工部卿になっている。なお，1880年12月の教育令改正の際にはこの5人のうち，佐野・山田・中島の3人は元老院議官ではなくなっている。ただし，佐野はその後復帰し，1883年徴兵令改正の際は元老院の議長になっている。

　号外第27号意見書について意見を述べた議官の賛否と経歴をまとめたものが表3-3である。

　このうち，佐野と中島と細川は修正委員であり，意見書の提案者であった。逆に言えば，9月10日付で退官した山田を除けば，意見書の提案者で発言していないのは津田だけである。なお，この表のうち，1880年12月の教育令改正案の際に議官等でないのは，佐野・河野・中島の3人であるが，河野は文部卿として会議に出席して答弁している。

　以下，意見書への賛成意見と反対意見の論拠について分析する。

表 3-2　第146号議案修正委員一覧

	任官年月日	前官	退官年月日	罷免及転官	備　考
佐野 常民	1875年4月25日	弁理公使	1880年2月28日	大蔵卿	
	1881年10月21日	大蔵卿	1886年12月22日	宮中顧問官	副議長・議長
津田　出	1875年4月25日	陸軍少将	(最後まで)		
中島 信行	1876年3月28日	神奈川県令	1880年10月5日	免	
細川潤次郎	1876年4月8日	一等法制官	(最後まで)		含幹事
山田 顕義	1878年3月5日	陸軍少将 司法大輔	1879年9月10日	参議 工部卿	

「元老院職員等沿革表」(『元老院日誌』第3巻) より作成

表 3-3　号外第27号意見書に関して発言した議官一覧

	賛否	任官年月日	前官・本官・兼官	退官年月日	罷免及転官	備　考
佐野 常民	賛	1875年4月25日	弁理公使	1880年2月28日	大蔵卿	
		1881年10月21日	大蔵卿	1886年12月22日	宮中顧問官	副議長・議長
河野 敏鎌	否	1875年4月25日	権大判事	1880年2月28日	文部卿	含幹事・副議長
山口 尚芳	賛↓否	1875年4月25日	外務少輔	1881年10月21日	参事院議官	含幹事
		1885年12月22日		(最後まで)		
大給　恒	賛	1875年7月2日	式部寮五等出仕 太政官五等出仕	(最後まで)		
斎藤 利行	否	1875年7月2日		1881年5月26日		死去
福羽 美静	賛↓否	1875年7月22日	二等侍講	1881年10月21日	参事院議官	
		1885年12月22日		(最後まで)		
中島 信行	賛	1876年3月28日	神奈川県令	1880年10月5日	免	
細川潤次郎	賛	1876年4月8日	一等法制官	(最後まで)		含幹事
河田 景与	否	1878年7月1日		(最後まで)		

「元老院職員等沿革表」(『元老院日誌』第3巻) より作成

2．意見書賛成の論拠

　号外第27号に関する9月10日の第1読会で意見書案が朗読されると，大給恒議官が早速次のような賛成意見を述べている。

　　本意見書ハ可ナリ凡ソ何ノ事業ヲ問ハス勇敢ノ氣象アルニアラサレハ之ヲ爲ス能ハス而シテ其勇敢ノ氣象ヲ養成スルハ講武ヲ以テ第一義トス愛國ノ心志ヲ振勵スルモ勇敢ノ氣象ヲ養成スルニ外ナラサルナリ本邦常備

兵員ノ常ニ寡少ナルニ苦ム者ハ人民護國ノ義務ヲ盡スノ志氣ニ乏ク兵役ヲ忌ムコト蛇蝎ノ如ク之ヲ忌避スルニ由ルナリ是レ他ナシ六百余年來兵事ハ一切士人ノ常職トシ農工商ハ毫モ之ニ關スルヲ須ヒス其風習既ニ天性ト爲ルニ由ル然ルヲ一朝之ヲ廢シ一般丁年ノ人民ヲ徵募シテ兵員ト爲スノ制度ヲ定ム其之ヲ忌避スルモ亦怪ムニ足ラサルナリ故ニ本按ノ如ク幼稚ノ時ヨリ兵事ヲ講習シ其勇敢ノ氣ヲ養成セハ一旦徵募ノ時ニ臨ミ畏怖退避ノ心ナク皆先ヲ爭テ其募ニ應ス可シ之レ啻ニ軍制上ニ便宜ヲ得ルノ大ナルノミナラス人民ニ於テモ三年在營ノ期ヲ短縮シテ一年トナラハ其便益ヲ得ル蓋シ尠少ナラサルナリ仍テ之ヲ贊成ス[40]

大給の贊成理由は ① 幼時より「勇敢ノ氣象」を養成することにより徵兵忌避もなくなる，② 3 年の兵役年限を 1 年に短縮できる，の 2 点にまとめることができる。いわば，気質の鍛錬と兵役年限の短縮という理由である。そして，人々の間で兵役が「蛇蝎ノ如ク」嫌われていると大給が認識していることに注目しておきたい。

大給の贊成意見に続いて提案者の佐野常民議官は，以下のように提案理由を説明している。

本按起草ノ主旨ハ瑞典ノ制度ヲ斟酌セシ者ナリ抑同國ノ多ク常備兵ヲ設ケスシテ其大國ノ間ニ峙立スル者ハ人民幼童ノ時ヨリ學校ニ軍陣ノ事ヲ習フノ制アルヲ以テナリ故ニ一旦事アルニ際シテハ全國擧テ皆ナ隊伍ニ編制シ俄頃ノ間精練ノ兵ヲ得ルニ足ル是レ其彈丸黑子ノ地ヲ以テ善ク諸大國ト對峙獨立スル所以ナリ本邦ノ如キハ海表ニ孤立シ大陸ト隔斷セルヲ以テ或ハ常備兵ヲ擴張セスシテ不可ナキカ如ク假ヒ之ヲ擴張セント欲スルモ亦其國用ノ不贍ヲ如何トモスル能ハスト雖トモ不虞ノ警備ヲ忽セニスヘカラサルハ固ヨリ論ヲ待タス且ツ兵備ヲ充實スルハ咄嗟ニ辨スルモノニ非ラサレハ無事ノ日預メ之レカ備ヲ爲サ、ルヘカラス然ルニ本邦數百年來兵役ハ士ノ常職トシ他ノ人民ハ毫モ之ニ關スルヲ得サルノ法ナリ今一朝之ヲ廢シ徵兵ノ制度ニ變スト雖トモ其徵募ノ難キハ知ルヘキナリ仍テ童時ヨリ文教武技ト併セ講シ以テ隠然兵力ヲ養成スルハ緊要的ノ急務トス然レトモ純然瑞典ノ方法ニ模倣スルモ人情事態ニ適應セサルモノアリ故ニ之ヲ必學課目ト爲サス便宜課目ト爲シ一般ニ施行セント欲ス

写真3-2　大給　恒
長崎大学附属図書館ボードインコレクション

写真3-3　佐野　常民
国立国会図書館蔵

ルナリ[41]

　佐野がここで「瑞典」としているのは木村吉次の指摘するようにスイスのことであろう[42]。佐野は，人民が「幼童」の時から学校で「軍陣ノ事」を習い，有事の際には全国民挙げて戦うことで諸大国に対峙しているスイスの制度にならったものだというのである。この点では，有事に備えての兵力養成という軍事的な狙いを説明していると言える。そしてこの後，福羽美静議官の質問を受けて佐野は以下の説明をしている。

　　其主意ノアル所ヲ指陳セハ則チ徴兵令修正按第二條第一項ニ掲ケシ如ク學校ニ於テ教練二年ヲ經歴シタル者ハ在營一ケ年ニシテ假リニ歸郷ヲ得ルノ日アリ苟モ假リニ歸郷ヲ得ルハ人民ノ權利ニシテ且便利ヲ享ルナリ之ヲ其一トス又免役ニ屬スル者モ其課程ヲ經歴シタルヲ以テ若シ一旦有事ノ秋ニ方リ直ニ之ヲ召募シ兵役ニ就カシムルモ頃刻ノ教習ヲ以テ精練ノ兵トナリ以テ其國ヲ護スルニ足ルノ便利アリ是レ其二ナリ又學校ニ於テハ一週間ニ僅々二三時間ノ操練ヲ爲スニ過キサレハ普通教育上ニ於テ毫モ妨害ヲ與ヘサルナリ是レ其三ナリ以上ノ諸點是レ本按ノ主眼トス[43]

　ここで佐野は，元老院修正委員が作成した修正徴兵令改正案第2条第1項

第2節　1879年の徴兵令改正と「兵隊教練」論議　153

の主旨を，学校で2年の教練を受けた者は1年在営すれば帰郷できると説明した上で，1週間で週2，3時間程度の「操練」の実施は普通教育を妨害することはないとしている。特にここで注目したいのは，佐野が在営年限満期前の帰休を「人民ノ権利」としている点である。修正案第2条第1項が「詮議ノ上」ではなく「願ニ依リ」帰休を認めると規定していることを「人民ノ権利」として捉えているのである。なお佐野は，気質や体力の養成といった学校教練の教育的効果については言及していない。

佐野の説明を受けて福羽美静は以下のように発言して意見書への賛意を示している。

> 徴兵令ノ改正ヲ要スルハ常備兵員欠乏ヲ憂フルニ起因セリ今其法ヲ嚴ニシ以テ其憂ノ根原ヲ杜塞シアレハ兵員ノ欠乏ヲ憂フルノ點ハ消滅スヘシ然レトモ其在營中ハ一身ノ教育ヲ受ルコト能ハス又一家ノ生計ヲ營スル能ハス是レ人心ヲシテ忌避ノ念ヲ生セシムルモ亦人情ノ免レサル者ナリ然レハ之レニ便宜ヲ與フルノ變通法ヲ設クルハ欠ク可ラサルモノトス仍テ本按ノ大意ハ之ヲ可トス[44]

福羽は，在営中は教育を受けることも生計を営むこともできないので，徴兵を忌避する感情が生じるのは「人情」からして当然だという認識の下に，人々に兵役年限短縮の「變通法」を与えることになる意見書の主旨に賛成したのである。ただし，福羽は河野敏鎌議官の意見に影響され，最後には意見書に反対の立場に転じている。

山口尚芳議官も最終的には意見書に反対の立場に転じるが，9月10日の第1読会の時点では次のような賛成意見を述べていた。

> 本按ヲ賛成ス凡ソ一利ヲ興セハ必ス一害ノ相依ルハ固ヨリ免カレサル者ナリ夫レ兵ハ凶器ナリト雖トモ其國ヲ保護スルニハ必要欠ク可ラサルナリ既ニ全國ノ丁壯ヲ徴募シテ兵ト爲スヲ國法トスレハ一般人民ヲシテ各自平常其技ヲ講習セシメサル可ラス古人云ク教エサルノ民ヲ以テ戰フハ之レ棄ナリト故ニ今日ノ制ニモ幼童ニ終日課程ヲ督責スレハ其身神ヲ萎弱スルノ弊ヲ生スルヲ以テ其倦怠ノ氣力ヲ蘇活セシメンカ爲ニ運動遊歩ヲ爲サシムルニアラスヤ[45]

山口は「倦怠ノ氣力」を「蘇活」させるという精神上の教育的意義を学校

写真 3-4　福羽 美静

お茶の水女子大学デジタルアーカイブス

写真 3-5　山口 尚芳

長崎大学附属図書館ボードインコレクション

教練に認めているのである。なお，山口は 9 月 11 日の第 2 読会で「其服役ノ永キヲ厭フモ亦タ人情ノ免レサル所ナルヲ以テ二ケ年ニ充ルノ教習ヲ經タル者ハ在營一ケ年ニシテ假ニ歸郷ヲ許スノ變通ヲ示シ」，「年齡十二歳ヨリ操練ニ從事セシメハ漸次一般ノ人民モ亦各其技藝ニ慣熟シ有事ノ日直ニ之ヲ隊伍ニ編制スルニ足ルノ便利アリ」[46]と述べており，服役年限が長いことが徴兵を忌避する原因と捉えた上での在營年限の短縮と，有事の際の兵力動員の 2 点を兵隊教練の利点として挙げている。

　また，修正委員で提案者の一人であった細川潤次郎議官は，9 月 10 日の第 1 読会において，意見書案の提案理由を以下のように説明している。

　　戰鬪ヲ爲スハ人心固有ノ畏怖心ニ根スルヲ以テナリ内國警備ヲ充實シ安寧ヲ保護スルニハ兵權ヲ擴張スルニ如カス其之ヲ擴張スルヤ豫メ之ヲ訓練スルヲ要トス幼童ノ跳躍スルハ其好趣スル所ナリ故ニ學校ニ於テ兵事ヲ訓練スルハ其好趣スル所ヲ以テ國家鞏固ノ具ヲ作興スルノ基本タリ此理由アルヲ以テ學校ニ於テ適宜ノ課目ヲ設ケ之ヲ教習セシメ應募ノ後就役一ヶ年ヲ經テ假リニ歸郷ヲ聽スノ特權ヲ與ヘ苛酷ナル徴兵令ノ一部分ヲ緩和シ民心ノ乖離ヲ維持セント欲スルナリ[47]

細川は，就役後 1 年で帰郷できるとなれば，「苛酷」な徴兵令の一部分を緩和して「民心ノ乖離」を抑えることができるという年限短縮の利点を挙げ

写真3-6　細川 潤次郎

お茶の水女子大学デジタルアーカイブス

ているのである。そして，同じく修正委員で提案者の一人であった中島信行議官は，9月12日の第3読会で以下のような発言をしている。

　　本按ヲ瑞典ノ兵制ニ模倣スルハ時勢ニ適當スルモノナリ我國往時兵農分途ノ時勢ナレハ或ハ之ヲ要用ナリトセサルモ今ヤ兵農ノ分ヲ廢シ護國ノ義務ハ四民トモニ負擔セシム苟モ國民タル者ハ滿二十歳ニ至レハ俄然之ヲ召募シ兵役ニ服セシムルノ制度ナリ故ニ平時ニ於テ執銃演陣ノ法ヲ習ヒ緩急ノ用ニ供セシムルハ適當ナリ固ヨリ直ニ其好結果ヲ見ント欲スルハ難シト雖トモ數年ノ後チ必ス善良ノ結果ヲ得ヘキヲ信ス又其課程ヲ設クルカ爲ニ經費ヲ要スヘシト雖トモ其緩急輕重ヲ斟酌セハ或ハ此ニ增シ彼ニ減スルノ方法ナキニアラサルヘシ然ラハ今マヨリ其端緒ヲ開キ除々ニ歩趨ヲ進メ漸次積累シテ以テ好結果ヲ得ルヲ目的トスヘシ是レ各地方ノ適宜ニ從ヒ其課程ヲ設クルヲ要用トナス所以ナリ且輓近泰西各國ト交際ヲ修メ船舶ノ往來海ニ帆影煙跡ヲ絶タス殆ト四周皆敵國相迫ノ形勢ト云フ可シ之ヲ瑞典ニ較スルニ其危逼一層甚シキヲ加フル者ノ如シ凡ソ邦國ヲ維持セント欲スレハ勇敢ノ氣ヲ作興セサル可ラス仍テ文教ノ中ニ講武ノ意ヲ寓シ勇敢ノ氣ヲ鼓舞スルヲ以テ目下ノ急務トス縱ヒ百般ノ法律利害相依ルト雖トモ苟モ其施爲宜ヲ得レハ其利ヲ收メ其害ヲ去ルヘキナリ本按ハ廢ス可ラス[48]

　中島は，ここで「四周皆敵國相迫ノ形勢」，つまりいつ戦争が起こってもおかしくないとしており，有事における兵力動員を意識している。また，「勇敢ノ氣」を鼓舞することが目下の急務であると，気質鍛錬の必要性についても言及している。なお中島は，9月10日の第1読会では「人民服役ノ長キニ疾苦スルヲ以テ便法ヲ設ケテ其憂ヲ舒ヘシメント欲スル者ナリ」[49]，9月11日の第2読会では「全体本案ノ主眼ハ服役年限ヲ短縮セント欲スルニ在リ」[50]と発言しており，意見書のねらいが徴兵忌避を憂慮した服役年限短縮にあるとしている。

以上6人の意見書への賛成意見を論拠別にまとめたものが表3-4である。

全員が兵役忌避の状況に対する懸念と，学校で教練を行うことで得られる兵役年限短縮の利点について触れている。これは，そもそも意見書が兵役年限短縮を主眼として打ち出していたことによるものである。また，意見書の提案者の佐野と中島らにより，有事の際の兵力動員の利点も示されている。なお，大給や山口によって，気質の鍛錬という精神面での教育効果を指摘する意見は出されていたが，身体面での教育効果を指摘する意見は出されていない。

写真3-7　中島 信行

国立国会図書館蔵

3．意見書反対の論拠

意見書への反対の中心となったのは河野敏鎌議官であった。河野は9月10日の第1読会で以下のような反対意見を述べた。

> 本按ハ廢棄スヘシ試ミニ目下ノ状況如何ヲ觀察セヨ各所無産ノ小民ハ其活路ニ迷ヒ怨聲四方ニ囂々トシテ其危嶮ナルコト殆ト寒心戰悸スルニ堪ヘタリ此時ニ際シ本按ヲ布告セハ所在ノ學校ニ於テ互相奔競シテ教練ノ課ヲ設ケ幼童ヲ訓習セシムルニ至ルヤ必セリ而シテ又幼童ハ其修業スヘキ本課ヲ度外ニ抛棄シテ爭テ粗暴ノ行爲ニ趨クハ鏡ニ懸テ見ルヨリモ明ナリ又其施設ニヨリ費用ヲ要スルモ尠少ナラサルヲ知ル果シテ然ラハ人民腦裡ニ甚シキ不善ノ感觸ヲ生スルハ必然ナリ夫レ兵ハ凶器ナリ戰ハ危事ナリ已ムヲ得サルニ非レハ之ヲ舉用スヘカラス[51]

表3-4　号外第27号意見書賛成意見の論拠一覧

	兵役忌避懸念	気質鍛錬	兵役年限短縮	有事兵力動員
大給　恒	○	○	○	
佐野 常民	○		○	○
福羽 美静	○		○	
山口 尚芳	○	○	○	
中島 信行	○	○	○	○
細川潤次郎	○		○	

『元老院会議筆記』より作成

写真3-8　河野 敏鎌

長崎大学附属図書館ボードインコレクション

　河野が意見書に反対する理由は，①「幼童」が修業しなくてはならない「本課」を疎かにして「粗暴」になる，②多額の費用がかかる，の2点にまとめられる。

　①の「幼童」が「粗暴」になることを河野が心配する背景には，「無産ノ小民ハ其活路ニ迷ヒ怨声四方ニ囂々」している，つまり明治政府への不満が自由民権運動の高揚という形で現れているという認識があった。そのような中で②のように多額の費用がかかることが明らかになれば，「人民脳裡ニ甚シキ不善ノ感觸ヲ生スル」，つまり政府への反抗といった不穏な事態になりかねないと懸念しているのである。河野の人々を刺激して不穏な事態を招きかねないとの指摘は，初めは意見書に賛成していた福羽美静が反対へ立場を転じるなど，他の議官に影響を与えている。

　なお，ここで確認しておきたいのは，河野が教練を行うと幼童が粗暴になるとして，精神や身体に関する学校教練の教育的意義に否定的であったことである。1880年の教育令改正の際の元老院会議で，河野が文部卿として答弁する時も，この点に変化は見られないのである。

　ただし，河野はこの発言に続けて，「平時幼童ヲシテ武事ヲ講習セシメハ緩急用フルニ足ル」[52]という点，すなわち，有事の際の兵力として役立つという点に関しては「理」があると認めており，学校教練そのものを完全に否定しているわけではない。ただ，経費の問題などから時期尚早だとして反対しているのである。この点に関して河野は次のようにも述べている。

　　法令ヲ創設スルニ方リテ徒ラニ其利益ノ一偏ニ着目スルハ不可ナリ宜ク時勢ヲ審観シテ先ツ其弊害アル處ニ注意セサル可ラス故ニ本官ハ其時機尚早トスルノミ例ヘハ支肢ノ病ヲ療治スルニ汲々トシテ其身体ヲ衰弱セシメ死ニ抵ルヲ顧ミサル者ハ以テ良醫ノ所爲トセス施政モ亦然リ目下ノ急務ハ費用ヲ減省シ民力ヲ愛養スルヲ以テ主要トス然ルニ本按ヲ發令スレハ各府縣ニ於テモ争フテ其課程ヲ設ケ之ヲ履行セント欲シ其教練場ヲ

設ケ其機械ヲ購備シ爲ニ許多ノ經費ヲ徒費スルハ論セスシテ知ルヘシ假令ヒ徴兵ノ爲ニ瑣々便宜ヲ與フルモ一般人民ノ疾苦トナルハ必然ナリ且既發ノ法令陸續施行スルモノアルモ未タ其成跡如何ヲ視サル者殆ト枚擧ニ遑アラス是ヲ以テ先ツ徴兵令ノ改正ノミニ止マリ今兩三年ヲ經過セハ漸次其緒ニ就キ稍々整頓ヲ得ルヲ待テ本按ヲ發令スルモ未タ遲シトセサルナリ[53]

河野は，「費用」を減らして「民力」を「愛養」することが急務であるのに，「許多ノ經費」を要する学校教練を行うことは，「一般人民ノ疾苦」をもたらすことにつながるので，今回は徴兵令の改正のみにとどめ，2，3年経過して落ち着いてから学校教練を実施すべきだと主張しているのである。そして，河野は次のような発言もしている。

或議官ノ説ニ曰ク全國ノ安寧ヲ保護スル爲ニハ必ス此課目ヲ設ケサル可ラスト然ラハ布告按ノ「適宜タル可ク」ト云フカ如キ曖昧模稜ノ字面ヲ用フルハ其力ヲ有スル者トセス必スヤ教練ノ課程ヲ設ケ授業スヘシト確切ノ語ヲ用ルニ非レハ畫餅タルニ過キサルヘシ本官モ已ニ云フ如ク徹頭徹尾之ヲ不可トスルニ非ス唯其時機尚ホ早シト爲スノミ何トナレハ頃日教育令ヲ決議上奏セシモ未タ之ヲ實施セス地租改正ノ擧モ亦未タ全ク整頓ニ至ラス其他近日ノ發令ニ係ルモノ陸續踵ヲ接シ人民多事ナリ此時ニ方リ公立學校ニ於テ操練ヲ授業シ而シテ其費用ハ人民負擔シテ支辦スヘシト令スルニ適宜タルヘク云々模稜ノ語ヲ以テ之ヲ發令スルモ決シテ普及スヘキ者ト認ムル能ハス或ハ言ハン其行ルト否トハ其方法ノ良否ニ依ルト是未タ其方法ニ論及セシモノニアラス既ニ本院ニ於テ議定セシ府縣會及ヒ地方税規則モ實際ヲ觀察スレハ未タ全ク整頓ニ至ラス且目下人心恟々トシテ危惧ヲ抱クノ形況アリテ頗ル危嶮ノ秋ナリ故ニ姑ク新規ノ法令ヲ發セサルヲ可トス假ヒ強テ之ヲ實施スルトモ現今ノ徴兵ニ於テ著ク利便ヲ與フル者ニアラス然レハ兩三年間之ヲ中止シ漸次百般事業ノ其整頓ニ就クヲ待テ之ヲ發令シテ可ナリ[54]

河野は学校教練を導入することが必要だと言うのであれば，意見書のように教練を実施するかどうか「適宜タル可ク」という曖昧な表現では「畫餅」に終わってしまうので，「授業スヘシ」と明記しなければならないと指摘す

るのである。河野のこの指摘は，山口尚芳議官に影響を与えて，初めは意見書に賛成していた山口も最終的には原案反対へ立場を変えている。なお，ここでも河野は「目下人心恟々トシテ危惧ヲ抱クノ形況アリテ頗ル危嶮ノ秋ナリ」という当時の不穏な民情を指摘し，現今の徴兵に直ちに利便を与えるわけではないのに負担だけ増えることは民心の離反を招くとして，2，3年の間は学校教練の実施を控えるべきだと主張しているのである。

9月10日の第1読会では，意見書に対する反対意見を述べた議官は河野だけであったが，9月11日の第2読会になると，斎藤利行議官が，以下のように河野の廃案説に賛意を示した。

> 反對論者ハ公立學校ハ其教官モ亦官選ナルヲ以テ之ニ操練ノ課目ヲ設クルヲ聽ストモ私立ニハ之ヲ聽サス故ニ其弊害ヲ生スルニ至ラスト云フト雖モ是レ徒ニ其表面ヲ粧飾スルニ過キス或ル地方某社ナル者アリ其勢力遠ク管廳ノ上ニ出テ管轄廳ト雖トモ其議論ヲ左右スル能ハサルカ如キ情勢アリテ又學校教官モ警察官モ其社員ニアラサレハ其職ヲ保ツ能ハスト云フ若シ此ノ如キ状勢ニ至ラハ其官選ト私選ト亦何ヲ擇ハン徒ニ官選ノ假面ヲ粧スルニ過キサルナリ且又全國ノ爲メニ之ヲ施行セシメント欲セハ授業ノ儀ハ適宜タルヘク云々ノ如キ無力軟弱ナル字面ヲ使用シテ布告スルモ必ス實際ニ普及ス可ラス寧ロ之ヲ設ケテ授業スヘシト斷然命令ヲ下シテ可ナリ本案ノ如ク十二歳以上ノ幼童ニ兵事ヲ教習スルハ後年ノ便利ヲ冀圖スルノ旨趣ナルヘシト雖トモ本邦目今ノ状況ヲ觀察シテ以テ尚早シトスル所以ノ者ハ其利益ハ數年ノ後ニ在リ而シテ其弊害ハ眼前ニ在ルヲ以テナリ仍テ之ヲ廢案トスルニ若カストス[55]

ここで斎藤は，地方によっては「管轄廳」をも凌駕する力を持つ結社があると，反政府運動の高揚を懸念する河野の説明を敷衍している。遠藤芳信は，斎藤の発言を「学校での教練の施行が地域の政治結社の政治活動などに利用されることを警戒したものと考えられる」[56]と評している。具体的には，西南戦争等の士族反乱や，自由民権運動の高揚を意識した発言だと思われる。ただし，斎藤の発言に対しては，山口尚芳が法令の範囲で行われていれば憂慮するに及ばないと反論しており[57]，河野や斎藤の懸念が元老院議官の共通認識だったとは言えない。

しかし，当初は賛成していた福羽美静や山口尚芳も，河野の反対意見の影響を受けて反対に転じていく。福羽は9月11日の第2読会で，意見書原案中の「一週中ニ二三時間之ヲ教授セシムヘシ」等の文言を削る修正案を提起したが，出席19人のうち7人の賛成しか得られず否決されている。福羽の提起した修正案は「一週中ニ二三時間」という具体的な時間数を消して，地方の裁量をより高めることを狙うものであった。そして福羽は9月12日の第3読会で以下のような理由で原案に反対すると発言している。

　　本按ハ管ニ徴兵令改正第二條第二項ニ關係スルノミナラス兵制上ノ大變革ト謂テ可ナリ維新ノ初メ従來ノ兵制ヲ變革シテ徴兵ノ制度トセリ是レ一變革ナリ小學校ニ於テ兵事ヲ教習スルノ課目ヲ設クルハ又其一変革ト謂ハサルヘカラス夫レ文武ハ兩輪ノ如ク偏廢ス可ラスト雖トモ本邦國憲未タ定マラス國會未タ起ラス固ヨリ歐洲ノ政圖ヲ以テ比擬ス可キ者ニアラス然ルニ徒ラニ兵備ノ充實ノミニ注目シテ幼童ニ武技ヲ講習セシメント欲スルハ不可ナリ德川氏ノ時幼童ニ武技ヲ督勵セシハ一般ノ人民ヲ督勵セシニアラス所謂武士ナリ武士ナル者ハ則チ今ノ兵卒ニ異ナラス兵卒ニシテ武技ヲ磨勵スルハ其當務ノ職掌ニアラスヤ近頃水戸藩ノ如キ亂離相踵キ慘毒ヲ極メシ所以ハ一般人民ニ武技ヲ督勵セシニ胚胎セリ之ニ反シテ山口藩ノ如キハ危難旦タニ迫ルニ及テ一般人民ヲ召募シ隊伍ニ編制シ大ニ其効益ヲ收メリ是レ他ナシ其時機ニ投スルト投セサルトニ在ルノミ故ニ本官ハ若シ本按ヲ實施セハ恐クハ水戸藩ノ覆轍ヲ襲ンコトヲ仍テ廢按ト爲スニ如カストス

　福羽は，文武は「兩輪ノ如ク」偏廢してはならないものであるのに，「國憲未タ定マラス國会未タ起ラス」と「文事」が遅れている状況で，兵備の充実のみを図るのは均衡を欠いているとしている。当初意見書に賛意を表明していた福羽が反対に転じたのは，河野が，幼童の粗暴化の可能性を指摘し，経済的な理由から時期尚早であると反対意見を述べた後であり，福羽は河野の説明を受けて意見を変えたのである。

　一方，山口尚芳は9月11日の第2読会において，原案の「兵隊教練ノ課程ヲ設ケ授業候儀ハ適宜タル可ク候條」という部分を「各地方ノ適宜ニ隨ヒ兵隊教練ノ課程ヲ設可致授業」とする修正案を提起している。これは兵隊教練

を実施するかどうか地方にまかせるのではなく，原則として兵隊教練を行うことを明確にする内容であったが，19人中8人の賛成で否決されている。[60] そして，山口は9月12日の第3読会では以下のような理由で意見書原案に反対するのである。

> 本官ハ第二讀會ニ方リ布告按ノ意義充當ナラサルヲ以テ修正説ヲ提出セシニ不幸ニシテ消滅セリ然レハ此不當按ハ一筆抹殺シテ寧ロ廢按ト爲スニ如カサルナリ蓋シ本按ハ方按ト藥劑ト差違スル者ト謂フヘシ例ヘハ病者ヲ療スルニ方リテハ必ス先ツ其因ヲ推究シテ其方按ヲ立テ應症ノ藥ヲ投スヘキ者トス然ルニ本按ハ善ク其病因ニ適切スルモ藥劑對症ニアラサルヲ以テ之ヲ實施セハ必ス害アラン是ヲ以テ廢按スルニ如カストス其理由ハ武技ヲ無事ノ日ニ講シ其勇敢ノ氣ヲ養成スルハ全國皆兵トナス意見書ノ精神ニ於テハ之ヲ可トスルモ其全國ニ公布スルモノハ一篇ノ布告按ニ過キス然ルニ兵事ヲ教習スルハ「適宜タルヘク」ト汎然布告ヲ發スルハ是レ方按ト投劑ト差違スルモノニアラスヤ偶々粗暴ノ風習アル土地ハ競テ之ニ趨クモ温柔ヲ尚フノ地ハ之ヲ設ケサルヘシ果シテ然ラハ則チ大ナル不權衡ヲ生シ不測ノ患ヲ醸スモ亦タ知ル可ラス仍テ一般必學ノ規則ト爲シ施行スルニ非ラスンハ寧ロ廢按ト爲シ他日ヲ竢テ之ヲ施爲スルモ未タ遲カラサルナリ[61]

山口は，「全國皆兵トナス意見書ノ精神」には賛成ではあるが，「適宜タルヘク」と兵隊教練を置くかどうかを地方にまかせることは，地方によって兵隊教練を設けるところと設けないところが出てくるという「不權衡」を生じて「不測ノ患」を醸成する可能性もあるとして，反対しているのである。

また，第3読会で山口の後に河田景与議官が以下のような意見書への反対意見を述べている。

> 意見書ノ精神ヲ貫徹セシムルニハ之ヲ必學ノ課目ト爲サ、レハ不可ナリ布告按ノ適宜タルヘク云々ニテハ其精神貫徹シ難シ仍テ意見書ノ精神ノ如ク必學ノ課目ト爲シ勇敢ノ氣ヲ養成シ有事ノ日國家ヲ護スルノ用ニ適スルヲ以テ主義トナスヘキナリ布告按ハ其用ヲ爲スニ足ラス之ヲ修正シテ必學ト爲スニ非レハ寧ロ之ヲ廢棄スルニ若カス[62]

河田は，兵隊教練を「必學ノ課目」としなければ「意見書ノ精神」が貫徹

表3-5　号外第27号意見書反対意見の論拠一覧

	幼童の粗暴化	地方の不穏な状況	多額の経費	「適宜」では意味なし
河野敏鎌	○	○	○	○
斎藤利行		○		○
福羽美静	○			
山口尚芳				○
河田景与				○

『元老院会議筆記』より作成

しないとして，必学でなければむしろ廃案にすべきだと主張しているのである。

　以上概観した意見書への反対意見の論拠をまとめると，表3-5のようになる。

　意見書に反対する意見でも，兵役年限短縮のためという意見書の目的自体を否定するものは皆無である。河野は意見書に反対する論拠をいくつか挙げているのだが，それぞれの論拠について賛同者を得たことが分かる。斎藤・山口・河田は「適宜」では意味がないという意見に共鳴したのであるが，福羽のように地方の裁量をむしろ高めるべきだと考えていた議官も「幼童の粗暴化」の理由に共鳴して原案に反対の立場に転ずるのである。

　最終的に，河野の廃案動議の採決結果は，出席18議官のうち，9人の賛成を得て可否同数となり，熾仁議長が決に加わった結果廃案に決したのである63。

4　元老院における「兵隊教練」論議の位置付け

　ここでは，号外第27号「公立学校ニ於テ兵隊教練ノ課程ヲ設クルノ意見書」をめぐって元老院で展開された議論の学校教練論の中における位置付けについて考察する。先行研究では，塩入隆と木村吉次の間で見解が分かれている。

　塩入は，①「公立学校ニ於テ兵隊教練ノ課程ヲ設クルノ意見書」を提出した山田顕義・津田出両少将は山縣有朋的陸軍形成に反する流れに位置付けられる，②意見書をめぐって展開された議論のうち，佐野常民や中島信行の発言は徴兵制度に反対する国民の声を反映していた，と評して「公立学校ニ

第2節　1879年の徴兵令改正と「兵隊教練」論議　　163

於テ兵隊教練ノ課程ヲ設クルノ意見書」をめぐる議論を，それ以降の国家主義的な流れとは異なり，国民の意見を反映したものとして理解している。
　一方，木村は，①「公立学校ニ於テ兵隊教練ノ課程ヲ設クルノ意見書」をめぐる発言は，「国民の権利や義務といった根本的な問題」と関連しておらず，「政治的民主主義」との連関が認識されていない，②教育を受けることのできるものとできないものとの間にもたらす不平等に対する洞察が見られない，という理由から意見書をめぐる兵隊教練論には「大きな限界」があったとして，「開明的」な山田顕義「兵制につき建白書」とは異なる国家主義的な流れに位置付くものとした。
　このうち，「開明的」な山田顕義「兵制につき建白書」とは異なるとする木村の見解には，以下の3つの点から疑問が生じる。
　(1)山田顕義は「公立学校ニ於テ兵隊教練ノ課程ヲ設クルノ意見書」の提案者の一人である。
　山田顕義自身が加わって出された意見書であるのに，なぜ「兵制につき建白書」のように「開明的」でないのかについて木村は説明をしていない。
　(2)佐野常民は，「人民ノ権利」として在営年限満期前の早期帰休を説明していた。
　木村は，佐野のこの「権利」に関する発言について検討していない。佐野の別の発言を根拠にして佐野を「政治的民主主義との連関」が認識されていない例として挙げているが，「国民の権利や義務」を佐野はかなり敏感に意識していたのである。
　(3)「公立学校ニ於テ兵隊教練ノ課程ヲ設クルノ意見書」をめぐる議論は「中小学校」を対象とすることを前提としており，各議官に「小学校」を排除する意識は見られない。
　木村の言う「教育を受けることのできるものとできないものとの間の不平等」が生じるとすれば，それは，生徒の住んでいる地方が学校教練を設けるかどうかによって生じるのであり，中学校以上に進学できるか否かによって不平等が生じるということではなかったのである。意見書が必修としなかったのは階級差別意識によるものではなく，地方財政の実情を考慮したためであった。

従って，1879年に元老院で「公立学校ニ於テ兵隊教練ノ課程ヲ設クルノ意見書」をめぐって展開された議論は，「開明的」な山田顕義「兵制につき建白書」とは異質なものであるという木村の評価は妥当でない。当時の徴兵に反対する国民の声を反映しているとする塩入の見解の方が妥当であるが，その後の学校教練をめぐる元老院の議論が国家主義的な方向に転換したか否かについては次節で検討する。

第3節　1880年の教育令改正と「武技」論議

本節の課題は，1880年の教育令改正の際に元老院で展開された学校教練論の特徴を明らかにすることである。そのため，まず，教育令改正の背景について概観した後，小学校の科目に「武技」を導入することを求める修正案をめぐる賛成論・反対論の論拠を分析した上で，1880年教育令改正の際の「武技」論議の学校教練論の中における位置付けについて考察する。

1　教育政策の転換

1880年2月28日，河野敏鎌が文部卿に就任する一方[64]，学制以来文部行政の中心人物であった田中不二麿文部大輔は3月15日付で司法卿に転出し[65]，明治政府の教育政策は大きく転換する。

1879年9月公布された教育令は，画一的な学制を見直す方向で教育をより自由化し，地方の裁量を高めるものであった。しかし，就学義務や小学校の設置規制の緩和は公教育の混乱と衰退を招いたため，教育令は公布から1年余りの1880年12月に政府の干渉を強化する方向で改正されるのである[66]。そして，小学校教科の末尾に置かれていた修身が教科の冒頭に置かれる一方，教員の品行に関する条文が挿入されており，1880年改正の教育令は，1879年の教学大旨で示された儒教主義的皇国思想の流れの中に位置付くものとされている[67]。

そして，1880年12月に改正教育令案が元老院の議定に付された際に，楠本正隆議官から小学校の科目に「武技」を入れる修正案が出されたため，元老院で再び学校教練をめぐる議論が展開されるのである。なお，塩入隆の先行

写真3-9　田中 不二麿

長崎大学附属図書館ボードインコレクション

研究では，1879年の時とは異なり，1880年の時点では「地方の首長等を歴任した明治維新の功労者達が元老院議官に多数任用」されたため，元老院の性格が変化し，「修身」を重視して「忠君愛国の表現としての兵役」と「その準備としての軍事的教育」を推進していく流れの中に1880年教育令改正をめぐる元老院の議論が位置付けられている。つまり，塩入は修身教育を重視し，国家主義的教育が展開される流れの中に1880年の元老院における「武技」論議を位置付けているのである。

　本節では，以上の塩入の見解が妥当かどうか検証するとともに，学校教練に関して中等教育を受ける者への特典という観点からの議論があったのか否かについても究明することを課題とする。

2　「武技」追加修正案をめぐる議論

　ここでは，1880年教育令改正の際の元老院会議において「武技」追加修正案が提起される経緯について明らかにした後，修正案に賛成の意見の論拠と反対の意見の論拠をそれぞれまとめる。そして最後に河野敏鎌文部卿が示した漸進的学校教練論について論究する。

１．修正案提起の経緯

　元老院に付された第217号議案「教育令改正案」の内閣原案第3条は以下のようなものであった。

　　　第三條　小學校ハ普通ノ教育ヲ兒童ニ授クル所ニシテ其學科ヲ讀書習字算術地理歴史修身等ノ初歩トス土地ノ情況ニ隨ヒテ罫畫唱歌體操等ヲ加ヘ又物理生理博物等ノ大意ヲ加フ殊ニ女子ノ爲ニハ裁縫等ノ科ヲ設クヘシ但已ムヲ得サル場合ニ於テハ讀書習字算術地理歴史修身ノ中地理歴史ヲ減スルコトヲ得[68]

　この第3条は小学校の学科目に関する規定である。実は前年の1879年，教育令を議定する元老院会議において，佐野常民議官が小学校の学科目の冒頭

に修身を置くことを提案していた。佐野の提案に対しては，当時の田中不二麿文部大輔らが反対し少数否決されている。[69]

そして，この第217号議案の内閣原案では，修身が科目の最後に置かれたままなのだが，修身の位置について議官から何も意見が出ないまま元老院の会議は終わっている。しかし，元老院の議定を経て上奏された後，修身を冒頭に置く修正が行われて布告されているのである。[70]

1880年12月22日に始まった元老院会議の第217号議案「教育令改正案」に関する第1読会は，いくつかの質疑を経て一旦は終了するが，「急施ヲ要スル」[71]という島田三郎内閣委員の要請を受け入れて，ただちに逐条審議を行う第2読会へ移行した。そして，第3条の審議に至った時に，楠本正隆議官が以下のような理由で，小学校の学科目に「武技」を加える修正案を提起したのである。

　　本官ハ本條ナル「體操」ノ上ニ「武技」ノ二字ヲ加ヘントス夫レ武技ハ岐スヘカラサルモノニシテ教育徴兵ノ二令ハ車輪鳥翼決シテ偏廢スヘキモノニアラス然ルニ明治元年ニ士其常職ヲ解キ四民一ニ歸セシ以來ハ人民文弱ニ流レ武ヲ忘ル、ノ弊ハ實ニ名状スヘカラス是レ已ムヲ得サルノ勢ナリト云フト雖モ豈之ヲ制スルノ道ナカルヘケンヤ惟フニ本案學齡ノ終尾ハ十四歳ニシテ僅ニ五年ヲ經ルヤ直ニ徴兵ノ丁年トナルモノナリ故ニ學校ニ武ヲ講スルハ大ニ利益アルコトトス論者或ハ云ン既ニ體操ノ傳習アレハ別ニ武技ヲ加ヘサルモ妨ケナシト夫レ然リ然レトモ體操ハ只是レ身體ノ運動ノミ未タ心膽ヲ錬リ腕力ヲ養フノ功アルモノニアラス故ニ武ノ字ヲ加ヘ教ユルニ武術ヲ以テセサレハ異日國民軍トナルアルモ其力能ク敵ヲ禦ク能ハサルニ至ラン是レ本官修正説ノ大略ナリ[72]

楠本は，維新以来人民が「文弱」に流れていることを批判して，体操にはできない「心膽」を練るための「武技」の導入が必要だとしている。楠本の提案理由の特徴は，前年の「公立学校ニ於テ兵隊教練ノ課程ヲ設クルノ意見書」の主眼であった兵役年限短縮に全く触れていないことである。この点で，木村吉次が指摘するように楠本の意見は阪谷素の学校教練論と類似していると言える。[73]楠本の提案に対して安場保和議官が賛意を示したことにより，審議の対象として正式に会議で取り上げられ，その後活発な意見のやり

写真3-10 楠本 正隆

国立国会図書館蔵

とりが見られたのである。この時意見を述べた議官の賛否とその経歴をまとめたものが表3-6である。

このうち、山口、福羽、細川の3人は前年の「公立学校ニ於テ兵隊教練ノ課程ヲ設クルノ意見書」の際にも意見を述べている。細川は意見書の提案者の一人でもあった。福羽と細川は前年の意見書には賛成（福羽はのちに反対に変化）していたのだが、楠本修正案には反対している。そして、前東京府知事の楠本、前愛知県令の安場、前大阪府知事の渡邉が積極的に発言をしている。この3人は、塩入が先行研究で「地方の首長等を歴任した明治維新の功労者達」とした議官に該当する。以下に楠本修正案に対する賛成論の論拠、楠本修正案に対する反対論の論拠の順にそれぞれ分析する。

２．修正案賛成の論拠

楠本の修正案にまず賛意を表した安場は、その後も積極的に発言している。安場は「今日文弱ノ流弊ヲ救フハ仍チ武技ノ教育ニアリ豈幼時ヨリ之ヲ誘導セサルヘケンヤ」と発言しており、楠本同様「文弱」を懸念している。しかし、「單ニ體操トスルヤ徵兵年期ヲ縮ムルノ目的ヲ達スヘカラス」とも発言しており、体操では兵役年限を短縮できない、と兵役年限短縮の利点を挙げている点では楠本と異なっている。

山口尚芳議官は、前年の元老院会議で号外第27号「公立学校ニ於テ兵隊教練ノ課程ヲ設クルノ意見書」に対しては当初の賛成から途中で反対に転じているが、楠本修正案に対しては一貫して賛成の立場から積極的に発言している。山口の賛成理由は以下のようなものである。

抑モ六歳乃至十四歳ノ學童ヲシテ手ヲ振リ足ヲ伸シ首ヲ左右シ體ヲ曲直セシムルカ如キハ何ノ爲ナルヤ是レ異日兵タラシムルヲ以テ體力ヲ慣ハシムルニ外ナラスシテ夫ノ瑞獨佛蘭等ノ各國皆然ラサルハナシ是レ之ヲ武技體操トモ云フ苟モ之ヲ爲サシムルヤ敢テ學童ヲ害スルモノニアラス却テ之ヲ健康ニシ年長ニ及テ初メテ兵ヲ習フヨリハ最モ易々ナルモノトス

表3-6　楠本修正案に関して発言した議官一覧

	賛否	任官年月日	前官・本官・兼官	退官年月日	罷免及転官	備考
山口尚芳	賛	1875年4月25日	外務少輔	1881年10月21日	参事院議官	含幹事
		1885年12月22日		(最後まで)		
福羽美静	否	1875年7月22日	二等侍講	1881年10月21日	参事院議官	
		1885年12月22日		(最後まで)		
津田真道	賛	1876年4月8日	陸軍省四等出仕	(最後まで)		
細川潤次郎	否	1876年4月8日	一等法制官	(最後まで)		含幹事
玉乃世履	賛	1879年11月17日	司法大輔	1881年7月27日		
楠本正隆	賛	1879年12月12日	東京府知事	(最後まで)		含副議長
安場保和	賛	1880年3月8日	愛知県令	1881年10月31日	参事院議官	
		1885年12月22日		1886年2月25日	福岡県令	
箕作麟祥	賛	1880年4月10日	太政官大書記官	1888年11月9日	司法次官	
渡邉昇	否	1880年5月4日	大阪府知事	1881年10月31日	参事院議官	
九鬼隆一	否	1880年11月30日	文部少輔	1884年5月14日	特命全権公使	

「元老院職員等沿革表」(『元老院日誌』第3巻) より作成

而シテ異日駆テ兵ニ入ル、ヤ既ニ能ク教ヲ受ルヲ以テ兵隊自カラ強ク従テ陸軍ニモ教授入費ヲ減スルノ利アリ此ノ如キハ實ニ國家ノ大幸ナリ豈啻ニ兒童益ヲ受ケ陸軍利ヲ得ルノミナランヤ且既ニ士ノ職ヲ解キ國民軍ヲ作ルニ於テハ縦ヒ常備トナラサルモ亦訓練ヲ必須トス故ニ武技ハ小學科中ニ加ヘサルヘカラス[77]

　山口は，ヨーロッパ諸国で実施している「手ヲ振リ足ヲ伸シ首ヲ左右シ體ヲ曲直セシムル」といった内容の「武技體操」は学童を健康にするという体育的利点を挙げる一方，入営した場合の教習が容易になることで兵を強くする効果と「教授入費」を減らす，つまり経費削減の効果が期待できるとしている。また，岩倉使節団の副使を務めた経験から以下のような発言もしている。

教育令ハ豈文章ノミ是レ勸メ武事ハ全ク之ヲ放擲スルモノナランヤ蓋シ文武ノ偏廢スヘカラサルハ海ノ内外ヲ問ハス古今同一致ナリ而シテ西洋諸邦武ノ學校悉ク備ハラサルモ夫ノ耶蘇教ナル者即チ之ヲ補フヲ以テ彼レニ在テハ敢テ不可ナキナリ本朝及ヒ清國ノ如キハ往昔ハ人皆六藝ヲ是レカム然ルニ今ヤ我朝ニ在テハ一意ニ文事ニ注キ武事ハ全ク之ヲ度外視スルニ至レリ嗚呼其レ此ノ如クハ國ノ獨立何ヲ以テ期スヘケンヤ本官嘗テ米國某府ニ到リシ時恰モ英國ト「アラバマ」ノ和議將ニ破レントス

写真3-11　安場 保和

郡山市ホームページ「こおりやまの歴史」より転載

ルノ景況アリシ而シテ當時該府ノ住民ハ其學校ニ在ル兒女子ニ至ル迄皆悉ク鋭意奮發一旦事アレハ直ニ起テ本國ヲ衛ラントスルノ勢ヒアリ其レ此氣象アリ以テ財産權利ヲ護ルヲ得ヘシ本邦兒女子ノ氣象果シテ能ク此ノ如クナルヤ本官以爲ラク是レ決シテ我兒女子ニ向テ望ムヘカラサルノコトナリト盖シ其責ノ歸スル所ヲ考フルニ職トシテ政府カ之ヲ養生スルノ法ヲ設ケサルニ因ルナリ諺ニ日ク百聞一見ニ如カスト本官前陳ノ如ク外國ニ在テ業已ニ兒童活潑ノ氣象アルヲ目撃シタルニ由リ特ニ武技ヲ加ヘサルヘカラサルヲ信スルナリ聞ク當時魯清ノ葛藤未タ畢ラス或ハ其局ヲ腕力ニ結フアラント果シテ然ラハ其我ト關係アルヤ極メテ大ナリ況ヤ天下ノ廣キ獨リ之ニ止マラサルヲヤ今ニシテ國民ニ勇氣ヲ養生スルヲ勉メスンハ他日臍ヲ噬ムトモ及ハス之ヲ如何ソ修正説ハ不可ナリト云フヲ得ンヤ[78]

山口は，アメリカでは女子に至るまで児童に「活潑ノ氣象」があるのを目撃した経験から，文事にばかり注力して武事が「度外視」されている当時の日本にも「武技」を導入して「活潑ノ氣象」を涵養することの必要性を説いているのである。

また，玉乃世履議官は賛成の理由として以下のような発言をしている。

西洋諸國ニモ文武併セ教フル所アリ又文學ニ止マル所アリ是レ其國状ニ從フモノナリ本邦今日ノ國状ハ殆ト武備擔當ノ人ナキカ如ク其勢力ハ祿券ト共ニ消滅ニ赴クニ依リ今日之カ相續法ヲ立ルハ亦一大急務ナリ[79]

西洋諸国でも文武を併せて教えるところがあり，武士階級が消滅していく日本の状況からすれば，武技を学校で教えることは必要だとしているのである。

そして，箕作麟祥議官も以下のような理由を挙げて楠本の修正案に賛成している。

故ニ外國ニ於テモ悉ク武技教錬ヲ學徒ニ習ハシ身體精神ト變進セシム

熟々惟ミルニ本邦封建時代ニハ修身學ノ外ニ智力教育ナク專ラ身體教育ニ偏重ナリシニ維新右文ノ世ト爲リ一向ニ武技ヲ抑壓セシヨリ形勢變シテ文弱ノ弊ニ陷リ恐ルヘキノ姿ヲ爲セリ然ルニ今日ノ世タル武技教育ハ國際上最モ有用ノ事ニシテ其要ハ夫ノ封建時代ノ比ニアラス故ニ小學校ニ於テ武ヲ講スルハ缺クヘカラサルノ急務タリ[80]

　箕作は，当時の日本は維新によって武技を抑圧した結果「文弱ノ弊」に陥り「恐ルヘキノ姿」になっているとして，小学校で武を講ずることの必要性を説いているが，箕作も外国でも「武技教練」を学徒に習わせているということをその根拠に挙げている。

　津田真道議官は，翌12月23日の会議で，以下のような理由で楠本の修正案に賛成している。

　故ニ縦ヒ持兇器強盗ノ弊害ヲ來スノ嫌ヒアルモ八九歳以上ヨリ其宜キヲ料リ武技ヲ講セシムルハ猶今日ニ在テ避クヘカラサル事業ト云フヘシ而ルニ措テ之ヲ省ミサレハ内ニシテハ國人ノ氣象ヲ弱ウシ外ニシテハ外人ノ侮慢ヲ招キ終ニハ強國ノ魚肉トナルモ知ルヘカラス或議官ハ云ク國貧ウシテハ戰ヲ爲ス能ハス今日ニ在テハ宜シク富國ヲ是レ急ニスヘシト之レ何ソ今日ニ止ランヤ千里懸軍日ニ千金ヲ費ストハ古人モ已ニ之ヲ説キ本官亦之ヲ知ラサルニ非スト雖モ本官ハ反テ講武ノ我國ニ富益アルヲ信スルナリ之ヲ聞ク目下我國ノ常備兵ハ其員殆ト三万ニシテ陸軍省ニハ之カ爲メ毎年六七百萬圓ノ消費金アリト此巨費ヲ以テ此兵員ヲ養フ無事ノ日ニ在テハ眞ニ無用ノ長物ト云フヘシ啻ニ無用ノ長物ナルノミナラス途上妄ニ巡査ニ抗敵スル等反テ害ヲ爲スモノアリ然ノミナラス一朝事アレハ三萬ノ兵員未タ以テ足レリトスヘカラス故ニ幼時ヨリ全國ノ兒童ニ武技ヲ講セシメハ他日之ヲ常備兵ニ編入スルモ既ニ其教練等ニ熟スルヲ以テ早晩歸休ノ特典ニ該ル者多ク又緩急アルアラハ全國ノ子弟ヲ驅テ直チニ兵ト爲スヲ得ヘシ其レ然ラハ常ニ三萬ノ兵員ヲ備フルヲ要セス其人員

写真3-12　玉乃　世履

長崎大学附属図書館ボードインコレクション

写真 3-13 箕作 麟祥
国立国会図書館蔵

写真 3-14 津田 真道
津山洋学資料館ホームページより転載

中ニ萬若クハ一萬ノ兵員ヲ歸休セシメハ從テ其費用モ大ニ減少スヘシ乃チ之ヲ以テ紙幣銷却，武器購求等ノ費用ニ充テハ國家ノ損益利害果シテ如何ソヤ是ヲ以テ之ヲ觀レハ富國ノ點ヨリ説クモ強兵ノ點ヨリ論スルモ武技ヲ入ル、ノ可ナルハ本官ノ信シテ疑ハサル所ナリ仍テ修正説ニ左袒ス[81]

　ここで津田は，西洋列強の脅威が存在する以上，武技の訓練を行わなければ，「國人ノ氣象」を弱くし，「強國ノ魚肉」となってしまうと主張している。また，幼時から武技を習わせておけば，早期帰休の特典も得られる一方，有事の際の兵力動員も容易になることで，常備兵力を削減して経費を節減することが可能になるという経済的利点も武技導入を主張する理由として挙げている。
　以上，武技を小学校の科目に入れることに賛成した議官の論拠を整理すると，表3-7のようになる。
　楠本の提案理由が，「文弱」の状況を懸念して「心膽」を練るために武技の導入が必要だというものであったため，賛成者の理由も文弱懸念と気質鍛錬効果を指摘するものが多い。また安場や津田は兵役年限短縮の利点にも触れており，前年の号外第27号「公立学校ニ於テ兵隊教練ノ課程ヲ設クルノ意見書」と同じ理由から楠本修正案に賛成した議官も存在したのであった。

表3-7　楠本修正案賛成の論拠一覧

	文弱懸念	経費節減	気質鍛錬	体力養成	兵役年限短縮	有事兵力動員
楠本正隆	○		○			
安場保和					○	
山口尚芳	○	○	○	○		
玉乃世履			○			
箕作麟祥	○					
津田真道	○	○			○	○

『元老院会議筆記』より作成

　従って，楠本が兵役年限短縮に触れず，文弱の状況を懸念して気質の鍛錬を主眼として「武技」導入の修正案を提起したことは，兵役年限短縮を主眼とした前年の「公立学校ニ於テ兵隊教練ノ課程ヲ設クルノ意見書」とは異なる論拠に拠っていたとは言えるが，楠本修正案に賛成した議官の立場がすべて楠本と同じだったわけではないのである。

3．修正案反対の論拠

　楠本の修正意見に対して，所管の文部省から議案説明のため会議に出席していた文部卿河野敏鎌と2人の内閣委員（文部権大書記官島田三郎・文部少書記官久保田譲）が反対の意見を述べた。また，元老院議官として出席していた文部少輔九鬼隆一も修正案に批判的な発言をしている。河野は以下のような疑問を楠本に投げかけている。

> 一番ノ説理ハ何ノ目的ヲ以テ武技ヲ加ヘントスルヤト量ルニ心膽ヲ錬リ身體ヲ強ウスルニ在リト云フ然レハ則チ體操アレハ足レリトス若シ武技ハ此外ニ在リト云ヘハ弓鎗劔馬ノ類ヲ教ヘントスルカ是豈徴兵ノ下稽古ニ充ツヘケンヤ良シヤ兵隊教錬トスルモ業已ニ昨年本院第廿七號意見書ノ非ト決セシカ如ク未タ行フヘカラサルモノアリ況ヤ弓馬鎗劔ノ如キ不用物ヲヤ若シ徴兵令ニ關スルモノトセハ已ニ公布ノ法令ニ牽連ナルヲ以テ決シテ土地ノ情況ニ從フヘシトスヘカラス然ルニ論者ハ之カ教師ヲ雇フニ於テ其人充分アリトナスカ仮令其人アルトスルモ方今國用不貲ノ時ニシテ豈能ク支辨スルヲ得ンヤ[82]

　河野は武技を導入する目的の曖昧さをまず問題にする。心胆を練ったり身体を強くしたりするためであれば，体操で十分であり武技は必要ない。徴兵の下稽古のためだとしても，楠本の言う武技が弓鎗剣馬の類であるならば

「不用物」である。また，楠本の言う「武技」が兵隊教練のことであるならば，地方によって実施状況に差が出ることは問題であるし，教える教師が「充分」いるのか，また財政難の状況で担当教師を雇うことができるのかと疑問を投げかけ，楠本の「武技」定義の曖昧さも突いているのである。

河野の次に修正案を批判したのは渡邉昇議官である。渡邉は以下のように発言している。

> 武ヲ忘レサル一番ノ精神ハ頗ル嘉スヘシト雖モ其説ク所ハ十年ノ後ニ期スト云フニ至テハ是レ今日ニ爲スヘシト云フニ非ス仍テ不急ノ事ナリ然ルニ武技ノ字ヲ本條ニ加ヘテ布告スルトキハ少年ノ性情ハ自然ニ遊技ニ走リ易ク爲メニ却テ本科ヲ忽カセニスルアランコトヲ恐ル加之今日ノ人情ハ兵役ヲ忌嫌スルコト最モ甚シ此時ニ當リ小學校ニ於テ徴兵ノ下稽古ヲ爲スト云ハ，學童ノ父母ハ忌嫌ヲ學校ニ及ホシ大ニ其害ヲ世上ニ生セン之ヲ概スルニ武技ノ附加ハ兒童ノ競奔ト父兄ノ忌嫌トノ兩害アリテ其益ハ今日ニ見サルモノナリ故ニ修正ノ精神ハ之ヲ嘉スルモ其説ニ從フ能ハサルナリ[83]

ここで渡邉は，武技を教科に入れると学童が熱中してしまい「本科」がおろそかになることと，兵役を「忌嫌」する風潮が甚だしい時に徴兵の下稽古を学校で行うことにより，学童の父母の学校に対する「忌嫌」を招くという2つの理由から武技の導入に反対している。渡邉の反対理由は「公立学校ニ於テ兵隊教練ノ課程ヲ設クルノ意見書」の際の河野敏鎌の反対理由に似ている。なお，翌12月23日の会議では河野も「抑今日ノ國民ハ其子弟ヲ學校ニ出スヲ嫌フノ情況アリ然ルニ之ニ武技ヲ講セシムルニ至リ之カ爲メニ身體ヲ傷クル等ノコトアラハ其父兄タル者ノ學校ヲ忌嫌スルノ情必ス前日ニ倍スヘシ」[84]と発言して，渡邉と同様，武技を行うことによる学童の父母の学校に対する感情の悪化を懸念している。

そして22日の渡邉の意見の後，河野は以下のような発言をしている。

> 反對論者ハ往々本官ノ論旨ヲ誤解スルモノヽ如シ本官ハ決シテ陸軍卿ノ不承知ナルニ困シ服製ノ不備ナルニ窮スト云フニアラス只順序ヲ踏テ事業ヲ行ハサレハ實地困窮ノ場合アリト云シ而已又武技ト體操トハ以テ大ニ非ナルモノナリ武術ハ以テ體育ニ功アルモノニアラス修正諸子ノ意ハ

全ク軍備ヲ目的トスルカ如シ乃チ或論者ノ愛知師範校ノ引用ヲ以テ其意ヲ徵スルニ足レリ然レトモ小學ノ教ハ文學以テ精神ヲ養ヒ體操以テ身體ヲ育スルヲ主眼トス陸軍現行ノ兵制ハ二十歳以上ノ者ニ適スト雖モ之ヲ十歳前後ノ小童ニ移用スルヤ決シテ其體育ニ適セサルノミナラス却テ患害アリトス故ニ本官ハ順序ヲ踏ミ夫ノ體操傳習ヲ以テ師範校等ニ應用シ宜シキヲ制シテ後ニ之ヲ爲ントスルノミ若シ諸官ニシテ熱心之ヲ欲セハ今直ニ本按ニ加フルヲ須ヒス更ニ意見書ヲ上奏シ而シテ後別段ノ布告ヲ爲スモ未タ晩シトセサルナリ

写真3-15　渡邊　昇

長崎大学附属図書館ボードインコレクション

河野は，あくまで小学校では「文學」で「精神」，「體操」で「身體」を育てることを主眼としているとしている。20歳以上を対象とした「陸軍現行ノ兵制」をそのまま10歳前後の小学生に「移用」してもかえって「患害」をもたらすから，体操伝習所で研究して適切なものを制定するという順序を踏むことが大切だとしている。従って，兵役年限短縮のために教練を加える場合でも，今直ちに「武技」を教科に加えるという手段ではなく，後日別に布告を出すといった手順を踏むことが必要だと主張しているのである。

河野の発言の後，前年の元老院会議では「公立学校ニ於テ兵隊教練ノ課程ヲ設クルノ意見書」の提案者の一人であった細川潤次郎議官が，以下の理由で楠本修正案に反対している。

一番ノ修正説ハ不可ナリ抑モ本條ハ小學校ノ學科ヲ云フモノニアラスヤ而シテ小學生徒ハ第十三條ニ掲クル如ク六才ヨリ十四歳ノ童子ナリ少女ナリ之ニ教フルニ大人ニシテ習用スル所ノ武技ヲ以テスルハ最モ適度ヲ失スト云ヘシ蓋シ武技ト體操トハ其意味大ニ徑庭アリ體操ハ身體教育ニシテ生理學ニ屬シ則チ文事ナリト雖モ武技ハ全ク文ト兩立對向ノモノナリ故ニ普通小學生ノ體格筋骨未タ定ラサルモノニ之ヲ敎ルハ生理學上ニ於テ大ニ不可ナリトス或議官ハ西洋諸國ノ敎科ニアリト云フト雖モ是レ多クハ中學以上ナリ蓋シ中學生以上ハ氣力體格モ稍一定シ兵トナストモ

妨ケナキモノナレハ此ノ如キハ本官モ亦敢テ不可ナシトス縦ヒ外國小學
科中ニ之ヲ用フルモノアルトモ本官ハ其健康ヲ害シ且悪慣習ヲ生スルヲ
恐ル、ナリ況ヤ本條ハ男女生徒ヲ混スルモノニシテ末文ニ「殊ニ女子ノ
爲ニハ裁縫等ノ科ヲ設クヘシ」トアル以上ハ其他ハ男子ト同科タルニ於
テヲヤ知ラス茲ニ武技ヲ加ヘ女生徒ニモ長刀鎖鎌等ヲ教ヘントスルカ本
官ハ修正ノ意ヲ知ラサルナリ惟フニ修正ノ精神ハ兵役ヲ減縮シ一般ニ武
藝ヲ嗜ミ此國ヲ護ラントスルニアルカ如シト雖トモ本邦ハ海東ニ獨立シ
彼ノ郡雄土壌ヲ接シテ互相割據スルカ如キ流亜ト同シカラサレハ敢テ武
事ノミニ熱心焦慮セサルモ可ナリ況ヤ身體強勇ナレハ國家必ス富強ナリ
ト云ヒ難キヲヤ且兵制ヲ談シ財政ヲ議スルハ大ニ國是ニ關スルモノニシ
テ固ヨリ一教育令ニ悉議スヘキニアラス宜ク別ニ大法令ヲ出シテ可ナラ
ン之ヲ要スルニ本條ハ但書ヲ以テ議案トスルモノナレハ之ニ議及セサル
モ可ナリトス[86]

細川は，外国で武技を実施していてもその多くは中学校以上であるとし，
「體格筋骨未タ定ラサル」小学生に対しては「生理學上ニ於テ大ニ不可」だ
とするのである。前年の「公立学校ニ於テ兵隊教練ノ課程ヲ設クルノ意見
書」の際には，学校で「兵事ヲ訓練」することは幼童の「好趣スル所」だと
してその設置を提案した細川も，ここでは小学生に武技を課すことについて
は反対の立場をとったのである。

また，元老院会議に議官として出席していた文部少輔九鬼隆一は以下のよ
うな発言をしている。

原案ヲ可トスルヲ以テ茲ニ反對論者ノ誤謬ヲ破ラントス抑武技ヲ教科ニ
加ヘントスルノ發論者ハ弓馬鎗劍モ之ヲ教フヘシト云フカ如キモ別ニ徴
兵令ヲ引用シ天下ノ大勢ニ論及スルノ賛成者アリ或ハ十八番ノ如キ前ニ
ハ坐作進退モ武技ノ如ク説キ後ニハ遊歩運動ノ類ヲ云フカ如ク既ニ自家
撞着セシモノアリ蓋シ國民教育ハ護國ノ義務ト並行スヘシトノ説ハ不可
ナルニアラスト雖モ撃劍鎗棒ノ如キ必ス護國ノ義務ヲ養成スルモノニア
ラス且ヤ之ヲ外國ニ徴スルモ下等小學ノ幼兒ニ向テ斯ル兇器ヲ弄セシム
ルモノアルヲ見ス又十八番ノ頻リニ喋々スル所ハ全ク坐作運動等ヲ以テ
武技トスルモノニシテ之ヲ教フ何ソ廿四番等ノ望ム所ノ夫ノ徴兵常備ヲ

減スルノ功力アランヤ此ノ如キハ固ヨリ體操ノ文字ニ含有スルモノナリ故ニ修正ハ不可ナリ[87]

　九鬼は，ここで「武技」の定義の曖昧さを衝いている。つまり，「武技」が「擊劍鎗棒」の類であれば，「護國ノ義務」の養成に必ずしもつながらないし，外国でも「下等小學ノ幼兒」にそのような「兇器」を弄させる例はないとする一方，「武技」が「坐作運動等」を指すのであれば，それは体操の内容に含まれていると指摘しているのである。この「武技」定義の曖昧さについては，内閣委員として会議に出席した文部権大書記官島田三郎も指摘している。[88]

　さらに，もう一人の内閣委員文部少書記官久保田譲は以下のような発言をしている。

> 各位ノ武技ヲ本條文中ニ挿入セントスルハ何ノ爲メナルヤ或ハ健康ノ爲メニスト云ヒ或ハ兵役ノ爲メニスト云ヒ身體教育ト云ヒ動作進退ト云ヒ其目的一モ確立スルモノナシ良シヤ其目的確立スルモノトスルモ身體力ヲ教育スルニハ體操ニテ充分ナラスヤ而シテ體操ノ教科モ今日ノ小學校中未タ行ハサルモノ多シ何ソ況ヤ武技ヲヤ且既ニ主任長官ノ述ル如ク固ヨリ兵隊訓鍊ヲ忌ムニアラス如今體操傳習所ノ改良中ナレハ此等ノ準備設立セハ從テ其行ハル、ヤ言ヲ俟タサレハ強チ今日ニ修正セサルモ亦可ナラスヤ今日急遽ニ武技ノ事ヲ云フ或ハ却テ生理ニ害アルヲ恐ル故ニ武技ヲ加ヘントスレハ一方ニ於テ生理ノ事モ亦省セサルヘカラス若シ又修正説ニ一歩ヲ譲ルモ廿三番ノ如ク兵役ハ人心ニ感スルコト多キヲ以テ爲メニ學事ヲ妨ケ遂ニ武技ノ目的モ亦達スル能ハサルニ至ラン此ノ如クンハ文化ニ害アリテ政畧上ニ於テモ亦損アリトス故ニ原案ノ如クシテ可ナリ[89]

　久保田も，ここで「健康ノ爲メ」としたり「兵役ノ爲メ」としたりと，一定しない「武技」の定義の曖昧さを指摘している。そして「身體力」教育目的ならば体操で充分だというのである。

　そして，「公立学校ニ於テ兵隊教練ノ課程ヲ設クルノ意見書」の際は，賛成から反対に意見を変えていた福羽美静議官は以下のように発言している。

> 一番ノ説ハ不可ナリ文部卿ハ何人ソヤ文教ノ事務ヲ統攝スルモノニシテ

第3節　1880年の教育令改正と「武技」論議　　177

写真3-16 島田 三郎
国立国会図書館蔵

写真3-17 久保田 譲
『文部大臣を中心として評論せる日本教育の變遷』

　武將ニアラス故ニ其管スル所ノ生徒ニ教フルヤ文學ヲ以テシ而シテ其身體ヲ保護スル爲メニ體操ノ一課アレハ足レリトス文事アルモノハ武備アリトノ説ハ固ヨリ本案ニ對スルノ論題ニアラス若シ本案ニ加フルニ武技ヲ以テセハ恰モ綿中ニ石ヲ含ムカ如ク太タ其權衡ヲ失ス果シテ然ランニハ夫ノ海陸軍士官學校ノ如キモ亦教育令ノ範圍内ニ容レサルヘカラサルナリ故ニ原案ニテ可ナリトス[90]

　福羽は，文部卿は「文教ノ事務ヲ統攝」するものであり，武事に関することがらは管轄外であるとして，教育令に規定すべきことでないと指摘しているのである。

　以上概観した楠本修正案に反対の意見の論拠をまとめると表3-8のようになる。

　全体的に河野文部卿が，積極的に発言して議論を主導したと言える。河野は，楠本の「武技」導入目的や定義の曖昧さを突き，心身鍛錬が目的であれば体操で十分であり，兵役年限短縮のために教練を行うのであれば，手順を踏んで漸進的に行っていくべきだという，二段構えの反論を行って支持を集めたのである。ただし，後述するように，河野文部卿は小学校における学校教練自体に反対していたわけではない。楠本修正案に対して渡邉や細川のように小学校で教練を実施すること自体を疑問視する意見が出されたが，それ

178　第3章 元老院における学校教練をめぐる議論

表3-8　楠本修正案反対の論拠一覧

	武技の定義曖昧	体操で十分	小学生には不適	人々の反発	教育令の範囲外
河野 敏鎌	○	○	○	○	
九鬼 隆一	○				
島田 三郎	○				
久保田 譲	○	○		○	
渡邉 昇	○			○	
細川潤次郎		○	○		
福羽 美静		○			○

『元老院会議筆記』より作成

が多数というわけではなかったのである。

4．河野敏鎌文部卿の漸進的学校教練導入論

　河野敏鎌文部卿は楠本修正案には反対したが、「本官モ亦素ヨリ徴兵ノ限役ヲ短ナラシムルヲ欲セサルニアラス」と発言しており、学校教練そのものに反対したわけではない。河野は1880年3月19日付で東京師範学校と体操伝習所で「銃隊操練法式」の授業を実施するために必要な人員の派遣を大山陸軍卿に依頼しており（第4章第1節参照）、また、倉沢剛によれば、同年4月頃文部省が作成して大隈参議に提出したと推定される「新定教育令ヲ更ニ改正スヘキ以前ニ於テ現在施行スヘキ件」には、「兵隊訓練ヲシテ幾分カ各学校ノ体操ニ代用セシムベキ事　但学校ニ於テ四年間正則兵隊訓練ヲ練習シタル者ニテ兵役ニ従事シタル節平時ハ一年間ノ後休暇ヲ与フルコトアルベキノ例規ニ定ムベキ事」という項目がある。つまり、体操の代わりに「兵隊訓練」を各学校に導入して、4年間「正則兵隊訓練」を修めた者は服役1年で早期帰休させることを河野文部卿就任時の文部省は構想していたのである。

　なお、学校教練について、楠本修正案を審議している際河野は次のように説明している。

　　蓋シ本官モ亦素ヨリ徴兵ノ限役ヲ短ナラシムルヲ欲セサルニアラス故ニ會テ體操傳習所ニ於テ陸軍士官ヲ借リ之ヲ教習シ及ヒ陸軍卿ニ照會シテ之ヲ師範學校ニ施用センコトヲ求メシモ決シテ遽カニ行フヘカラサルモノアリテ遂ニ其議調ハサリシナリ但兵隊教練ヲ爲スニハ自ラ衣服モ整備セサルヘカラス然レトモ文學用ノ外ニ服料ヲモ恵與スルハ實際爲シ難キコトナリ故ニ此事ハ止ムヲ得ストシテ既ニ中止スト雖モ那ノ體操傳習所

第3節　1880年の教育令改正と「武技」論議　　179

ノ生徒等次第ニ卒業シ之ヲシテ各地方ニ巡教セシメハ教師其人ヲ得テ自
　　カラ本官輩ノ宿志ヲ達スルノ時機アルヲ信セリ[94]

　河野は，体操伝習所において陸軍士官を借りて師範学校生の教習を行おう
としたが，衣服の問題で中止になったと明かしている。この事実経過につい
ては第4章第1節で検証する。そして河野は，体操伝習所の生徒が卒業して
いけば兵役年限短縮のための兵隊教練の実施も可能になるだろうという見通
しもここで示している。河野はまた以下のような説明もしている。

　　今現ニ師範學校ノ生徒ヲシテ其技ヲ演習セシム依テ其號令也衣服ノ制度
　　也其要用ナル事件ヲ斟酌制定シテ後此技果シテ小學生徒ト雖トモ猶教フ
　　ヘクンハ本官ハ寧ロ之ヲ必學科目中ニ加ヘントスルナリ某議官ハ之ヲ爲
　　スハ易々ナリト云ヘトモ決シテ然ラス論者ハ何人ヲ以テ其教員ニ宛ント
　　欲スルヤ想フニ非役士官期免ノ兵卒ナルヘシ然ルニ其人タル概シテ武事
　　ニ專ラナル者ナレハ自尊不羈必スヤ學務委員ヲ凌駕シ甘ンシテ其管理ヲ
　　受クル者盖シ之レアラサルヘシ縱ヒ之アルモ兒童ノ進退坐作ニ至ル迄悉
　　ク善ク之ヲ鑑ミ之ヲ督スヲ得ヘキノ人ニ非サレハ未タ可ナリトセス而シ
　　テ其完全ヲ望ムハ文事ヲ修メタル人ニシテ始メテ之ヲ期スヘキナリ故ニ
　　此技果シテ教フヘクハ他日師範學校生徒ノ此技ニ熟シタル者ヲ擧ケテ之
　　ニ教ヘシメントス[95]

　河野は，その時点で師範学校の生徒に教練を演習させているので，将来は
小学児童にも教えることが可能になるという見通しを述べているのである
が，「武事ニ專ラ」で「自尊不羈」の「非役士官期免ノ兵卒」は教練の担当
教員としてふさわしくなく，師範学校生徒から教練に熟達した者を選んで教
えさせたいとしている。河野はあくまで学校における教育は「兒童ノ進退坐
作ニ至ル迄悉ク善ク之ヲ鑑ミ之ヲ督スヲ得」べき「文事ヲ修メタル人」が望
ましいとするのである。

　河野は前年の「公立学校ニ於テ兵隊教練ノ課程ヲ設クルノ意見書」審議の
際から，気質鍛錬や体力養成という教育的効果を認めない点では一貫してい
る[96]。気質鍛錬や体力養成ということであれば体操の方がむしろ適している
とする立場なのである。河野が学校教練に意義を認めるのは「我國ノ兵制ヲ利
スル」という一点に限られていた[97]。つまり，兵役年限短縮や有事の際の兵力

動員に利するということにのみ学校教練の意義を認めたのであり，その背景には，教育と軍事は本質的に違うという河野の教育観・軍事観があったのである．

以上のように，河野敏鎌文部卿は元老院会議において漸進的に小学校への学校教練導入を文部省として準備中であると説明したのであるが，学校教練の指導は軍人ではなく教員があたるのが望ましいという認識を示していたのである．なお，12月22日に時間切れとなり翌12月23日に持ち越しとなった楠本の修正案は，採決の結果，出席議官19人中7人の賛成しか得られず否決されている[98]．

3 元老院における「武技」論議の位置付け

前述したように，塩入隆の先行研究は，1880年当時の元老院の性格は1879年の時とは異なり，「修身」重視の「忠君愛国」的方向に変化していたと捉えている．塩入は，「地方の首長等を歴任した明治維新の功労者達が元老院議官に多数任用[99]」されたことをその根拠としていた．確かに，「武技」導入を求める修正案を提案した前東京府知事の楠本正隆や，会議で積極的に発言をした前愛知県令の安場保和と前大阪府知事の渡邉昇は，1879年徴兵令改正の際には元老院議官ではなく，その後任用された議官であった．また，楠本の「武技」導入を求める修正案の特徴は，気質鍛錬という教育的効果を主眼としていることであり，その点では，兵役年限短縮を主眼とした1879年徴兵令改正の際の「兵隊教練」導入論議とは異なる立場から提案されたと言える．

しかし渡邉は楠本の修正案に反対しており，修正案に賛成した安場にしても兵役年限短縮を理由に賛成しており，「地方の首長等を歴任した明治維新の功労者達」が一致した立場から元老院の議論を主導したとは言えない．そもそも楠本の修正案は多数の支持を得られず，結果的に否決されている．また，文部当局者であった河野敏鎌文部卿は，学校教練に対して兵役年限短縮の手段としての意義を認めるものの，気質鍛錬といった教育効果については明確に否定している．従って塩入の先行研究のように，1880年の教育令改正の段階で学校教練に修身重視の精神教育的要素を文部当局が認めていたと解

するのは適切ではない。

　また，渡邉や細川のように小学校で学校教練を実施すること自体に否定的な意見も出されてはいたが，塩入や木村の先行研究が指摘するように，小学校で学校教練を行うこと自体が否定されたわけではない。「武技」の定義が曖昧であったこと等によって楠本修正案は多くの支持を集めることができなかったが，小学校への学校教練を導入すること自体を否定する議官は多くなく，文部当局者である河野文部卿も，小学校への学校教練導入を漸進的に進めていると説明していたことを確認しておきたい。[100]

　以上，本節で1880年の教育令改正時の「武技」論議について検討した結果，以下の３点が明らかになった。

　(1) 1879年徴兵令改正時には元老院議官でなかった，前東京府知事楠本正隆・前愛知県令安場保和・前大阪府知事渡邉昇の３人の議官は，1880年教育令改正時の「武技」導入修正案に対してそれぞれ異なる姿勢を示している。

　楠本が，兵役年限短縮ではなく気質鍛錬という教育的効果を理由として「武技」を提案したことは，前年の「公立学校ニ於テ兵隊教練ノ課程ヲ設クルノ意見書」をめぐる議論とは異なる理由に基づいていることは事実であるが，渡邉は修正案には反対しており，また修正案に賛成した安場は，楠本とは異なり兵役年限短縮を理由としていた。そして，楠本の修正案は多数の賛成を得られず否決されている。従って，「地方の首長等を歴任した明治維新の功労者達が元老院議官に多数任用されるに及んで，元老院の性格も変化」したとする塩入隆の評価は適切ではない。

　(2) 1880年段階で，文部省は，小学校への学校教練導入を漸進的に進めるべく準備を進めていた。

　元老院の議論の中では，渡邉や細川のように小学校への学校教練導入に批判的な意見も出されたが，河野文部卿は小学校への漸進的学校教練導入を明言しており，文部当局はあくまで小学校への学校教練導入を目指していたのである。文部省が漸進的学校教練導入を進めていたことは，塩入や木村らの先行研究で指摘されているが，ここでは本章第４節との関係で「小学校」への導入が前提とされていたことを特に確認しておきたい。

　(3) 河野敏鎌文部卿は，学校教練の気質鍛錬といった教育的効果に否定的

であった。

　河野が学校教練に意義を認めるのは，兵役年限短縮や有事の際の兵力動員といった軍事的理由のみであって，気質鍛錬や体力養成といった教育的効果を学校教練に認めなかった。この点での河野の立場は，前年の「公立学校ニ於テ兵隊教練ノ課程ヲ設クルノ意見書」審議の際から一貫していた。河野は，学校における教育は「文事ヲ修メタル人」によることが望ましいとして，教育と軍事は本質的に異なるという教育観を持っていたのである。この点は西周とは共通している一方，森有礼とは決定的に異なっているのであるが，西については第4章，森については第5章で検討する。

第4節　1883年の徴兵令改正と学校教練の要求

　本節では，1883年徴兵令改正の際に元老院で展開された学校教練をめぐる議論の特徴を前節までの成果を踏まえて明らかにするとともに，兵式体操に先立って諸学校に歩兵操練の導入を促進することになる1883年改正徴兵令第12条の歴史的意味を究明することを課題とする。そのため，元老院とともに，参事院でどのような修正が行われたかについても分析を行うことにより，実際の実施対象の違いから歩兵操練に比して兵式体操を「開明的」と評価する先行研究に対する疑問を提起する。

1　内閣原案成立の経緯

　ここでは，1883年改正徴兵令の内閣原案が成立する経緯について論究する。

1．陸軍省の上申と陸軍省原案

　1882年11月24日，宮中に地方長官が集められて軍備拡張・租税増徴についての勅語が下された。この背景には同年7月の壬午軍乱があり，同年8月，山縣有朋参事院議長は「陸海軍擴張ニ關する財政上申」を行っていたのである。[101] 山縣は上申の中で，「近ク我隣邦ノ勢ヲ察スルニ駸々トシテ勃興シ決シテ輕忽ニ附ス可カラサル者アリ」という認識の下に陸海軍の拡張の必要性を説いているのだが，同時に「昔時忠君愛國ノ念尚武重義ノ風」を振興するこ

とが「方今ノ要務」であるとも述べている。[102]

そして1883年9月6日,陸軍卿大山巌は太政大臣三條實美宛てに改正原案を付して以下の理由で徴兵令改正の上申を行ったのである。

> 先般軍備皇張被仰出候付テハ常備諸兵ノ増加ヲ要スル儀ニ有之然ルニ明治十二年第四十六號布告徴兵令ノ儀ハ免役及ヒ徴集猶豫ニ属スルノ項目頗ル多ク且之カ為メ該名稱ニ籍リ徴兵ヲ規避スルノ弊風殊ニ甚シク啻ニ戰時若クハ事變ニ際シ兵員擴充ノ目的相立サルノミナラス従来ノ経驗ニ據ルニ已ニ平時ニ在テスラ猶年々徴集人員ノ不足ヲ告クルニ至リ更ニ改良ノ方法ヲ設クルニ非サレハ軍備皇張ノ今日ニ際スルモ到底兵員増加ノ目的難相立依之徴兵令改正ノ儀別冊ノ通取調差出候條至急御詮議相成度此段及上申候也[103]

つまり,軍備拡張により「常備諸兵ノ増加」が必要な状況であるのに,現行徴兵令は免役と徴集猶予の項目が頗る多く,これを利用した徴兵忌避により兵員拡充どころか平時においてさえ徴集人員不足を招いている状況であるので徴兵令を改正したいというのである。

陸軍省原案の特徴として,①1879年徴兵令第64条に規定されていた免役料の規定を削除したこと,②第3章「免除及ヒ猶豫」において,第16条に「兵役ヲ免除スルハ廢疾又ハ不具等ニシテ徴兵検査規則ニ照シ兵役ニ堪ヘサル者ニ限ル」と明記し,廢疾・不具以外の免役制を廃止して猶予制としたこと,③第11条に「年齢十七歳以上二十六歳以下ニシテ官立府縣立学校(小学校ヲ除ク)ノ卒業證書ヲ所持シ服役中食料被服等ノ費用ヲ自辨スルモノハ願ニ依リ一個年間陸軍現役ニ服セシム但常備兵役ノ全期ハ之ヲ減スルコトナシ」と経費を自弁できるものに対する1年現役制を規定したこと,などが挙げられる。[104]

このうち,③の1年現役制については,1889年徴兵令で設けられた1年志願兵とは異なり,予備役将校補充という位置付けではなかったとされている。[105] ちなみに,1879年徴兵令第2条第1項の「殊ニ技藝ニ熟スル者平時ハ服役未タ終ラスト雖モ詮議ノ上假ニ歸郷ヲ許スヘシ」という規定は,陸軍省原案では第12条「現役中殊ニ技藝ニ熟シ行状方正ナル者ハ其期未タ終ラスト雖トモ歸休ヲ命スルコトアル可シ」という規定となって受け継がれていた。前

記の特徴②に関係する陸軍省原案の第17・18・19・20・31条は以下の通りである。

　　第十七條　左ニ掲クル者ハ徴集ヲ猶豫ス但其現役ノ徴員及ヒ其補充員不足スルトキ又ハ戰時若クハ事變ニ際シ兵員ヲ要スルトキハ項目ノ順序ニ從ヒ之ヲ徴集ス
　　　　第一項　年齢六十歳以上ノ者ノ嗣子或ハ承祖ノ孫
　　　　第二項　廃疾又ハ不具等ニシテ産業ヲ営ムコト能ハサル者ノ嗣子或ハ承祖ノ孫
　　　　第三項　戸主
　　第十八條　左ニ掲クル者ハ其事故ノ存スル間常備徴集ヲ猶豫ス
　　　　第一項　官立府縣立師範学校及ヒ中学校ノ卒業證書ヲ所持スル者ニシテ官立府縣立公立学校教員タル者
　　　　第二項　陸海軍生徒東京大学学生駒塲札幌農学校本科生徒及ヒ工部大学校本科生徒
　　　　第三項　身幹未タ定尺ニ満タサル者
　　　　第四項　疾病中或ハ病後ノ故ヲ以テ未タ労役ニ堪ヘサル者
　　　　第五項　學術修業ノ為メ外國ニ寄留スル者
　　　　第六項　禁錮以上ニ該ル可キ刑事被告人ト為リ裁判未決ノ者
　　　　第七項　公権停止中ノ者
　　第十九條　官立府縣立學校（小学校ヲ除ク）ニ於テ修業一ヶ年以上ノ課程ヲ卒リタル生徒ハ五個年以内徴集ヲ猶豫ス
　　第二十條　左ニ掲クル者ハ豫備兵ニ在ルト後備兵ニ在ルトヲ問ハス復習點呼ノ為メ召集スルコトナシ但戰時若クハ事変ニ際シテハ太政官ノ決裁ヲ経テ召集スルコトアル可シ
　　　　第一項　官吏（判任以上）及戸長
　　　　第二項　教導職（試補ヲ除ク）

写真3-18　大山　巌
国立国会図書館蔵

第三項　官立府縣立公立学校教員

　　　第四項　府縣會議員

　　第二十一條　官省院廳府縣ニ於テ餘人ヲ以テ代フ可カラサル技術ノ職ヲ奉スル者ハ太政官ノ決裁ニ依テ徴集ヲ猶豫スルコトアル可シ

　　第三十一條　第十七條ニ當ル者ニシテ其年徴集ノ命ナキ者第十八條第二十一條ニ當ル者ニシテ七個年間其事故ノ存スル者及ヒ第一豫備徴員ヲ終リタル者年齢三十二歳迄ハ之ヲ第二豫備徴員トス但第十七條ニ當ル者第二豫備徴員ト為リタル後六個年間ニ該條ニ掲クル名称ヲ罷メタル時ハ現役ニ徴集ス[106]

　1879年徴兵令の第28条では「國民軍ノ外兵役ヲ免ス」[107]の対象だった戸主らについても，陸軍省原案第17条では，「免役」ではなく「猶豫」となっていた。また，1879年徴兵令第28条「國民軍ノ外兵役ヲ免ス」の対象が7項目，第29条「平時ニ於テ兵役ヲ免ス」の対象が10項目掲げられていたのに対して，陸軍省原案第17条の猶予の対象はわずか3項目と大幅に削減されている。そして，1879年徴兵令第28条では「國民軍ノ外兵役ヲ免ス」の対象だった判任官以上の官吏らは，第20条により予備後備の復習点呼召集こそ免除されるものの，第17条の徴兵猶予の対象からは外されている。

　1879年徴兵令第29条は，「公立中學校及ヒ公立専門學校ニ於テ卒業ノ者」と「文部省所轄官立學校及ヒ其他省使ニ屬スル官立學校ニ於テ卒業ノ者」に対して「平時ニ於テ兵役ヲ免ス」ことを認めていたのであるが[108]，陸軍省原案は，これらの学校の卒業者に対しても徴集猶予を認めない内容となっている。これらの学校を卒業し，かつ費用を自弁すれば第11条の1年現役制の恩恵を受けられるとしただけである。このうち，「東京大学学生駒場札幌農学校本科生徒及ヒ工部大学校本科生徒」に対しては在学中の徴集猶予を認めているものの，これらの対象者も卒業すれば徴集猶予の対象から外れるのである。陸軍省原案は中高等教育修了者に対しても原則として兵役に服することを徹底しようとする内容であったのである。

　2．参事院における修正と内閣原案

　陸軍省の上申に対して，太政官第二局は1883年9月7日付で「別紙陸軍省

伺徴兵令改正之件参事院章程第七條第二項ニ依リ回附スヘキ哉」と掛参議（山縣有朋）の決裁を得て参事院への回付手続きを取っている。

　参事院は，1881年10月21日，いわゆる明治14年の政変を機に太政官中に設置されて，1885年12月22日に廃止されることになる機関で，「内閣ノ命ニ依リ法律規則ノ草定審査ニ参預スルノ所」と規定されていた。また，太政官第一局・第二局は参事院設置に伴い太政官に設置された部署で，このうち，太政官第二局は「内務教育軍事司法ニ関スル公文ヲ査理ス」ものと規定されていた。そして，「太政官書記官職制章程」中の「第一局第二局庶務取扱順序十四年十月廿八日両局稟定」第2条は，「参事院元老院ノ章程ニ照シ回付スヘキ諸公文及會計法ニ依リ會計撿査院ニ回付スヘキ文書並各官廳ニ下問スヘキ事件ハ大臣若クハ参議ノ旨ヲ奉シ内閣書記官局ニ回付シテ之ヲ施行ス」と規定しており，太政官第二局はこの規定に従い，参事院への回付手続きをとったのである。

　また，参事院章程第7条には「参事院ノ事務左ノ如シ」として以下の5つが掲げられていた。

　　第一　本院ノ發議ヲ以テシ又ハ内閣ノ命ニ因リ法律規則按ヲ起草シ理由ヲ具ヘテ内閣ニ上申ス

　　第二　各省ヨリ上稟スル所ノ法律規則案ヲ審按シ意見ヲ具ヘ或ハ修正ヲ加ヘ内閣ニ上申ス

　　第三　元老院ニ於テ議決スル所ノ法按ヲ審査シ時宜ニ依リ意見書ヲ具ヘテ内閣ノ命ヲ請ヒ元老院ノ再議ヲ求ムルコトヲ得或ハ内閣ノ命ニ依リ本院ノ委員ヲ差シ元老院ト叶議スルコトヲ得

　　第四　院省使廳府縣ヨリ上稟シタル諸般ノ文書ヲ内閣ヨリ下付スルトキハ意見ヲ具ヘテ上申ス

　　第五　各省ノ年報及諸般ノ報告ヲ勘査ス

このうち，参事院章程第7条第2項に基づいて，参事院は，陸軍省原案を「審按」し「修正」を加えて内閣に上申することになるのである。

　当時の参事院は議長山縣有朋，副議長田中不二麿の下，12人の議官，30人の議官補から構成されていた。このうち，議長山縣は陸軍中将，田中光顕議官は陸軍少将であった。また，1880年元老院会議の「武技」論議の際に元老

写真3-19　参事院章程

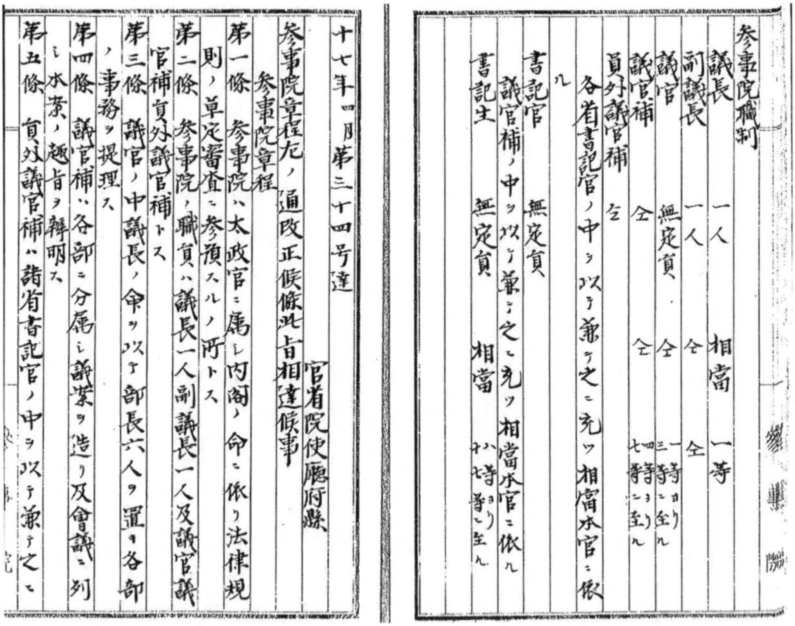

JACAR（アジア歴史資料センター）Ref.A07090104000，単行書・内務部諸例規雑纂（国立公文書館）

院議官として発言した福羽美静・山口尚芳・安場保和・渡邉昇の４人もこのとき参事院議官であった。[116]

　参事院の会議には，総会議と部会議の２種類があった。[117]当時参事院議官であった尾崎三良の日記によると，10月8日に開催された参事院の総会議で陸軍省原案は「甚苛酷ニ過ギタル」と評価されて修正委員に付託されることになり，尾崎がその一人として選出されている。[118]さらに，10月10・11日には修正委員による委員会が行われ，[119]その後徴兵令に関する参事院総会議が10月16・19日に開かれていることも尾崎の日記から分かる。[120]そして，同年10月23日付で三條實美太政大臣宛てに「本件ハ軍備上止ムヲ得サル事ニシテ今日ノ形勢ニ在テハ速ニ御改正可相成モノト認ム」[121]と速やかな徴兵令改正を求める参事院議長山縣有朋による上申が，参事院修正案を付してなされるのである。

188　第3章　元老院における学校教練をめぐる議論

「公文録・明治十六年・第百四巻・明治十六年十二月・陸軍省」に収められている参事院修正案は，陸軍省原案に活字で修正を書き加えたものに対してさらに付箋を貼って修正を重ねた跡がある。この際に陸軍省原案第11・17・18条に大きな修正が加えられている。なお，第19・20・31条には大きな変更は加えられていないが，第31条は第32条となっている。第11・17・18条に関する活字による修正と付箋による修正の内容を比較してまとめたものが表3-9である。

参事院における修正は，①第11条に「其技藝ニ熟達スル者ハ若干月ニシテ帰休ヲ命スルコトアル可シ」という語句を追加することにより，1年現役制のさらなる短縮の可能性を明示したこと，②第17条の徴集猶予の対象を3項目から5項目へ拡大したこと，③第18条第2項の徴集猶予の対象を「大學校本科生徒」と陸軍省原案よりやや狭くしたこと，などであった。このうち，第18条第2項の徴集猶予の対象は，参事院における審議の中で一旦は東京職工学校等を加えるなど陸軍省原案より広がったものの，付箋修正により，結果として陸軍省原案よりやや対象を狭めることになっており，参事院での修正に揺れがあったことが分かる。第17条の徴集猶予の対象がやや広がり，1年現役制のさらなる短縮が盛り込まれたものの，全体として中高等教育修了者であっても徴集猶予の対象とはしないという陸軍省原案の主旨についての変更はなかったのである。「甚苛酷ニ過ギタル」という意識で修正委員に付託した参事院であったが，陸軍省原案の主旨を大きく変えるような修正は行っていないのである。

参事院修正案は10月30日付で参議の回議に供された後，11月2日付で「徴兵令改正ノ儀」として元老院の議定に付された。なお，この際三條太政大臣は，佐野常民元老院議長に対して「本日議定ニ被付候徴兵令改正ノ儀ハ秘密ヲ要シ候条開會之節傍聴ヲ禁セラレ度此段申入候也」と，会議を傍聴禁止とする申し入れをしている。また，同日佐野議長に山口尚芳参事院議官・曾禰荒助参事院議官補・馬場素彦参事院員外議官補の3人が内閣委員となったことが通知されている。このうち，馬場素彦は陸軍省総務局徴兵課長歩兵少佐であった。佐野元老院議長は，11月6日付で田中不二麿参事院副議長に対し，主務省の上申書や参考書等の借覧を申し入れている。これに対し，田中

表 3-9　参事院修正内容一覧
第11条

陸軍省原案	年齢十七歳以上二十六歳以下ニシテ官立府縣立学校（小学校ヲ除ク）ノ卒業證書ヲ所持シ服役中食料被服等ノ費用ヲ自辨スルモノハ願ニ依リ一個年間陸軍現役ニ服セシム但常備兵役ノ全期ハ之ヲ減スルコトナシ
活字修正案	年齢満十七歳以上満二十六歳以下ニシテ官立府縣立學校（小學校ヲ除ク）ノ卒業證書ヲ所持シ服役中食料被服等ノ費用ヲ自辨スル者ハ願ニ因リ一個年間陸軍現役ニ服セシム但常備兵役ノ全期ハ之ヲ減スルコトナシ
付箋修正案	年齢満十七歳以上満二十六歳以下ニシテ官立府県立學校（小学校ヲ除ク）ノ卒業証書ヲ所持シ服役中食料被服等ノ費用ヲ自弁スル者ハ願ニ因リ一個年間陸軍現役ニ服セシム其技藝ニ熟達スル者ハ若干月ニシテ歸休ヲ命スルコトアル可シ但常備兵役ノ全期ハ之ヲ減スルコトナシ

第17条項目

陸軍省原案	第一項	年齢六十歳以上ノ者ノ嗣子或ハ承祖ノ孫
	第二項	廃疾又ハ不具等ニシテ産業ヲ営ムコト能ハサル者ノ嗣子或ハ承祖ノ孫
	第三項	戸主
活字修正案	第一項	戸主年齢満五十歳以上ノ者ノ嗣子或ハ承祖ノ孫
	第二項	戸主廢疾又ハ不具等ニシテ産業ヲ営ムコト能ハサル者ノ嗣子或ハ承祖ノ孫
	第三項	戸主
付箋修正案	第一項	兄弟同時ニ徴集ニ應スル者ノ内一人及ヒ現役兵ノ兄或ハ弟一人
	第二項	現役中死没又ハ公務ノ為メ負傷シ若クハ疾病ニ罹リ免疫シタル者ノ兄又ハ弟一人
	第三項	戸主年齢六十歳以上ノ者ノ嗣子或ハ承祖ノ孫
	第四項	戸主廃疾又ハ不具等ニシテ一家ノ生計ヲ営ムコト能ハサル者ノ嗣子或ハ承祖ノ孫
	第五項	戸主

第18条第2項

陸軍省原案	陸海軍生徒東京大学学生駒場札幌農学校本科生徒及ヒ工部大学校本科生徒
活字修正案	陸海軍生徒海軍工夫東京大學學生東京職工學校駒場札幌農學校東京山林學校東京商船學校工部大學校及ヒ司法省法學校本科生徒
付箋修正案	陸海軍生徒海軍工夫大學校本科生徒

「公文録・明治十六年・第百四巻・明治十六年十二月・陸軍省」「公文類聚・第七編・明治十六年・第十八巻・兵制四・徴兵・兵学一」より作成

参事院副議長は同日借覧を承諾するとともに、委細は曾禰荒助議官補へ申談してあると返答している。以上のようにして参事院修正案が内閣原案として元老院で審議されることになるのである。

2 元老院における学校教練をめぐる議論

ここでは、上述の内閣原案を審議する際に、元老院で展開された学校教練をめぐる議論について論究する。

1．第1読会と学校教練必要論

1883年11月16日に第411号議案「徴兵令改正ノ儀」の第1読会が始まった。しかし、内閣原案に対して賛否双方の立場から次々と意見が出され、第1読会だけで11月16・19・20・21日と4日も費やされることになる。なお、第1読会では8人の議官が学校教練についての意見を述べている。第1読会は、議案全体の可否について討論を行うとされていたので、これらの意見は特定の条文や意見書についての賛否を表明したものではない。学校教練について意見を述べた8人の改正徴兵令原案全体に対する姿勢（原案賛成・廃案主張・修正主張）と経歴をまとめたものが表3-10である。

この8人のうち、津田・楠本・九鬼の3人は1880年の「武技」論議の際も発言している。以下順を追って、この8人の議官の意見を概観する。

津田真道議官は、11月16日の第1読会における内閣委員山口尚芳の説明後、40分にわたって熱弁をふるった。津田は以下のように述べている。

　本官ハ今日我國軍備ノ先後緩急ヲ按シ其筋骨ノ力ヲ加フルヨリモ寧ロ器械ノ力ヲ増サンコトヲ希望ス彼ノ内國ノ鎮壓ニ備フル如キハ固ヨリ見今ノ兵員ヲ以テ足ル宜ク姑ラク見行法ニ仍ヘキノミ是レ本官ノ本案ヲ廢棄セントスル第一ノ意見ト爲ス又其第二ノ意見ヲ述フレハ此改正案タル其精神ハ佳ナリトスルモ之ヲ今日ニ施スハ猶ホ早シトスルニ在リ試ミニ其理由ヲ擧ケンニ初メ徴兵ノ大詔ヲ發スルヤ其告諭文中ニ血税ナル文字ヲ用ヒタルヨリ人心疑懼シテ往往竹槍席旗ノ騒擾ヲ致セリ既ニ今日ニ迫ヒテハ亦復夕然ラサルモ兵役ヲ忌避スルノ情態ハ依然トシテ變セス其愛國ノ精神ニ乏シキ實ニ甚タシ此ノ如キ人民ヲ驅リテ兵ト爲シ以テ海外各國ト對峙並立セントスルハ素ヨリ得テ望ム可キノ事ニ非ス是レ宜ク素教

表3-10 第411号議案審議の際学校教練について発言した議官一覧

	姿勢	任官年月日	前官・本官・兼官	退官年月日	罷免及転官	備考
大給　恒	廃	1875年7月2日	式部寮五等出仕 太政官五等出仕	(最後まで)		
津田真道	廃	1876年4月8日	陸軍省四等出仕	(最後まで)		
楠本正隆	修	1879年12月12日	東京府知事	(最後まで)		含副議長
九鬼隆一	修	1880年11月30日	文部少輔	1884年5月14日	特命全権公使	
渡邊　清	修	1881年7月29日	福岡県令	(最後まで)		
西　周	原	1882年5月24日		(最後まで)		
渡邊洪基	修	1882年5月24日		1884年7月19日	工部少輔	
上杉茂憲	修	1883年4月24日	沖縄県令兼検事	(最後まで)		

「元老院職員等沿革表」(『元老院日誌』第3巻) より作成

　　　　ニ頼テ其敵愾敢爲ノ志氣ヲ養成シ而ル後チ始メテ本案ノ如キ法制ヲ布ク
　　　　ヘキナリ其素教トハ何ソヤ即チ明治十四年間或ル議官ヨリ本院ニ提出セ
　　　　シモ不幸ニシテ消滅シタル一意見書ニ具スル如ク小學校ニ於テ幼時ヨリ
　　　　陸兵ノ體勢運動ト銃器運用ノ法トヲ教授シ以テ平素軍隊ノ操練ヲ習ハシ
　　　　ムル是ナリ
                  129

　津田は原案の廃案を主張しているが，徴兵令を変える前に小学校に「陸兵
ノ體勢運動ト銃器運用ノ法トヲ教授」する「軍隊ノ操練」を導入することが
必要だと提案している。津田は「兵役ヲ忌避」するような「愛國ノ精神ニ乏
シキ」状態を打開するためには，まず小学校において「軍隊ノ操練」を習わ
せることにより「敵愾敢爲ノ志氣」を養成しなければならないと主張してい
るのである。また，津田は11月20日に行われた第1読会の続きにおいて，兵
役を恐れることが「身ヲ水火ニ投スルヨリモ甚キ」と深刻な徴兵忌避の状況
を憂えた後，以下のような発言をしている。

　　　　本官ハ其敵愾ノ氣象ヲ毓ヒ愛國ノ心志ヲ養フニ素アランコトヲ切望ス其
　　　　毓養方法ハ小學校ノ教課中ニ歩兵操練ノ一科ヲ設ルヲ要ス彼ノ幼成如天
　　　　性習慣如自然ノ格言ヲ觀ルモ幼少ヨリ馴慣セシムレハ兵事ニ鬼胎ヲ懷ク
　　　　ヲ免カルルニ至ラン
                        130

　ここでも津田は兵役を忌み嫌う人々の意識を変えることが先決だとして，
幼少から「敵愾ノ氣象」と「愛國ノ心志」を養うために小学校の課程に歩兵
操練を導入することを求めている。そして，さらに津田は以下のような説明

をしている。

　　凡ソ兒時ヨリ假銃ヲ操ルニ熟スルトキハ一旦兵役ニ就キテ眞銃ヲ操ルモ其教養ニ素アルヨリ旬月ヲ出スシテ精兵ト爲ル即チ第十一條ノ志願者ノ一年ニシテ精兵ト爲リ二年ニシテ歸休ヲ命シ例ヘハ六萬ノ兵員ナレハ其貳萬ニ歸休ヲ命スルヲ得如キ利益モ甚タ大ニシテ陸海軍定額貳千萬圓ノ三分ノ一ヲ減省ス可キナリ此理由アルヲ以テ宜ク姑ク本案ヲ廢棄シ内閣ノ再考ヲ請フヘシ[131]

　津田は，子供のころから「假銃」で訓練しておけば，「眞銃」を用いて精兵となるのも早くなるため，入営後の早期帰休が可能となり，経費の節減にもなると主張している。津田は有事の際の兵力動員については触れていないが，1880年の改正教育令審議の際の「武技」論議での示した意見と大筋は同じであり，津田の学校教練に関する意見には大きな変化はないと言える。

　なお，11月16日の第1読会の際，津田の発言の後，渡邊洪基議官が，国民皆兵をより徹底することの必要性を説く中で，「敢爲勇往ノ氣象」の養成が必要との立場から「兒童ノ時ヨリ小學校ニ於テ兵事ニ薫陶スルハ本官モ甚タ是認スル所トス」[132]と津田の意見に賛意を示している。ただし，渡邊（洪）は「詳細ノ辨論ハ之ヲ次會ニ付ス」と言って詳細説明を先送りにしたが，結局その後説明しないままになっている。

　11月16日の第1読会は，昼の休憩をはさんで午後に再開されるが，そこで楠本正隆議官は国民皆兵を徹底しようとする改正案の大意には賛成としながらも，3年の兵役期間を2年に短縮することの必要性を主張している[133]。それは，3年という服役年限が「中下ノ民家」に大きな経済的な損失を与え，復員後に本業に戻ることを難しくしているという認識からであった[134]。そして，楠本は学校教練に関しては以下のような発言をしている。

　　矧シテ今日宇内ノ形勢タル練兵講武ニ孜孜トシテ瞬時モ忽諸ス可ラサルヲヤ全國ヲ舉テ人心ヲ此ニ歸向セシメントセハ自ラ之ヲ養成スルノ道アリテ存ス家家男子生マルルヤ早ク木銃ヲ弄シ行伍陣列ノ嬉戯ヲ爲シテ以テ之ヲ娯樂セシメ既ニ學校ニ入ルヤ教ユルニ兵士ニ要スル體操ト兵式トヲ以テシ行住坐臥ニ修習セシメハ則チ終ニ習ヒ性ト成リ進退動作自然ニ宜キニ合シ其長スルニ及フヤ自ラ進ミテ兵役ニ服センコトヲ志望シ中心

写真3-20　渡邊 洪基

東京大学総合研究博物館
「パリ万博東大写真集」

悦ヒテ現役ニ就カント欲スル有ラントス是レ本官ノ嘗テ學齡兒ヲシテ讀書習字ノ餘ニ武技ヲ講セシメント欲スル所以ナリ[135]

楠本は，生まれたときから男子には木銃を与えるなど軍事に親しませ，学校に入れば，「兵式」の体操を教えて「行住坐臥」修習させれば，「習ヒ性」となって自ら進んで兵役に服することになるだろうと説明している。前節で見たように，楠本は1880年の教育令改正案の審議の際に「武技」を小学校の科目に加える修正案を提案していた。「武技」論議の際，楠本は兵役年限短縮目的について触れていなかったが，今回は年限短縮の必要性をむしろ強く主張し，そのための手段として学校教練を位置付けているのである。

そして，11月19日に行われた第1読会の続きでは大給恒議官が以下のように発言している。大給は1879年の「公立学校ニ於テ兵隊教練ノ課程ヲ設クルノ意見書」審議の際，真っ先に賛成意見を述べていた人物である。

前會以來數次議論セル如ク陸海軍ヲ擴張スルニハ人民ノ氣象ヲ振起スルヲ先務トス然ルヲ若シ此ヲ措テ徒ラニ兵數ヲ增サントスレハ人民ハ兵トナルヲ厭ヒ百方詐僞ヲ逞ウシテ之ヲ規避シ遂ニ底止スル所ヲ知ラサラントス是ヲ以テ佛蘭西及孛漏士ノ如ク中小學校ノ生徒ニモ陸兵操練ヲ課シ常ニ其勇武ノ氣象ヲ養生スルヲ必要トス是等ノ施措タル我カ政府モ既ニ注意スル所ナレハ後必ス其日アルヲ致ス可キモ本官ハ專ラ此事ノ速行ヲ望ム思フニ是レ迂遠ニ似タレトモ本官ハ之ヲ以テ軍備擴張ノ一大急務ナリト思量ス何トナレハ此ノ如ク幼少ヨリ勇武ノ氣象ヲ養生スルヤ父兄或ハ子弟ノ兵役ニ服スルヲ欲セサルモ子弟却テ之ヲ欲スルニ至ル可ケレハナリ然ルニ是レ之ヲ察セス兵役ヲ囚死ヨリモ畏視スル人民ヲ驅テ兵トナス如キ假令幾十萬ノ兵ヲ有スト云フモ實ハ幽鬼ト一般ニシテ此ノ如キ兵員ハ幾百萬ヲ備フルモ決シテ賴ムニ足ラス又志願兵ヲ募ルハ頗ル緊要ノ事件ニシテ勸獎ノ方法其宜キヲ得ハ意外ニ多數ノ人員ヲ得ルナル可

大給はここで，フランスやプロイセンのように，「中小學校ノ生徒」にも「陸兵操練」を課して「勇武ノ氣象」を幼時から養成しなければ，「兵役ヲ囚死ヨリモ畏視スル」人たちをいくら徴募しても役に立たないと言っている。そして，「此ノ如キ大改正ヲ爲スヨリモ寧ロ人人ノ心志ヲ陶養シ及ヒ志願兵ヲ勸募スル」ことが「緊要」だとして徴兵令改正に反対している。大給はここでは兵役年限短縮の利点に触れていないが，学校教練を実施することにより「勇武ノ氣象」を幼時から養成して徴兵忌避の風潮を改善していくべきという主張は，1879年の「公立学校ニ於テ兵隊教練ノ課程ヲ設クルノ意見書」の時の主張と同じである。大給の学校教練に対する立場は基本的には変わっていないが，「即チ目シテ廢案説ト云フモ已ムヲ得サルナリ」と，今回の徴兵令改正原案に対しては廢案説の立場に立っている。

大給の発言から2人をはさんで発言したのは渡邊清である。渡邊（清）は「素ヨリ本案ヲ是認ス」と基本的には徴兵令改正の方向には賛成しながらも，①上下士官の養成，②志願兵の養成，③戸籍法の改正，④幼年からの武事教育，⑤服役年限短縮，の5点の措置をとることが必要だと主張する。渡邊（清）は埼玉県や新潟県における具体的な逃亡者の数字を挙げて，深刻な徴兵忌避の風潮を憂えた上で，服役年限短縮の手段として中小学校における学校教練が必要だとしている。なお，渡邊（清）は「尚武ノ氣象」といった学校教練の気質鍛錬面の効果についても言及している。

2．九鬼隆一議官の提案

3日目の第1読会となった11月20日，学校教練に関して津田真道が発言した後，3人の発言をはさんで，九鬼隆一議官（文部少輔）が歩兵操練条項の提案を行った。これまで私は『元老院会議筆記』後期第18巻（元老院筆記刊行会，1974年）の記載内容に基づいて，改正徴兵令第12条の歩兵操練条項の提案をしたのが九鬼隆一議官ではなく大鳥圭介議官であるとしてきたが（モノグラフ版『兵式体操成立史研究──近代日本の学校教育と教練』〔早稲田大学出版部，2011年〕・「歩兵操練に関する一考察──1883年改正徴兵令と文部省」『関東教育学会紀要』第38号，2011年10月），この度国立公文書館所蔵の「元老院会議筆記」（JACAR〔アジア歴史資料センター〕Ref.A07090148300，単行書・元老

写真3-21　渡邊　清

大村市「おおむら学校ネット」より転載

院会議筆記・三十二〔国立公文書館〕）で確認したところ，先行研究で指摘されていたように，歩兵操練条項を提案したのは九鬼隆一議官であった。刊行会が原史料を書籍化する際に，何らかの原因で頁が錯綜して，刊行本の文が原史料とは異なるものになってしまったものと推察される。謹んで訂正するとともに，以上の確認を行わず，「誤読」と決め付けて批判してしまった先行研究者（木村吉次氏・塩入隆氏・能勢修一氏・遠藤芳信氏・木下秀明氏）にこの場を借りて深くお詫び申し上げる。原史料によると，九鬼隆一議官の発言は以下の通りである。

十七番九鬼隆一　本官ハ本案ノ大體ヲ贊成ス既ニ各位ヨリ贊成駁撃ノ論説交出テ復タ余蘊ナキヲ以テ本官ハ已ム可クンハ大體議ニハ沈默ヲ守ラント欲シタルニ今ヤ復タ然ル能ハス即チ各論説中或ハ教育令ヲ改正ス可シト云ヒ或ハ普通學校ニ歩兵操練ノ一科ヲ加フ可シト云フ如キ頗ル本官ノ持論ト相近ク唯其順序ヲ異ニスルノミナルヲ以テ簡單ニ大體ニ對スル鄙見ヲ陳述セン抑モ本案ノ強兵ノ方途ニ緊要ナルハ言ヲ待タス且已ニ徴兵ノ大令ヲ發布セル以上ハ理勢必ス此ニ出テサル可ラス苟モ皇國ノ臣民タル者護國ノ兵役ニ服スルハ其天然ノ義務ニシテ分限ノ高貴卑賤ト身體ノ強健羸弱トニ拘ラス決シテ之ヲ免ルヲ得ス故ニ政府此大義ヲ顯揚シ其義務ヲ盡スノ通方ヲ令告ス臣民如何ソ奮興セサル可ンヤ是ヲ以テ本官ハ多辨ヲ要セス素ヨリ本案ノ大體ヲ贊成スルナリ但シ本案ニ憾ム所ノ者ハ専ラ強兵ノ方ニ厚フシテ或ハ富國ノ途ニ薄キニ似タルコトヲ蓋シ第二十一條ノ如キハ聊カ富國ノ途ニ意ヲ注キタルモ尚ホ一歩ヲ進メンコトヲ望ム番外一番ハ教育ノ進歩スルニ隨ヒ義務ヲ盡スヲ嫌フハ斯人ノ天性ナリト云フモ本官ハ之ニ反シ教育ノ進歩スルニ隨ヒ利ヲ捨テ義ヲ取リ邪ヲ避ケ正ニ就クコトヲ信ス故ニ普通ノ教育ヲシテ軍事ノ教育ト相資助シ相併行セシムルハ實ニ適實ノ方法ニシテ實際上ヨリシ又學理上ヨリシテ政府モ必ス應サニ之ヲ看破セラレタルヘシ若シ夫レ富國ノ途ト相併行セシム

ル方法ハ猶ホ第二讀会ニ講究セントス且ヤ普通ノ教育ハ強兵富國ニ大關係ヲ有スルヲ以テ各議官モ往往ニ其説ヲ爲シ本官モ番外一番トハニシテ大ニ各議官ノ説ヲ善シトス唯惜ム其著手ノ順序ノ稍ヤ本官ノ意見ニ反スルヲ請フ實際ニ徴シテ聊カ其順序ノ如何ヲ明サン夫レ學校正科ノ體操部中ニ陸軍歩兵操練歩法銃隊調練ヲ加ヘタルハ數年以前ニ在リ既ニ普通學校ノ科程ニ歩兵操練ヲ加フル目的ヲ立タル以上ハ學校内部ノ經濟ト學校周邊ノ民情トヲ咀嚼シテ之ニ適應スル方法ヲモ考究セサル可ラス陸軍非職士官ヲ以テ普通學校ノ歩兵操練ノ

写真3-22　九鬼　隆一

長崎大学附属図書館ボードインコレクション

教師ニ充ツ可シトハ數年以前屢々商議セシ所ナルモ全國内ノ小學校ノ數ハ三萬許ニシテ毎校ノ教師其多キハ二十餘人少キハ二人ニシテ毎人ノ俸給其多キハ二十餘圓少キハ一二圓ナリ而シテ此俸給スラ尚ホ毎月定期ニ交支スル能ハサル村里アリ尤モ甚シキハ數月或ハ全年ノ俸給ヲ資借シテ以テ教授セシムル如キノ景況ナレハ到底非職士官ヲ教師ト爲シ三萬許ノ小學校ニ配充スルハ望ム可キニ非ス故ニ師範學校以上ニハ非職士官ヲ配充スルヲ得ヘキモ一般ノ小學校ニハ他ノ學科ニ流用スル教師ヲ養成セサル可ラス其方法ハ體操傳習所即チ體育保全校ニ陸軍下士官ヲ請借シテ數年間生徒ヲ訓練セシメ許多ノ卒業生徒ヲ得テ之ヲ全國ニ派遣シ隨テ各地方樞要ノ小學校ニ於テハ普通ノ生徒ニモ歩兵操練ヲ授クルニ在リ見ニ既ニ官立師範學校ニ於テハ數年以前陸軍下士官ヲ請借シテ歩兵操練ヲ授ケタリシニ其下士官ハ云フ生徒ノ長袴ヲ著ケ草鞋ヲ穿テルヲ以テ教授ニ便ナラス必ス洋服ヲ披キ革靴ヲ用ヒシム可シト主務官以爲ラク必ス然セサルヲ得スンハ師範學校ノ生徒ノミニ然セシム可キモ此生徒ノ卒業シテ各地方ノ小中學校ノ教師ト爲ルヤ三萬許ノ學校ニ入ル數十百萬ノ生徒モ盡ク窄袖革靴ニ變セシメサレハ歩兵操練ヲ授クル能ハサルニ至ラントス此ノ如キ體育法ハ到底實施ス可ラサルヲ以長袴草鞋ヲ用ヒシメンコトヲ再三陸軍省ニ照會シタレトモ陸軍省ハ牢ク前議ヲ執テ動カス明治十四年ノ

初ニ當リ遂ニ其下士官ヲ收還セリ爾後師範學校ノ歩兵操練ヲ中止シタルモ近來體操傳習所ニ於テ卒業セシ生徒ハ正格ノ歩法ヨリ銃隊ノ運動法ニ至ルマテ悉ク其練習ヲ終ヘタルカ故ニ陸軍省ヨリハ唯廢銃ヲ借用スルノミ官立中學校ニ於テモ亦均ク其練習ニ從事セシム苟モ此順序ヲ逐テ除除ニ歩ヲ進メハ遠カラスシテ全國内ノ學校ニ普及セシムルハ敢テ難事ニ非ザルヲ信ス因テ願フ本令中ニ正格ノ歩兵操練ヲ卒業シタル學校生徒ハ現役期限ヲ短縮シテ歸休ヲ命スル一事ヲ特掲センコトヲ蓋シ第十一條第十二條ニ技藝ニ熟スル者ハ期限以前ニ歸休ヲ命スルコトヲ示セル有レトモ別ニ官公立學校ニ於テ歩兵操練全科ノ卒業證書ヲ帶有スル者ハ期限以前ニ歸休ヲ命スルトノ一條ヲ設クルヲ要ス但シ其方法ノ詳細ナルハ本會ニ於テ盡ス可キニ非サレトモ之カ梗概ヲ言ヘハ初ヨリ試驗セスシテ服役期間ノ一年或ハ半年ヲ短縮スルハ恐クハ難カランモ數回卒業生徒ヲ試驗シ毎ニ充分ノ成果ヲ見ハ當該官モ必ス之ヲ信ス可ケレハ其信スル學校ノ卒業證書ヲ帶有スル者ハ試驗ヲ經スシテ歸休ヲ命スルコトヲ得ントス此他醫學生徒法學生徒ノ類例ニ入ル可キ者アレトモ此等ハ只今論及ス可キニ非ス尚ホ第二讀會ニ論陳スル有ル可キモ專ラ先ツ普通教育ノ富國強兵ニ大關係ヲ有スルコトヲ概述シ以テ大體上ニ於テ本案ヲ贊成シ且聊カ修正ヲ望ムノ意ヲ表ス本官ハ敢テ大意ヲ贊成スト云ヒ而シテ其實ハ廢案ニ歸著スル如キ意見ヲ蓄フルニ非スシテ僅ニ數條ノ修正ヲ要スルノミ講フ各位ノ之ヲ領スルコトヲ¹⁴⁴

九鬼はここで、津田・楠本・大給・渡邊（清）らによる「普通學校ニ歩兵操練ノ一科ヲ加フヘシ」という発言については「頗ル本官ノ持論ト相近ク唯其順序ヲ異ニスルノミ」として自らの考えを説明している。兵役年限短縮のための学校教練実施については異論はないが、その実施の「順序」については「學校内部ノ經濟ト學校周辺ノ民情トヲ咀嚼」しながら手順を踏む必要があるという説明は、1880年教育令改正の際の「武技」論議での河野敏鎌文部卿の説明と同じである。陸軍の非職士官を全国３万ほどの小学校に歩兵操練教師として充てるのは費用の点から無理であり、他科も教えられる教師が歩兵操練教師を担当する必要があるとしているのは、理由は若干異なるが、学校での教育は専門的な教師が行うべきであるという河野の説明と結果的に

は一致するものとなっている。

　また，この際九鬼は「數年以前陸軍下士官ヲ請借シテ歩兵操練ヲ授ケタリシニ其下士官ハ云フ生徒ノ長袴ヲ著ケ草鞋ヲ穿テルヲ以テ教授ニ便ナラス必ス洋服ヲ披キ革靴ヲ用ヒシム可シト」と，東京師範学校へ教練を導入しようとして服装問題で挫折した例を引き合いに出し，師範学校の生徒の服装問題が解決したとしても，全国に約3万ある小学校の「數十百萬」の生徒をことごとく「窄袖革靴」に変えるのは困難であるとして，段階を踏んで実施していく必要性を主張している。従って，1883年徴兵令改正の際の元老院会議における九鬼文部少輔発言は，1880年教育令改正時の「武技」論議における河野文部卿の説明を踏襲していると言えるのであり，将来的には小学校も含む「全國内ノ學校」への普及を前提としていたのである。

　その上で，「技藝ニ熟スル者」に対しての早期帰休の規定とは別に「歩兵操練全科ノ卒業證書」を有する者への早期帰休の規定を設けることを九鬼が求めているのは，将来的に「歩兵操練全科ノ卒業證書」所持者への無試験早期帰休が認められることを期待しているからである。言い換えれば，「詮議ノ上」ではなく「願ニ依リ」在営1年での帰休を認めると規定した，1879年徴兵令改正時の元老院修正委員案第2条第1項の形を変えた復活を要求したと見ることもできる。九鬼は，佐野のように「人民ノ權利」として意識しているわけではないが，早期帰休をより確実に実現しようとしてこのような提案を行ったと考えられる。

　以上をまとめると，文部少輔九鬼隆一は，小学校への歩兵操練の即時導入を求める津田・楠本・大給・渡邊（清）らに対して，文部当局者の立場から，費用や人員の問題を考慮して，中学校などから「順序」を追って導入していくことの必要性を説いているのであり，それまでの文部省の姿勢を踏襲していると言える。九鬼も将来的には小学校も含む「全國内ノ學校」への普及を明言しており，「歩兵操練全科ノ卒業證書」所持者への早期帰休の提案についても，早期帰休をより確実にする意図から出ていると思われる。1879年の「公立学校ニ於テ兵隊教練ノ課程ヲ設クルノ意見書」以来の元老院における議論の流れに九鬼の提案を置いて見ると，九鬼が中学校等への特典を意識したと解することは適切ではないと考える。

そして，以上の九鬼発言の直後に，上杉茂憲議官は以下のように発言している。

蓋シ全國皆兵ノ主義ニ基ケハ免役料ヲ廢スルハ當然ナレトモ奈何セン人民進歩ノ程度ニ合セサルヲ然ルニ強テ之ヲ廢セハ別ニ制ス可ラサル弊害ヲ生セントス彼ノ上等社會ノ子弟ノ苦役ニ耐エサル者何等ノ方策ヲ以テ避免スルヤモ知ル可ラス凡テ厳密ナル法令ハ多クハ下ニ行レテ上ニ行レサルノ勢ヒ有リ明治政府ノ下ニハ萬機之レ無キヲ保證スレトモ若シ或ハ人民ノ上位ニ立ツ人人ノ子弟タル適齢者ニシテ方策ヲ以テ避免スル者アレハ人民其レ之ヲ何トカ云ハン人民ニ對シテ信ヲ失ヒ怨ヲ招キ竟ニ法令ノ行ハレサルニ至ル可ク是レ本官ノ苦慮スル所ナリ故ニ今後ノ四五年間ハ免役料ノ制ヲ存シ漸次ニ教育普及シテ各位モ論辨スル如ク全國各公立小學校ニ兵事ノ課程ヲ設ケ我カ人民ヲシテ凡ソ國民タル者ハ必ス現役ニ服シテ以テ護國ノ義務ヲ盡ササル可ラストスル精神ヲ養成シ然ル後チ始メテ免役料ヲ廢ス可キナリ[145]

上杉は，免役料をすぐ廃止すると「上等社會ノ子弟」に何とかして徴兵を逃れようとする弊害をもたらしかねないので，4，5年間は免役料を維持し，「全國各公立小學校」に「兵事ノ課程」を設けて「必ス現役ニ服シテ以テ護國ノ義務ヲ盡ササル可ラス」とする精神を養成した上で免役料を廃止すべきだと主張している。上杉は，小学校からの兵事教育により気質鍛錬を行うことが先決だとしているのである。

以上の議論は11月20日の午前中になされたが，第1読会は休憩をはさんで同日の午後に再開されている。この時，細川潤次郎議官に続いて発言したのが大鳥圭介議官である。前述したように，刊行本『元老院会議筆記』後期第18巻には，原史料の順序が一部錯綜している箇所があるため，大鳥議官が，午前中の会議で九鬼議官の後に，歩兵操練科卒業証書所持者への在営年限満期前の早期帰休を提案したかのように読みとれるが，国立公文書館所蔵の原史料によると，大鳥の発言がなされたのは午後で，その内容は以下の通りである。

二十番　大鳥圭介　各位ノ論辨ハ率ネ大同小異ナリ本官モ最初ハ本案ヲ過酷ト認メ宜ク廢案ニ付スヘシト思考シタルモ熟閲ヲ經テ内閣ノ注意ノ

周密ナルヲ知リ以テ現行令ニ勝ルヲ發見ス特ニ第七條ニ於テ重罪刑ニ處セラレタル者ハ兵役ニ服セシメス第十一條ニ於テ官立府縣立學校ノ卒業證書ヲ受ケ服役中ノ費用ヲ自辨スル者ハ一年間現役ニ服セシメテ歸休スルヲ許シ第十九條ニ於テ官立府縣立學校ニ在リテ修業一年以上ノ課程ヲ卒レル生徒ニハ五年以内徴集ヲ猶豫スル如キ其精神太タ善シ但シ此他ノ各條ニハ大ニ意見ヲ異ニスル者アレトモ此ヲ彼ヨリ善シトシテ十七番ノ賛成説ヲ爲シテ以テ其實廢案説ヲ爲セル如ク本官モ亦

写真 3-23　上杉　茂憲

米沢市［上杉博物館］所蔵　『沖縄縣史』各論編 5 より転載

其末ニ連ラント欲ス抑モ徴兵ノ制度ハ本ト我カ國體ニ適セス武士起リテ四民ノ稱目始メテ創マリ武士專ラ兵事ニ從ヒシ慣習ヲ成シ賴朝ノ覇府ヲ鎌倉ニ開キタル以來今ニ及フマテ七百餘年ノ久キヲ經タリ近年賦兵ノ制度ヲ復シタルモ下民未タ政府ノ盛意ヲ知ル能ハスシテ血税ノ文字ヲ誤解シ爲メニ動搖ヲ致シタリ思フニ人民ノ兵役ヲ規避スル一點ハ兵ト爲リ戰ニ臨メハ必ス命ヲ殞ス者ト臆斷スル畏懼心ニ起因スルニ在リ又其兵役ヲ規避スル他ノ一點ハ歸休兵ノ郷里ニ還ルヤ放蕩無賴毫モ父兄ノ規諫ニ從ハス故ニ父兄ハ其子弟ノ寧ロ戰ニ死シテ生還セサルヲ喜フ如キノ風習ヲ釀成セルニ在リ蓋シ其在營中ニ將校輩ノ檢督ヲ加ヘサルニハ非サレトモ此ノ如キ流風アルカ爲メニ凡ソ父兄タル者ハ兵役ヲ視テ子弟ヲ放蕩無賴ニ導ク陷穽ナリト倣シ百方之ヲ規避スルノミ然ルニ本案ハ寸隙ノ遁路ヲモ留メス盡ク驅テ兵役ニ就カシムル者ナレハ人心ノ感觸果シテ如何ソヤ全國皆兵ノ主義ヲ主張スル治者ニ在テハ本案ヲ便ト爲ス可キモ被治者ヲ平均シテ之ヲ問ヘハ必ス不便ヲ唱フルヤ知ル可シ是レ國家ノ爲メニ其身ヲ致サントスル愛國心ニ富ム者ノ少ナケレハナリ要スルニ本案ハ完全ナル條項ナキニハ非サレトモ理論上ニ於テ全國皆兵ト云フトキハ必ス後害ヲ來タスヲ恐ル理論決シテ實際ニ適セス故ニ行政官ノ國家ノ爲メニ必要ナリトスル理論ハ聞ク可キモ而モ遂ニ其成果ヲ見ル無キハ蓋シ治者ト被

治者ト其位置ノ異ナルニ隨テ其心情ヲ異ニスルニ是レ由ル治者ハ悉ク全國ノ壯丁ヲ驅テ兵ト爲シ以テ國家ヲ護スト云ヒ被治者ハ之カ爲メニ政府ヲ怨望シ已ムヲ得スシテ命ニ應シ兵役ニ就クモ元來愛國ノ精神ナキ者ナレハ其功益タル甚タ尠ナシ且ヤ人人互相ニ其心ヲ忖度シテ容穩スルカ爲メニ某官ノ云フ如ク三千人ノ適齡者ニシテ一千八百人ノ逃亡ヲ來セシヲ以テ之ヲ徵ス可シ夫レ一千八百人ハ多數ナリ若シ互ニ容穩スルニ非スンハ何ヲ以テ其踪跡ヲ知ル可ラサル有ランヤ凡ソ法網愈ヨ密ナレハ隨テ規避ノ術策モ亦愈ヨ巧ナル者ナレハ適齡者ハ多ク其義務ヲ忘レテ遁逃シ徵集者ハ隨テ嚴ニ之ヲ搜索シ終ニハ其人ヲ餓スルニ至リ民免レテ恥ル無ク人人常ニ詐僞相加ヘ其義務ト愛國心トハ烏有ニ歸シテ已マンノミ故ニ本官ハ各位モ論スル如ク一條ノ活路ヲ與ヘンコトヲ欲ス若シ一網ニ羅シ去テ一鱗族タモ漏ササラントセハ百般ノ施政ニ障礙ヲ來タシ大害ヲ國家ニ及ホサントス即チ偏ニ法律ノミヲ嚴密ニスレハ國體人情ヲ障害シ爲メニ事變ヲ生スルノ恐レ有ルカ故ニ寧ロ一條ノ活路即チ遁路ヲ啓クヲ百般ノ施政ニ便宜ナリトス若シ免役料ノ名義ヲ嫌ハヽ別ニ適當ナル名義ヲ撰ヒテ可ナリ一家ヲ承ル嗣子ヲ兵役ニ驅リ戰死シテ其祀ヲ絶タシムルハ誠ニ憐ム可キニ非スヤ今夫レ官員輩ハ徵兵ノ義務タルコトヲ知レトモ田夫野人ノ如キ何ソ之ヲ知ラン唯徒ニ政府ヲ怨望スルノミ且ヤ本案ハ今日直チニ增兵ノコトニ著手セサルニ者ノ如キハ蓋シ直チニ著手セントスルモ能ハサル有レハナリ若シ敎育工藝等ノ事業ヲ一切ニ廢閣シ一ニ兵事ノミニ是レ從ハヽ今日直チニ着手スルヲ得ヘキモ亦能ハサル有レハナリ元來陸海二軍ヲ擴張シテ外國ト併立スルハ素ヨリ望ム所ニシテ特ニ近來隣國ノ形勢頗ル平穩ナラサレハ隨テ宜ク兵員ヲ增スヘキモ酒稅烟草稅ノ收額四百萬圓ヲ加ヘテ一千萬圓ト爲スモ僅僅ノ增額ナレハ如何ソ著明ナル功効ヲ奏スルヲ得ン故ニ本官ハ常備軍中ノ豫備後備ノ年限ヲ增加セシハ後備ハ自家ニ在ル者ニシテ障碍ヲ見サル可ク且此一年ノ延期ニ因テ多少ノ兵員ヲ得ヘキヲ信スレトモ國庫度支ノ如何ハ本官ノ何ヒ知ル能ハサル所ナラハ本官ハ以爲ラク兵備ヲ充實ナラシムルニハ主トシテ彈藥器械ヲ準備シ及ヒ上下士官ヲ養成スルヲ要スト兵員ノ如キハ苟モ財帑豐足スレハ直チニ之ヲ得ルニ難カラス但シ全國皆兵ノコトハ口ニハ之ヲ道フ可キモ若シ

全國ノ男子ヲ擧ケテ之ヲ一練兵塲ニ集ムレハ將サニ運動スルノ地ナカラントス且其執ル所ノ銃器モ村田銃エンピール銃等ノ各種ヲ聚ムレハ或ハ此兵員ニ配付スルヲ得ヘキモ銃器ハ整一ナラサルヲ得ス然リ而シテ徒ニ兵員ノミヲ集ムルモ器械足ラスンハ何ノ用ヲ之レ爲サン今日ハ承久ノ昔日ノ如ク一呼シテ十九萬ノ大兵ノ集合スルヤ其糧食スラ辨スル能ハサラントス凡ソ器械其他ノ軍須ハ必ス現兵ノ二倍ヲ準備セサル可ラス加之上下士官足ラスンハ如何カ之ヲ利用セン苟モ上下士官ノ具ハラハ隨時兵ヲ集ムルモ障碍ナキナリ故ニ變時ニ應スル準備ハ豫メ平時ニ於テ之ヲ為スコトヲ要ス蓄積苟モ饒足セハ今日遽ニ增員セサルモ臨機點集スルハ易易ナルノミ故ニ本案ヲ修正シテ綱邏不漏ノ酷法ヲ除カハ大ニ官民ニ便益ス可キナリ[146]

　従って，大鳥は内閣原案のうち，第7・11・19条に関しては評価してはいるものの，全体としては内閣原案の徴兵強化の方向性には反対の立場から意見を述べているが，学校教練に関しては意見を述べていない。私の従来の論考（モノグラフ版『兵式体操成立史研究──近代日本の学校教育と教練』〔早稲田大学出版部，2011年〕，「歩兵操練に関する一考察──1883年改正徴兵令と文部省」『関東教育学会紀要』第38号，2011年10月）では，歩兵操練科卒業証書所持者への在営年限満期前の早期帰休を大鳥が提案したとしてきたが，刊行本『元老院会議筆記』の誤りに気付かなかったためであり，ここに謹んで訂正する。

　そして第1読会は翌11月21日にも持ち越されたのだが，この時，西周議官は「今日ノ形勢ニ應スル必ス此ノ如クナラサル可ラサルヲ以テナリ」[147]と，強く改正案を支持した上で以下のように発言している。

戸主ヲ徵集スルハ兵役ノ原則ト爲ス看ヨ國ヲ治ムルハ何ノ爲メナルヲ即チ國ヲ守ルカ爲メナリ又看ヨ國ヲ守ルハ何ノ爲メナルヲ即チ國民ノ身命財産ヲ保護スルカ爲メナリ然リ而シテ身命ハ斯人ノ均ク享有スル所ナレトモ一家ノ財産ニ至テハ何人カ最モ多ク之ヲ所有スル乎二男乎將タ三男乎言ハスシテ其戸主ナルヲ知ラン然ラハ則チ戸主ノ二三男ニ先タチテ兵役ニ服スルハ理ノ當サニ然ルヘキ所ナラン然ルニ普通法律上ニ於テ戸主ノ兵役ニ就クヲ寬假スルハ其最モ多ク財産ヲ所有スルニ隨ヒ社會ノ交際其他ノ關係亦甚タ大ナル爲メニ社會經綸ノ便宜法ニ從フノミ決シテ理ノ

當サニ然ルヘキ所ノ者ニ非ス又往往ニ免役料ノコトヲ存ス可シト論スレトモ若シ之ヲ存スレハ本案ノ精神ヲ傷ハントス本案ハ兵役ハ人民ノ義務ナルコトヲ曉知セシムルヲ主眼ト爲スナルニ免役料ノコトヲ之ニ掲ケハ其精神ヲ傷フニ非スシテ何ソヤ[148]

　西は国を守るのは国民の「身命財産」を保護するためだと言っている。権利意識に基づく国防論であり，啓蒙思想家としての西の面目が現れていると言えよう。そこから西は，財産を最も所有するのは戸主なので戸主が次三男に先立って服役するのが「理ノ當サニ然ルヘキ」なのにそうなっていないのは「社會經綸ノ便宜法」に従っているだけであるという，独自の論を展開している。また，「免役料」を残すということは，兵役が「人民ノ義務ナルコトヲ曉知セシムル」ことを目的とする徴兵令改正案の精神を損なうものに他ならないと強く反発している。そして，西は続けて次のように発言している。

　要スルニ人生六七十年其間ニ一囘數年ノ兵役ニ服スルハ已ムヲ得サルノ義務ニシテ恰モ種痘法ノ未タ斯世ニ行ハレサル時代ニ在テ人生一囘必ス疱瘡ヲ患ヘタルト一般ナリ且又本案ハ大ニ普通ノ教育ニ便益ス即チ官府縣立學校ノ卒業生徒ニ猶豫ノ特典ヲ與フル是レナリ大中學ハ論ヲ待タス小學ト雖モ此法律ヲ布カハ男子タル者必ス一タヒ兵役ニ服ス可キノ義務ヲ示スヲ以テ父兄及ヒ子弟ヲ問ハス前途ニ兵ト爲ル目的ノ一定スルヲ以テ自然ニ其壯志ヲ養成シ學校ノ教則ニモ亦歩兵操練ノ一科ヲ置キ且其學業進歩シテ徴收猶豫ノ恩典ニ浴スルコトヲ望マシムレハ教育上ニ形響スル便益ハ實ニ測ル可ラサル者アラントス[149]

　西は人生60〜70年の間に1回，数年の間兵役に服することは「已ムヲ得サルノ義務」と述べている。これは，第1章第2節で検討した西の「兵賦論」における「戸主非戸主獨子獨孫廢疾罪犯官吏教員等」による区別や，「華士族平民」といった身分による区別を許さない徹底した国民皆兵論と対応するものである。そして，「學校ノ教則」に「歩兵操練ノ一科」を加えることは「文武學校基本幷規則書」以来西が主張してきたことでもあった。また，西はここで「自然ニ其壯志ヲ養成」することになるとして歩兵操練の気質鍛錬面の意義についても言及している。

　なお，西がここで「官府縣立學校ノ卒業生徒ニ猶豫ノ特典ヲ與フ」として

いるのは，内閣原案第19条に規定されていた「修業一個年以上ノ課程ヲ卒リタル生徒」に対する5年以内の徴集猶予のことである。従って，「卒業マデ生徒ニ猶豫」の特典を与えるというのが正しいはずであり，記録者が西の発言を聞き違えた可能性が高いと思われる。「兵賦論」以来，「戸主非戸主獨子獨孫廢疾罪犯官吏教員等」の別なく兵役に服すべきという徹底した国民皆兵が西の持論であり，中高等教育を受ける者も必ず服役することが西の前提であった。「前途ニ兵ト爲ル目的ノ一定スル」という発言にもそのことがうかがえよう。その上で官立府県立学校の生徒が卒業まで徴集猶予を受けて学業に専念できることを西は「特典」としたのである。

　以上概観した議論のうち，九鬼を除く学校教練導入を求めた7人の議官の意見を論拠別にまとめたものが，表3-11である。

　この表から西以外は兵役忌避の状況への懸念について何らかの形で言及していることが分かる。廃案説を主張した津田や大給も国民皆兵を徹底しようとする徴兵令改正案の主旨そのものに反対しているわけではない。徴兵令を改正する前に小学校における学校教練等の武事教育により徴兵を忌避する気質を変えることが先決だとしているのである。そして，気質鍛錬という学校教練の教育的側面を全員が挙げており，1879年の徴兵令改正の際の「兵隊教練」論議や1880年の教育令改正の際の「武技」論議に見られた，学校教練の教育的効果を否定する発言は見られない。しかし，3人の議官が兵役年限短縮の利点とつなげて学校教練の導入を主張しており，学校教練導入を求める根拠に関して，1879年徴兵令改正・1880年教育令改正の際の元老院における議論と大きく異なっているとは言えない。

　従来の元老院の議論との大きな相違点は河野敏鎌が展開した学校教練の教育効果否定論が出ていない点であるが，1883年徴兵令改正の際の議論は，内閣原案全体の可否を審議する第1読会において行われていたことに注意する必要がある。学校教練に関する条文や意見書について議論が行われて採決されたわけではないので，1879年徴兵令改正・1880年教育令改正の際の元老院における議論と単純に比較することはできないのである。

表3-11　第411号議案審議の際の学校教練導入論の論拠一覧

	改正案への姿勢	兵役忌避懸念	経費節減	気質鍛錬	兵役年限短縮
津田真道	廃案主張	○	○	○	○
渡邊洪基	修正主張	○		○	
楠本正隆	修正主張	○		○	○
大給　恒	廃案主張			○	
渡邊　清	修正主張	○		○	○
西　　周	原案支持			○	
上杉茂憲	修正主張	○		○	

『元老院会議筆記』より作成

3　元老院修正案の再修正

　ここでは，1883年改正徴兵令の元老院修正案が参事院で再修正されて布告されるまでの経緯について論究する。

1．元老院修正案の成立

　元老院は，11月21日の4日目となった第1読会において，内閣原案につき，修正委員を選出することに決し，箕作麟祥・三浦安・津田出・大鳥圭介・井田譲の5人の議官が選出され，廃案にするかどうかも含めて内閣原案を検討することとなった。ただし，この修正委員が作成した修正案の第12条は内閣原案のままであり，歩兵操練科卒業証書所持者への早期帰休の条項が新たに追加されることはなかった。なお，修正委員が作成した修正案は12月12日の第2読会において本案として審議されることが確認されている。12月13日の第2読会の続きでは，第12条から第15条までは内閣原案と同じということで一括して朗読され審議に付されたが，議官から何も発言がないまま「發議ナキヲ以テ本案ニ可決」とされている。

　ところで，修正委員が作成した修正案第11条には「年齢滿十七歳以上滿二十歳以下ニシテ現役三年ノ食料被服等ノ費用金三百円ヲ納ムル者亦同シ」という文言が加わり，1年現役制の対象に学歴以外の金納条件を加え，また第17条の本文を「左ニ掲クル者ハ徴集ヲ猶豫ス但七ケ年間ニ其資格ヲ失ヒタルトキハ之ヲ徴集ス」と修正した上で，徴集猶予の対象に内閣原案にはなかった「獨子（嗣子）獨孫（承祖ノ孫）但本家継嗣タルノ外養子養孫ヲ除ク」という項目を追加し，徴集猶予条件を拡大しようとしている。そして，第18条

の「其事故ノ存スル間常備徴集ヲ猶豫ス」とする対象の第3項に「大學校並ニ官立農學校ノ本科生徒」を加え，さらに第31条（内閣原案第32条）を「第十七條ニ當ル者第十八條ニ當リ七個年間其事故ノ存スル者第十八條第三項ノ生徒ニシテ卒業シタル者及ヒ第一豫備徴員ヲ終リタル者年齡滿三十二歳迄ハ之ヲ第二豫備徴員トス」と修正して，「第二豫備徴員」の対象に「第十八條第三項生徒ニシテ卒業シタル者」を加えている。これは，大学校・官立農学校本科卒業生を実質的な徴兵免除の対象としようとするものであった。

このうち，修正第11条の追加条項について，修正委員であった三浦安議官は「貴族輩ヲシテ他ノ賤民ト同伍ニ編スル」ことは望ましくないと説明する一方，同じく修正委員であった箕作麟祥議官は，官立府県立学校卒業者に限定されている1年現役制の対象を，300円を支払うことのできる中等以上の階級の私立学校出身者や，やはり私立の学院院に通う華族へと広げるためだと説明している。階級差別的な観点から，1年現役制の対象に「学歴」以外の一定額の金銭納入条件を加えようとしたのである。

以上の修正案は第2読会で可決されたのであるが，12月17日の第3読会において，細川潤次郎議官の提起した修正案廃案動議が33人中17人の賛成を得て可決されてしまい，元老院の審議対象がもとの内閣原案に戻されてしまう。しかし，九鬼隆一議官の提案した再修正委員の選出動議が17人の賛成を得て可決されたため，津田出・三浦安・井田譲・箕作麟祥・西周・柴原和・大鳥圭介の7人が再修正委員として選出され再修正案が作成されることとなる。

この再修正案においても，やはり第12条は内閣原案のままであり，歩兵操練科卒業証書所持者への早期帰休の条項が新たに追加されることはなかった。なお，12月20日の第3読会の続きでは，第12条の早期帰休の条件に関して，「行状方正ナル」という条件を削除して単に「現役中殊ニ技藝ニ熟セル者」にするという修正案が田邊太一議官から出されている。この修正案は津田真道ら5人の賛同者を得て審議の対象となったが，採決の結果少数否決されている。

表3-12は，元老院の第1次修正案と再修正案を比較してまとめたものである。

再修正委員の作成した再修正案では，第11条の付加条項は「年齢滿十七歳以上滿二十七歳以下ニシテ自費服役ヲ志願シ金三百圓ヲ納ムル者亦同シ」に，第17条の追加条項も「獨子（嗣子）獨孫（承祖ノ孫）但姉妹ノ有無ヲ問ハス」に，第18条の第3項は「官立大学校及ヒ之ニ準シタル官立専門学校本科生徒」と字句の修正がなされているが大きな変更はない。そしてこの際，第17条の本文は，廃案となった第1次修正案で加えられていた「但七ケ年間ニ其資格ヲ失ヒタルトキハ之ヲ徴集ス」という文言が削除されて「左ニ掲クル者ハ徴集ヲ猶豫ス」だけになり，実質的な兵役免除の規定になってしまっている。[162]

　そして，第20条の項目には「官立府縣立醫学校ノ卒業證書ヲ所持シテ醫術開業ノ者」が付け加えられ，第32条は「第十七條ニ當ル者第十八條第二十一條ニ當リ七個年間其事故ノ存スル者第十八條第三項ノ生徒ニシテ卒業シタル者及ヒ第一豫備徴員ヲ終リタル者年齡滿三十二歳迄ハ之ヲ第二豫備徴員トス但第十七條ニ當ル者七個年間ニ該條ニ掲クル資格ヲ失ヒタルトキハ之ヲ徴集ス」と修正された。「第十八条第三項生徒ニシテ卒業シタル者」という追加は再修正案でも残っていたのである。[163]このうち，第18条第3項については「官立大學校及ヒ之ニ準シタル官立學校本科生徒」[164]とする箕作麟祥の字句修正の修正案が可決されて修正されるが，その他はそのまま元老院の確定修正案となっている。[165]

　なお，このように国民皆兵を目指す改正徴兵令の精神を骨抜きにしようとする元老院の動きについては，曾禰荒助内閣委員が強い調子で遺憾の意を表明している。[166]

　以上検討してきた元老院における修正は，全体的に内閣原案の意図した徴兵強化を緩めようとするものであった。特に第17条の修正は，廃疾・不具以外の免役を廃止して国民皆兵の精神を徹底しようとした内閣原案を大幅に後退させるものであった。ただし，官立大学校等の高等教育機関の卒業者については実質的な免役の道を開こうとしているものの，改正前の徴兵令では「平時免役」の対象となっていた公立中学校等卒業者が「猶予」の対象から外されたことに対する修正を元老院は行っていない。小学校を除く官立府県立学校で1年の課程を終えた生徒に対する「猶予」を5年から6年に延ばす

表3-12 元老院修正内容一覧

第11条

内閣原案	年齢滿十七歳以上滿二十六歳以下ニシテ官立府縣立學校（小學校ヲ除ク）ノ卒業證書ヲ所持シ服役中食料被服等ノ費用ヲ自辨スル者ハ願ニ因リ一個年間陸軍現役ニ服セシム 其技藝ニ熟達スル者ハ若干月ニシテ歸休ヲ命スルコトアル可シ但常備兵役ノ全期ハ之ヲ減スルコトナシ
元老院 第1次修正案	年齢滿十七歳以上滿二十六歳以下ニシテ官立府縣立學校（小學校ヲ除ク）ノ卒業證書ヲ所持シ服役中食料被服等ノ費用ヲ自辨スル者ハ願ニ因リ一個年間陸軍現役ニ服セシム 年齢滿十七歳以上滿二十歳以下ニシテ現役三年ノ食料被服等ノ費用金三百圓ヲ納ムル者亦同シ 其技藝ニ熟達スル者ハ若干月ニシテ歸休ヲ命スルコトアル可シ但常備兵役ノ全期ハ之ヲ減スルコトナシ
元老院 再修正案	年齢滿十七歳以上滿二十七歳以下ニシテ官立府縣立學校（小學校ヲ除ク）ノ卒業證書ヲ所持シ服役中食料被服等ノ費用ヲ自辨スル者ハ願ニ因リ一個年間陸軍現役ニ服セシム 年齢滿十七歳以上滿二十七歳以下ニシテ自費服役ヲ志願シ金三百圓ヲ納ムル者亦同シ 其技藝ニ熟達スル者ハ若干月ニシテ歸休ヲ命スルコトアル可シ但常備兵役ノ全期ハ之ヲ減スルコトナシ

第12条

内閣原案	現役中殊ニ技藝ニ熟シ行状方正ナル者ハ其期未タ終ラストル雖モ歸休ヲ命スルコトアル可
元老院 第1次修正案	内閣原案と同じ
元老院 再修正案	内閣原案と同じ

第17条本文

内閣原案	左ニ掲クル者ハ徴集ヲ猶豫ス但其年現役ノ徴員及ヒ其補充員不足スルトキ又ハ戰時若クハ事變ニ際シ兵員ヲ要スルトキハ之ヲ徴集ス
元老院 第1次修正案	左ニ掲クル者ハ徴集ヲ猶豫ス但七ケ年間ニ其資格ヲ失ヒタルトキハ之ヲ徴集ス
元老院 再修正案	左ニ掲クル者ハ徴集ヲ猶豫ス

第17条項目

内閣原案	第一項	兄弟同時ニ徴集ニ應スル者ノ内一人及ヒ現役兵ノ兄或ハ弟一人
	第二項	現役中死没又ハ公務ノ為メ負傷シ若クハ疾病ニ罹リ免疫シタル者ノ兄又ハ弟一人
	第三項	戸主年齢六十歳以上ノ者ノ嗣子或ハ承祖ノ孫
	第四項	戸主廢疾又ハ不具等ニシテ一家ノ生計ヲ營ムコト能ハサル者ノ嗣子或ハ承祖ノ孫
	第五項	戸主
元老院 第1次修正案	第一項〜第四項	内閣原案と同じ
	第五項	獨子（嗣子）獨孫（承祖ノ孫）但本家継嗣タルノ外養子・養孫ヲ除ク
	第六項	内閣原案第五項と同じ
元老院 再修正案	第一項〜第二項	内閣原案と同じ
	第三項	獨子（嗣子）獨孫（承祖ノ孫）但姉妹ノ有無ヲ問ハス
	第四項〜第六項	内閣原案の第三項〜第五項と同じ

第18条項目

内閣原案	第一項	官立府縣立學校（小學校ヲ除ク）ノ卒業證書ヲ所持スル者ニシテ官立公立學校教員タル者
	第二項	陸海軍生徒海軍工夫大學校本科生徒
	第三項	身幹未タ定尺ニ滿タサル者
	第四項	疾病中或ハ病後ノ故ヲ以テ未タ勞役ニ堪ヘサル者
	第五項	學術修業ノ爲外國ニ寄留スル者
	第六項	禁錮以上ニ該ルヘキ刑事被告人ト爲リ裁判未決ノ者
	第七項	公権停止中ノ者
元老院 第1次修正案	第一項	教正ノ職ニ在ル者
	第二項	官立府縣立學校（小學校ヲ除ク）ノ卒業證書ヲ所持スル者ニシテ官立公立學校教員タル者
	第三項	大學校並ニ官立農學校ノ本科生徒
	第四項	陸海軍生徒海軍工夫
	第五項〜第九項	内閣原案第三項〜第七項と同じ
元老院 再修正案	第一項	教正ノ職ニ在ル者
	第二項	官立府縣立學校（小學校ヲ除ク）ノ卒業証書ヲ所持スル者ニシテ官立公立學校教員タル者
	第三項	官立大学校及ヒ之ニ準シタル官立専門学校本科生徒
	第四項	陸海軍生徒海軍工夫
	第五項〜第九項	陸軍省原案第三項〜第七項と同じ

第19条

内閣原案	官立府縣立學校（小學校ヲ除ク）ニ於テ修業一個年以上ノ課程ヲ卒リタル生徒ハ五個年以内徴集ヲ猶豫ス
元老院 第1次修正案	内閣原案と同じ
元老院 再修正案	官立府縣立學校（小學校ヲ除ク）ニ於テ修業一個年以上ノ課程ヲ卒リタル生徒ハ六個年以内徴集ヲ猶豫ス

第20条項目

内閣原案	第一項　官吏（判任以上）及戸長 第二項　教導職（試補ヲ除ク） 第三項　官立公立學校教員 第四項　府縣会議員
元老院 第1次修正案	内閣原案と同じ
元老院 再修正案	第一項〜第四項　内閣原案と同じ 第五項　官立府縣立醫学校ノ卒業證書ヲ所持シテ醫術開業ノ者

第32条

内閣原案 (32条)	第十七條ニ當ル者ニシテ其年徴集ノ命ナキ者第十八條第二十一條ニ當ル者ニシテ七個年間其事故ノ存スル者及ヒ第一豫備徴員ヲ終リタル者年齢三十二歳迄ハ之ヲ第二豫備徴員トス但第十七條ニ當ル者第二豫備徴員ト爲リタル後六個年間ニ該條ニ掲クル資格ヲ失ヒタル時ハ現役ニ徴集ス
元老院 第1次修正案 (31条)	第十七條ニ當ル者第十八條ニ當リ七個年間其事故ノ存スル者第十八條第三項ノ生徒ニシテ卒業シタル者及ヒ第一豫備徴員ヲ終リタル者年齢滿三十二歳迄ハ之ヲ第二豫備徴員トス
元老院再修正案 (32条)	第十七條ニ當ル者第十八條第二十一條ニ當リ七個年間其事故ノ存スル者第十八條第三項ノ生徒ニシテ卒業シタル者及ヒ第一豫備徴員ヲ終リタル者年齢滿三十二歳迄ハ之ヲ第二豫備徴員トス但第十七條ニ當ル者七個年間ニ該條ニ掲クル資格ヲ失ヒタルトキハ之ヲ徴集ス

「単行書・修正案・全」より作成

修正を行っているが，これは疾病等で途中落第した生徒でも卒業するまでは学業に専念できるようにという配慮によるもので，これら中等教育機関の卒業生は卒業後原則として服役することが前提とされていたのである。つまり，中等教育機関の卒業生を従来の実質的な「免役」の対象からはずして，原則として服役させることに元老院として反対していないのである。

2．参事院における再修正

　1883年12月21日に第3読会が終了し，元老院の修正案が確定すると，元老院議長佐野常民は翌12月22日付で，「院議」と題して修正理由を付した元老院修正案を三條實美太政大臣宛てに送付している。これに対し，福岡孝弟参事院議長は「不都合ノ廉有之」として付箋修正を加えたものを同年12月27日に三条太政大臣宛てに送付している。そしてこれが最終的な改正徴兵令として翌12月28日に布告される。なお，同日付で三條太政大臣は佐野元老院議長宛てに布告済徴兵令を検視に付すよう要請し，佐野議長は1884年1月16日付で元老院の検視を経過したとの報告を三條太政大臣に送っている。

　佐野は元老院における修正のうち，第11条に金納条件を加えた理由については，「現行令ニハ免役料アリシニ俄然之ヲ全廃スルハ急劇ナルヲ以テ彼ノ免役料ヲ納ムル如キ資格ヲ有スル者ノ為ニ姑ク此便法ヲ設ケタルナリ」，つまり，免役料を全廃するのは「急劇」なので「便法」を設けたのだと説明している。そして，第17条の，兵員が不足する場合に猶予者が徴集される旨の規定を削除した理由として，「此條ニ掲クル所ノ諸項ノ者ハ現行法ニハ國民軍ノ外其徴集ヲ免除セリ故ニ本案モ亦宜ク其平時ノ徴集ヲ猶豫スヘキ者トス」，つまり，改正前の徴兵令では平時に徴集が免除されていることを挙げている。また，第17条の猶予対象者に独子独孫などを加えた理由についても「現行令ニ拠ル盖シ其人員モ亦僅少ナルカ為メナリ」，つまり改正前の徴兵令と同様にするということを理由としている。さらに，第18条に第3項として大学等を独立させた理由については，「是レ原案第二項ノ主句ヲ分派シ且大学ニ准スルノ資格ヲ備ヘタル所ノ学校生徒ハ其学科モ亦大学ニ准スル高尚ノ者ナルカ為メナリ」，第20条の召集猶予者に医学校卒業生で医術開業者を加えた理由については「官立府縣立学校ニ於テ卒業スルノ医師ハ多年辛苦シテ始メテ成ルノミナラス司命ノ大任ヲ負フ者ニシテ社会ノ為メニ欠ク可ラサル

者ナルヲ以テナリ」、第32条については「第十七條第十八條ノ修正ニ照應セリ」という説明をしていた。

これらの元老院による修正うち、参事院で修正されず、元老院修正案通りになったのは第20条の追加項目だけである。一方、元老院による第11条・第17条の付加条項は、いずれも参事院の付箋修正で削除されている。第11条の付加条項については「無主義ノ修正ナルヲ以テ御裁可無之方可然ト認ム」、第17条の付加条項については「無主義ノ修正ナルヲ以テ削除相成可然ト認ム」と、いずれも「無主義ノ修正」を理由として認めないというものであった。

なお、この時、元老院修正案で「左ニ掲クル者ハ徴集ヲ猶豫ス」と修正された第17条本文については、「但其年補充員不足スルトキ又ハ戦時若クハ事変ニ際シ兵員ヲ要スルトキハ之ヲ徴集ス」を追加する修正が行われている。つまり、「其年現役ノ徴員及ヒ」という語句が削除された上で陸軍省原案・内閣原案に戻されているのである。なお、前述したように、佐野元老院議長は第17条修正について「此條ニ掲クル所ノ諸項ノ者ハ現行法ニハ國民軍ノ外其徴集ヲ免除セリ故ニ本案モ亦宜ク其平時ノ徴集ヲ猶豫スヘキ者トス」と説明していたのだが、参事院の第17条本文に関する付箋修正は次のようなものであった。

> 第十七條本文ハ原按ノ精神ヲ抹殺シタルモノナルヲ以テ御裁可無之方可然ト認ム抑々修正按ノ本意ニ於テハ假令兵員不足スルモ記列ノ項目ニ当ル者ハ徴集スルコトヲ得ス又戦争若クハ事変ニ際シ兵員ヲ要スルトキト雖之ヲ徴集スルコトヲ得サルカ故ニ恰モ現行令ニ掲クル國民軍ノ外兵役ヲ免スト全一ニシテ尚武ノ精神ヲ抹殺シタルモノト謂フモ可ナリ

改正前の徴兵令が「國民軍ノ外徴集ヲ免除」することを認めていたので、17条に規定されている対象は「平時ノ徴集ヲ猶豫」すべきであるという佐野の説明を、参事院は、現行令の「國民軍ノ外兵役ヲ免ス」と同様「尚武ノ精神ヲ抹殺」するものだという理由で一蹴したのである。

また、第18条3項について参事院は、「官立大學校及ヒ之ニ準シタル官立專門學校本科生徒」を「官立大學校及ヒ之ニ準スル官立學校本科生徒」と付箋修正を加えている。この修正理由は付されていないが、字句程度の修正を

行った上で「官立學校本科生徒」を猶予の対象とする元老院の修正を受け入れていると言えよう。これは最初の参事院修正で削られた陸軍省原案第18条第2項にあった「駒場札幌農學校本科生徒及ヒ工部大學校本科生徒」が形を変えて復活したと見ることもできる。
　ただし、第32条の「第十八條第三項生徒ニシテ卒業シタル者」を第2予備徴員の対象とする修正は参事院によって削除されている。削除の理由は以下のように付されている。

　　　　第十八條第三項ノ生徒ニシテ卒業シタル者ヲ理ニ於テ刪除スヘキコトヲ證明センニ獨逸国ニ於テハ大學校ノ卒業生徒ト雖トモ免役セサルコト左ノ如シ

　　　　独逸賦兵令第九十章（即チ一ヶ年壯兵ノ部）第四條
　　　第四條　大學校或ハ之ニ相当スル高等學校ノ卒業証書及ヒ第二條第一目ニ示セル學校ノ一級卒業証書ニハ第十七書式ニ従ヒ設爲スヘキ証書ヲ副申スルヲ要セス拂國ニ於テハ百技校及ヒ山林學校ノ生徒ハ學校ニ於テ経過シタル日月ヲ年齢ニ計算シ卒業者ノ内陸海軍ニ従事セサル者ハ年齢ニ従ヒ兵役ニ服ス而シテ落第者モ亦然リ又若干ノ學校生徒ニシテ卒業後十個年間教育ニ従事スルヲ約スル者ハ常備徴集ヲ猶豫ス[179]

　ここではドイツなどの例を挙げて、大学卒業生であっても免役の対象にすべきではないとしている。従って、大学等高等教育機関の在学生については徴集猶予の対象とするものの、卒業した場合には服役の対象となることを明確にしたと言える。なお、第32条の修正については、元老院の第2読会においても、渡邊洪基議官が大学卒業生を実質的な免役の対象とすることに対して批判を加えている。[180]
　ところで参事院は、元老院修正案では内閣原案通りであった第12条に、「及官立公立學校（小學校ヲ除ク）ノ歩兵操練科卒業証書ヲ所持スル者」の文言を挿入して、「現役中殊ニ技藝ニ熟シ行状方正ナル者及官立公立學校（小學校ヲ除ク）ノ歩兵操練科卒業証書ヲ所持スル者ハ其期末タ終ラスト雖モ帰休ヲ命スルコトアルヘシ」とする修正を施している。第12条に関しては内閣原案通りで修正していなかったので佐野議長は送付にあたって何も意見を付していない。一方、参事院の付箋修正には「教育上ノ都合ニ依ル」とだけ記

されている。元老院修正案にはなかった文言が参事院再修正で「教育上ノ都合ニ依ル」として付け加えられたのである。

　以上の1883年徴兵令条文修正の変遷を表にまとめると表3-13のようになる。

　内閣原案は陸軍省原案の主旨を基本的に継承したものであったが，元老院修正案は国民皆兵を徹底しようとする陸軍省原案の主旨をかなり緩めようとするものであった。そこで，参事院は第11・17・32条に関する元老院修正を認めない再修正を行ったのである。元老院の修正のうち，参事院が認めて取り入れたのは第19条の官立府県立学校（小学校を除く）の１年時の課程修了者への徴集猶予を５年から６年に伸ばすことと，これに伴い，第11条の１年現役制の対象の上限を26歳から27歳にすること，また第18条の徴集猶予の対象に「教正ノ職ニ在ル者」と「官立學校本科生徒」を加えること等であったが，このうち，「官立學校本科生徒」については，当初の陸軍省原案にも「駒場札幌農学校本科生徒」があり，参事院も一旦は東京職工学校等を対象に加えようとしていたこともあり，大きな修正とは言えない。むしろ，第32条の元老院修正を否定したことにより，「官立大學校及ヒ之ニ準スル官立學校本科」を卒業してもそれで服役を免れるわけではないことを示したと言えるのである。

　内閣原案と元老院修正案にはなかった第12条の歩兵操練科卒業証書による服役年限満期前の早期帰休規定の挿入は，全体としては兵役義務を徹底しようとする流れの中で行われているのである。

4　第12条修正の背景

　1883年徴兵令第12条に歩兵操練科卒業証書所持による早期帰休制度が規定される過程に関して，遠藤芳信は「文官系官僚」が中高等教育機関における歩兵操練科導入を先導したとしている。その根拠とされているのは，①元老院会議第１読会において，文部少輔九鬼隆一が歩兵操練全科の卒業証書所持者に早期帰休を命ずるという一項を加えることが必要であると述べたこと，②徴兵令改正案再修正時の参事院議長がそれまで文部卿を勤めていた福岡孝弟であったこと，の２点である。また，木下秀明は，第12条の歩兵操

第４節　1883年の徴兵令改正と学校教練の要求　　215

表 3-13　1883年徴兵令条文修正の変遷一覧

第11条

陸軍省原案	年齢十七歳以上二十六歳以下ニシテ官立府縣立学校（小学校ヲ除ク）ノ卒業證書ヲ所持シ服役中食料被服等ノ費用ヲ自辨スルモノハ願ニ依リ一個年間陸軍現役ニ服セシム但常備兵役ノ全期ハ之ヲ減スルコトナシ
内閣原案	年齢滿十七歳以上滿二十六歳以下ニシテ官立府縣立學校（小學校ヲ除ク）ノ卒業證書ヲ所持シ服役中食料被服等ノ費用ヲ自辨スル者ハ因リ一個年間陸軍現役ニ服セシム 其技藝ニ熟達スル者ハ若干月ニシテ歸休ヲ命スルコトアル可シ但常備兵役ノ全期ハ之ヲ減スルコトナシ
元老院修正案	年齢滿十七歳以上滿二十六歳以下ニシテ官立府縣立學校（小學校ヲ除ク）ノ卒業證書ヲ所持シ服役中食料被服等ノ費用ヲ自辨スル者ハ因リ一個年間陸軍現役ニ服セシム 年齢滿十七歳以上滿二十七歳以下ニシテ自費服役ヲ志願シ金三百圓ヲ納ムル者亦同シ 其技藝ニ熟達スル者ハ若干月ニシテ歸休ヲ命スルコトアル可シ但常備兵役ノ全期ハ之ヲ減スルコトナシ
参事院再修正案	年齢滿十七歳以上滿二十七歳以下ニシテ官立府縣立學校（小學校ヲ除ク）ノ卒業証書ヲ所持シ服役中食料被服等ノ費用ヲ自辨スル者ハ因リ一個年間陸軍現役ニ服セシム 其技藝ニ熟達スル者ハ若干月ニシテ歸休ヲ命スルコトアル可シ但常備兵役ノ全期ハ之ヲ減スルコトナシ

第12条

陸軍省原案	現役中殊ニ技藝ニ熟シ行状方正ナル者ハ其期未タ終ラスト雖トモ歸休ヲ命スルコトアル可シ
内閣原案	陸軍省原案に同じ
元老院修正案	陸軍省原案に同じ
参事院再修正案	現役中殊ニ技藝ニ熟シ行状方正ナル者及官立公立學校（小學校ヲ除ク）ノ歩兵操練科卒業証書ヲ所持スル者ハ其期未タ終ラスト雖モ歸休ヲ命スルコトアル可シ

第17条本文

陸軍省原案	現役中殊ニ技藝ニ熟シ行状方正ナル者ハ其期未タ終ラスト雖トモ歸休ヲ命スルコトアル可シ 左ニ掲クル者ハ徴集ヲ猶豫ス但其年現役ノ徴員及ヒ其補充員不足スルトキ又ハ戦時若クハ事變ニ際シ兵員ヲ要スルトキハ項目ノ順序ニ從ヒ之ヲ徴集ス
内閣原案	陸軍省原案に同じ 左ニ掲クル者ハ徴集ヲ猶豫ス但其年現役ノ徴員及ヒ其補充員不足スルトキ又ハ戦時若クハ事變ニ際シ兵員ヲ要スルトキハ之ヲ徴集ス
元老院修正案	左ニ掲クル者ハ徴集ヲ猶豫ス
参事院再修正案	左ニ掲クル者ハ徴集ヲ猶豫ス但其年補充員不足スルトキ又ハ戦時若クハ事変ニ際シ兵員ヲ要スルトキハ之ヲ徴集ス

第17条項目

陸軍省原案	第一項	年齢六十歳以上ノ者ノ嗣子或ハ承祖ノ孫
	第二項	廃疾又ハ不具等ニシテ産業ヲ営ムコト能ハサル者ノ嗣子或ハ承祖ノ孫
	第三項	戸主
内閣原案	第一項	兄弟同時ニ徴集ニ應スル者ノ内一人及ヒ現役兵ノ或ハ弟一人
	第二項	現役中死没又ハ公務ノ為メ負傷シ若クハ疾病ニ罹リ免疫シタル者ノ兄又ハ弟一人
	第三項	戸主年齢六十歳以上ノ者ノ嗣子或ハ承祖ノ孫
	第四項	戸主廃疾又ハ不具等ニシテ一家ノ生計ヲ営ムコト能ハサル者ノ嗣子或ハ承祖ノ孫
	第五項	戸主
元老院修正案	第一項~第二項	内閣原案と同じ
	第三項	獨子(嗣子)獨孫(承祖ノ孫)但姉妹ノ有無ヲ問ハス
	第四項~第六項	内閣原案の第三項~第五項と同じ
参事院再修正案	内閣原案と同じ	

第18条項目

陸軍省原案	第一項	官立府縣立師範学校及ヒ中学校ノ卒業證書ヲ所持スル者ニシテ官立府縣立公立学校教員タル者
	第二項	陸海軍生徒東京大学学生駒場札幌農学校本科生徒及ヒ工部大学校本科生徒
	第三項	身幹未タ定尺ニ満タサル者
	第四項	疾病中或ハ病後ノ故ヲ以テ未タ労役ニ堪ヘサル者
	第五項	學術修業ノ為外国ニ寄留スル者
	第六項	禁錮以上ニ該ルヘキ刑事被告人トナリ裁判未決ノ者
	第七項	公権停止中ノ者
内閣原案	第一項	官立府縣立学校(小學校ヲ除ク)ノ卒業證書ヲ所持スル者ニシテ官立公立学校教員タル者
	第二項	陸海軍生徒海軍工夫大學校本科生徒
	第三項~第七項	陸軍省原案と同じ
元老院修正案	第一項	教正ノ職ニ在ル者
	第二項	官立府縣立学校(小學校ヲ除ク)ノ卒業証書ヲ所持スル者ニシテ官立公立学校教員タル者
	第三項	官立大学校及ヒ之ニ準シタル官立専門学校本科生徒
	第四項	陸海軍生徒海軍工夫
	第五項~第九項	陸軍省原案第三項~第七項と同じ
参事院再修正案	第三項	官立大學校及ヒ之ニ準スル官立本科生徒
	その他は	元老院修正案と同じ

第19条

陸軍省原案	官立府縣立學校（小学校ヲ除ク）ニ於テ修業一個年以上ノ課程ヲ卒リタル生徒ハ五個年以内徴集ヲ猶豫ス
内閣原案	陸軍省原案と同じ
元老院修正案	官立府縣立學校（小學校ヲ除ク）ニ於テ修業一個年以上ノ課程ヲ卒リタル生徒ハ六個年以内徴集ヲ猶豫ス
参事院再修正案	元老院修正案と同じ

第20条項目

陸軍省原案	第一項　官吏（判任以上）及戸長 第二項　教導職（試補ヲ除ク） 第三項　官立府縣立公立学校教員 第四項　府縣會議員
内閣原案	第一項〜第二項　陸軍省原案と同じ 第三項　官立公立學校教員 第四項　陸軍省原案と同じ
元老院修正案	第一項〜第四項　内閣原案と同じ 第五項　官立府縣立醫學校ノ卒業證書ヲ所持シテ醫術開業ノ者
参事院再修正案	元老院修正案と同じ

第32条

陸軍省原案 (31条)	第十七條ニ當ル者ニシテ其年徴集ノ命ナキ者第十八條第二十一條ニ當ル者ニシテ七個年間其事故ノ存スル者及ヒ第一豫備徴員ヲ終リタル者年齢三十二歳迄ハ之ヲ第二豫備徴員トス但第十七條ニ當ル者第二豫備徴員ト為リタル後六個年間ニ該條ニ掲クル名稱ヲ罷メタル時ハ現役ニ徴集ス
内閣原案 (32条)	第十七條ニ當ル者ニシテ其年徴集ノ命ナキ者第十八條第二十一條ニ當ル者ニシテ七個年間其事故ノ存スル者及ヒ第一豫備徴員ヲ終リタル者年齢三十二歳迄ハ之ヲ第二豫備徴員トス但第十七條ニ當ル者第二豫備徴員ト爲リタル後六個年間ニ該條ニ掲クル資格ヲ失ヒタル時ハ現役ニ徴集ス
元老院修正案 (32条)	第十七條ニ當ル者第十八條第二十一條ニ當リ七個年間其事故ノ存スル者第十八條第三項ノ生徒ニシテ卒業シタル者及ヒ第一豫備徴員ヲ終リタル者年齢滿三十二歳迄ハ之ヲ第二豫備徴員トス但第十七條ニ當ル者七個年間ニ該條ニ掲クル資格ヲ失ヒタルトキハ之ヲ徴集ス
参事院再修正案 (32条)	内閣原案と同じ

「公文録・明治十六年・第百四巻・明治十六年十二月・陸軍省」、「公文類聚・第七編・明治十六年・第十八巻・兵制四・徴兵・兵学一」より作成

練科卒業証書所持による早期帰休制度規定は，陸軍以外の国政審議段階で提起され，文部当局者の意見に基づいて制度化されたとしている[185]。

たしかに，前述のように，1883年11月20日の元老院会議第1読会で歩兵操練全科の卒業証書所持者に早期帰休を命ずるという一項を加えることが必要だと発言したのは九鬼隆一であった。しかし，当時の福岡孝弟文部卿下の文部省は歩兵操練の推進にはむしろ消極的であった。表3-14は福岡とその前後の文部卿と歩兵操練の動向をまとめたものである。

福岡の前任者の河野敏鎌は，1879年に元老院で審議された号外第27号「公立学校ニ於テ兵隊教練ノ課程ヲ設クルノ意見書」の採択に対しては，本章第2節で確認したように，「時期尚早」などを理由として「兵隊教練」の小中学校への即時導入に反対してはいたものの，文部卿に就任すると，体操伝習所における歩兵操練の教習を開始するなど[186]，各学校への歩兵操練導入の準備を進めていた。ところが，福岡孝弟が文部卿に就任してからの文部省は，1882年7月卒業の第2期生を以て給費による体操教員養成を廃止して[187]，体操伝習所を，直轄学校学生生徒と府県から派遣される伝習員に体操術を教授する機関に変えている[188]。実はこの時に，体操伝習所で歩兵操練の教習は行われなくなり[189]，陸軍から文部省に貸与された銃は「用濟」として陸軍に返却されているのである[190]。文部省が体操伝習所の規則を改正して歩兵操練の教習を復活し[191]，陸軍省と交渉して銃器を借り受けて府県に配布するのは，文部卿が福岡から大木喬任に交替してからである（第4章第3節参照）。従って，福岡文部卿時代の文部省は歩兵操練推進には消極的であったということができるのである。

そもそも元老院会議第1読会では，先に確認したように，木下秀明の指摘[192]の通り，小学校段階からの学校教練実施を求める要求が相次いで出される状況であった。

そして，歩兵操練科卒業証書による早期帰休規定が第12条に追加されるのは参事院における再修正時であるが，参事院は，金納による1年現役制等や対象者の実質的免役化等，国民皆兵の精神に反すると判断した修正をことごとく却下している。官立大学校等卒業者を実質的な免役の対象とする条項も否定されており，改正前の徴兵令で平時免役となっていた中高等教育機関卒

表 3-14 文部卿と歩兵操練

文部卿		事　項
河野敏鎌 1880. 2 .28~ 1881. 4 . 7	1880.11. 8	体操伝習所，歩兵操練教習開始。
	1880.12.23	元老院第217号議案「教育令改正案」第2読会で楠本正隆議官が小学校の学科目に「武技」を入れる修正案を提案。この際，河野文部卿は師範学校生徒に教練を演習させていると説明している（楠本修正案は翌日否決）。
福岡孝弟 1881. 4 . 7 ~ 1883.12.12	1882. 1	体操伝習所伝習員規則制定（歩兵操練は規定されていない）。
	1882.11. 8	福岡孝弟文部卿，スナイドル銃を「用済」として陸軍に返却。
大木喬任 1883.12.12~ 1885.12.22	1883.12.28	徴兵令改正。
	1884. 2 .25	体操伝習所規則改正増補，歩兵操練が復活する。
	1884. 2 .28	大木文部卿，体操伝習所に歩兵操練調査を命じる。
	1884. 9 .22	大木文部卿，陸軍省に銃器貸与を打診する。
	1884.11.17	体操伝習所，歩兵操練調査につき文部省に復申する。
	1884.12. 1	文部省，府県に対して銃器貸与数希望調査を実施する。

『體操傳習所一覧　明治十七年，十八年』，『體操傳習所年報』，『陸軍省大日記』などから作成

業生を原則服役させるという方針は徹底している。従って，第12条に歩兵操練科卒業証書による早期帰休規定を挿入するにあたっても中高等教育を受けるものを実質的に「免役」する方向で行われたのではないと考えるべきである。

そもそも陸軍省原案の第11条は，費用さえ自弁できれば官立府県立学校卒業者は1年現役制の特典を受けられると規定していた。ただし，改正前の徴兵令では官立府県立学校卒業者が平時免役の対象となっていたことと較べれば大きな負担増である。そのためか参事院で修正され内閣原案になる際に，第11条には「技藝ニ熟達スル者」に対するさらなる服役期間短縮が可能となる規定が加えられている。

もともと第12条は「現役中殊ニ技藝ニ熟シ行状方正ナル者」に対する早期帰休を認めるものであった。これに歩兵操練科卒業証書による早朝帰休を明記したのは，該当者の早期帰休をより確実にする意味があったと思われる。さらに，第11条の1年現役制の特典を受けるためには費用自弁が必要であったため，費用自弁できない官立府県立学校卒業生に対しても年限短縮を保証する意味があった。ただしそれでも服役しなければならないことには変わりなく，実質的に兵役を免除されていた改正前より官立府県立学校卒業者にと

っては大きな負担となったのである。

　以上本章では，1879年徴兵令改正時・1880年教育令改正時・1883年徴兵令改正時の3次にわたって元老院で展開された学校教練をめぐる議論を検討してきた。その結果，以下の2点を成果として指摘できる。

　(1)元老院で展開された学校教練をめぐる議論は深刻な徴兵忌避を背景にしていた。

　1879年徴兵令改正から1883年徴兵令改正に至るまで，議論の前提とされていたのが当時の深刻な徴兵忌避の状況である。徴兵忌避への対策として，①在営年限を短縮して兵役負担を緩和する，②幼時から気質を鍛錬することによって徴兵への嫌悪感を取り除く，という2つの理由から学校教練の導入が主張されたのである。ただし，1879年徴兵令改正をめぐる元老院会議の後，文部卿になった河野敏鎌は，学校教練には在営年限短縮の効果しか認めず，学校教練の精神的・身体的教育効果には否定的であった。

　(2)1879年の「公立学校ニ於テ兵隊教練ノ課程ヲ設クルノ意見書」以来，学校教練は小学校への導入を前提としており，これは1883年の徴兵令をめぐる議論でも変わりはない。

　遠藤芳信の先行研究は，1883年改正徴兵令第12条が「小学校を除く」官立公立学校における歩兵操練科卒業証書所持者への兵役年限満期前の早期帰休を規定していたことから，兵式体操に先立つ歩兵操練を中等教育を受ける者への特典という「限定的」なものであるとし，「大衆的」な普及を図った「開明的」な森有礼の兵式体操と対比させているが，1883年徴兵令改正をめぐって元老院で展開された学校教練導入論者たちは，深刻な徴兵忌避を背景にして「小学校」への歩兵操練導入を求めていた。また，無試験による早期帰休を目的とした文部少輔九鬼隆一による歩兵操練条項の提案は，将来的な小学校への歩兵操練導入を前提としており，中等教育を受ける者への特典といった性格はなかったと見るべきである。

　次章では，1883年改正の徴兵令第12条に規定された歩兵操練がどのように諸学校へ導入されていくか論究する。

註

1 大日方純夫・我部政男「刊行にあたって」(『元老院日誌』第1巻, 三一書房, 1981年, 5頁)。
2 「元老院沿革略誌」(同上書, 916頁)。
3 元老院章呈第7条 (同上書, 916頁)。
4 議案検視条例第1条 (同上書, 929頁)。
5 議案検視条例第2条 (同上)。
6 元老院章呈第8条 (同上書, 916頁)。
7 読会規則第3条 (同上書, 931頁)。
8 読会規則第5条 (同上)。
9 読会規則第11条 (同上)。
10 塩入隆「徴兵令改正と教育——学校に於ける兵式体操をめぐって」『國學院雑誌』1964年7月。
11 木村吉次「兵隊教練論——兵式体操論以前」『体育の科学』第14巻10号, 1964年10月。
12 木村吉次『日本近代体育思想の形成』杏林書院, 1975年, 95頁。
13 同上書, 100頁。
14 前掲, 塩入「徴兵令改正と教育——学校に於ける兵式体操をめぐって」。
15 前掲, 木村『日本近代体育思想の形成』, 100頁。
16 遠藤芳信『近代日本軍隊教育史研究』青木書店, 1994年, 586頁。
17 同上書, 595頁。
18 前掲, 木村「兵隊教練論——兵式体操論以前」及び塩入「徴兵令改正と教育——学校に於ける兵式体操をめぐって」。
19 『日本近代思想大系4　軍隊　兵士』岩波書店, 1989年, 114頁。
20 同上書, 111頁。
21 太政官布告第20号『法令全書』明治11年, 18頁。
22 中島信行 (1846-99年) は土佐出身で海援隊で活躍し, 1881年自由党結成にあたっては副総理におされた人物である。
23 『元老院会議筆記』前期第5巻, 1969年, 250頁 (JACAR〔アジア歴史資料センター〕Ref.A07090143400, 単行書・元老院会議筆記・自第百二号至第百十一号・八〔国立公文書館〕, 第18画像目)。
24 前掲, 木村「兵隊教練論——兵式体操論以前」及び塩入「徴兵令改正と教育——学校に於ける兵式体操をめぐって」。
25 「公文録・明治十二年・第百四巻・明治十二年十月・陸軍省二」国立公文書館本館-2A-010-00・公02533100。
26 同上。
27 同上。

28　太政官布告第46号『法令全書』明治12年，84-107頁。なお，修正の要点については，加藤陽子『徴兵制と近代日本——1868-1945』（吉川弘文館，1996年，90-97頁）参照のこと。
29　『法令全書』明治6年，706頁。
30　前掲，「公文録・明治十二年・第百四巻・明治十二年十月・陸軍省二」。
31　『元老院会議筆記』前期第7巻，1963年，358頁（JACAR〔アジア歴史資料センター〕Ref.A07090144300，単行書・元老院会議筆記・第百四十六号・十二〔国立公文書館〕，第45画像目）。
32　同上書，364頁（JACAR:A07090144300，第56画像目）。
33　同上（JACAR:A07090144300，第57画像目）。
34　同上書，448頁（JACAR:A07090144300，第193画像目）。
35　前掲，木村「兵隊教練論——兵式体操論以前」及び塩入「徴兵令改正と教育——学校に於ける兵式体操をめぐって」。
36　前掲，『元老院会議筆記』前期第7巻，358頁（JACAR:A07090144300，第45画像目）。
37　元老院章程第7条（前掲，『元老院日誌』第1巻，916頁）。
38　前掲，『元老院会議筆記』前期第7巻，600頁（JACAR〔アジア歴史資料センター〕Ref.A07090152400，単行書・元老院会議筆記・号外・自第二十号至第二十八号・三〔国立公文書館〕，第198画像目）。
39　同上書，599-600頁（JACAR:A07090152400，第197-198画像目）。
40　同上書，600頁（JACAR:A07090152400，第198-199画像目）。
41　同上書，600-601頁（JACAR:A07090152400，第199画像目）。
42　前掲，木村『日本近代体育思想の形成』，98頁。
43　前掲，『元老院会議筆記』前期第7巻，601頁（JACAR:A07090152400，第200画像目）。
44　同上。
45　同上書，602頁（JACAR:A07090152400，第201画像目）。
46　同上書，611頁（JACAR:A07090152400，第217画像目）。
47　同上書，604頁（JACAR:A07090152400，第204-205画像目）。
48　同上書，615頁（JACAR:A07090152400，第223画像目）。
49　同上書，603頁（JACAR:A07090152400，第202画像目）。
50　同上書，612頁（JACAR:A07090152400，第218画像目）。
51　同上書，601-602頁（JACAR:A07090152400，第200-201画像目）。
52　同上書，602頁（JACAR:A07090152400，第201画像目）。
53　同上書，602-603頁（JACAR:A07090152400，第202画像目）。
54　同上書，604-605頁（JACAR:A07090152400，第205-206画像目）。
55　同上書，607頁（JACAR:A07090152400，第209-210画像目）。
56　前掲，遠藤『近代日本軍隊教育史研究』，584頁。

57 前掲,『元老院会議筆記』前期第7巻, 608頁（JACAR:A07090152400, 第210-211画像目）。
58 同上書, 611頁（JACAR:A07090152400, 第216画像目）。
59 同上書, 616頁（JACAR:A07090152400, 第224-225画像目）。
60 同上書, 612頁（JACAR:A07090152400, 第218画像目）。
61 同上書, 616-617頁（JACAR:A07090152400, 第225-226画像目）。
62 同上書, 617頁（JACAR:A07090152400, 第226画像目）。
63 同上（JACAR:A07090152400, 第227画像目）。
64 太政官修史館編『明治史要』第2冊巻14, 1883年, 573頁。
65 同上。
66 篠田弘, 第2章「近代教育の発足」（仲新・伊藤敏行編『日本近代教育小史』福村出版, 1984年, 56頁）。
67 同上書, 57頁。
68 『元老院会議筆記』前期第9巻, 1965年, 774頁（JACAR〔アジア歴史資料センター〕Ref.A07090145700, 単行書・元老院会議筆記・自第二百七号至第二百十八号・十九〔国立公文書館〕, 第148-149画像目）。
69 『元老院会議筆記』前期第6巻, 1963年, 134-135頁（JACAR〔アジア歴史資料センター〕Ref.A07090143900, 単行書・元老院会議筆記・自第百二十一号至第百三十六号・十〔国立公文書館〕, 第228画像目）。
70 倉沢剛『教育令の研究』講談社, 1975年, 318-319頁。
71 前掲,『元老院会議筆記』前期第9巻, 772頁（JACAR:A07090145700, 第145画像目）。
72 同上, 780頁（JACAR:A07090145700, 第185画像目）。
73 木村吉次「兵式体操の成立過程に関する一考察——とくに徴兵制との関連において」『中京体育学論叢』第5巻第1号, 1964年。
74 前掲, 塩入「徴兵令改正と教育」。
75 前掲,『元老院会議筆記』前期第9巻, 784頁（JACAR:A07090145700, 第164画像目）。
76 同上書, 782頁（JACAR:A07090145700, 第161画像目）。
77 同上書, 783頁（JACAR:A07090145700, 第163画像目）。
78 同上書, 792-793頁（JACAR:A07090145700, 第178-179画像目）。
79 同上書, 784頁（JACAR:A07090145700, 第165画像目）。
80 同上書, 786-787頁（JACAR:A07090145700, 第169画像目）。
81 同上書, 790頁（JACAR:A07090145700, 第174-175画像目）。
82 同上書, 780-781頁（JACAR:A07090145700, 第158-159画像目）。
83 同上書, 782頁（JACAR:A07090145700, 第161画像目）。
84 同上書, 791頁（JACAR:A07090145700, 第176画像目）。
85 同上書, 782頁（JACAR:A07090145700, 第161-162画像目）。

86 同上書, 783-784頁（JACAR:A07090145700, 第163-164画像目）.
87 同上書, 785頁（JACAR:A07090145700, 第166-167画像目）.
88 同上書, 786頁（JACAR:A07090145700, 第167-168画像目）.
89 同上書, 788頁（JACAR:A07090145700, 第171画像目）.
90 同上書, 784-785頁（JACAR:A07090145700, 第165画像目）.
91 同上書, 780頁（JACAR:A07090145700, 第159画像目）.
92 倉沢剛『小学校の歴史Ⅱ』ジャパンライブラリービューロー, 1965年, 139頁.
93 早稲田大学図書館蔵「新定教育令ヲ更ニ改正スヘキ以前ニ於テ現在施行スヘキ件」.
94 前掲, 『元老院会議筆記』前期第9巻, 780-781頁（JACAR:A07090145700, 第159画像目）.
95 同上書, 791-792頁（JACAR:A07090145700, 第176-177画像目）.
96 能勢修一は, 1880年教育令改正の際の河野の説明を「今回は, 専ら教育上から論及した反対論であった」（能勢修一『明治期学校体育の研究——学校体操の確立過程』不昧堂出版, 1995年, 216頁）として1879年徴兵令改正の際の意見と違うかのように評しているが, 河野の考え方は一貫していると捉えるべきである.
97 前掲, 『元老院会議筆記』前期第9巻, 790頁（JACAR:A07090145700, 第175画像目）.
98 同上書, 793頁（JACAR:A07090145700, 第180画像目）.
99 前掲, 塩入隆「徴兵令改正と教育——学校に於ける兵式体操をめぐって」.
100 前掲, 木村「兵隊教練論——兵式体操論以前」及び塩入「徴兵令改正と教育——学校に於ける兵式体操をめぐって」.
101 前掲, 加藤『徴兵制と近代日本——1868-1945』, 103頁.
102 大山梓編『山縣有朋意見書』原書房, 1966年, 119頁.
103 「公文録・明治十六年・第百四巻・明治十六年十二月・陸軍省」国立公文書館本館 -2A-010-00・公03552100.
104 同上.
105 前掲, 遠藤『近代日本軍隊教育史研究』, 343頁.
106 前掲, 「公文録・明治十六年・第百四巻・明治十六年十二月・陸軍省」.
107 『法令全書』明治12年, 89頁. なお, 国民軍については「全國ノ男子十七歳ヨリ四十歳迄ノ人員ヲ兵籍ニ載セ置キ全國大擧ノ役アルニ當リ時機ニ從ヒ隊伍ニ編制シ以テ守衛ニ充ル者ナリ」（第8条, 同上書, 86頁）と規定されている.「國民軍ノ外兵役ヲ免ス」ということは, 兵役の「実質免除」（前掲, 加藤『徴兵制と近代日本——1868-1945』, 96頁）を意味した.
108 『法令全書』明治12年, 90頁.
109 「記録材料・参事院回付・考案簿・第二局」国立公文書館本館 -2A-035-

02・記 A07062780500(JACAR〔アジア歴史資料センター〕Ref. A07062780500, 記録材料・参事院回付・考案簿・第二局〔国立公文書館〕, 第198画像目).
110 太政官布告第60号『法令全書』明治14年, 42頁.
111 太政官達第71号『法令全書』明治18年下, 1044頁.
112 参事院章程第1条(日本史籍協会編『太政官沿革志 六』東京大学出版会, 1987年覆刻, 202頁).
113 「太政官書記官職制章程」(日本史籍協会編『太政官沿革志 三』東京大学出版会, 1987年覆刻, 369頁).
114 同上書, 370頁.
115 前掲, 『太政官沿革志 六』, 203-205頁.
116 彦根正三編『改正官員録』明治16年9月, 博公書院.
117 参事院章程第12条(前掲, 『太政官沿革志 六』, 207-208頁)
118 『尾崎三良日記』上, 中央公論社, 1991年, 320頁.
119 同上書, 321頁.
120 同上書, 322頁.
121 前掲, 「公文録・明治十六年・第百四巻・明治十六年十二月・陸軍省」.
122 遠藤芳信は, 参事院が修正を加えた徴兵令改正案に対して, さらに太政官第二局が修正を加えたとしている(前掲, 遠藤『近代日本軍隊教育史研究』, 344頁). しかし, 1881年10月28日両局稟定「第一局第二局庶務取扱順序」に記載されているのは以下の3項目で, 当時の太政官第二局には参事院修正案を再修正する権限はなかったと思われる.

　　第一條
　　　第一局第二局各其分掌スル所ニ従ヒ内閣書記官局ヨリ諸公文(任免黜陟等人事ニ関スルモノヲ除ク)ヲ受ケテ考按ヲ附シ大臣若クハ参議ノ撿閲ヲ請ケ局名ヲ以テ内閣ニ上申ス
　　第二條
　　　参事院元老院ノ章程ニ照シ囲付スヘキ諸公文及會計法ニ依リ會計撿査院ニ囲付スヘキ文書並各官廳ニ下問スヘキ事件ハ大臣若クハ参議ノ旨ヲ奉シ内閣書記官局ニ囲付シテ之ヲ施行ス
　　第三條
　　　各官廳ニ往復ノ文書省使院長官ニ對シテハ大臣若シクハ參議ノ旨ヲ奉シテ其名ヲ署シ府縣長官使院局長以下ニ對シテハ上席書記官ノ名ヲ以テス
　　　　(前掲, 『太政官沿革志 三』, 369-371頁)

従って, 「公文録」所収の参事院修正案の異なる修正のうち, 活字修正部分は参事院付託修正委員の加えた修正, 付箋による修正はその後2回に

わたる総会議でさらに加えられた修正ではないかと推測する。
123 前掲,「公文録・明治十六年・第百四巻・明治十六年十二月・陸軍省」。
124「単行書・元老院議案録・明治十六年・全」国立公文書館本館 -2A-034-05・単01958100（JACAR〔アジア歴史資料センター〕Ref.A07090155800, 単行書・元老院議案録・明治十六年・全〔国立公文書館〕, 第265画像目）。
125 同上（JACAR:A07090155800, 第266画像目）。
126 前掲,『改正官員録』明治16年9月。
127 前掲,「単行書・元老院議案録・明治十六年・全」（JACAR:A07090155800, 第267画像目）。
128 同上（JACAR:A07090155800, 第266-271画像目）。
129『元老院会議筆記』後期第18巻, 1974年, 689頁（JACAR〔アジア歴史資料センター〕Ref.A07090148300, 単行書・元老院会議筆記・三十二〔国立公文書館〕, 第19-20画像目）。
130 同上書, 715頁（JACAR:A07090148300, 第63画像目）。
131 同上書, 716頁（JACAR:A07090148300, 第64-65画像目）。
132 同上書, 693頁（JACAR:A07090148300, 第26画像目）。
133 同上書, 698頁（JACAR:A07090148300, 第34画像目）。
134 同上書, 699頁（JACAR:A07090148300, 第36画像目）。
135 同上書, 700頁（JACAR:A07090148300, 第37画像目）。
136 同上書, 707-708頁（JACAR:A07090148300, 第50画像目）。
137 同上書, 708頁（JACAR:A07090148300, 第51画像目）。
138 同上。
139 同上書, 711頁（JACAR:A07090148300, 第55画像目）。
140 同上（JACAR:A07090148300, 第56画像目）。
141 同上書, 712頁（JACAR:A07090148300, 第57画像目）。
142 同上（JACAR:A07090148300, 第58画像目）。
143 原史料の156-157頁（JACAR:A07090148300, 第81画像目）が原史料139頁（JACAR:A07090148300, 第72画像目）と原史料140頁（JACAR:A07090148300, 第73画像目）の間にはさみこまれてしまっている。
144 JACAR:A07090148300, 第70-74画像。
145 前掲,『元老院会議筆記』後期第18巻, 723頁（JACAR:A07090148300, 第75画像目）。
146 JACAR:A07090148300, 第81-85画像目。
147 前掲,『元老院会議筆記』後期第18巻, 743頁（JACAR:A07090148300, 第110画像目）。
148 同上書, 744頁（JACAR:A07090148300, 第110-111画像目）。
149 同上（JACAR:A07090148300, 第111-112画像目）。
150 同上書, 749-750頁（JACAR:A07090148300, 第120画像目）。

151 同上書，750頁（JACAR:A07090148300，第121画像目）。
152 同上書，753頁（JACAR:A07090148300，第125画像目）。
153 同上書，789頁（JACAR:A07090148300，第187画像目）。
154 「単行書・修正案・全」国立公文書館本館 -2A-034-04・単01866100（JACAR〔アジア歴史資料センター〕Ref.A07090137200，単行書・修正案・全〔国立公文書館〕，第287-303画像目）。
155 「第二豫備徴員」を徴集するのは「後備兵ヲ召集スルトキニ限ル」とされており（第32条〔内閣原案第33条〕），1879年徴兵令の「國民軍ノ外兵役ヲ免ス」と同様の実質的徴兵免除の対象に「大學校並ニ官立農學校ノ本科」卒業生をしようとするものであった。
156 前掲，『元老院会議筆記』後期第18巻，776頁（JACAR:A07090148300，第165画像目）。
157 同上書，781頁（JACAR:A07090148300，第173画像目）。
158 同上書，858頁（JACAR:A07090148300，第299画像目）。
159 同上書，860頁（JACAR:A07090148300，第302画像目）。
160 同上書，861頁（JACAR:A07090148300，第303画像目）。
161 同上書，889-891頁（JACAR:A07090148300，第350-353画像目）。
162 同上書，891頁（JACAR:A07090148300，第353画像目）。
163 前掲，「単行書・修正案・全」（JACAR:A07090137200，第304-321画像目）。
164 前掲，『元老院会議筆記』後期第18巻，928頁（JACAR:A07090148300，第415画像目）。
165 加藤陽子は，元老院の修正第11条の文言を「年齢満十七歳以上満二十歳以下ニシテ現役三年ノ食料被服等ノ費用金三百円ヲ納ムル者亦同シ」としている（前掲，加藤『徴兵制と近代日本――1868-1945』，105頁）が，これは12月17日の第３読会で廃案が確認された第２読会時の修正案である。元老院の最終的な修正第11条の追加文言は「年齢満十七歳以上満二十七歳以下ニシテ自費服役ヲ志願シ金三百圓ヲ納ムル者亦同シ」である。
　　また，加藤は，元老院が第17条に「其年現役ノ徴員」という語句を追加する修正を加えて，「実質的に免役になる層を増やそうとしている」（同上，傍点原文）としているが，これは事実に反する。そもそも陸軍省原案第17条が「其年現役ノ徴員及ヒ其補充員不足スルトキ又ハ戰時若クハ事變ニ際シ兵員ヲ要スルトキハ之ヲ徴集ス」となっていたのであり，これがそのまま内閣原案となっていたのである。（前掲，『元老院会議筆記』後期第18巻，681頁（JACAR:A07090148300，第８画像目）。元老院は最終的にこれらの語句を削除することにより，猶予制を実質的な免役制に転換しようと試みたのである。
166 前掲，『元老院会議筆記』後期第18巻，898頁（JACAR:A07090148300，

第365画像目）。
167 第3読会での柴原和議官と西周議官の発言（同上書，882頁［JACAR:A07090148300，第338-339画像目］）。
168 「単行書・議定上奏録・全」国立公文書館本館-2A-034-04・単01875100（JACAR〔アジア歴史資料センター〕Ref.A07090139100，単行書・議定上奏録・全〔国立公文書館〕，第216-219画像目）。
169 前掲，「公文録・明治十六年・第百四巻・明治十六年十二月・陸軍省」。
170 同上。
171 前掲，「単行書・議定上奏録・全」（JACAR:A07090139100，第216-217画像目）。
172 同上（JACAR:A07090139100，第217画像目）。
173 同上。
174 同上（JACAR:A07090139100，第218画像目）。
175 同上（JACAR:A07090139100，第219画像目）。
176 前掲，「公文録・明治十六年・第百四巻・明治十六年十二月・陸軍省」。なお，付箋修正の字句については「公文類聚・第七編・明治十六年・第十八巻・兵制四・徴兵・兵学一」（本館-2A-011-00・類00101100）所収の史料を参照した。
177 同上。
178 同上。
179 同上。
180 前掲，『元老院会議筆記』後期第18巻，835頁（JACAR:A07090148300，第262画像目）。
181 前掲，「公文録・明治十六年・第百四巻・明治十六年十二月・陸軍省」及び「公文類聚・第七編・明治十六年・第十八巻・兵制四・徴兵・兵学一」。
182 前掲，遠藤『近代日本軍隊教育史研究』，346頁。
183 同上書，345頁。
184 同上書，585頁。
185 木下秀明『兵式体操からみた軍と教育』，杏林書院，1982年，34頁。
186 『體操傳習所一覧　明治十七，十八年』，3頁。
187 「體操傳習所第五年報　自明治十五年九月至同十六年十二月」『文部省第十一年報』附録，916頁。
188 「體操傳習所年報　明治十四年九月至十五年八月」『文部省第十年報』附録，887頁。
189 「傳習員規則」，同上書，890頁。
190 「11月8日　福岡文部卿東京師範学校等における歩兵操練用の借用銃返納通知」『陸軍省大日記　明治十五年十一月十二月諸省院』各省雑M15-4-156（JACAR〔アジア歴史資料センター〕Ref.C09120977500，明治15年11

註　229

月　12月　諸省院〔防衛省防衛研究所〕）。
191『文部省第十二年報』，3頁。
192 前掲，木下『兵式体操における軍と教育』，44-45頁。

第4章

歩兵操練の諸学校への導入

上：東京師範学校監督（1885年8月-12月）・森有礼
右下：東京師範学校校務嘱託（1881年6月-1885年8月）・西周
左下：東京師範学校校長（1886年3月-1891年8月）・山川浩
『東京高等師範學校沿革略志』

1886年に森有礼が諸学校に兵式体操を導入する前，多くの中学校や師範学校では歩兵操練を実施していた。本章の課題は，歩兵操練が諸学校に導入される目的と経緯を明らかにするとともに，その実態を究明することにある。
　そのため，第1節では1883年の徴兵令改正前の歩兵操練の実態について論究する。まず体操伝習所における歩兵操練の教習の様子を明らかにした後，1882年の官立大阪中学校の教則認可後の諸学校への歩兵操練導入過程について論究する。その上で新聞等の学校教練に関する論調についても分析する。
　そして第2節では，東京師範学校における歩兵操練の実態について論究する。同師範学校への歩兵操練導入経緯とその実態を明らかにした後，歩兵操練・兵式体操導入時に同師範学校の校務嘱託を勤めていた西周の教育観を検討し，同師範学校の校風と森有礼による兵式体操導入の関係について考察する。
　さらに第3節では，1883年の改正徴兵令第12条に歩兵操練科卒業証書所持による兵役年限満期前の帰休が規定されたことを受けての文部省の対応と，各師範学校・中学校等への歩兵操練導入の経緯を史料に基づいて論究する。

第1節　1883年徴兵令改正前の歩兵操練

　本節の課題は1883年徴兵令改正前の歩兵操練の実態について究明することである。まず体操伝習所で行われた歩兵操練教習の実態を明らかにした後，1882年の官立大阪中学校の教則への歩兵操練導入後，歩兵操練がどのように各学校の教則に導入されていくかについて論究し，最後に当時の新聞等の学校教練に関する論調について分析する。

1　体操伝習所における歩兵操練

　第3章第3節で述べたように，1880年2月に河野敏鎌が文部卿に就任する一方で，「学制」以来文部行政の中心にあった田中不二麿は司法卿に転出し

て明治政府の教育政策は大きく転換する。河野は1879年徴兵令改正の際の元老院会議で，小中学校への教練導入を求める意見書の採択に反対しているが，その主な理由は「時期尚早」というものであり，兵役年限短縮のための学校教練導入には反対ではなかった。文部卿となった河野は，以下のように1880年3月19日付で，東京師範学校と体操伝習所への「人員」の派遣を陸軍卿大山巌に依頼している。

　　今般文部省所轄東京師範学校幷體操傳習所於テ生徒課業中ヘ銃隊操練法式之一科可相加見込候處右操練法式ハ貴省銃隊操練法式ヲ練習為致度候ニ付右練習授業之義貴省ヘ及御依頼度此段及御照會候也
　　　　十三年三月十九日
　　　　　　　　　　　　　　　　　　　文部卿河野敏鎌
　　　陸軍卿大山巌殿
　　　追テ本文御了領相成候ハ，毎週時間生徒人員等別紙之通候条相當之人員右両所ヘ派遣授業相成候様致度此段申添候也
　　　　　　　　　　　　　　　　東京師範学校
　　毎週土曜日午後一時ヨリ二時迄一時間
　　　　　　　　　　　　生徒　九拾壹人
　　　　　　　　　　　　　　　體操傳習所
　　毎週月水金曜日午後三時ヨリ四時迄一時間宛
　　　　　　　　　　　　生徒　貮拾三人[1]

　ここで河野は東京師範学校と体操伝習所で「銃隊操練法式」の授業を行いたいとして，その「練習授業」に必要な「人員」の派遣を陸軍省へ依頼しているのである。なお，東京師範学校は毎週土曜日に1時間，体操伝習所は毎週月水金曜日に各1時間の計3時間の予定となっている。

　そして第3章第3節で言及したように，同年4月頃作成されたと推定される「新定教育令ヲ更ニ改正スヘキ以前ニ於テ現在施行スヘキ件」によれば，当時文部省は，体操の代わりに「兵隊訓練」を各学校に導入することにより，在営年限1年での早期帰休を可能にすることを構想していたのである。

　この後『體操傳習所一覧　明治十七，十八年』によれば，同年9月，文部省は体操伝習所の学科課程に歩兵操練を加えることを発令している[2]。また同

第1節　1883年徴兵令改正前の歩兵操練　　233

写真 4-1　体操伝習所全図

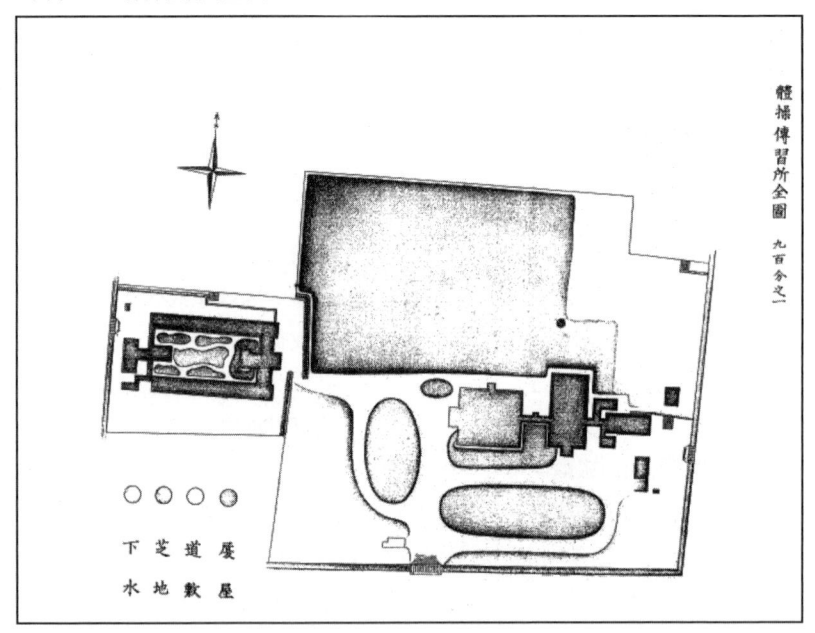

『體操傳習所一覽　明治十七，十八年』

年10月20日，河野文部卿は東京師範学校と体操伝習所の教習に使用するため，スナイドル銃80挺の借用を大山陸軍卿に依頼し，これを受けた大山陸軍卿は10月28日に砲兵第一方面に対して同銃80挺を貸与するよう取り計らうよう指令を出している。なお，この時貸与されたスナイドル銃は2年後「用済」になったとして陸軍省に返納されている。

そして体操伝習所で歩兵操練の授業が開始されたのは，『體操傳習所一覽　明治十七，十八年』によれば同年11月8日である。従って，3月に河野文部卿が大山陸軍卿に人員派遣を申し入れてから授業開始まで7か月以上かかっており，木下秀明はこの間にかなりの曲折があったと推測している。

さらに，11月に教習が始まると，東京師範学校生徒の普段着用している服が「教授上甚不都合」であるとの申し入れがなされて東京師範学校への教師派出が中止される。体操伝習所の場合は普段着とは別に体操服を作ることになっていたが，当時の東京師範学校では，寄宿舎における「喧噪不潔」が戒

234　第4章 歩兵操練の諸学校への導入

められている程度で服装に関する規則がなく，生徒の普段の服装は「日本服着流し」が普通であった。生徒の服装が問題となって東京師範学校の教練が中止になったことについては，元老院における1880年の教育令改正の際の河野文部卿の答弁（第3章第3節参照）や1883年徴兵令改正の際の九鬼文部少輔の説明（第3章第4節参照）でも言及されている。

「體操傳習所第三年報」によると，体操伝習所には陸軍教導団から士官1人と下士官3人が招聘されて1880年11月8日から毎週3回の教授が実施されている。この時点の同所の生徒は1879年入学の第1期生22名と1880年入学の第2期生9人の計31名であった。

この時教授された歩兵操練の内容に関しては『文部省出陳教育品附言抄』中の「體操傳習所報告」に以下の記事がある。

歩兵操練ハ第一，基本體操第一敎ヨリ五敎ニ至ル毎敎十二演習即チ小銃操法ノ爲ニ豫テ身體四肢ノ運動ニ習熟セシメ第二生兵第一部第一章分チテ六敎トシ毎敎徒手運動ヲ敎ヘ第三，生兵第一部第二章分チテ六敎トシ毎敎小銃ノ操法ヲ敎フ而シテ生兵第二部ハ撒兵操練ノ部ニシテ之ヲ演習スルトキハ地勢ノ變換等ヲ要シ本所ノ生徒ニ於テハ之ヲ修メ難キヲ以テ復タ之ヲ敎ヘズ第四，射的ハ即チ歩兵操練ノ一科ニ属スト雖モ本所生徒ノ如キハ其日課多端ナルヲ以テ僅ニ數回ニシテ其業ヲ卒ヘシム

歩兵操練の教授内容は「基本體操」，歩兵操典中「生兵第一部第一章」及び「生兵第一部第二章」であった。この教授内容と週3時間という教習時間は，木下秀明が指摘するように，1884年改訂増補「體操傳習所規則」に規定される歩兵操練とほぼ同一である（本章第3節参照）。なお木下はこの教授内容について，各個及び密集教練に終始しており実際の戦闘に欠かせない散兵と射撃は除外ないし軽視されたと評している。

そして木下は，この「體操傳習所報告」が歩兵操練には生徒を「動止端正ニシテ且順良ノ慣習ヲ養成スル」効果があるとしている点に注目している。木下は，歩兵操練を行うことによって生徒の立ち居振る舞いが端正になり「順良」の慣習が養成されると報告が評価した点は，学校教練は幼童を粗暴にするとした河野敏鎌と対照的で，後の森有礼の兵式体操論と「同じ評価」となっていると指摘している。

第1節　1883年徴兵令改正前の歩兵操練　235

写真 4-2　福岡孝弟

国立国会図書館

この後1881年5月31日に生徒が小隊学を卒業したため[19]，同年6月28日付で福岡孝弟文部卿は教導団からの教員派遣を辞する旨大山巌陸軍卿に申し入れている[20]。そして体操伝習所の第1期生は同年7月に卒業したが[21]，同所は同年10月2日から翌1882年4月12日まで在校生に対する歩兵操練の授業を実施している[22]。この時は文部省から陸軍省へ人員派遣を依頼した記録は見当たらない。体操伝習所の第1期卒業生のうち4人が1881年8月に同所の教員として採用されているので[23]，その中の誰かが担当したと推測される。

なお，文部省は1882年7月卒業の第2期生で給費による体操教員養成を廃止し，体操伝習所は府県から派遣される「伝習員」等に体操術を教授する機関となった[24]。同年1月に制定された伝習員規則によれば，伝習員の学費は府県負担か自弁，修行期間はおおよそ6か月とされ，2年間であった給費生より大幅に減っている。学習する「學科」については「體操術ヲ本科トシ體育論及生理學ヲ以テ副科トス」と規定されているだけで，歩兵操練は規定されていない。既述したように，同年11月に福岡文部卿はスナイドル銃を「用済」になったとして軍へ返納しており[25]，体操伝習所は歩兵操練の教習を止めたのである。

以上概観したように，河野敏鎌が文部卿になってから，文部省は1880年11月から1881年5月にかけての半年間，陸軍教導団から教官を招聘して週3回体操伝習所で歩兵操練の教習を行った。当初の計画では東京師範学校生徒にも週1回の歩兵操練教習を行う予定であったが，同校生徒の服装が教練に適していなかったため中止になっている。

体操伝習所では1881年10月2日から1882年4月12日までやはり半年間歩兵操練の授業を行っているが，この時は軍から教員の派遣を受けていない。そして給費生制度が廃止されると，陸軍から貸与されたスナイドル銃を「用済」になったとして返納している。この後1884年2月に規則が改正されるま

236　第4章　歩兵操練の諸学校への導入

表 4-1　中学校・師範学校教則伺出状況一覧（1881-84年）

	東京府	京都府	大阪府	神奈川県	兵庫県	長崎県	新潟県	函館県	埼玉県	群馬県	千葉県	茨城県	栃木県	三重県	愛知県	静岡県
中学校	16	15	16	14	15	15	15		16	15	16	15	15	15	15	15
師範学校	16	15	15	15	15	15	15	15	15	15	15	15	15	15	15	15
	山梨県	滋賀県	岐阜県	長野県	福島県	宮城県	岩手県	青森県	秋田県	山形県	石川県	富山県	福井県	島根県	鳥取県	岡山県
中学校	15		15		15	15	16	15					15	15	15	14
師範学校	15	15	15	14	15	15	15	15	15	17	15	15	15	15	15	15
	広島県	山口県	和歌山県	徳島県	高知県	愛媛県	福岡県	大分県	佐賀県	熊本県	宮崎県	鹿児島県	沖縄県	札幌県	根室県	
中学校	15	16	15	15	15	15	16		17	14		16	15			
師範学校	15	15	15	15	15	15	15	15		14		16	15	16		

（注）表中14は明治14年，15は明治15年，16は明治16年，17は明治17年を表す。
　　　『官報』第253号（1884年5月6日）より作成

で同所には歩兵操練の授業がなかった。従って河野敏鎌の後を受けた福岡孝弟文部卿の時期（1881年4月–83年12月），文部省は歩兵操練普及に対して積極的であったとは言えないのである。

2　中学校・師範学校の正格化と歩兵操練

　1880年2月の河野敏鎌の文部卿就任以降，明治政府の教育政策は国家統制を強める方向に転じる（第3章第3節参照）。翌1881年には中学校教則大綱（7月）・師範学校教則大綱（8月）が制定され，所管する中学校や師範学校の教則を大綱に従って編成して文部省に届け出ることが各府県に求められた。これにより中学校・師範学校の正格化が進んでいくのである。[26]

　表4-1は官報第253号（1884年5月6日）に「府縣學事規則制定」（文部省報告）として掲載された記事に基づいて，1881年から1884年3月までに中学校教則と師範学校教則を各府県が文部省へ伺い出た年をまとめたものである。1881（明治14）年から1882（明治15）年の2年間にほとんどの府県が中学校と師範学校の教則を文部省に届け出ていたことが分かる。

　このうち，1881年の中学校教則大綱・師範学校教則大綱の制定以降の『文部省日誌』（廃刊される1882年12月まで）に掲載された中学校・師範学校の教

表 4-2 『文部省日誌』記載教則改正時期一覧

	府県名等	伺年月日	認可年月日	歩兵操練	備　考
中学校	熊本	1881/ 8/14	1881/ 8/26		
	山梨	1882/ 1/18	1882/ 3/ 4		
	和歌山	1881/12/24	1882/ 3/14		1回目
	静岡	1881/12/20	1882/ 3/14		
	京都	1882/ 2/ 8	1882/ 3/23		
	官立大阪	1882/ 2/25	1882/ 4/ 8	○	教　　則
	三重県津	1882/ 5/ 2	1882/ 5/17		
	岩手	1881/12/24	1882/ 5/24		
	宮城	1882/ 5/ 1	1882/ 6/ 5	○	
	秋田	1882/ 3/31	1882/ 6/ 6		
	群馬	1882/ 6/16	1882/ 7/ 5	○	
	官立大阪	1882/ 4/15	1882/ 7/11	○	授業要旨
	岐阜	1882/ 7/ 6	1882/ 8/21	○	
	広島及び福山	1882/ 7/15	1882/ 8/25	○	
	兵庫県神戸中学校	1882/ 8/21	1882/10/ 4	○	
	鳥取	1882/ 9/ 1	1882/ 9/16		
	愛媛	1882/ 9/20	1882/10/25		
	和歌山	1882/10/14	1882/11/ 2		2回目
師範学校	熊本	1881/ 8/ 4	1881/ 8/26		
	福島	1881/10/31	1881/12/22		
	茨城	1881/12/ 8	1882/ 2/20		
	山梨	1882/ 1/18	1882/ 3/ 4		
	埼玉	1882/ 2/ 4	1882/ 3/13		
	和歌山	1881/12/24	1882/ 3/14		1回目
	群馬	1882/ 2/21	1882/ 4/19		
	三重	1882/ 3/16	1882/ 5/17		
	岩手	1881/10/14	1882/ 5/24		
	宮城	1882/ 5/ 1	1882/ 6/ 5		
	栃木	1882/ 5/24	1882/ 6/ 5		
	石川	1882/ 6/10	1882/ 7/10		
	福井	1882/ 6/ 3	1882/ 7/13	○	練　　兵
	岐阜	1882/ 7/ 6	1882/ 8/24	○	生兵運動
	長野	1882/ 8/ 8	1882/ 9/ 7		
	長崎	1882/ 6/19	1882/ 8/18	○	
	大分	1882/ 6/14	1882/ 9/22		
	大阪	1882/ 9/18	1882/10/ 4		
	滋賀	1882/ 9/ 6	1882/10/23		
	和歌山	1882/10/14	1882/11/ 2		2回目
	函館	1882/ 8/ 8	1882/12/14		
	岡山	1882/10/21	1882/12/27		

日本史籍協会編『明治初期各省日誌集成　文部省日誌』より作成

則改正に関する記事から，文部省へ伺い出た年月日と認可を受けた年月日をまとめたものが表4-2である。ただし，「府縣學事規則制定」では文部省に伺い出たことになっているのに『文部省日誌』には記載されていない府県は多い。なお，教則に「歩兵操練」(「練兵」「生兵運動」名目含む) が規定されている場合は○で示してある。

　この表では，中学校で6校，師範学校で3校が「歩兵操練」(「練兵」「生兵運動」名目含む) を規定した教則を文部省に申請し認可されている。歩兵操練科卒業証書所持者に対して兵役年限満期前の早期帰休を認める条項が徴兵令に規定される1883年12月より前に，相当数の中学校・師範学校が歩兵操練を教則に導入しているのである。ただし中学校6校に対して師範学校は3校に過ぎない。これは官立大阪中学校の教則が1882年4月に文部省から認可されたのに対し，他の師範学校の基準となるはずの官立東京師範学校の教則認可が1883年8月（中学師範学科は同年9月）と遅れた（本章第2節参照）ことが原因と考えられる。

　このうち，最も早く「歩兵操練」を規定した教則を文部省に認可されているのは1882年4月の官立大阪中学校である。同中学校も教則を制定するにあたり「正規ヲ履行スルノ嚆矢」となって他の学校の基準となる責任の重さを自覚していた。同中学校が教則制定に際して意識した当時の体操の授業の問題点について，同中学の年報は以下のように記している。

　　體操課ノ要ナルハ苟モ教育ニ從事スルモノゝ必ス異口同音ニ賛成スルコトニシテ而シテ之ヲ各地學校ノ實地ニ就キテ云フトキハ却テ之ヲ度外視セサルコト鮮シ或ハ往々之ヲ實施スルモノナキニアラサレトモ其方法善良ナラス其器械整備セス徒ニ生徒ヲ束縛シ却テ生徒ヲシテ倦厭ノ氣ヲ生セシメ體操課ヲ嫌悪セシムルニ至ル是故ニ幼年生徒ハ專ラ粗暴ニ流レ長年生徒ハ漸ク柔弱ニ陷リ隨テ學業進歩ノ遅鈍ヲ見ハスノミナラス往々疾病ヲ醸成シテ廢學スルニ至ルモノアリ盖體操課ヲ勉メサルノ致ス所ナリ本校新ニ體操場ヲ設ケ器械ヲ増益シテ大ニ此課ヲ奨励セント欲スルハ盖之カ爲ノミ

　体操の授業が必要なことは教育に従事する者の間では異論がないが，実地については「度外視」されることが多く，また実施したとしてもその方法が

良くなく「器械」も整備されていないので，生徒に「倦厭ノ氣」を生じさせ「嫌悪」される傾向があったとしている。そのため幼年の生徒は「粗暴」に流れる一方，年長の生徒は「柔弱」に陥って学業が遅れたり病いを得たりして学問を断念する者さえあるので，同中学校では新たに体操場を設けて器具を増やして大いに体操を振興しようというのである。同中学校の体操振興は「健康」増進を主眼としていたと言える。

1882年4月8日に認可された大阪中学校の教育課程表のうち，体操の部分を抜き出してまとめたものが表4-3である。初等科の第四年から高等科の第一年・第二年に「歩兵操練ノ初歩」が毎日30分実施するものとして規定されている。

また，同年7月11日に文部省に遅れて認可された大阪中学校「授業要旨」において体操は以下のように説明されていた。

> 體操ノ要ハ身體ノ發育ヲ平等ニシ健康ヲ保全セシムルニ在リ故ニ先ツ美容術ヲ授ケ次ニ徒手體操，輕體操，重體操ヲナサシメ兼ネテ歩兵操練ノ初歩ヲ演習セシムヘシ但毎學期活力統計表ヲ製シテ其成果ヲ證明センコトヲ要ス[30]

ここでも体操の主眼は身体の発育と健康の保全とされている。そして歩兵操練は体操の一手段として位置付けられている。なお，同中学校の年報は，教則認可前年の1881年9月から導入した体操の成果について以下のように報告している。

> 明治十五年四月十三日體操科用測尺噐類成ル乃始メテ生徒ノ身長及活力ヲ測算ス越テ翌月新ニ洋琴ヲ購ヒテ體操場ニ備置シ漸ク之ヲ用キテ體操ノ節度ヲ調ス抑昨年九月始メテ此科ヲ設ケシニ當リテヤ生徒中之ヲ一片ノ遊戯視シテ其就課ヲ慊シトセス或ハ列ニ笑ヒ或ハ惰容アルヲ免レサリシカ其漸ク習練シテ一擧手一投足屈伸動作節度善ク調ヒ一隊一人ノ如キ比ヒテハ所謂手ノ舞ヒ足ノ踏ヲ知ラス氣ヲ皷シ力ヲ極メテ操作シ課了レハ冬日尚全身ニ發汗セサルモノナキニ至レリ而テ其結果ハ疾病者漸ク少キヲ致セルノミナラス食慾頓ニミ從來ノ食量ニテハ耐ヘ難キヲ訴フルモノ多クシテ爲ニ寄宿生徒ノ食量ヲ増益スルニ至レリ[31]

導入した当初は，体操に真面目に取り組んでいなかった生徒も，「一挙手

表 4-3　大阪中學校「體操」内容一覧（1882年）

初等中學科							高等中學科			
第一年		第二年		第三年	第四年		第一年		第二年	
第八級	第七級	第六級	第五級	第四級	第三級	第二級	第一級	第四級	第三級	第二級	第一級
美容術徒手及啞鈴演習	美容術徒手及啞鈴演習	啞鈴及棍棒球竿演習	啞鈴及棍棒球竿演習	啞鈴棍棒球竿及木環演習	啞鈴棍棒球竿及木環演習	啞鈴棍棒球竿木環及鞦韆行桿斜梯演習歩兵操練ノ初歩	啞鈴棍棒球竿木環及鞦韆行桿斜梯演習歩兵操練ノ初歩	啞鈴棍棒球竿木環及鞦韆行桿斜梯演習歩兵操練ノ初歩	啞鈴棍棒球竿木環及鞦韆行桿斜梯演習歩兵操練ノ初歩	啞鈴棍棒球竿木環及鞦韆行桿斜梯演習歩兵操練ノ初歩	啞鈴棍棒球竿木環及鞦韆行桿斜梯演習歩兵操練ノ初歩

日本史籍協会編『明治初期各省日誌集成　文部省日誌』19より作成

一投足屈伸動作節度善ク調ヒ一隊一人ノ如キ」状態にまで上達して疾病にかかる者が少なくなり，食事量も多くなったと健康上の利益を述べている。ただしこの時の体操に歩兵操練が入っていたかどうかは不明である。

　このようにして制定された官立大阪中学校の教則は，他の中学校・師範学校が教則を制定する際の基準となった。表4-4は，表4-2中の歩兵操練を導入した中学校・師範学校の体操の授業要旨をまとめたものであるが，各学校の体操に関する説明は大阪中学校の説明とよく似ている。そして身体の発達と健康の保全を目的とする体操の一手段として歩兵操練が位置付けられている点では皆同じである。

　以上論及してきた通り，1882年4月「歩兵操練」を規定した教則を初めて文部省によって認可された（授業要旨は同年7月）官立大阪中学校は，身体の発育と健康の保全を目的とする体操の授業の一手段として歩兵操練を位置付けていた。そして，教則大綱制定以後進められた正格化の流れの中で，同中学校の教則が基準となって，相当数の中学校・師範学校に歩兵操練が規定されたが，あくまで身体鍛錬による健康保全を目的とする体操科の一部として位置付くものであり，1883年12月の徴兵令改正以前は兵役年限短縮という目的により導入されたわけではなかったのである。

3　歩兵操練をめぐる新聞論調

　1883年の徴兵令改正前の新聞紙上に現れた学校教練に関する論調について

表 4-4　歩兵操練導入中学校・師範学校体操授業要旨一覧

宮城中學校	體操ヲ授クルノ要ハ身體ノ發育ヲ平等ニシ其健康ヲ保續シ天賦ノ官能ヲ完全ナラシムルニ在リ故ニ先ツ美容術ヲ授ケ次ニ徒手體操輕體操重體操ヲナサシメ兼テ歩兵操練ノ初歩ヲ演習セシム而シテ毎學期活力統計表ヲ製シテ其成果ヲ證明センコトヲ要ス
群馬縣立中學校	體操ハ體格ヲ端正ニシ肺量ヲ寬濶ニシ關節ヲ利シ筋力ヲ强クシ以テ生徒ノ健康ヲ保全セシムルヲ要ス故ニ首メニ美容術ヲ授ケ次ニ徒手演習啞鈴棍棒球竿歩兵操練ヲ演習セシメ毎學期ニ活力統計表ヲ製ス
岐阜縣中學科	體操ノ要ハ身體ノ發育ヲ平等ニシ健康ヲ保全セシムルニ在リ故ニ先ツ美容術ヲ授ケ次ニ徒手體操輕體操重體操ヲナサシメ兼ネテ歩兵操練ノ初歩ヲ演習セシムヘシ但毎學期活力統計表ヲ製シテ其成果ヲ證明センコトヲ要ス
廣島中學校及び福山中學校	體操ハ徒手運動ヨリ啞鈴球竿木環印度棍棒等ノ操縱法ヲ授ケ又歩兵操練ヲ演習セシメ以テ身體ノ發育ヲ平等ニシ健康ヲ保全セシム
兵庫縣神戸中學校	體操ノ要ハ身體ノ發育ヲ平等ニシテ健康ヲ保全セシムルニ在リ故ニ先ツ美容術ヲ授ケ次ニ徒手體操輕體操重體操ヲナサシメ兼ネテ歩兵操練ノ初歩ヲ演習セシムヘシ但毎學期活力統計表ヲ製シテ其成果ヲ證明センコトヲ要ス
福井縣師範學校	本科ニ於テ授クル體操ノ要ハ身體ノ發育ヲ平等ニシ體容ヲ裝點シ健康ヲ保全スルノミナラス他日小學教員トナリテ生徒ニ教授スルニ在リ故ニ先美容術ヲ授ケ次ニ徒手運動ヨリ器械動作ニ及ホシ兼テ練兵運動ノ初歩ヲ演習セシム
岐阜縣師範學科	各等科ニ於テ之ヲ課ス凡ソ體操ヲ授クルニハ徒手器械室内室外等ノ運動等ヲ爲サシメ體軀ヲ强壯ニシ精神ヲ爽快ニシ勉學ヲ補助スルヲ以テ主トス
長崎縣師範學校	美容術徒手運動器械運動ヲ授ケ又時アリテハ兼テ擊劔及歩兵操練ノ初歩等ヲ授ク凡體操ヲ授クルニハ軀幹ヲ端正ニシ肺量ヲ寬濶ニシ關節ヲ利シ筋力ヲ强クシ以テ健康ヲ保全スルモノナレハ務テ快活ニ之ヲ施サンコトヲ要ス

日本史籍協会編『明治初期各省日誌集成　文部省日誌』21・22・23・24より作成

は塩入隆の先行研究があり，1882年から1883年徵兵令改正までの時期に関しては『東京日日新聞』『内外兵事新聞』『朝野新聞』『東京横浜毎日新聞』[32]の社説や投書を分析している[33]。ただし，「新聞論調に現れた兵式体操論」と題していることから分かるように，塩入には兵式体操とその導入以前に実施されていた歩兵操練を区別する視点がなく，後の兵式体操との連続性という観点から新聞記事を検討しているため，本書では兵式体操との相違に注目する視点から当該新聞記事を検討し直す。なおこの時期の新聞記事で学校教練を指す語は様々で「歩兵操練」で統一されていたわけではないが，1882年4月の官立大阪中学校の教則認可以降1885年の兵式体操導入までは，「歩兵操

練」が学校教練を指す語の主流となるので，本書では兵式体操との相違に注目する視点から，この時期の学校教練を「歩兵操練」と呼ぶ。

1.『内外兵事新聞』上の歩兵操練論

週刊で発行されていた『内外兵事新聞』の第398号（1883年4月1日）は「小學ノ教育ニ武技ヲ交ヘ用フヘキノ論　前号ノ續キ」と題する社説を掲げている。「前号ノ續キ」とあるので，少なくとも前号には同題名の社説が掲げられていたはずであるが，『近代日本軍隊関係雑誌集成．第1期』（ナダ書房，1990年）所収の『内外兵事新聞』は第396号と第397号が欠けており，その内容を確認することができない。現在確認することのできる第398号は以下のような書き出しで始まる。

> 小學ノ教育ニ武技ヲ交ヘ用フルノ説ハ我當局者モ亦之ニ注意セラレサルニアラス曩キニハ文部省ニ於テ体操傳習所ヲ設ケ陸軍ノ下士官ヲ聘シテ教師ト爲シ以テ体操教師ヲ養成セラレ又教育令改正ノ時ニ當リテハ元老院ニ於テ小學校ノ教科中ニ武技ノ一科ヲ加フヘキノ動議起リ巷説ハ寡數ニ由テ遂ニ敗レタリト雖モ賛成者モ亦頗ル多カリシトノ風説アリ又其以前某君ノ文部卿タリシ時ニハ小學生徒ニ武技ヲ習ハシムヘキノ議起リテ木銃ヲ携帯シテ操練ニ擬スヘキ等ノ説アリシニ種々ノ障礙アリテ其事遂ニ行ハレサリシト聞ケリ余輩ハ當時是等ノ風説ヲ聞ク毎ニ深ク之ヲ惜ミタリシカ今日ニ至リ一方ニ於テハ兵備擴張ノ聖諭ヲ拜讀シ又一方ニ於テハ幼年子弟ノ活潑健強ナル者漸ク減シ兵役ヲ規避スル者益々多キカ如キノ現状ヲ見ルカ故ニ益々少年ノ教育ニ武技ヲ交ヘ用フルノ必要ナルヲ感シ鄙見ヲココニ吐露シテ以テ當局者ノ採用アランコトヲ望ムニ至レリ[34]

ここでは，1880年教育令改正の際に，元老院で小学校へ「武技」を導入する動議が出されて否決されたことが「風説」という形で紹介されている。元老院における学校教練についての議論は，このようなかたちで一般にある程度知られていたことが分かる。そして社説執筆者は「兵役ヲ規避」する者がますます多い現状を懸念して小学校への「武技」導入の必要性を説き，以下のように具体的な説明をしている。

> 其所謂武技トハ何ソヤ彼ノ体操術ノ如キハ啻ニ其身体ヲ健強ナラシムルノ益アルノミナラス常ニ之ヲ行フ時ハ志氣モ亦自ラ活潑ナルニ至ルト云

ヘハ之ヲシテ普ク中小學ニ行ハレシメンコトヲ冀望スルヤ勿論ナリト雖モ余輩ハ特ニコレノミニ止マラス前年文部省ニ於テ發議アリシカ如ク木銃ヲ製シテ生徒ニ付與シ之ヲシテ銃ノ使用隊伍ノ運動等ヲ習ハシメラレンコトヲ欲望スルナリ人或ハ日ハン斯ノ如キノ技ヲ生徒ニ敎ヘント欲スレハ先ツ其服制ヨリシテ改正セサルヘカラス是レ今日ニ於テ決シテ行ハルヘカラサル所ナリト然レトモ此事固ヨリ外見ヲ裝スヘキニアラサラハ當初ハ角袖ニ襷ヲ用イテ之ヲ行フモ敢テ妨ケナカルヘシ此ノ如クニシテ年月ヲ經ルトキハ天下少年男子ノ平服ハ漸次ニ運動ニ輕便ナル窄袖細袴ト爲ルヤ必然ナリ人或ハ日ハン之ヲ行フニハ校毎ニ武技ニ熟練ナル敎師ヲ特ニ雇入レサルヘカラス是レ亦一難事ナリト然レトモ今ヤ服役滿期ノ下士卒ハ各地方到ル處少ナキニアラス之ヲ雇ヒ入ル、モ日々僅々ノ時間ナレハ敢テ難キニアラス[35]

ここで社説は，反対意見を意識しながら木銃を生徒に与えて銃の使用や隊伍の運動を習わせることを主張している。すなわち，服装をまず改めなければならないので実施できないという反対意見に対しては，当初は角袖に襷を用いて行ってもよく，年月が経てば運動に便利な服装に変わっていくだろうと反論し，熟練した教師を雇うことが難しいという反対意見については，服役満期の下士卒が多く地方にいるし日々僅かな時間であるので難しくはないと反駁している。

この後社説は小学校に「武技」を加えると，「全國ノ子弟」の志気が活発になるとともに体躯が強壮となり，徴兵忌避の風潮が跡を絶つと主張し，ヨーロッパの小国スイスが大国の間にあって永く独立を保っているのは人民の「尚武ノ志氣」が旺盛だからであると説明を加えている。また「其三年間ノ常備服役期限ヲ短縮セラルルモ常備兵員中復タ一個ノ不熟練ナル者アルコトナキヲ得ヘシ」と，兵役年限短縮の利点も「武技」導入理由として挙げている。

以上のように，『内外兵事新聞』社説は，徴兵忌避の風潮への危機感から，「尚武ノ志氣」を身に付けさせることと兵役年限を短縮することの2つを主目的として小学校から「武技」を訓練することの必要性を説いた。第3章で論究した元老院における学校教練導入論の論拠をまとめた形で示してい

ると言える。

2.『東京日日新聞』上の歩兵操練論

　ここでは塩入の先行研究で言及されている『東京日日新聞』の1882年9月16日から19日まで3回に分けて掲載された兼﨑茂樹の寄書「教育論一斑」と1883年6月4日の社説「尚武ノ氣象ハ體育ニ起ル」について検討する。

　まず，兼﨑茂樹の寄書「教育論一斑」について検討する。兼崎茂樹は，能勢修一によれば体操伝習所第1回卒業生である。[36]この寄書において兼崎は教育における体育の重要性を説き，中でもアメリカ・マサチューセッツ州アーマスト大学で盛んに行われていた「大阿連比斯」（ダイオルイス）流の軽体操を推奨している。一方で兼崎が撃剣とともに学校教練を批判していることを，塩入や能勢の先行研究は注目してきた。[37]このうち，塩入は「医療保健的色彩の濃い体操学」の観点から教練を批判したとまとめているが（能勢は撃剣と学校教練を批判している事実の指摘にとどまっている），本書では兼﨑が「學者ノ体育」と「兵士ノ体育」を明確に区別していることに注目したい。

　兼崎は，「學者ノ体育」に必要な11の要素と「兵士ノ体育」に必要な3つの要素を対比させて両者の境界を立てることを主張するのだが，「兵士ノ体育」について兼崎は以下のように説明している。

　　軍陣ハ規律嚴整ナラザレバ敵者ノ肝膽ヲ挫折スル能ハズ然ルニ人ハ生レナガラニシテ抵抗心ヲ有スルモノナルカ故ニ指揮者ノ命令ニ服從セザルコトアレバ指揮者タルモノハ先ヅ之ガ抵抗心ヲ奪ハザルベカラズ又夕婦人ノ小勇ヲ有セズシテ龍虎ノ猛勇ナカルベカラズ然ルニ夥多ノ兵士ノ悉ク猛勇ナルコトヲ得ザルベシ故ニ平生力メテ此氣象ヲ養成セザルベカラズ然リ而シテ此二事ニ就テ十分ニ指揮者ノ目的ヲ達セシメンニハ先ヅ嚴酷ナル体操運動ト教授法トニ依リ習慣ヲ以テ抵抗心ヲ剥奪シ從順心ヲ養成スルコト猶ホ德川政府ガ三百年間天下ノ人心ヲ抑壓セシガ如クナルベシ一方ニ於テハ又嚴酷ナル体操活潑ナル運動ヲ以テ兵士ノ一舉一動猛烈ノ勢ヲ有セシムルヲ要ス學士ノ体操ハ其舉動モ從容優々楽器ニ和シテ爽快ノ心ヲ起サシメ其運動ニ制限ヲ置キテ嫌怠ヲ来サザルコトニ注意セザルベカラズト雖トモ兵士ノ舉動ハ一定ノ制限ナクシテ嫌怠疲勞ヲ生ズルモ指揮者他ノ舉動ヲ移シ来リテ之ヲ慰勞スルコトナク却テ其辛苦ニ當

第1節　1883年徴兵令改正前の歩兵操練　　245

ラシムベシ是レ兵士体操ノ精神ナリ是レ古今各國練兵ノ要術ナリ[38]

　ここで兼崎は，ゆったりと優しく心を「爽快」にすることを目的とする「學士」の体操とは異なり，「規律嚴整」が要求される軍では，「嚴酷」な「体操運動」と「教授法」により，人が生まれながらに持つ「抵抗心」を剝奪して「從順心」を養成することが求められるとしている。なお兼崎は，これを徳川幕府の人心抑圧になぞらえており，「抵抗心」の剝奪に対して批判的である。結果として兼崎は，当時中学校や師範学校で導入が進められていた歩兵操練に批判的で，普通学校には軽体操が適していると主張しているのであるが，学校教育と軍事教育の性質を明確に区別して学校教練そのものを批判した論説として注目に値する。

　ただし，『東京日日新聞』紙の立場が学校教練に反対だったわけではない。1883年6月4日に『東京日日新聞』の社説「尚武ノ氣象ハ體育ニ起ル」はむしろ学校教練の導入を積極的に主張している。この社説は，徴兵忌避する当時の風潮を「尚武ノ氣象」が大いに「衰頽」していると捉えた上で，小学校への「銃槍ノ操練」導入を以下のように主張している。

然バ則チ何ヲ以テ體育ノ一科トシ以テ尚武ノ氣象ヲ養成スルモノトスルカ曰ク銃槍ノ操練是ナリ我國ノ政治ハ國民ヲシテ舉ナ兵タラシムルノ制度ナレバ此政治ノ大目的ト并行セシムル爲ニハ學ニ就ク所ノ子弟ヲシテ其入學ノ初ヨリ銃ヲ操ルコトヲ習ハシムルニ若クハ無シ而シテ其方法ハ必ズ真ノ銃槍ヲ以テスルヲ須ヒズ棍ヲ以テ銃ニ充テ竹ヲ以テ槍トナシ袂ヲ巻キ裳ヲ襃ケ平服ヲ以テ戎装ニ換ヘ亦却テ輕便ナリ而シテ漸次其業ヲ進メ小隊運動マデニ至ラシメ其操練熟スルニ及ビテハ或ハ數校協議シテ春秋二季ヲ以テ中隊若クハ大隊ヲ編成シ然ルベキ原野ニ於テ小學生徒ノ操練ヲ爲サシムル等ノ方法トセバ第一ニ其體力ヲ壯健ニシ併セテ尚武ノ氣象ヲ發起セシメ他日成長ノ後兵役ニ服シ武功ヲアラハサント望ム如キ思想ヲ生ズルハ必然ナリ少年子弟ニシテ此氣象ニ富マバ徴兵適齡ニ及ヒ應募ノ事ヲ忌避スル如キコトハ決シテ之レアラザル可シ又其操練ノ教師ハ豫備後備トシテ郷里ニ歸休スル所ノ下士官多ケレバ孰レノ地方ニ於テモ教師其人ニ難カラズ費用モ亦多キヲ要セザル可シ如是ンバ則チ全國皆兵タルノ政治ニ應ズルニ全國皆兵タルノ教育ヲ以テスルモノナリ[39]

小学校入学の初めから「銃槍ノ操練」を課すと「尚武ノ氣象」が養成され徴兵を忌避することもなくなるという気質鍛錬効果と，体力を壮健にするという身体鍛錬効果の両方を挙げている。また，操練にあたっては戎装して本物の銃槍を用いる必要はなく，平服で棍や竹を用いて行えば十分であり費用も多くはかからないとし，予備後備の下士官に担当させればよいとしているが，これは先に検討した『内外兵事新聞』の社説とよく似ている。時期的には『東京日日新聞』社説の方が後に出ており，『内外兵事新聞』社説の影響を強く受けて『東京日日新聞』社説が書かれた可能性がある。ただし，『内外兵事新聞』が挙げていた兵役年限短縮の利点について『東京日日新聞』は触れていない。

3.『東京横浜毎日新聞』上の歩兵操練論

　『東京横浜毎日新聞』では1883年12月12日から27日まで11回にわたって「徴兵令改正ノ議」と題する社説を掲載している。３年の服役年限を１年前後に短縮すべきという主張が全体の骨子であるが，このうち，第５回と第７回の社説が歩兵操練について言及している。

　まず第５回の社説で，学校で数年間「兵士ノ操練法」を学ぶことにより，服役年限を短縮することにより生じる兵士の熟練不足という欠点を補うことができると説明した後，第７回の社説では「兵士ノ操練法」を学校に導入するにあたって言及しておかなければならない点として，①全国多数の民情がこの類の体操を好まない恐れがあること，②操練法の用法によっては全国の「文藝」を目的とする学校が「兵學豫備校」となる恐れがあること，の２点を挙げている。そしてまず①について次のように説明している。

> 思フニ此等ノ父兄ハ平生兵役ヲ嫌フノ念深キガ故ニ今日校内ニ於テ操練ヲ爲スハ他日兵役ニ取ラル、ノ豫備トナル者ト思ヒ兵役ヲ嫌フノ情推シテ兵士類似ノ体操ヲ嫌フコトトナリタルナリ然トモ吾人ガ上來ニ述ベ又是ヨリ述ントスル方法ヲ用ヒ操練ハ左程ニ嫌フ可キ者ニアラズ兵士ハ決シテ羞ツ可キ者ニアラズト云ヘル風習ヲ爲サシメバ此等ノ父兄モ今日ノ如クニ校内ニ於テ練兵ニ擬シタル体操ヲ嫌フ者ニアラザルベシ只現今ノ民情上トナク下トナク兵役ヲ避クル一種ノ風習ヲ爲シタルガ故ニ弊害此ニ至リシナリ

「上トナク下トナク」兵役を忌避する風潮が蔓延していることから，学校で「兵士類似」の体操を行うと，兵役に取られる準備と見なされてしまい嫌われてしまうと分析した上で，操練は忌避すべきものではなく兵士になることは決して恥ずべきことではないという風潮に導いていくことが大事だと主張している。そして体操に代えて「兵士ノ操練法」を学校に導入するためには以下のような注意が必要だとする。

> 若シ此体操法ヲ取用スルコトアルモ讀書ノ課業ニ影響ヲ及ボサシメザルコト是ナリ若シ當局者ニシテ此体操ニ過度ノ價ヲ附シ汝ガ筆ヲ投シ汝ガ書冊ヲ擲チ汝ガ讀書時間ヲ短縮シテ兵士ノ操練法ヲ學ベヨト云ハ，學校生徒ノ第一目的ナル文藝ハ進マズ全國數万ノ學校ハ變シテ兵學校ノ豫備門ト化スルニ至リ父兄ノ學事ニ意アル者ハ子弟ヲ學校ニ入ルルヲ好マザルコト殆ント今日兵籍ニ入ルヲ好マザルト同一ノ感情ヲ引起スナラン學校ハ武ヲ講スル所ニアラズ（兵學校ヲ除ク）[42]

「兵士ノ操練法」を過度に評価して本来の目的である学業の時間を削るようなことがあってはならないというのである。そして，もし全国数万の学校を「兵學校ノ豫備門」にすることになれば，人々は今日子弟を軍籍に入れるのを好まないように子供を学校に入れることを好まなくなるだろうと警告している。普通学校は「武ヲ講スル所」ではないので配慮が必要だとしているのである。

このように学校教育と軍事教育の違いを明確に意識している点が兼﨑茂樹の「教育論一斑」と同じである。しかし，兵役忌避の風潮を問題視し，その風潮を変えるために「兵士ノ操練法」を学校へ導入することを主張している点では『内外兵事新聞』や『東京日日新聞』の社説と同じだと言える。

塩入隆は「強兵策」を主張する国家主義的な『内外兵事新聞』『東京日日新聞』と，「人民の苦痛軽減」を主張する民権的な『東京横浜毎日新聞』とを対照的に捉えて，『内外兵事新聞』『東京日日新聞』が徴兵忌避をなくすために「尚武」の気象を養成する学校教練を主張しているのに対し，『東京横浜毎日新聞』は国民の負担軽減のため兵役年限を短縮する学校教練を主張していると述べている[43]。しかし，すでに論及してきた通り，『東京横浜毎日新聞』も徴兵忌避の風潮への懸念を学校教練導入の理由としている一方で，兵

役年限短縮は『内外兵事新聞』も主張していた。従って，これらの主張で両者の立場を区別することはできない。

そこで本書は，学校教育と軍事教育を区別する意識に着目する。兼﨑茂樹の「教育論一斑」や『東京横浜毎日新聞』社説は，学校教育と軍事教育の違いを明確に意識しており，学校教練によって人が生まれながらに持つ「抵抗心」が剝奪されたり，普通学校が「兵學校ノ豫備門」化されたりすることを警戒してた点が『内外兵事新聞』『東京日日新聞』の学校教練論には見られない特徴なのである。また，学校教育と軍事教育を明確に区別する点は，河野敏鎌（第3章第3節参照）や西周（本章第2節参照）の教育観・軍事観に通じる一方で，森有礼（第5章第1節参照）の教育観・軍事観とは異なるのである。

本節では，まず1880年以降の文部省の取り組みについて論究した。河野敏鎌文部卿は，東京師範学校でも歩兵操練を行うことを計画していたが，生徒の服装が適さないため同師範学校での歩兵操練は中止された。体操伝習所では1880年・81年の2回，各半年間の歩兵操練教習を実施した。このうち1880年については陸軍教導団から教官の派遣を受けたが，翌年は教官派遣を断り，給費生卒業後は陸軍から貸与された銃も返納して歩兵操練の教習を行わなくなったのである。

そして次に1881年の中学校・師範学校の教則大綱制定以後の諸学校への歩兵操練導入経過について論究した。1882年4月文部省の認可を受けた官立大阪中学校の教則中に規定された歩兵操練がモデルとなって，相当数の中学校・師範学校に歩兵操練が規定されたのであるが，それらはあくまで身体鍛錬による健康保全を目的とする体操科の一部に過ぎなかったのである。

さらに最後に，当時の新聞記事を，森有礼の兵式体操論等との比較という観点から分析した。その結果，『東京日日新聞』に掲載された兼﨑茂樹「教育論一斑」や『東京横浜毎日新聞』社説が，学校教育と軍事教育の違いを明確に意識した点が『内外兵事新聞』『東京日日新聞』社説の学校教練論には見られない特徴であることを明らかにした。

次節では，森有礼により兵式体操が導入される以前の東京師範学校で行われていた歩兵操練の実態について論究する。

第2節　東京師範学校と歩兵操練

　東京師範学校は1872年5月設立された官立師範学校である。森有礼は1885年5月に最初の兵式体操を東京師範学校に導入するが，当時同校ではすでに歩兵操練を実施していた。本節では，森がなぜ歩兵操練に代えて兵式体操を導入するのかという問題意識に基づき，同校への歩兵操練導入の経緯とその実態について論究するとともに，校務嘱託西周の下での同校の校風について考察する。

1　歩兵操練の導入と実態

　前節で論及したように，1880年に東京師範学校生徒に陸軍教導団の協力を得て教練を行う計画があったが，同校生徒の服装が教練に適さないため中止になった。その後1881年8月に師範学校教則大綱が制定されたことを受けて，1883年8月に小学師範学科及び附属小学校規則，同年9月に中学師範学科規則の改正を行った際に歩兵操練が導入されたのである。ちなみに，師範学校教則大綱で示されている課程表例では「體操ハ適宜之ヲ授クヘシ」とされているだけで時間数は示されていない。[44]
　1883年の規則改正前，体操は週5時間の配当で「徒手演習，啞鈴，球竿，棍棒演習，正列進行」を行うものと規定されていた。[45]規則改正により体操は週3時間に減った上で「徒手運動，器械体操，歩兵操練，操艪術」を行うものと改定されたのである。[46]なお，週3時間という時間については毎日30分ずつ週6日行うという運用がなされていた。[47]
　同校の規則は体操について以下のように説明している。

> 體操　體操ヲ授クルノ要ハ身體ノ諸部ヲ運用シ以テ健康ヲ保チ發達ヲ完全ナラシムルニアリ乃チ毎日之ヲ演習セシム其法先ツ體格ヲ端正ニシ十分ニ筋力ヲ用ヒテ諸種ノ運動ヲナサシメ兼テ體操ノ本旨準備等ノ大意ヲ授ケ他日兒童ニ良好ノ體操ヲ施スコトヲ得セシム又歩兵操練ヲ授ケ時ニ操艪術ヲ演習セシム[48]

体操の目的を健康の保全と身体の発達とした上で，歩兵操練を体操の一部

写真 4-3 　東京師範学校（1874年）

東京文理科大学『創立六十年』

として規定している。この点は，前節で論及した官立大阪中学校等における歩兵操練と同じである。ところで「體操傳習所第五年報」には東京師範学校における1883年の体操科の状況について，以下のような記事がある。

> 師範學校ハ生徒ノ數百四十八名アリテ之ヲ甲乙丙ノ三組ニ分チ毎日三十分間ノ體操ヲ課ス其甲乙二組ハ較々修業ノ年月ヲ歷テ輕運動ノ諸科ハ大要之ヲ修了シ丙ノ組ハ乃チ新入ノ生徒ヲ以テ編成セルカ故ニ其術モ稍々低度ニ在リテ未タ徒手啞鈴等ノ運動ヲ卒ラサルモノ多シ同校ノ教則ハ體操ヲ必修科トシ試驗ニ因リテ其優劣ヲ定ム故ニ生徒ノ本科ノ修業ニ勤勉ナル過ニ他ニ勝ル所ノモノアリ又歩兵操練及ヒ操櫓術モ均ク正科ノ一位ヲ占メ今ヤ歩兵操練ハ既ニ基本體操ヲ了リ將ニ生兵ノ科ニ進マントシ操櫓術モ亦大ニ進歩ノ兆ヲ顯ス者アリ[49]

同校の教則では体操が必修とされ試験で優劣が判断されるため，同校の生徒は他の官立学校の生徒より「勤勉」に体操科に取り組んでいるとされている。また，歩兵操練については，すでに基本体操を終えて，「生兵ノ科」に進むところだとされている。なお，東京師範学校の体操科に歩兵操練が導入されて間もない1883年11月，文部省からの照会を受けてスナイドル銃60挺を附属品とともに貸し渡すよう，陸軍卿大山巌から砲兵第一方面に対して指令

が出ている。この事実は木下秀明等の先行研究で指摘されていないが、銃器を使った歩兵操練が実施されていたことが分かる。ただし、「體操傳習所第五年報」によれば、歩兵操練を含む体操の授業は体操伝習所の教員が東京師範学校に出張して行っており、1884年6月に倉山唯永歩兵大尉が赴任するまで軍人の指導は受けていなかったようである。そして翌1884年の実施状況について「體操傳習所第六年報」には以下の記事がある。

> 東京師範學校ノ生徒ハ新舊合シ其數百五十六名アリテ之ヲ四組ニ區別ス其授クル所ノ體操ハ歩兵操練、輕運動ノ二科ニシテ歩兵操練ハ毎週二時間以上輕運動ハ一時間以上之ヲ課ス而シテ其教授ハ本所派遣ノ教員之ヲ擔任ス斯ニ各組ニ就キテ歩兵操練科ノ進歩ノ程度ヲ示サンニ第四組ノ生徒ハ在學ノ日甚タ淺キヲ以テ僅ニ生兵學第一部第一章ノ半ヲ修業スルニ過キスト雖トモ第三組ハ既ニ同第二章ノ技藝ニ進入シ第二組ハ專ラ銃劔術ヲ學ヒ而シテ第一組ノ生徒ハ現ニ小隊學修業中ニアリテ孰レモ大ニ進歩ノ兆ヲ顯セリ又輕運動ノ科ハ從來修業ノ日ヲ積ムコト甚タ多キカ故ニ其程度モ自ラ高ク隨ヒテ其術ノ進歩ト熟練トハ又逈ニ他ニ勝リテ見ル可キモノアリ又同生徒ハ歩兵操練、輕運動修業ノ餘暇ニ操櫓術ヲモ研究セシカ是又其術ノ進歩ニ於テ見ル可キモノ尠シトセス

体操の授業は歩兵操練と軽運動の2科に分けられている。そして歩兵操練は毎週2時間以上、軽運動は1時間以上とあるので、歩兵操練は週6回の授業日のうち4回実施されていたことになり歩兵操練の比重の方が大きい。歩兵操練の教習は4組に分けて行われたが、ここに示されている各組の「進歩ノ程度」をまとめたものが表4－5である。

生兵学の第一部第一章と第二章、小隊学という教授内容は、体操伝習所における同時期の歩兵操練の教科細目とほぼ同じである（次節参照）。なお歩兵操練についてはいずれの組も大いに進歩の兆しがあり、また軽運動の進歩と熟練は他の官立学校を圧倒していると評価している。

そして同年報によれば、1884年6月27日に文部省御用掛兼勤体操伝習所勤務となった倉山唯永歩兵大尉が同年9月22日から東京師範学校生徒の歩兵操練科の授業を「監督」するようになったとあり、同校の歩兵操練は将校の指導を受ける本格的なものになった。

表 4-5　東京師範学校歩兵操練「進歩ノ程度」

第四組	生兵學第一部第一章ノ半ヲ修業
第三組	同第二章ノ技藝ニ進入
第二組	銃劍術
第一組	小隊學修業中

「體操傳習所第六年報」より作成

　以上概観したように，1883年に東京師範学校に導入された歩兵操練は，健康の保全と身体の発達を目的とする体操の一環として規定されていたが，同年11月には陸軍から銃器を借り受け，翌1884年9月からは将校の指導を受ける本格的なものとして実施されていたのである。

2　校務嘱託西周と東京師範学校の校風

　西周は1881年6月から1885年8月まで東京師範学校の校務嘱託を務めている。1883年の歩兵操練導入や1885年の兵式体操導入は西の校務嘱託在任時に行われているのである。東京師範学校の歩兵操練導入は，官立大阪中学校等先行して導入していた学校に倣ったものであったが，西はもともと徹底的な国民皆兵の立場から小学校への学校教練導入を主張していた（第1章第2節参照）。

　歩兵操練導入を円滑に進める上で陸軍参謀本部御用掛を兼任して文部・陸軍両省に顔が利く西の存在は大きかったと思われるが，西は軍隊の秩序を東京師範学校に持ち込むことはなかった。1878年2月から5月にかけて陸軍の将校を相手に行った講演の中で，西は次のように述べている。

　　ソレ兵家法則ノ大意ハ所謂「オベケアンス」，卽チ從命法ニテ，之カ爲ニ所謂「イエラルシーミリテイル」，卽チ軍秩ノ制ヲ設ケテ之ヲ規律スル所以ナリ，是維新前武家ノ政治ニ在テハ怪シムニ足ラサルコトナリト雖トモ，今日ノ政治ニ於テハ常道ト相反シ，平常社會ト正シク相表裏スル者ナリ，故ニ平常社會ニ在テハ人々大率同一權ヲ主トスト雖トモ，軍人ニ至テハ一人モ同一權アルコト莫シ，上大將ヨリ下兵卒ニ至ルマテ官階等級ノ差別アルハ勿論，同官階同等級ノ間ニテハ，又停年新舊ノ別異アリテ，長官上官ニ對シ從命法ヲ守ルヘキハ勿論，同列中ト雖トモ停年多キ者ニハ服從セサルヲ得スシテ，縱ヒ不服ノコトニテモ一旦ハ其命ニ

従フヘシト云フ例規タリ，是正ニ平常社會ト相反スル所ニテ[54]，之ヲ譬フレハ平常社會ハ碁ノ如ク黑白ノ別アレトモ，一石唯一石ノ權アルノミ，軍人社會ハ猶將棋ノ如ク，兩馬ノ次ニ金銀アリ，金銀ノ次ニ桂香アリ，桂香ノ次ニ歩アルカ如ク，其權（卽チ科目）判然トシテ紊ル可ラサルナリ

「軍人社會」は「平常社會」とは相反する論理によって成り立っていると西は説いている。人々がほぼ対等な関係にある「平常社會」とは異なり，「軍人社會」は厳格な秩序で構成され，例え不服でも一旦は命令に従わなければならない「從命法」が基本原理だと言うのである。そして西は以下のように説明する。

第一項ナル民權家風ト云フコトハ上ニ云ヒシ軍秩上ノ從命法ト相背馳スルモノニテ，平民ニ在リテハ壓制ヲ受ケサル爲ニ之ヲ主張スルハ勿論ナレトモ，武人ハ出身ノ初メニ既ニ己ニ身ヲ臣屬ニ委シタレハ事々必ス日本陸海軍ノ大元帥タル皇上ヲ奉戴シ飽マテモ上下ノ序ヲ嚴ニシテ，從命法ニ服セサル可ラサルナリ，當今ノ時勢ニテハ舊來覇府ノ制度ト相反シ，政府モカノ專擅壓制ノ法ヲ釐革シ，人民ノ自治自由ノ精神ヲ鼓舞シテ永ク海外萬國ト富強ヲ競ハントスルニ至リタレハ，下人民ニ於テモ亦自ラ自治自由ヲ以テ精神トナサヽルコトヲ得サルハ勿論ナレトモ，武人ニ於テハ絕テ此風習ニ染ム可ラサルナリ[55]

「武人」の場合はあくまで「從命法」に服さなくてはならないが，普通の「平民」の場合，「自治自由」を基本とすることは「勿論」だとしている。西は「從命法」が基本の軍人社会は特殊な社会であって，そうでない一般の社会においては「自治自由」が大切だと考えているのである[56]。

そして西嘱託下の東京師範学校ではこの「自治自由」を基本とする教育が実践されていた。西が校務嘱託に就任する前ではあるが，1880年６月に同校では生徒寄合会が発足し，演説討論や教官を招請しての講話を行っている[57]。また，文部省で森有礼の片腕となり兵式体操実施に尽力した江木千之は，当時同校の服装が自由で寄宿舎の規則が緩かったことを回想している[58]。なお同校のような「自治自由」の校風は当時の他の師範学校も同様であった[59]。

第５章で論究するように，東京師範学校への兵式体操導入は，森有礼が同[60]

254　第４章　歩兵操練の諸学校への導入

校の校風を刷新して「規律」と「秩序」を確立することを目的としたが（第5章第1節参照），そのきっかけについて，江木は次のように臨時教育会議で証言している。

> 森子爵ガ高等師範學校ニ臨視セラレタ所ガ行ッテ見テ第一ニ驚クノハ學校長ノ上ニ總理ナルモノガ此頃ハ置イテアッタノデアリマスルガ，總理ト云ハレル人ナドハ學者デハアリマスルガ頭ハ撫デ付ケニシテ十徳ヲ羽織リ，校長ヨリ教員ニ至ルマデ袴ヲ著ケテ居ル者ハ一人モアリマセヌ，著流シデアル，尤モ當時袴ヲ著ルト云フコトハ餘リハヤラナカッタヤウナ時代デアリマスルガ中ニハ羽織モ著ズ，誠ニ括リノナイ風彩ヲ現ハシテ，之ガ誠ニ帝國ノ教育ノ本山カト思ハレルヤウナ感ヲ起シタノデアリマス，規律トカ秩序トカ云フヤウナコトハ何分十分ニ認メルコトガ出來ナイ有様デアッタ[61]

ここで江木は，教員からして服装がだらしなく，「規律」や「秩序」が認められなかったことに驚いたと証言しているが，江木が，頭は撫で付けにして十徳を羽織っていると揶揄している「校長ノ上」の存在とは西周のことである。つまり，西は江木によって東京師範学校の不規律・無秩序の象徴とされているのである。

本節では，東京師範学校で実施されていた歩兵操練について論究した。1883年の規則改正で同校に導入された歩兵操練は，身体の発達と健康の保全を主眼とする体操の一環として規定されており，先行する官立大阪中学校等の規定に倣ったものであった。そして同校生徒は体操に熱心に取り組んで成果を挙げており，1884年9月からは将校による本格的な歩兵操練の指導も始まっていた。ただし，同校の校務嘱託を務めた西周は軍隊秩序を同校に持ち込むことをせず，同校には「自治自由」の校風が形成されていた。しかし，この「自治自由」の同校の校風が森有礼の目には「不規律」と映り，同校の校風を刷新して「規律」と「秩序」を確立するために，森は同校に兵式体操を導入することになるのである。

第3節　1883年の徴兵令改正後の歩兵操練

1　文部省の対応

　福岡孝弟が文部卿を務めていた時期（1881年4月‐83年12月），官立大阪中学校等で体操の一環として歩兵操練を導入する動きはあったが，文部省は体操伝習所での歩兵操練教習を止めるなど歩兵操練の普及にあまり積極的ではなかった（本章第1節参照）。しかし，1883年12月に徴兵令が改正されて歩兵操練科卒業証書所持による兵役年限満期前の早期帰休が規定されたことを受けて，福岡の後任となった大木喬任文部卿の下，文部省は歩兵操練の普及を図る。

　まず文部省は1884年2月25日に「體操傳習所規則」を改正増補して歩兵操練教習を復活させている[62]。この時の教育課程表から体操に関する部分をまとめたものが表4-6である。

　表中の別課伝習員は，服務の余暇に体操を学ぶ現任学校教員等で歩兵操練が課せられてないが，伝習員は1週3時間，文部省所轄東京各学校学生生徒は1週2時間以上の歩兵操練が規定されている。本章第1節で検討したように，1880年に河野文部卿が大山巌陸軍卿に宛てて出した教官派遣依頼に記された計画では，体操伝習所は週3時間，東京師範学校が週1時間とされていた。従って，伝習員の時間数は3時間で同じだが，文部省所管東京学校学生生徒については，週1時間とされていた1880年の東京師範学校生徒の倍の時間であり，木下秀明は「相当の強化」となっていると評している[63]。

　教科書は1878年11月の陸軍省『新式歩兵操典』が「参考」として指定されているが，その範囲は「生兵之部第一部第二章迄」と注記されている。ちなみに『體操傳習所一覧　明治十七

写真4-4　大木喬任

国立国会図書館

表 4-6　体操伝習所における体操（1884年）

傳習員		文部省所轄東京各學校學生生徒		別課傳習員	
輕運動 戸外運動 重運動 操櫓術	一週九時間	輕運動 戸外運動 重運動 操櫓術	一週二時間以上	輕運動 戸外運動 重運動	一週五時間
歩兵操練	基本體操 生兵 小隊	一週三時間	歩兵操練	基本體操 生兵 小隊	一週二時間以上

『體操傳習所規則』1884年2月改正より作成

表 4-7　体操伝習所の歩兵操練教科細目（1884年）

基本體操	柔軟體操 器械體操
操練	生兵學第一部第一章，第二章 成列小隊教練
解説演習	全前
號令	調聲

『體操傳習所一覽　明治十七年，十八年』より作成

年，十八年』所載の「教科細目」の歩兵操練の項をまとめたものが表 4-7 である。

　基本体操から生兵学第一部第一章・第二章と小隊教練までという内容は，1880年の体操伝習所や1884年の東京師範学校の歩兵操練とほぼ同じである。なお，伝習員の修業期間は 6 か月とされ，木下秀明が指摘するように[64]，期間・内容とも1880年に体操伝習所で実施された歩兵操練とほぼ同じである[65]。

　そして，1884年 6 月27日には陸軍省武学課勤務の歩兵大尉倉山唯永が文部省御用掛兼勤体操伝習所勤務となり[66]，11月11日にはさらに歩兵操練の授業を補助する教員助手が 2 名雇用され，体操伝習所の歩兵操練実施体制が整う[67]。なお，同年 7 月11日付で大木喬任文部卿から西郷従道陸軍卿に対して，同所での歩兵操練演習のためのスナイドル銃16挺の貸与が依頼された後[68]，10月 9 日には伝習員増加のためさらに15挺の追加貸与依頼が行われている[69]。

第 3 節　1883年の徴兵令改正後の歩兵操練　257

そして文部省は，歩兵操練導入のために必要な調査を同所に命じる。同所の規則改正の3日後の1884年2月28日に，大木文部卿は官立公立学校（小学校を除く）で実施する歩兵操練の程度と施行の方法とあわせて，小学校で歩兵操練を施行することの適否を調査するよう体操伝習所へ命じたのである。同年6月体操伝習所勤務となった倉山大尉には歩兵操練科の調査が委嘱され，倉山大尉の監督下，体操伝習所体操教員は7月1日からおよそ3週間「歩兵操練科實施教授ノ順序等」の講究を行っている。なお同年6月7日に第3期伝習生が卒業した後，第4期伝習生が入学するのは9月11日であり，生徒不在の期間であった。

　体操伝習所が同年11月17日付で文部省に復申した内容の概略は以下の通りである。

　　爰ニ其復申ノ大意ヲ撮叙センニ甲號課程表ニ基クトキハ本科ノ順序ヲ生兵學，柔軟演習，號令，中隊學解説ノ五欸ニ分チ其程度ハ中隊學第一部第二章則チ成列中隊運動ヲ修了スルヲ以テ最高ノ程度トナシ其修業期限ヲ大約四ヶ年間ニ假定セリ斯ニ其四ヶ年ヲ期スル所以ノモノハ府縣立學校ノ修業年限タル概シテ四ヶ年ニ渉レルモノ最モ多キニ居ルカ故ニ此年限ハ最多ノ學校ヲ網羅シ一般ノ準則ヲ示スニ恰當スレハナリ又小學校ニ於テ歩兵操練科施行ノ適否ニ關シテハ直ニ裁斷ヲ遂クルヲ得スト雖トモ要スルニ兒童ニ一般ノ歩兵操練ヲ學ハシムルハ稍重キニ過クルモノナシトセス然レトモ其本術中特ニ兒童ノ演習ニ適切ナル運動ヲ採擇シテ適宜ニ之ヲ課スレハ効益アルモ盖シ障害ナカルヘシ是ヲ以テ小學校ニ於テハ本科ノ全體ヲ通シテ之ヲ課セス單ニ柔軟演習ノ一斑ヲ課スルヲ以テ穏當ナルヘシト認定セリ

　「甲號課程表」は修業年限4年の府県立学校を想定した課程で，「中隊學第一部第二章」修了を最高の程度とする一方，小学校で歩兵操練を行うのは「稍重キニ過クル」として，「柔軟演習」程度が「穏當」だと報告している。木下秀明は，小学校を除いた学校対象の課程は小隊を中隊に「強化」しているものの，散兵教練や戦場運動につながる器械体操を欠いているため実戦的でない「規律的集団訓練」に終始していると評している。

　文部省は以上のように体操伝習所で歩兵操練教習の復活と実施のための研

究を行うとともに，歩兵操練普及のための銃器貸与の準備を始めている。以下に示すのは1884年9月22日付の大木文部卿から西郷陸軍卿への依頼状である。

　　當省所轄東京師範學校幷ニ體操傳習所等ニ於テ歩兵操練使用ノ為メ貴省御所藏之スナイドル銃附屬品共御貸輿相成度旨及御依賴候處五月廿日付ヲ以テ御回答旁御照會之趣致領悉候然ルニ當省ニ於テハ目下經費非常ニ逼迫ノ際ニテ何分右銃器御讓受之運ヒニ至リ兼ネ各府縣ニ於テハ厘少ノ學資金ヲ以テ猶更相當代價納付之儀ハ相整ヒ申間敷隨テ之カ為メ自然歩兵操練科ノ實施ヲ躊躇セシムルノ場合ニ可立至右ニテハ甚夕遺憾之次第ト存候條可成御繰合ヲ以テ御交付相成候樣致度候且右銃器ハ可成スナイドル銃ヲ以テ實際ノ演習為致度候得共其儀難相整候ハ、ゲペール銃ヲモ合セテ御交付相成度左候時ハ各府縣ヘ分賦方等ノ儀ハ當省ニ於テ取扱可申候前陳之事情御洞察之上可成御繰合相成候樣致度此段御回答旁更ニ御照會候也
　　明治十七年九月廿二日　　　　　　　　文部卿　大木喬任
　　　陸軍卿西郷従道殿[74]

　この依頼状の前提となっているのは文部省がスナイドル銃の貸与を打診したのに対して，陸軍省が5月20日付で対価を払って引き取ることを求めたことである。これに対して文部卿は，経費が非常に逼迫しているため対価を支払うことができないと説明するとともに，文部省が各府県に銃の「分賦」を行うつもりでいることを明らかにしている。そして，各府県に金銭的代償を求めると歩兵操練科の実施を躊躇させてしまう恐れがあるので，スナイドル銃が望ましいが困難な場合はゲペール銃でも構わないから金銭的代償なしにしてもらえないかと頼んでいる。

　この結果，陸軍から銃の貸与を受けることになった文部省は，1884年12月各府県に向けて以下のように歩兵操練用の銃器貸与数の希望調査を行った。

　　今般当省ニ於テ歩兵操練演習用ノ為メ陸軍省所蔵ノ銃器借入候ニ就テハ貴県ニ於テ需用有之候ハ、貸与可相成候条右所用ノ学校並ニ挺数等取調至急御申出有之度此段及御照会候也
　　明治十七年十二月一日　　　　　　　　専門学務局長

　　　　　　　　　　　　　　文部大書記官浜尾新　印
　　　　　　　　　　　普通学務局長
　　　　　　　　　　　　　　　文部大書記官辻新次　印
　　追テ本文銃器需用無之候ハ、其旨御申越有之度此段申添候也[75]

　これに対し、例えば東京府は同年12月2日付で中学校用として一中隊分、師範学校用として70挺の銃器貸与を希望して[76]、翌1885年4月30日付で70挺を貸し出す旨の連絡が文部省から来ている[77]。また、長野県は1884年12月16日付で計420挺の貸与を希望して[78]、文部省から借り受けた銃を翌1885年7月、まず2か所に分配している[79]。さらに、埼玉県の場合は、1884年12月20日付で計515挺の借入を申し入れ、翌1885年4月30日付で文部省から45挺貸し渡す旨の連絡が来ている[80]。

　以上論究したように、1883年12月の徴兵令改正を受けて、大木文部卿の下、文部省は体操伝習所に歩兵操練の実施へ向けて研究を行わせるとともに歩兵操練の教授を復活させた。そのため陸軍から倉山歩兵大尉を体操伝習所に招聘している。その一方で文部省は陸軍省と交渉して銃を無償で借り受けることに成功し、各府県に希望調査をした上で銃の貸与を行っているのである。

2　歩兵操練導入の促進

　1883年12月の徴兵令改正を機に、それまで歩兵操練を教育課程に規定していなかった中学校等には歩兵操練の導入が急務となった。例えば、1884年3月3日付で東筑摩中学校から出された、体操科に歩兵操練科を加えたいという伺いに対し、長野県令大野誠は3月13日付で以下のように指令している。

　　　　　中学校教則追加伺ノ件
　　東筑摩中学校ヨリ教則中ヘ初等高等科ヲ通シテ歩兵操練科ヲ加ヘ度旨別紙ノ通伺出候ニ付審按候処徴兵令ノ改正ニ付テハ中学校等ニ於テ右科練習ノ義ハ最要ノ義ト認メ候条一按御認可ニ按文部省ヘ開申申相成可然哉
　　　　　指令按
　　　　　書面認可候事[81]

　ここで大野県令は、徴兵令の改正に伴い中学校で歩兵操練科を練習するこ

とは「最要ノ義」だと認めている。そして，大野は同年3月18日付で歩兵操練を担当する教師派遣の照会を名古屋鎮台に行っている。実はこのような歩兵操練科の教員派遣要請は長野県だけではなかった。滋野清彦名古屋鎮台司令官は大野県令の照会を受けて以下のように西郷陸軍卿に打診している。

　　　各縣學校歩兵操練教授方ノ儀ニ付伺
　　管下各縣官立公立學校教則中ニ歩兵操練科ヲ設ケ生徒教育致度ニ付駐在官ヲシテ教授方各縣ヨリ依頼越候向モ有之右ハ郡區駐在官ハ勿論常備現隊屯在ノ地ニ在テハ隊附下士ノ内ヲ以テ公務ノ都合ニ依リ依頼ニ應ジ教授為致可然哉此段相伺候也
　　　明治十七年三月卅一日
　　　　名古屋鎮台司令官滋野清彦
　陸軍卿西郷從道殿

　滋野司令官は「各縣」から歩兵操練科の教授の依頼が来ていると記しており，徴兵令改正を受けて歩兵操練導入の動きが活発であったことが分かる。
　中には中学校への歩兵操練科の導入を求める決議を行った県議会もある。群馬県議会は1885年3月28日の議会で，以下の決議を賛成多数で可決している。

　　　中學教科ニ歩兵操練科ヲ加ルノ建議
　　中學校ハ高等ノ普通學科ヲ教授スルノ處ニシテ，之ガ生徒タル者ハ將來大ニ為スアルノ人士タルコト敢テ言ヲ俟タザル所ナリ。然ルニ現時ノ中學生徒ヲ見ルニ，概ネ身體脆弱ニシテ或ハ疾病ノ為メニ半途ニシテ學業ヲ廢止シ，或ハ學業成ルノ後ニ至ルモ總テノ事業ニ當テ艱難ニ耐ルノ體力ヲ缺キ，如何ニ完美ナル學識才能ヲ懷抱スルモ之ヲ實地ニ施ス能ハズ。竟ニ志望ヲ遂ゲズシテ已ム者アリ。今マ其然ル所以ノ原因ヲ推究スルニ，職トシテ體力ノ缺乏ニ是レ由ラズンバアラズ。果シテ然ラバ之ガ改良ヲ謀ル亦今日ノ急務ナラズヤ。而シテ之ガ改良ヲ謀ルノ方法他ナシ，歩兵操練科ヲ中學教科ニ加ヘ以テ練兵ノ術ヲ講ゼシメ，身體ヲ強壯ニシ志氣ヲ勃興セシムルニ在リ。是第一ノ利益ナリ。上來陳ル如ク中學生徒ハ志望ヲ將來ニ屬シ孜々トシテ學術ヲ勉勵スルモ，若シ年齢二十歳ニ至リ，兵役ニ徴募セラレル時ハ一朝營業ヲ擲テ兵役ニ服シ三年ノ間練

兵ノ術ヲ學バザルヲ得ズシテ,爲メニ將來修學ノ念ヲ阻遏シ,竟ニ大成ノ望ヲ失フニ至ル,豈遺憾ナラズヤ。是法制ノ然ラシムル所ニシテ,已ヲ得ザルノ義務ナリト雖モ,若シ中學校修學ノ間ニ於テ歩兵操練科ヲ卒業セバ,徵兵令第十二條ニ據リ現役ノ期未ダ終ラザルモ歸休ヲ命ゼラル、コトアル可シ。然バ則縱ヒ一旦徵募セラル、モ歸休ノ後,再ビ學業ニ從事シテ前志ヲ繼ギ宿望ヲ達スルコトヲ得ベシ。是第二ノ利益ナリ。前陳ノ如キ理由ナルヲ以テ中學教科ヘ歩兵操練ノ一科ヲ加ヘラレ度,本會ノ決議ヲ以テ此段建議仕候也。

　　　明治十八年四月十日
　　　　　　群馬縣會議長　　　湯淺治郎　印
群馬縣令　　佐藤與三殿[84]

　この決議は,歩兵操練科を中学校の教科に加えることには,①身体を強壮にして志気を勃興させる,②改正徵兵令による早期帰休によって再び学業に従事できる,の2点の「利益」があるとしている。身体上・精神上の教育的効果とともに,兵役年限短縮の効果を指摘しているのである。なお,この建議案については「中學校を兵學校のようにするのは反對だ,一地方の經濟を議する縣會で一國の兵備にまで喙を入れるに及ばん」[85]という反対意見が出されているが,結局は賛成多数で可決されている。

　本節では,1883年12月の徵兵令改正後の歩兵操練の実態について論究した。文部省は体操伝習所で歩兵操練の研究と教授を行うとともに,各府県へ銃の貸与を行って歩兵操練導入を支援し,中学校等へ積極的に歩兵操練を導入しようとした。これは徵兵令改正によって中学校等卒業生が平時免役の特典を失ったためであり,この時期の歩兵操練導入は主に兵役負担軽減を目的としたものだと言える。これは,徵兵令改正前大阪中学校等に導入された歩兵操練が身体上の教育的効果を主眼としていたのと対照的であった。

　以上,本章では兵式体操に先立つ歩兵操練の実際について論究した。その結果,以下の4点を成果として指摘できる。

(1)1883年の徵兵令改正前にも,身体の発達と健康の保全を目的とする体操の一手段として歩兵操練を導入する学校があった。

1881年の教則大綱制定による中学校・師範学校正格化の流れの中で,1882

年に認可された官立大阪中学校の教則がモデルとなって，多くの中学校・師範学校が歩兵操練を体操の一手段として規定するようになる。徴兵令改正前は兵役年限短縮が約束されていたわけではないので，歩兵操練の導入目的は身体の発達と健康の保全という教育目的であった。

(2) 1883年の徴兵令改正後に中学校等への歩兵操練導入が促進された。

1883年の徴兵令改正によって中学校等の卒業生は平時免役の特典を失う。このため徴兵された場合の兵役年限短縮を目的とした歩兵操練導入が促進される。この時文部省は体操伝習所で歩兵操練の研究と教授を行う一方，各府県への銃器貸与を行って導入を支援している。

(3) 1883年に東京師範学校に導入された歩兵操練は，健康の保全と身体の発達を目的とする体操の一部であった。

1883年の徴兵令改正前に導入された東京師範学校の歩兵操練は，健康の保全と身体の発達を目的とする体操の一部と規定されていた。他の官立学校に比べて同師範学校の生徒は熱心に歩兵操練に取り組み，成果を挙げていた。

(4) 1885年に兵式体操が導入される前の東京師範学校では，「自治自由」を旨とする校務運営がなされていた。

1881年に東京師範学校校務嘱託となった西周は陸軍参謀本部御用掛も兼任していたが，軍人社会の組織原理を平常社会とは異質なものとしており，軍隊秩序を師範学校に持ち込むことはなかった。しかし，森有礼は東京師範学校の校風を「不規律」と見なして，同師範学校に規律と秩序を確立するために兵式体操を導入することになる。

次章では，森有礼がどのような過程をたどって兵式体操論を確立し，またどのようにして諸学校に兵式体操を導入していくかについて論究する。

註

1 「文より銃隊操練法云々の事」『陸軍省大日記　大日記諸省来書五月月陸軍省総務局』陸軍省大日記 M13-17-46（JACAR〔アジア歴史資料センター〕Ref.C04028780900, 明治13年「大日記諸省来書　5月月　陸軍省総務局」〔防衛省防衛研究所〕）。

2 『體操傳習所一覽　明治十七, 十八年』, 3頁。「文部省令シテ學科課程中ニ歩兵操練ノ一科ヲ加フ且陸軍省ヨリ教官ヲ派遣スルヲ以テ特ニ其教授ニ

關ル條規等ヲ達ス」とある。
3 「文部省師範学校生徒ヘ銃器借受の件」『陸軍省大日記　大日記十月月陸軍省総務局』陸軍省大日記 M13-22-51（JACAR〔アジア歴史資料センター〕Ref.C04028812100, 明治13年「大日記 10月月 陸軍省総務局」〔防衛省防衛研究所〕）．
4 「1ヘ師範学校ヘスナイトル貸渡の件」『陸軍省大日記　砲工十月木坤陸軍省総務局』陸軍省大日記 M13-69-98（JACAR〔アジア歴史資料センター〕Ref.C04029720100, 明治13年「大日記砲工 10月木坤 陸軍省総務局」〔防衛省防衛研究所〕）．
5 「11月8日　福岡文部卿東京師範学校等における歩兵操練用の借用銃返納通知」『陸軍省大日記　明治十五年十一月十二月諸省院』各省雑 M15-4-156（JACAR〔アジア歴史資料センター〕Ref.C09120977500, 明治15年11月　12月　諸省院〔防衛省防衛研究所〕）．
6 前掲, 『體操傳習所一覽　明治十七年, 十八年』, 3頁. 「歩兵操練科ノ授業ヲ始ム其教官ハ陸軍教導團附ノ士官並ニ下士之二充ツ」とある．
7 木下秀明『兵式体操からみた軍と教育』杏林書院, 1982年, 28-29頁．
8 「文部体操教官派出の件」『陸軍省大日記　大日記十一月月陸軍省総務局』陸軍省大日記 M13-23-52（JACAR〔アジア歴史資料センター〕Ref.C04028816200, 明治13年「大日記11月月 陸軍省総務局」〔防衛省防衛研究所〕）．
9 「體操傳習所年報」『文部省第七年報』附録, 389頁．
10 『東京師範學校一覽　明治13年9月-14年9月』, 35頁．
11 江木千之「兵式体操を復興せよ」『教育時論』第1138号, 1916年11月25日．
12 「體操傳習所第三年報自明治十三年九月至同十四年八月」『文部省第九年報』附録, 790頁．
13 同上書, 791-792頁．
14 「體操傳習所報告」『文部省出陳教育品附言抄』1881年6月, 8頁．
15 前掲, 木下『兵式体操からみた軍と教育』, 37頁．
16 同上書, 31頁．
17 前掲, 「體操傳習所報告」『文部省出陳教育品附言抄』, 11頁．
18 前掲, 木下『兵式体操からみた軍と教育』, 31頁．
19 前掲, 「體操傳習所第三年報」『文部省第九年報』附録, 791頁．「生徒ノ小隊學ヲ卒業セシニ依リ爾後陸軍教官ノ出張ヲ辞ス」とある．
20 「6月28日　文部卿　体操伝習所生徒に歩兵操練教授教導団より派出候処一先御断候」『陸軍省大日記　起明治十四年四月尽同年六月　諸省院使』各省雑 M14-2-102（JACAR〔アジア歴史資料センター〕Ref.C09120829600, 起明治14年4月尽同年6月　諸省院使　39　4〔防衛省防衛研究所〕）．

21 前掲,「體操傳習所第三年報」『文部省第九年報』附録, 791頁。
22 「體操傳習所年報　明治十四年九月至十五年八月」『文部省第十年報』附録, 887-888頁。
23 前掲,「體操傳習所第三年報」『文部省第九年報』附録, 791頁。
24 前掲,「體操傳習所年報　明治十四年九月至十五年八月」『文部省第十年報』附録, 887頁。
25 同上書, 890頁。
26 四方一瀰『「中学校教則大綱」の基礎的研究』梓出版社, 2004年, 137-138頁。
27 文部省に認可を受ける前であるが,「生兵運動」を実際に行っていたと思われるのが岐阜県師範学校である。「岐阜縣年報」には, 正玄早成という人物が1881年5月から9月まで岐阜県師範学校体育科の生兵運動教授方を勤めたという記事がある（「岐阜縣年報」『文部省第九年報』附録, 322-323頁）。
28 「今ヤ本邦新ニ中學ノ大綱ヲ定ムルニ方リ本校實ニ其正規ヲ履行スルノ嚆矢タリ地方ノ瞻望焉ニ繋ル其責重シト云フヘシ」（「大坂中學校年報 自明治十三年九月至同十四年八月」『文部省第九年報』附録, 687頁）。
29 同上書, 688頁。
30 日本史籍協会編『明治初期各省日誌集成文部省日誌』22, 東京大学出版会, 1987年, 76頁。
31 「大坂中學校年報　自明治十四年九月至同十五年八月」『文部省第十年報』附録, 802頁。
32 『朝野新聞』では1883年12月19日から25日まで5回（19日・20日・22日・23日・25日）にわたって「聞徴兵令改正之風説」と題する「論説」を掲載している。元老院では第411号議案徴兵令改正ノ儀の審議が大詰めを迎えた時期で, 12月21日の第3読会で元老院修正案が確定し審議が終了している。この「論説」は, 廟議は秘密となっていてその内容を知ることができないとしながらも, 免役条件を厳しくして徴兵を強化しようとする徴兵令改正の動きに対して否定的な立場から反対意見を展開する内容となっている。従って, 学校教練は論考の主題とはなっていない。塩入はこの「論説」の冒頭部分で「國内ノ人民ヲ驅テ盡ク兵役ニ從ハシメ且ツ學校生徒ノ如キモ亦始メヨリ練兵ノ初歩ヲ習ハシムヘシ」という「獨逸ノ政事家」の言を「誠ニ適當ト謂フヘシ」と評していることを紹介している（塩入隆「徴兵令改正と教育——学校に於ける兵式体操をめぐって」『國學院雑誌』1964年7月）が, 「論説」はこの後, 国状の違いにより政策も異なってくるとして「直チニ獨國ノ武斷主義ニ倣フノ必要ナキナリ」と主張してもいる。この「論説」自体は, 当時の日本における学校教練の是非については触れていないのである。

33 塩入「徴兵令と教育——学校に於ける兵式体操をめぐって」。なお，塩入は学校令以前の兵式体操論を次の3期に分けて分析している。
　第1期　西南戦争から1880年教育令改正まで
　第2期　1882年から1883年徴兵令改正まで
　第3期　実施準備期
34 「小學ノ教育ニ武技ヲ交ヘ用フヘキノ論　前號ノ續キ」『内外兵事新聞』第398号，1883年4月1日（『近代日本軍隊関係雑誌集成　第1期』ナダ書房，1990年）。
35 同上。
36 能勢修一『明治期学校体育の研究——学校体操の確立過程』不昧堂出版，1995年，131頁。
37 前掲，塩入「徴兵令改正と教育——学校に於ける兵式体操をめぐって」及び能勢『明治期学校体育の研究——学校体操の確立過程』，131-133頁）。
38 寄書「教育論一斑（前号ノ続）」『東京日日新聞』1882年9月19日。
39 社説「尚武ノ気象ハ体育ニ起ル」『東京日日新聞』1883年6月4日。
40 「徴兵令改正ノ議　第五」『東京横浜毎日新聞』1883年12月19日。
41 「徴兵令改正ノ議　第七」『東京横浜毎日新聞』1883年12月22日。
42 同上。
43 前掲，塩入「徴兵令改正と教育——学校に於ける兵式体操をめぐって」。
44 『法令全書』明治14年，836頁。
45 『東京師範學校一覽　明治13年9月-14年9月』，5頁。
46 『東京師範學校小學師範學科規則』1883年及び『東京師範學校中學師範學科規則』1883年。
47 「體操傳習所第五年報　自明治十五年九月至同十六年十二月」『文部省第十一年報』附録，921頁。
48 『東京師範學校小學師範學科規則』1883年。
49 前掲，「體操傳習所第五年報　自明治十五年九月至同十六年十二月」『文部省第十一年報』附録，921頁。
50 「1 銃器其他東京師範学校ヘ貸渡達」『陸軍省大日記　砲工十一月』陸軍省大日記 M16-12-34（JACAR［アジア歴史資料センター］Ref.C04030795900，明治16年「大日記　砲工 11月未坤 陸軍省総務局」〔防衛省防衛研究所〕）。
51 前掲，「體操傳習所第五年報自明治十五年九月至同十六年十二月」『文部省第十一年報』附録，921頁。
52 「體操傳習所第六年報」『文部省第十二年報』附録，588頁。
53 同上書，582頁。
54 「兵家徳行」『西周全集』第3巻，宗高書房，1966年，8-9頁。
55 同上書，15頁。
56 ただし，西は，一般兵卒に対しても一旦命令に服従した上での異議申し立

てを認めている(「軍人訓誡草稿」,前掲,『西周全集』第3巻,106-107頁。なお,最終的に布告された「軍人訓誡」にもこの異議申し立て規定は残っている)。将校だけでなく一般兵卒にも異議申し立てを認めた点を,清水多吉は「啓蒙家西周の面目躍如としたものがある」と高く評価している(清水多吉『西周 兵馬の権はいずこにありや』ミネルヴァ書房,2010年,157頁)。

57 東京文理科大学『創立六十年』1931年,25頁。
58 江木千之翁経歴談刊行会『伝記叢書1 江木千之翁経歴談 上』大空社,1987年,540頁。
59 前掲,江木「兵式体操を復興せよ」。
60 長谷川精一「森有礼の師範学校政策」『相愛女子短期大学研究論集』第52巻,2005年。長谷川は静岡師範学校と秋田県師範学校の例を紹介している。
61 1917年10月27日臨時教育会議総会「兵式体操ニ関スル建議」案審議中の江木千之発言(文部省『資料臨時教育会議 第2集』1979年,425頁)。
62 『文部省第十二年報』,3頁。
63 前掲,木下『兵式体操からみた軍と教育』,38頁。
64 『體操傳習所規則』1884年2月改正,21頁。
65 前掲,木下『兵式体操からみた軍と教育』,37頁。
66 「體操傳習所第六年報」『文部省第十二年報』附録,582頁。
67 同上書,583頁。
68 「7月11日 大木文部卿 体操伝習所等へ銃借受の儀差急に付スナイドル銃貸渡依頼」『陸軍省大日記 明治十七年従五月八月迄諸省院庁』各省雑M17-2-110(JACAR〔アジア歴史資料センター〕Ref.C09121151000,明治17年従5月8月迄 諸省院庁〔防衛省防衛研究所〕)。
69 「10月9日 文部卿 スナイドル銃借用の処人員増加に付尚15挺借用致度件」『陸軍省大日記 明治十七年九・十月分諸省院庁』各省雑M17-3-111(JACAR〔アジア歴史資料センター〕Ref.C09121177300,明治17年9 10月分 諸省院庁〔防衛省防衛研究所〕)。
70 「體操傳習所第六年報」『文部省第十二年報』附録,586頁。
71 同上書,582頁。
72 同上書,586-587頁。
73 前掲,木下『兵式体操からみた軍と教育』,40頁。
74 「9月22日 文部卿 東京師範学校体操伝習所用銃器借受の義再照会」『陸軍省大日記 明治十七年九・十月分諸省院庁』各省雑M17-3-111(JACAR〔アジア歴史資料センター〕Ref.C09121171300,明治17年9 10月分 諸省院庁〔防衛省防衛研究所〕)。
75 『長野県教育史』第十巻史料編四,1975年,289頁。なお,埼玉県立文書館にも同じ文面の資料が所蔵されており(埼玉県立文書館 M1862-4 104),

また東京都公文書館には文中の「貴県」の部分が「貴府」となっている他は同じ文面の資料が保管されている（「明治十七年中学書類　18」〔東京都公文書館614.C4-06　府明Ⅱ明17-091〕）。

76　前掲，「明治十七年中学書類　18」（東京都公文書館614.C4-06　府明Ⅱ明17-091）。
77　「明治十八年師範学校書類　46」（東京都公文書館615.A3-08　府明Ⅱ明18-089）
78　前掲，『長野県教育史』第十巻史料編四，290頁。
79　同上書，290-291頁。
80　前掲，埼玉県立文書館 M1862-4 104。
81　前掲，『長野県教育史』第十巻史料編四，742頁。
82　同上書，743-744頁。
83　「各県学校歩兵操練科教授方伺」『陸軍省大日記　大日記鎮台四月木乾陸軍省総務局』陸軍省大日記 M17-28-47（JACAR〔アジア歴史資料センター〕Ref.C04031384400，明治17年「大日記 鎮台 4月木乾 陸軍省総務局」〔防衛省防衛研究所〕）。
84　『群馬縣議會史』第1巻，1951年，789-790頁。
85　同上書，789頁。

第5章

森有礼と兵式体操

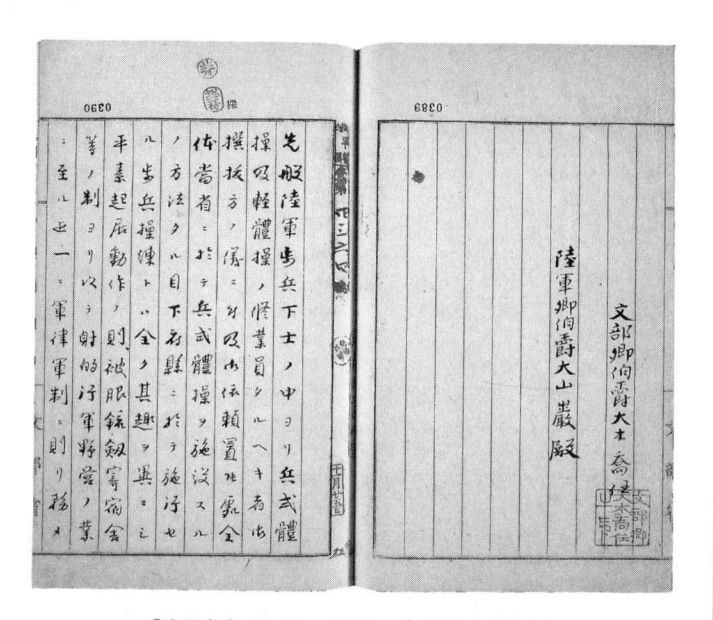

『陸軍省壱大日記　明治十八年分編冊補遺壱』
（防衛省防衛研究所図書館蔵）

本章の課題は，前章までの成果を踏まえて，森有礼により導入される兵式体操の近代日本の学校教育史上の位置付けについて究明することである。

　このため，第1節では森有礼の兵式体操論の特徴について考察する。1879年の「教育論－身體ノ能力」以降，森の兵式体操論にどのような変化が見られるかを分析するとともに，同時代の学校教練論と比較することにより森の兵式体操論の特徴を明らかにする。

　次に第2節では，兵式体操の実際について論究する。1885年の東京師範学校への導入以降，諸学校へ兵式体操がどのような過程をたどって導入されたかを明らかにする。

　そして第3節では，兵式体操の師範学校の教育に与えた影響と，森の死後，兵式体操がどのように変化していくかについて論究する。

第1節　森有礼の兵式体操論

　本節では森有礼の兵式体操論の特徴について考察する。森有礼（1847-89年）は，アメリカ弁務使，清国公使，イギリス公使等を歴任した後，1884年5月に文部省御用掛となり，翌年12月には初代文部大臣に就任した明治期の政治家である。森は1886年に諸学校令を制定する等，教育制度の確立に尽力したが，1889年2月の大日本帝国憲法発布の日に暗殺されている。森は1879年の「教育論－身體ノ能力」以来，たびたび兵式体操の必要性を主張し，1886年には文部大臣として兵式体操の諸学校への導入を実現している。

　序章で指摘したように，森の兵式体操論については，森が「教育論——身體ノ能力」発表の後，1880年頃に変質したとする園田英弘の見解と，兵式体操導入後の1887年頃に変質したとする木下秀明の見解とが存在する。本書は後述するようにこれらの見解とは異なり，規律・秩序の確立を主目的とする森独自の兵式体操論は1884年頃に確立したとする立場をとる。以下に1884年の文部省入省以前を兵式体操論の模索期，文部省入省以降を兵式体操論の確

立期として森の兵式体操論について論究する。

写真5-1　森　有礼

国立国会図書館蔵

1　兵式体操論の模索期

ここでは，森の兵式体操に関する考え方を表す史料のうち，1879年の「教育論－身體ノ能力」，1882年の「學政片言」，1884年の「徴兵令改正ヲ請フノ議」の初期の3点の史料について分析する。

1．「教育論－身體ノ能力」の身体観

森有礼の兵式体操論は，日本のアカデミーとして設立された東京学士会院で1879年10月15日と11月15日の2回にわたって論じられた「教育論－身體ノ能力」に始まる。[1]

森はここで，智識・徳義・身体の人間の3つの能力の中で，「身體ノ能力」が当時の日本人に最も欠けているとした上で，その原因を7つ（沃土・暖気・食料・住居・衣製・文学・宗教）に分類して対策を論じている。[2] その上で，森は兵式の「強迫體操」の実施を以下のように主張するのである。

> 而シテ此力ハ獨身體ノ健康上ヨリ來ルノミノ者ニ非ス，敢爲ノ勇氣モ亦之ニ加ハラサレハ完全ナルヲ得ス，斯勇氣ヲ含メル健康ノ力ヲ，遊嬉ノ業ニ頼リ進メント欲スル，敢テ期シ得可キニ非ス，殊ニ彼ノ食料，住居，衣製ノ三因尚存スルニ於テハ，其力ヲ我所要ノ點度ニ伸達センコト必得可カラス，然ラハ則，到底別ニ良法ヲ求メサルヲ得ス，其法蓋一ニシテ足レリトセサレトモ，余ノ所見ニ據レハ，強迫體操ヲ兵式ニ取リ，成リ丈普ク之ヲ行フヲ最良ト爲ス，即現ニ瑞西其他ノ國ニ行ハル、所ノ兵式學校ノ制ヲ參酌シ，我國相應ノ制ヲ立ツルニ在リ[3]

ここで森は，「敢爲ノ勇氣」が加わらないと「身體ノ能力」は完全にならないとした上で，「勇氣」を含んだ「健康」を増進するための方法としては兵式の「強迫體操」をなるべく普く行うことが最良だとしている。そしてスイス等の制度を参考にして，日本に相応の制度を設けるべきだと主張している。ただし，森はこれに続けて，兵式をとるのは，身体上の教育のためで，決して「軍務」のために設けるのではないと説明している。[4] このため，横須

賀薰，今村嘉雄らの先行研究は，教育的側面の重視を森の兵式体操論の特徴とした（序章参照）。しかし，兵役年限短縮等の「軍務」上の利点に触れないで，身体上・精神上の教育効果を主張する点では，同時代の福澤諭吉・阪谷素・尾崎行雄等の学校教練論も同様であり（第1章第2節参照），森独自の主張というわけではなかった。

むしろ，「教育論－身體ノ能力」における同時代の学校教練論に見られない特徴は，「身體」の定義の特殊性にある。森は「敢爲ノ勇氣」が加わらなければ「身體ノ能力」が完全にならないとして，勇気という「精神」を「身體」に含めて考えているが，これは同時代の他の日本の学校教練論者には見られない定義であった。

ところが，「敢爲ノ勇氣」が加わらなければ「身體ノ能力」が完全にならない，という森独特の主張は東京学士会院の他の会員には理解されなかった。東京学士会院では1879年12月15日に阪谷素会員が「森有禮君ノ前会ニ於テ演述セシ身体ノ能力論ノ附録」と題する演説を行っているが，阪谷は森の説を「躰力」養成の主張だと限定して理解して，「膽力」養成のため教練に加えて伝統武術も実施するよう主張している（第1章第2節参照）。阪谷の言う「膽力」は森の「敢爲ノ勇氣」に近いのだが，阪谷は森の主張を「躰力」面のみの主張として理解したのである。その後，森がイギリスから書翰を送って催促したため，東京学士会院は1880年9月15日にも「教育論－身體ノ能力」について討議しているが，ここで神田孝平会員は，体操を普及させることには異論はないが，「兵式」とすることには同意できない旨発言している。以上のように，東京学士会院では，精神を身体に含める森の主張は他の会員からは支持されなかったが，森はこの経験を踏まえて自説を修正していく。

なお，体育的価値を重視する森の兵式による「強迫體操」実施の主張は，第2章で明らかにしたように，W.S.クラークの主張と近い。ただし，クラークは武器の使用法や各種の任務の訓練といった軍事的意義も重視しており，兵式体操は決して軍務のためではないとした森とは異なっている。

2．「學政片言」における身体観の変化

「學政片言」は，駐英公使となった森が，憲法調査のためにヨーロッパに

来ていた伊藤博文と会談した後に作成し，1882年9月12日付で伊藤に送付した意見書である。森はここでは学校教練について触れていないが，森の教育論が1879年の「教育論－身體ノ能力」から変化していることを示す史料となっている。

森はこの意見書においては，以下のように「氣質」と「體軀」の2つを明確に分離した上で，「氣質」の鍛錬の重要性を「體軀」より先に論じている。

　　其最モ急要ナル者ハ鍛錬法ナリ，是人民ノ氣質體軀ヲ鍛錬スルヲ指スナリ
　　氣質ノ鍛錬トハ專ラ人心ヲ着實ニシ風俗ヲ敦厚ナラシムルノ義ニシテ，其切要ナルハ當路ノ識者モ亦當サニ之ヲ知ルヘシ
　　蓋シ近來民情輕薄浮躁ニ走リ，或ハ空論ヲ以テ政治ヲ紊リ或ハ暗想以テ商業ヲ害スル等一ニシテ足ラス
　　病害交モ長シ殆ト將サニ國命ヲ危殆ノ地ニ陷レントスルノ兆アリ
　　體軀ノ鍛錬ハ古來我邦最モ缺ケル所ニシテ，今日ニ至リ世人尚未タ其須要至重ナルヲ覺ラサルニ似タリ

ここでは学校教練について触れていないが，「氣質」を「體軀」から分離した上で，「氣質」鍛錬の必要性を「體軀」の鍛錬の必要性より先に論じているところに，「敢爲ノ勇氣」という「精神」を「身体」に含めて説明していた「教育論－身體ノ能力」からの変化が読み取れる。

なお，ここで森は当時の「民情」が「輕薄浮躁」に走り，「空論」を持って政治や商業を害していると捉えている。当時の自由民権運動の攻勢に対する対策として教育を論じた結果，伊藤博文に認められて後に文部省入省を果たすのである。

3.「徴兵令改正ヲ請フノ議」における「兵式ノ操練」論

イギリスから帰国した森は1884年5月7日に文部省御用掛に就任する。1884年8月付の「徴兵令改正ヲ請フノ議」は，森が参事院議官の肩書で天皇へ上奏する形式をとった徴兵令の改正意見であるが，ここで森は「兵式ノ操練」の実施について触れており，森の兵式体操論を考える上で重要な史料である。森は以下のように提案している。

　　蓋シ徴集猶豫ノ特例ノ如キハ百弊續出シ將サニ漸ク壯者ノ義心ヲ傷害シ

第1節　森有礼の兵式体操論　273

全國ノ元氣ヲ衰耗セントス，恐クハ國歩ノ前進ヲ妨障スル者焉ニ過ルハ莫ラン，此臣特ニ徴兵令改正ヲ請フ所以ナリ（伏テ冀ハ　陛下臣ノ徴衷ヲ照鑒シ給ハンコトヲ），夫レ全國ノ男子ヲシテ盡ク服役セシムヘキハ勿論ナリト雖，然レトモ當サニ徴集ニ應セシムヘカラサル者ニアリ，一ハ老幼廢疾刑累等ニシテ兵役ニ服スルヲ得サル者，一ハ智能ニ富ミ技藝ニ長シ及ヒ學術ヲ修メ國務ニ必要ナルノ目的アリテ兵役ニ服セシムヘカラサル者是ナリ，然カシテ第二ノ不應徴集ニ屬セル者其學校ニ在ルニ方テハ須ラク兵式ノ操練ヲ演習シ，尚武ノ氣象ヲ養成シ以テ國民タルノ分ヲ守ラシムヘシ，此レ最緊要トス[14]

　ここで森は全国の男子が悉く兵役に服するのは勿論としながらも，兵役から外す対象を2つ挙げている。一つは老人や子供・廃疾者・犯罪者等，兵役に服することができない者であり，いま一つは智能に富み技芸に長じる者と，学術を修めて国務に必要で兵役に服させることができない者である。そして，森はこのうち後者に対して，学校に在籍している間に「兵式ノ操練」を演習させて「尚武ノ氣象」を養成し「國民タルノ分」を守らせるよう徴兵令を改正すべきだと提案しているのである。

　ここで，1883年の改正徴兵令第17条において徴集猶予の対象となっていた戸主等（第3章第4節参照）を兵役免除の対象としていないことに注目したい。むしろ，森が「全國ノ元氣」を「衰耗」させるとしている「徴集猶豫ノ特例」とは，戸主等を兵役から免除していることを指しているのである。森の主張の主眼は，あくまで国民皆兵の徹底にあり，智能・技能・学術といった国務上の観点から兵役を免除せざる得ない者[15]に対しては，必ず「兵式ノ操練」を演習させて「尚武ノ氣象」を身に付けさせ「全國ノ元氣」を増進しなければならないというのが森の主張だったのである。

　なお森はここでも，兵役年限短縮や戦時動員兵力の増加といった軍事的な利点については全く触れておらず，木村吉次らの先行研究が指摘するように[16]「兵式ノ操練」は教育的効果の観点から主張されていた。ここで，本書はここまでの森の兵式体操論の特徴としてさらに以下の3点を指摘したい。

　(1) 森の兵式体操論が，「氣質」をより重視する方向へ変化している。

　森は「徴兵令改正ヲ請フノ議」では「兵式ノ操練」の身体の鍛錬効果につ

いて全く触れていない。「學政片言」で「體軀」から分離された「氣質」鍛錬の必要性を森はここでも繰り返しているが，「體軀」の鍛錬に関しては全く言及しておらず，森の兵式体操論がより「氣質」を重視する方向へ変化していることが分かる。

(2)「尚武ノ氣象」の養成のために「兵式ノ操練」を実施すべきだという主張は，当時一般的になされており，森独自のものではなかった。

兵役年限短縮といった軍事的利点ではなく，「全國ノ元氣」の振興のために，国務上の必要でやむなく兵役から外れる者に対して「兵式ノ操練」を義務付けるという森の主張の枠組みは，「國の元氣」を養成するために代人料を払った者も「兵器を携へて操練」させるべきだとした福澤諭吉の主張の枠組みと似ている（第1章第2節参照）。また，学校教練の目的としての「尚武ノ氣象」の語句は，前年（1883年）『東京日日新聞』が使用しており（第4章第1節参照），また徴兵令改正の際の元老院会議でも渡邊（清）議官が用いている（第3章第4節参照）。兵式の「操練」を学校で行うことにより「尚武ノ氣象」を養成するという主張は当時一般的に行われていたのである。

(3)森はこの段階では歩兵操練を否定していない。

森は「徴兵令改正ヲ請フノ議」においては「兵式ノ操練」という語を用いている。また「徴兵令改正案斷片」（「徴兵令改正ヲ請フノ議」の内容を1883年改正徴兵令の条文に照らして具体的な条文案にしたものとされる史料）[17]では当該学科を「歩兵科」としており，この段階では森は「兵式体操」の語を用いていない。また，規律・秩序の確立といった後年の「兵式体操」に特徴的な主張も見られない。従って，「徴兵令改正ヲ請フノ議」が書かれた1884年8月の段階では，当時諸学校で行われていた「歩兵操練」を否定する意識は森になかったのである。

1879年の「教育論－身體ノ能力」から1884年8月の「徴兵令改正ヲ請フノ議」に至るまで，森有礼は「氣質」を「體軀」から分離した上でその鍛錬を重視する方向に兵式体操論を変化させた。しかし，この段階での森の兵式体操論は，同時代の学校教練論と大差なく，また当時諸学校で実施されていた歩兵操練を否定するものではなかった。森が歩兵操練に代わる兵式体操の導入を主張するようになるのはこの後である。

2　兵式体操論の確立期

　ここでは，森有礼が独自の兵式体操論を確立していく過程を明らかにする。

1．東京師範学校の視察と兵式体操導入

　前項で論究したように，1884年8月の「徴兵令改正ヲ請フノ議」の段階では，森有礼は兵式体操の語を用いていなかった。一方，文部省御用掛兼東京師範学校校務嘱託だった西周は1885年3月30日の午後1時から文部省で「兵式體操立學ノ議」に参加したと日記に記している。従って，「兵式體操」の語が文部省で固まる時期は1884年8月以降，1885年3月以前の時期ということになる。ところで，文部省で森有礼の下で兵式体操導入に関わった江木千之は，兵式体操導入の背景について次のように回想している。

> 抑々明治十七八年頃であつたと思ふ。森文部大臣が未だ參事院議官として文部省の御用掛兼務であつた頃の事，一日東京師範學校（今の高等師範學校）を視察したが，その時の生徒の不規律千萬なる，日本服着流しといふ有様で，寄宿舎に到れば，將棋盤あり，碁盤あり，火鉢あり，煎茶道具あり，其の傍らには袋入りの煎餅あり，畳の燒焦げあり，又廊下などにて行き會うても敬禮をするもの無いといふ，實に不體裁極りたる生活を爲しつゝあつたので，氏は之を見て深く感ずる所あり，苟も教育の本山たる東京師範學校が斯くの如き有様なるに於ては，到底國民教育の振興は思ひも寄らぬことであるとし，始めて東京師範學校に兵式體操なるものを實施して，校紀の振肅校風の大刷新を企てた[19]

　江木はここで，東京師範学校を視察した森が「生徒の不規律千萬」に驚いて，「校紀の振肅校風の大刷新」をするために兵式体操の導入を決意したと証言している。ところが，森がいつ東京師範学校を視察したのかについては江木の回想にも「明治十七八年頃」とあるだけではっきりしない。しかし「體操傳習所第六年報」によると，森は1884年9月29日に香港知事とイギリス公使を伴って体操伝習所を訪れて歩兵操練を見学している[20]。そして同日の『西周日記』には「今日英公使幷ニ香港知事師範校ニ來ル，遭はつ」とある[21]ので，イギリス公使らとともに森がこの日東京師範学校を訪れたようであ

る。江木のいう「巡視」はこの日だった可能性がある。

写真5-2　江木　千之

なお江木の証言を裏付ける史料として，以下の1885年11月25日で大木喬任文部卿から大山巌陸軍卿に宛てて出された体操修業員の選抜依頼も挙げることができる。

> 全体當省ニ於テ兵式體操ヲ施設スル方法タル目下府縣ニ於テ施行セル歩兵操練トハ全ク其趣ヲ異ニシ平素起居動作ノ則，被服銃劔寄宿舎等ノ制ヨリ以テ射的行軍野営ノ業ニ至ル迄一ニ軍律軍制ニ則リ務メテ斟酌差略ヲ加ヘス而シテ其之ヲ施設スルノ旨趣タルヤ學校教員タル者ニ欠クヘカラサル精神氣力品格ヲ養成シ特ニ勇武剛毅忍耐威重等ノ諸徳ヲ具ヘ及ヒ規律ヲ守リ秩序ヲ保ツノ習慣ヲ得セシムルヲ以テ第一義トシ夫ノ身体ヲ健康ニシ軀幹ヲ強壮ニスルカ如キハ之ヲ第二義ニ措キ候次第ニ有之畢竟彼方法ニ依リ此旨趣ヲ達シ以テ本邦教育ノ氣風ヲ一洗セントスルノ一點ニ外ナラス[22]

『江木千之翁経歴談　上』

ここでは，歩兵操練と兵式体操は全くおもむきを異にするものだと説明されているが，その違いは兵式体操の方が「平素起居動作」を「軍律軍制」に則って「斟酌差略」を加えずに行うことにあるとされている。また，兵式体操の第一義は「勇武剛毅忍耐威重等」の「諸徳」を備えるとともに「規律」を守り「秩序」を保つ「習慣」を得させることだとされている。つまり，江木が回想しているように，兵式体操は「軍律軍制」を日常生活から徹底させることで「規律」を守り「秩序」を保つ習慣を身に付けさせるものとして歩兵操練に代わって導入されたのである。

2．「埼玉縣尋常師範學校における演説」における兵式体操論

文部大臣に就任する3日前の1885年12月19日に森有礼が埼玉県尋常師範学校において行った演説は森の三気質論が説かれたものとして多くの先行研究に引用されてきた。

森はここで教員養成において特に重要なものとして従順，友情，威儀の3

気質の涵養を挙げ、そのための「道具責メ」の方法として兵式体操について以下のように説明している。

> 故ニ兵式體操ハ決シテ軍人ヲ養成シテ萬一國家事アルノ日ニ當リ武官トナシ兵隊トナシテ國ヲ護ラシメントスルカ如キ目的ヲ以テ之ヲ學科ノ中ニ加ヘタルモノニアラス、兵式體操ヲ以テ養成セントスル者ハ第一ニ軍人ノ至要トシテ講スル所ノ從順ノ習慣ヲ養ヒ、第二ニ軍人ノ各々伍ヲ組ミ其伍ニハ伍長ヲ置キ、伍長ハ一伍ノ爲メヲ思テ心ヲ勞シ情ヲ厚クシ、第三ニハ隊ヲ結ヒテハ其一隊ノ中ニ司令官アリテ之ヲ統督シ其威儀ヲ保ツカ如ク、生徒ニモ交互兵卒トナリ伍長トナリ或ハ司令官トナリテ各々此ノ三氣質ヲ備具セシムルノ地ヲ倣サシメントスルモノニテ、斯クスレハ必ラス利益アルヘシト信シ之ヲ施行スルコトヲ始メタルナリ

ここでも森は、兵式体操は軍人養成目的で学科に加えたものではないと強調している。その上で軍人の「至要」とする「從順」の習慣を養い、軍人のように「伍」を組むことによって「友情」を培い、また司令官役を体験することによる「威儀」を身に付ける利点があると主張している。森は軍人を養成するわけではないとしながらも、軍隊の規律と秩序により養成される気質は教員にとっても必要だと主張しているのである。

ただし、森の言う「從順」は「卑屈」になることを意味しない。後に森は1887年8月3日の「豊前地方學事巡視中ノ演説」において「從順と卑屈との注意」として次のような演説をしている。

> 教授上生徒より教師に對して質疑等を爲すときは、成るべく生徒に自由を與へ充分に發言せしめ、應答の間に屈せしむる如きことある可らず、又管理上及教師よりの命令は速に生徒の之に服從すべきことを務め教師の威を全からしむべし

森は、生徒から教師に対して質疑等をさせる場合にはなるべく自由に発言させ、応答に間に屈せしむことがあってはならないと注意を与えており、生徒を「卑屈」にさせることを戒めている。教師の命に生徒が速やかに服従するという「從順」は「管理上」のことだとしているのである。従って、犬塚孝明や長谷川精一が指摘するように、「自立」あるいは「自律」した主体をつくり出すことが森の目的だったことは間違いない。

しかし，森には同時代の河野敏鎌や西周が持っていた軍隊社会と学校のような平常社会とは別の原理で動いているという認識が欠けていた。例えば西は，平常社会は「自治自由」を基本原理としており，例え不服でも一旦は命令に従わなければならない「従命法」を基本原理とする軍隊社会とは異なるものとして捉えていた（第4章第2節参照）。森が組織の原理として重視した「従順」は西の言う「従命法」に他ならず，生徒を「卑屈」にさせることを戒めているとは言え，学校組織の原理が「自治自由」にあるという発想が森にはないのである。

　以上のように，森有礼は埼玉県尋常師範学校における演説において教員に必要な3気質の涵養のための「道具責メ」の方法として兵式体操を位置付けた。ここに至って森の兵式体操論は軍隊式の規律と秩序を理想とする，同時代において独自のものとなったのである。

3.「閣議案」と「兵式體操に關する建言案」における兵式体操論の変化

　成立した時期が1887年夏頃と推定される兵式体操に関する史料が「閣議案」と「兵式體操に關する建言案」である。「閣議案」の内容をより具体化したものが「兵式體操に關する建言案」という関係になっている。このうち，「閣議案」の最後に森は以下のような提案を行っている。

　　有禮窃ニ願クハ
　　天皇陛下ノ聖斷ヲ仰キ，今ニ及ンテ全國ノ男子十七ヨリ二十七ニ至ル迄其學ニ就カサル者トヲ問ハス，總テ皆護國ノ精神ヲ養フノ方法ニ従ハシメ，文部省ハ簡單平易ナル教課書ヲ敷キ，人々ノ諷誦又ハ講義ニ便ナラシメ，陸軍省ハ體操練兵ノ初歩ヲ教ヘ毎戸長又ハ毎郡ノ管掌スル所トシ，一月ニ一度或ハ二度時間ヲ限リ，其區域内ノ人民ヲ學校ニ集メ，聽講又ハ運動ニ従事セシメハ，庶幾クハ忠君愛國ノ意ヲ全國ニ普及セシメ，一般敎育ノ準的ヲ達シ，最下等ノ人民ニ迄要スル所ノ品位ヲ一定ナラシメ，國ノ全部ヲ擧ケ奴隷卑屈ノ氣ヲ驅除シテ餘殘ナカラシメ，而シテ國本ヲ鞏固ニシ國勢ヲ維持スルニ於テ裨補スル所必多カラン，有禮職掌ノ及フ所ニ於テハ既ニ師範學校ノ生徒ニ操練ヲ授ケタリ，將来公私ノ學校ニ於テ事宜ノ許ス限リハ，益々此ノ法ヲ行ハントス，但シ前述ノ件ハ全局ニ關係シ事件重大ナルヲ以テ，兹ニ案ヲ作リ具状シ謹テ閣議ヲ請

ここで森は，17歳から27歳までの男子に陸軍省が「體操練兵」の初歩を教え，月に1～2度学校に集めて聴講や運動を行うことにより，「忠君愛國」の意を全国に普及させ，「奴隷卑屈」の気を駆除することを提案している。「操練」を行うことにより「奴隷卑屈」の気を駆除するという提案自体は，「全國ノ元氣」の振興を図った1884年の「徴兵令改正ヲ請フノ議」の流れを受けていると言えるが，「操練」の対象が兵役免除者だけでなく17歳から27歳までの男子全員に拡大していることと，「忠君愛國」が強調されていることが特徴である。ただし，ここでは森が師範学校生徒に「操練」を授けたとしており，「兵式體操」の語句を用いていないのは，森が歩兵操練に代えてあえて兵式体操を導入した経緯から見て不自然である。この史料は井上毅が森の委嘱によって代作したと述べているが，使用されている用紙から1890年12月以降作成された写しだと推定されており，1887年当時の森の思想を示す史料として扱う際には注意が必要である。

　次に「兵式體操に關する建言書」について検討する。ここでは，中学校以上の諸学校の体操を文部省から陸軍省の管轄へと移すことと，学校に所属しない者への週2回の「操練」が提言されているが，その中で，中学校以上の諸学校の体操については以下のような説明がある。

　　嚴肅ナル規律ヲ勵行シテ體育ノ發達ヲ致シ學生ヲシテ武毅順良ノ中ニ感化成長セシメ，以テ忠君愛國ノ精神ヲ涵養シ嘗艱忍難ノ氣力ヲ渙發セシメ，他日人ト成リ徴サレテ兵トナルニ於テハ其效果ノ著シキモノアラン

　厳粛な「規律」を励行して学生を「武毅順良」の中に感化成長させるという点で，規律と秩序を重視する兵式体操の特徴は維持されているが，「忠君愛國」の精神の涵養が強調されていることと，将来兵となった場合に効果があるとして軍務上の効果を述べていることは，それまでの森の兵式体操論にはなかった特徴である。ただし，ここでも森は兵役年限短縮には触れていないので，依然として兵式体操の教育効果を重視していると言える。また，学校に在籍していない若者に対しての「操練」に対しても森は兵役年限短縮に触れておらずあくまで教育効果面から主張している。

　以上，本節では森有礼の兵式体操論の変化について論究してきた。1879年

の「教育論－身體ノ能力」から1884年8月の「徴兵令改正ヲ請フノ議」に至るまでの森の兵式体操論は，「氣質」を「體軀」から分離した上で，「氣質」の鍛錬を重視する方向への変化が認められる。しかし，この段階での森の兵式体操論は，同時代の学校教練論の中ではありふれたものであり，兵式体操導入前に諸学校で行われていた歩兵操練と本質的に異なるものではなかった。

　森の兵式体操論が大きく変化するのは，前述したように，1884年9月頃と推定される東京師範学校の視察で師範学校生徒の「不規律千萬」に驚いて，規律と秩序を確立することを新たに強調し始めてからである。森は，軍隊組織をモデルとした規律と秩序を諸学校に確立して教育の気風を一新するために，それまでの歩兵操練に代わる兵式体操を強く推進したのであった。森の兵式体操論はその後「忠君愛國」を重視し，学校在学者以外にも対象を拡大していくが，森には同時代の西周や河野敏鎌が自明のこととしていた学校組織と軍隊組織の原理の違いについての認識が欠けていた。「軍国主義」を「他の全領域を軍事的価値に従属させるような思想ないし行動様式」と理解するならば，学校組織を軍隊的組織に改変しようとする森の兵式体操論は学校教育の領域を軍事的価値に従属させるものに他ならず，近代日本の学校教育を「軍国主義」化させる可能性を含むものであったと言える。兵式体操の実施が具体的にはどのような経過をたどって実施され，どのような結果を学校現場にもたらしたのかについては次節で検討する。

第2節　兵式体操の展開

　本節では兵式体操が諸学校に導入されていく経緯について究明する。はじめに，東京師範学校に兵式体操が導入されていく過程について論究した後，兵式体操の指導体制がどのように強化されていくのか明らかにする。次に兵式体操導入に向けて文部省が担当教員の養成にどのように取り組んだのかについて明らかにした後，諸学校へ導入された兵式体操の実際について論究する。

1 東京師範学校への兵式体操の導入

ここでは、歩兵操練に代えて兵式体操が東京師範学校に導入されていく過程を明らかにする。

1. 歩兵操練と兵式体操

第4章第2節で論及したように、1883年に体操の一環として東京師範学校に導入された歩兵操練は、1884年9月から将校の指導を受ける本格的なものとなっていた。しかし前節で述べたように江木千之の証言によれば、同校を視察してその「不規律」ぶりに驚いた森有礼が同校の校風を刷新するために兵式体操を歩兵操練に代えて導入するのである。

西周の日記によれば、1885年3月30日の1時に文部省で「兵式體操立學ノ議」が行われて西も参加している[31]。その後、同年4月21日東京師範学校において西と文部省の野村彦四郎が兵式体操施行手続を打ち合わせている[32]。そして、同年5月、体操伝習所に対して「兵式體操要領」に準拠して「實施ノ方法及教授法等」を東京師範学校と協議し取り調べることを文部省が要求し[33]、東京師範学校の体操科に兵式体操が「假」に加えられたのである[34]。

この時、体操伝習所に対して示された「兵式體操要領」の現物を確認することはできないが、1885年6月30日演述と注記のある「兵式體操要領」と題する文書が埼玉県立文書館に所蔵されており、以下にその内容を示す。なお表5-1は同史料中の科目表である。

　六月三十日演述
　兵式體操要領

　　　目的
體操科中ニ兵式體操ヲ設ケ專ラ兵式ニ則リテ卒伍及司令ノ業ヲ習ハシム其之ヲ設クル本旨ハ啻ニ體力ヲ發達スルノミナラス併セテ身軀ヲ強健ニシ志氣ヲ鋭ニシ又善ク秩序ヲ守リ沈毅事ニ耐フルノ慣習ヲ得セシムルニ在リ

　　　科目

科目ハ生兵學，柔軟演習，號令，中隊學，兵學大意，測図トス

 修業ノ期限
修業ノ年限ハ四箇年トシ其日數ハ毎年大約三十二週トシ其時間ハ毎週五時トス
 但五時中二時ハ土曜日ニ於テス

 課程
別表ノ通

 教員ノ資格及員數
教員ハ陸軍士官及下士若クハ之ニ相當セル資格アルモノヲ以テ之ニ充ツ其一名ノ同時ニ訓練スヘキ生徒ノ數ハ二十名ヲ度トス尤モ中隊學ハ此限ニアラス

 操練場
操練場ハ凡ソ縦五十間以上横三十間以上ニシテ訓練上ニ差支ナキ地所ヲ撰ヒ之ニ充ツヘシ

 操練服
生徒ニハ適宜一定ノ操練服等ヲ着用セシムヘシ

 行軍
生徒進歩ノ度ニ従ヒ時々行軍ヲナサシムヘシ
 但兵式體操ノ教員ノ外ニ取締ノ為メ生徒二十名ニ付一名ノ率ヲ以テ學校職員之ニ附添フヘシ

 射的
生徒進歩ノ著シキモノニハ室内射的等便宜計畫シ獨立射的ノ術ヲ教授スヘシ

表5-1 「兵式體操要領」科目表

科目	第一年前期	第一年後期	第二年前期	第二年後期	第三年前期	第三年後期
生兵學	生兵學第一部第一章 第一教ヨリ第四教ニ至ル 講解 實業	生兵学第一部第一章 第五教及第六教 生兵学第一部第二章 第一教及第二教 講解 實業	生兵学第一部第二章 第一教ヨリ第六教ニ至ル 講解 實業	生兵学第二部第一章 第一教ヨリ第六教ニ至ル 講解 實業	生兵学第二部第二章 第一教ヨリ第六教ニ至ル 講解 實業	
柔軟演習	柔軟演習第一章 第一教及第二教 講解 實業	柔軟演習第二章 第一教及第二教 講解 實業	柔軟演習第三章 第一教及第二教 講解 實業	柔軟演習第四章 第一教及第二教 柔軟演習第五章 小隊及中隊柔軟演習 講解 實業		
號令	調聲	同	同	同	同	同
中隊學					中隊学第一部第一章 第一教ヨリ第四教ニ至ル 講解 實業	中隊学第一部第二章 第一教ヨリ第四教ニ至ル 講解 實業
兵學大意	野外演習規典 資料教練	同 同	同 同	同 同	同 同	同 同
測量	論	同	同	同	距離目測	路上製図

本表各期ノ配當ハ其標準ヲ示スモノナレハ実地訓練ノ都合ニヨリ變換スルモ妨ナシ○生徒ノ進歩ニ從ヒ演習中常ニ復習ヲ含ムモノトス○兵學大意用書ハ全期中適宜ノ時ニ於テ輪讀若クハ自讀シ其要領ヲ會得セシムルモノトス

第四年					
前期			中隊学第二部第一章第一教ヨリ第七教ニ至ル實業講解	同	同同同同
後期			中隊学第二部第二章第一教ヨリ第七教ニ至ル實業講解	同	同同同同

埼玉県立文書館所蔵「兵式體操要領」

銃器ノ取締

　銃器ハ銃架ヲ設ケ一定ノ場所ニ排列シ一挺毎ニ生徒一名若クハ數名ノ受持ヲ定ムヘシ[35]

　この「兵式體操要領」には「官省指令」という注記が記されており，1885年6月30日という日付から考えて1885年5月に体操伝習所に示された「兵式體操要領」と同じものだと思われる。なお，当時埼玉県師範学校では歩兵操練も実施されていなかったが，1885年8月28日に埼玉県師範学校長が埼玉県令に「兵式體操課」を増課することを伺い出て同年9月4日に認可されている[36]。

　この「兵式體操要領」を，第4章第3節で論究した体操伝習所の「甲號課程表」(1884年)と比較すると，両者とも修業年限が4年で同じであるが「甲號課程表」では「中隊学第一部第二章」まで進むこととされていた最終目標が「兵式體操要領」では「中隊学第二部第二章」までとなっており，より高度な内容まで扱うことになっていることが分かる。

　なお，当時の歩兵操典の「生兵之部」の構成は表5‐2，「中隊之部」の構成は表5‐3のようになっていた。

　「生兵之部」と「中隊之部」の違いは，新兵の教育という意味を持つ前者が，集団行動の訓練(第一部第一章第四教～第六教，第二部第一章・第二章)を8名乃至15名の分隊を単位として行うのに対し，後者が分隊の上位単位であ[37]

表 5-2 『歩兵操典　生兵之部』構成

第一部第一章	兵卒ニ銃ヲ執ラシメスシテ教授スヘキモノ	
	第一教	銃ヲ執ラサル兵卒ノ姿勢
	第二教	右向　左向 半右向　半左向 右轉廻
	第三教	諸歩度ノ要領 歩法ヲ變スル法
	第四教	頭首右左ノ運動 整頓
	第五教	正面行進 方向變換 行進間ノ方向變換
	第六教	側面行進 各伍方向變換
第一部第二章	銃ヲ使用スル為メニ教授シヘキモノ	
	第一教	教銃ノ分解及ヒ結合
	第二教	銃ノ使用
	第三教	五段及ヒ隨意装填
	第四教	射撃豫行演習
	第五教	狙ヒ及ヒ發火ノ術
	第六教	銃剣術
第二部第一章	練兵場ニテナスヘキ散兵運動ノ結構	
	第一教	散開
	第二教	間隔ノ開閉
	第三教	行進
	第四教	散兵ノ交換及ヒ増加
	第五教	放火
	第六教	併合及ヒ集合
第二部第二章	諸般ノ地形ニ於ケル活用演習	
	第一教	散開
	第二教	間隔ノ開閉
	第三教	行進
	第四教	散兵ノ交換及ヒ増加
	第五教	放火
	第六教	併合及ヒ集合

『歩兵操典　生兵之部』1882年4月より作成

表 5-3 『歩兵操典　中隊之部』構成

第一部第一章	成列小隊教練ノ諸運動	
	第一教	前面向ノ小隊ヲ背面ニ向シメ又之ヲ前面ニ復スル法
		列ヲ開閉スル法
		閉列シテ整頓スル法
		解散及ヒ小隊ノ集合
	第二教	随意装填
		立射小隊放火
		立射急放火
		膝射小隊放火
		膝射急放火
	第三教	正面及ヒ斜行進
		小隊ノ停止
		退却行進
		嚮導左（右）
		方向變換
	第四教	側面行進
		各伍方向變換
		小隊ノ停止
		小隊ヲ横隊ニ編成
		行進間ノ□□（判読不能）
第一部第二章	成列中隊ノ諸運動	
	第一教	中隊ヲ以テ小隊ノ運動ヲ復行ス
		列ノ開閉
		整頓
		銃ノ使用　随意装填
		中隊放火　急放火
		正面行進
		斜行進
		退却行進
		中隊ノ折敷キ或ハ伏臥
		停止間ノ方向變換
		行進間ノ方向變換
		側面行進
		各伍方向變換　中隊ノ停止及ヒ正面向
	第二教	縦隊中隊　中隊ノ畳収及ヒ排開
		半隊縦隊
		排開
	第三教	縦隊中隊ノ前進
		部隊ノ側面行進
		縦隊ノ停止
		方向變換
		距離ヲ取リ及ヒ復ヒ縦隊中隊ノ編成
		復ヒ縦隊中隊ノ編制
		中隊ノ集合

	第四教	全距離縱隊 全距離縱隊ノ行進及ヒ方向變換 全距離縱隊ノ橫隊編成 途上縱隊 騎兵ニ對スル隊形
第二部第一章		中隊ノ散開順次ニアリテ執ルヘキ基本ノ隊形ト散開順次ニアル中隊ノ運動ト戰鬪ヲ為ス諸梯陣ノ作用
	第一教	中隊戰鬪ノ隊形 梯陣ノ區分 中隊ノ展開
	第二教	間隔ノ開閉
	第三教	行進
	第四教	散兵ノ交換及ヒ增加
	第五教	放火
	第六教	併合及ヒ集合
	第七教	戰鬪間中隊諸梯陣ノ作用 攻戰 防戰
第二部第二章		戰鬪ノ演習
	第一教	陣地ノ攻守
	第二教	狹隘ノ防禦及ヒ攻擊
	第三教	森林ノ防禦及ヒ攻擊
	第四教	住民地ノ防禦及ヒ攻擊
	第五教	騎兵ニ對スル戰鬪
	第六教	砲兵ノ護衞及ヒ攻擊
	第七教	一大隊ニ前衞タル中隊ノ戰鬪配備

『歩兵操典　中隊之部』1882年4月より作成

る小隊や，さらにその上位単位の中隊を単位としたより実戦に近い訓練を行うことにあった。そして「中隊之部」第一部では小隊及び中隊単位の行動の基本原則を訓練し，第二部では実戦に向けた中隊の散開方法と戦闘方式を訓練する内容となっていた。従って「中隊之部」第一部止まりの体操伝習所「甲號課程表」(1884年) と，「中隊之部」第二部まで修めることとしていた「兵式體操要領」(1885年) との違いは，後者が初級将校に要求される水準に達するほど程度が高いことにあった。

なお，兵式体操の実際については1886年出版の生田清範編『圖入兵式體操教範』に付された図解からその一端を知ることができる。これによると，初めは図5-1のように「氣を着け」といった兵卒の姿勢の訓練から始まり，図5-2の「方向變換」のような銃を執らずに行う集団行動訓練を行ってい

る。そしてさらに図5-3のように銃を扱う訓練を行った後，図5-4の「間隔開閉法」のように銃を持った集団行動訓練を行ったのである。ただし，『圖入兵式體操教範』は「諸學校」を対象としているので[40]，内容は8名乃至15名を単位とする『歩兵操典　生兵之部』の内容にとどまっている。これは後述するように尋常中学校に要求された兵式体操の水準が原則「生兵第二部第一章」にとどまっていたことによる。

　なお，「兵式體操要領」では兵式体操を毎週5時間，そのうち2時間を土曜日に行うと規定している。第4章第2節で明らかにしたように，東京師範学校はそれまで毎日30分ずつ行う体操のうち週4日以上歩兵操練を行っていた。従って同校は毎日30分ずつ行われていた体操をすべて「兵式」にした上で，さらに土曜日に2時間の兵式体操を追加したと見られる。歩兵操練に代わって兵式体操が導入された結果，週当たりの時間数が2時間から5時間に増えてより高度な内容まで進むことが可能になったのである。

　しかし兵式体操は，単に歩兵操練の時間数を増やしただけのものではなかった。「秩序ヲ守リ沈毅事ニ耐フルノ慣習ヲ得セシム」ことが兵式体操の目的とされ，東京師範学校を軍隊的規律と秩序ある組織へと変革する象徴となった。「東京師範學校年報」によれば，上級生に下級生を監督させる寄宿舎制度が1885年中に導入されており[41]，『教育時論』も1885年12月5日号で東京師範学校の寄宿舎が「兵營同様」にされたと報じている[42]。『東京高等師範學校沿革略志』によれば，東京師範学校の寄宿舎改革は以下のように行われた。

　　即ち寄宿舎に於ける男生徒は合して一學生團を組織し，之を八小團に分ち，更に各小團を分ちて二分團とし，各分團は三名乃至五名の學友より成り，各團に長を置き皆高級の生徒をして之に當らしめたり。號音は喇叭を用ひ，毎朝嚴に人員検査を行ひ，時に非常不時呼集を試み，寝食座臥，室内の整理，一に兵營に於けるが如くせしめたり[43]

　これによれば，学生を小集団に分けた上で毎朝厳しく人員検査を行う一方，時に非常不時呼集を試みる等，日常の学生生活の徹底した「兵営化」が行われたことが分かる。

　以上のように，兵式体操は森の目指す教育改革の象徴とされ，東京師範学

図 5-1 「氣を着け」図

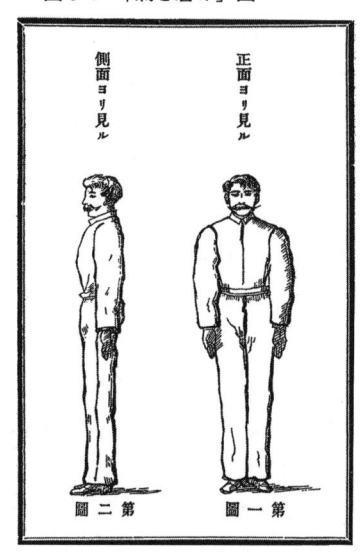

生田清範編『圖入兵式體操敎範』巻一

図 5-2 「方向變換」図

生田清範編『圖入兵式體操敎範』巻三

図 5-3 「銃を肩に接する法」図

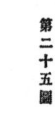

生田清範編『圖入兵式體操敎範』巻三

図 5-4 「間隔開閉法」図

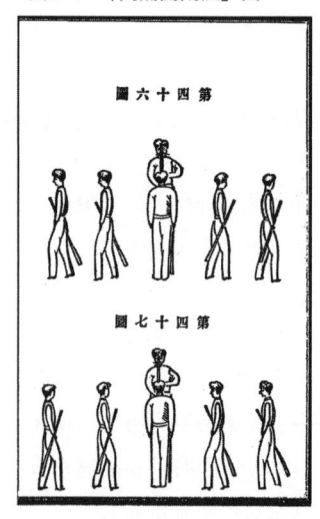

生田清範編『圖入兵式體操敎範』巻三

290　第 5 章　森有礼と兵式体操

校の組織は軍隊化されていくのである。なお1885年8月26日に西周は東京師範学校の校務嘱託の任を解かれ、代わりに森有礼が東京師範学校の監督に就任している[44]。

２．兵式体操指導体制の強化

　森有礼が東京師範学校監督に就任すると、兵式体操の指導体制も強化されていく。1885年9月8日には陸軍歩兵少尉松石安治が文部省御用掛兼体操伝習所勤務となり[45]、また翌1886年3月6日付で陸軍大佐山川浩が東京師範学校の校長となっている[46]。両者の招聘の背景について江木千之は臨時教育会議において以下のように証言している。

　　兵式體操ヲヤラスト云フコトニナリマシテ豫後備ノ士官ヲ引ッ張ッテ來テ先ヅ其教官ニシタノデアリマシタ、實施シテ暫クシテ森子爵ニ附イテ實地ノ視察ニ行ッテ見マスルト勿論豫後備ノ士官ノ氣風ハ今日ノハ一變シテ居リマスルガ、當時豫後備役ニ編入セラレタ士官ト云フモノハ現役兵ニ較ベルト非常ナ相違ガアッタンデアリマス、兵式體操ヲ實施シテ規律ヲ立テヤウト考ヘテ居ルニモ拘ラズ其士官等ノ態度風彩ヲ見マスルト麥稈帽子ヲ被ッテ兵式體操ノ教員タル士官ガ學校ニヤッテ行ッテ、麥稈帽子ニ蝙蝠傘ヲ杖突イテ居ル、サウシテ指圖ヲスルト云フヤウナ有様デアリマシタ、デ生徒モ矢張リソレニ應ジタ考ホカ起ラヌノデアリマスル、サウ改ッテ規律ノ正シイモノニナッタト云フヤウナ風ハナクシテ列ニ在ッテハ英語ヲ以テ當局ノ惡口デモ云フト云フヤウナ有様デ之ハ到底之デハ物ニナラヌ、却ッテ之ハ兵式體操ハ失敗ニ終ル、ドウシテモ之ハ本氣ニヤラナクテハナラヌト云フ感ヲ深ク起サレタノデアリマス[47]

　ここで江木は、兵式体操導入後も東京師範学校では、兵式体操担当教官が麦稈帽子に蝙蝠傘を杖突いて指図する一方、生徒も英語で当局の悪口を言うというような「規律」の乱れた状況であったことを証言している。「麥稈帽子ニ蝙蝠傘」で兵式体操を指導していたと江木に指摘されているのは1884年から東京師範学校の指導にあたっていた倉山大尉のことであろう。江木によれば「本氣」で兵式体操を実行するために、森は当時の陸軍士官学校卒業生の中で「最モ俊秀」と言われた松石を招聘して指導に当たらせるとともに、校長を山川浩大佐に交代させたのである[48]。なお1885年9月17日には大木文部

卿が大山陸軍卿に対して兵式体操の司令役に帯剣を認めるよう照会し、12月3日付で承認されている。また大木は12月9日には兵式体操が「進歩」したという理由で、射撃演習用の村田銃10挺の払い下げを大山に照会している。

以上のように森有礼の東京師範学校監督就任以降、軍隊的規律をより徹底させるための人事が行われるとともに、陸軍省等と連絡をとりながら兵式体操の内容もより本格的なものとなっていくのである。

2 諸学校への兵式体操導入

ここでは、東京師範学校以外の諸学校に兵式体操が導入されていく過程を明らかにする。

1．兵式体操教員の養成

東京師範学校へ導入した兵式体操をより「本氣」にやらせるために現役将校を招聘した森有礼は、当初諸学校への導入にあたって現役将校に兵式体操をまかせようとしていたことを、森の秘書官であった木場貞長が臨時教育会議で次のように証言している。

> 森子爵ノ兵式體操ヲ獎勵シタノガ十分ナル結果ヲ結バズシテ今日ノヤウナコトニナッタノハ現役將校ト學校ト密著ノ聯絡ガ取レナカッタコトガ原因デハナイカト思フノデアリマス、此コトニ就キマシテモ森文部大臣ガ桂陸軍次官ト文部大臣ノ官舎デ折衝サレマシタ時ニ其席ニ居リマシタガ、其時ニ森子ハ頻リニ桂次官ニ對シテ現役將校ヲ中學校以上ノ敎員ニ是非シテ貰ヒタイ、斯ウ云ハレタ所ガ桂次官ハ御尤モナコトデハアルケレドモドウモ其御求メニハ應ゼラレナイ、ナゼ應ゼラレナイカ、今ドウモ將校ガ少イ

桂陸軍次官に現役将校を中学校以上の教員にするよう森はかなり強引に迫ったのだが、将校が少ないといった理由で断られているというのである。このため、文部省では現役を離れた下士官等を対象として体操伝習所での兵式体操教員の養成に乗り出していく。

1885年11月12日に文部省は「兵式體操及ヒ輕體操教員養成ノ要項」を体操伝習所に達している。『官報』ではその「要項」について、兵式体操の目的を達するため体操伝習所の伝習員の朝夕の起居動作を「兵式」とし、寄宿舎

の取締法も「兵營の法」とすると説明している。そして同年11月18日に文部省は以下のように各府県に対して体操伝習所で養成する修業員の任用希望調査を行っている。

　　文部省令第拾三號
　　今般體育ノ改良就中兵式體操實施方準備ノ爲メ當省所轄體操傳習所ニ於テ兵式體操及輕體操ノ教員タルヘキ者ヲ教養シ卒業ノ後ハ主トシテ府縣立學校ノ體操教員タラシムヘキ筈ニ候條右卒業者ヲ採用セントスル向ハ左ノ要領ニ照シ其俸額ヲ具シ來十二月二十日迄ニ當省ヘ可申出此旨相達候事
　　　　明治十八年十一月十八日　　文部卿伯爵大木喬任
　　第一　體育ノ改良就中兵式體操實施準備ノ爲メ文部省所轄體操傳習所ニ於テ修業員ヲ召募シ凡ソ四箇月ヲ期トシテ兵式體操及輕體操ニ關スル學術並ニ其教授法ヲ傳習シ體操教員タルヘキ者ヲ養成スル事
　　第二　修業員ハ二十五名ヲ限リ左ノ資格ヲ有スル者ノ中ヨリ召募シ來明治十九年一月二十日ヲ期シ體操傳習所ニ入ラシムル事
　　一　陸軍歩兵下士ニシテ常備現役ヲ離レ一箇年以内ノ者
　　　　但從軍ノ實歴アル者等ハ本文ノ期限ヲ超過スルモ採用スルコトアルヘシ
　　一　品行端正ニシテ精神氣力ノ體操教員タルニ適スル者
　　一　體格正整身體強健ニシテ身長五尺二寸以上ノ者
　　一　年齡三十五年以下ノ者
　　第三　修業員在學中ハ毎月手當トシテ一人ニ付金拾圓ヲ支給シ學費ヲ辦セシムル事
　　第四　修業員卒業ノ上ハ文部省ヨリ指定スル府縣廳ノ命ニ遵ヒ其學校ノ體操教員ニ奉職セシメ當初三箇年間ハ其本官陸軍歩兵下士ノ職務ニ係ルノ外如何樣ノ事故アルモ辭職スルヲ得サラシムル事
　　　　但本文年限内ノ身分取扱ハ本官（陸軍歩兵下士）ニ據リ又其月棒額ハ學業ノ優劣ニ應シテ等差（拾五圓以上貳拾五圓以下）ヲ付スヘシ
　　第五　修業員在學中及就職ノ上怠惰又ハ不品行等ニ因リ其任ニ堪ヘサルトキハ成規ニ照シ相當ノ處分ヲナシ其修業員又ハ教員ヲ罷免スル場合ニ

於テハ在學中ニ支給セシ手當金ヲ悉皆償還セシムル事[55]

　ここで文部省は，原則現役を離れて1年以内の下士官を対象に約4か月の教習を施して，兵式体操と軽体操の教員となる修業員を養成するので，採用を希望する府県は，その俸額を付して文部省まで申し出るようにと通達している。ちなみに，この照会に対して例えば長野県は中学校と師範学校に各1名ずつ計2名採用したい旨文部省に回答している[56]。

　そして文部省は同年11月25日付で体操伝習所の修業員となる下士の撰抜を陸軍に依頼し[57]，結果として25名の合格者を得たことが1886年2月10日付で大山巖陸軍大臣から森有礼文部大臣へ報告されている[58]。

　なお，1885年12月9日に文部省が認可した「體操修業員傳習要旨及敎科」は以下の通りである。

　　傳習ノ要旨

　兵式體操及輕體操修業員傳習ノ要旨ハ他日其ノ府縣立學校ノ體操敎員タルニ方リ生徒ノ技術ヲ長シ身體ヲ強健ニスルハ勿論精神志操ヲ鍛錬シ威儀品格ヲ修整スルノ道ニ熟達セシムルニ在リ故ニ術科中兵式體操ハ專兵式ニ則リ卒伍司令ノ業ヲ習ハシメ輕體操ハ普通ノ體操法ヲ授ケ學科ハ兵學ノ大意則圖及人體ノ構造各機關ノ作用學校衛生ノ概略體操術ノ原理等ニ通セシメ併セテ敎員ノ責務ヲ知ラシメンコトヲ務ムヘシ

　　敎科表

		兵式體操
術科	毎週十二時	生兵ヨリ中隊ニ至ル諸演習
		體操 ┌柔軟演習 　　 ├器械体操 　　 └活用銃槍術
	毎週十五時	輕體操 　整頓法 　隊列運動 　矯正術 　徒手體操 　啞鈴體操 　球竿體操 　棍棒體操 　木環體操 　豆嚢體操 　附

		戸外運動
學科	毎週六時	兵學ノ大意 則圖
	毎週九時	人體ノ構造組織各機關ノ作用 學校衛生ノ概略體操術ノ原理
	時間適宜	教員ノ責務

　一　兵式體操ノ生兵ヨリ中隊ニ至ル諸演習及柔軟演習ハ實業並ニ講解トス

　一　全期中適宜ノ時間ヲ以テ射的演習行軍演習野外演習ヲ爲サシムルモノトス

　一　術科ノ復習教授法ノ講究ハ演習中ニ含ムモノトス[59]

　下士官出身の修業員の場合，軽体操により多くの時間をあてる一方，学科については下士官に不足している「兵學ノ大意」と「則圖」に比較的多くの時間を与えると同時に，生理衛生，体操学理の教育に十分な時間を割くカリキュラムになっていると木下秀明は指摘している[60]。なお，『官報』第818号は，新たに定められた「體操傳習所舎則」を掲載している[61]。これによれば，伝習員は全体として小隊に編成され，小隊はさらに2つの半小隊，半小隊はさらに2つの分隊，各分隊はさらに3名乃至5名からなる学友に分かれて組織される。そして，同時に「起居ノ定則」も示されており，例えば，「毎朝起床ノ號音ニテ起床シ窓戸ヲ開キ服装ヲ正フシ廊下ニ起立シテ人員檢査ヲ受ケ[62]」といった軍隊同様の生活を送ることになっていた。

　その後1886年4月29日に東京師範学校が高等師範学校に改組されて体操伝習所が廃止されると，修業員の教育は高等師範学校体操専修科に引き継がれている。そして修業員は1886年6月14日に卒業し[63]，新たに体操専修科の生徒募集が行われた。この時の選考は陸軍に委託せず，かつて体操伝習所で歩兵操練の指導に従事した第一高等中学校教諭倉山唯永と高等師範学校教諭松石安治が各鎮台に出張する形で行われた。なお合格者のうち10名が陸軍予備役上等兵であった[64][65]。そして翌1887年7月15日に22名が卒業している[66]。その後は1899年に再開されるまで高等師範学校体操専修科の生徒募集は行われず，兵式体操の教員補充は教員検定制に依存することになる。

　以上論究したように，森有礼は当初，東京師範学校のような現役将校によ

第2節　兵式体操の展開　　295

る兵式体操指導を諸学校でも行うことを構想していたのであるが実現せず，主に下士官・上等兵出身者が諸学校の兵式体操指導を担当することとなった。学識の点で劣ると見られた下士官等が兵式体操の指導にあたったことが，後に兵式体操が振るわない一因とされることになる。

2．学校令と兵式体操

1886年3月2日に帝国大学令，同年4月10日には師範学校令・小学校令・中学校令・諸学校通則が公布された。従来は各種の学校に関する基本事項を一つの法令の中に包括して規定してきたが，森文部大臣はそうした規定方針を改め，それぞれ学校種別に基本法令を定めるとともに，勅令という形式で公布したのである。そして，5月25日に「小学校ノ学科及其程度」，5月26日に「尋常師範学校ノ学科及其程度」，6月22日に「尋常中学校ノ学科及其程度」，7月1日に「高等中学校ノ学科及其程度」，10月14日に「高等師範学校ノ学科及其程度」が定められ，小学校には「隊列運動」，その他の学校には「兵式体操」が体操の科目の一つとして導入された。なお，後に小学校の隊列運動も1888年1月12日付で兵式体操と改められており，男性に対する学校教練の実施が初等中等教育機関に普く義務付けられたのである。

このうち，「尋常師範学校ノ学科及其程度」で示された兵式体操の内容は「生兵學中隊學行軍演習兵學大意則圖」であり，東京師範学校や埼玉県に示された「兵式體操要領」と一致している。そして，師範学校の場合は寄宿舎改革等を伴う学校組織の「兵営化」が同時に展開された。佐藤秀夫によれば，東京師範学校を改組した高等師範学校に対して，1886年5月17日に示された「生徒編制法」が，諸学校における「分団編制」の範型となった。一例を挙げると，1886年9月18日制定の大阪府尋常師範学校規則には以下の規定がある。

　　編制定則
　　第二十二条　本校ノ諸定則ヲ保ツニ便ナラシメン為メニ諸生徒ヲ編成シ之ヲ学生隊ト称ス，
　　第二十三条　学生隊ヲ二分シテ学生中隊トナシ，之ヲ四分シテ学生小隊トナシ，学生小隊ヲ二分シテ学生半小隊トナシ分隊学生小隊ヲ二分シテ学生分隊トナシ，終ニ之ヲ分チテ五名若クハ六名ノ学友トナ

　　　　ス，

　　第二十四条　学生中隊ハ第一第二ノ番号ヲ付シ毎学生中隊ノ学生小隊ハ第一ヨリ第四ニ至ル番号，学生小隊ハ第一ヨリ第八ニ至ル番号，学生分隊ハ第一ヨリ第十六ニ至ル番号ヲ附ス，

　　第二十五条　学生中隊長ハ当分之ヲ置カス，組長ハ学生小隊長，什長ハ学生半小隊長，伍長ハ学生分隊長トス，又別ニ四年生ヲ以テ学生中隊ニ学生中隊副隊長ヲ置クコトアルヘシ，
　　　　但演習ノ時ハ学生中隊ヲ直チニ中隊ニ編成シ総テ歩兵中隊ノ式ニ準ス

　　第二十六条　組長ハ四年生，什長ハ三年生，伍長ハ二年生ヨリ各四週間輪番ヲ以テ従事セシメ，学友ハ一年生及二年生三年生四年生ニシテ非番ノ者ヲ以テ之ニ充ツ，[71]

　大阪府尋常師範学校は，5～6名の「学友」を「伍長」がまとめる「分隊」を最小単位として，2つの「分隊」を「什長」がまとめる「半小隊」，2つの「半小隊」を組長がまとめる「小隊」という編成をとっていた。これは軍隊の部隊編制に準拠したものだが，高等師範学校の分団編制に関して佐藤秀夫が指摘したように[72]，輪番制をとっているため，それぞれの分団の統率者である伍長・什長・組長は特定の人間に固定することがなく，また，伍長は2年生，什長は3年生，組長は4年生と学年が固定されているために，上部の役職ほど数が少ないことから，上級学年になればそれだけ役職に就く機会が少なくなり，下級生の指揮命令に従う機会が多くなるしくみとなっていたことに注目しておきたい。なお，師範学校の「兵営化」については次節で論究する。

　そして，尋常中学校の兵式体操について文部省は1886年6月29日に表5-4のような細目を示している。第一表が標準であるが，教員数に余裕があるときは第二表を行ってもよいとされていた。[73]

　尋常中学校においては，兵式体操は第4年と第5年にのみ課されるものであった。そして標準とされた第一表の最終目標である生兵第二部第一章は，当時の歩兵操典によれば「練兵場ニテナスヘキ散兵運動ノ結構」[74]を内容とするものであった。これは1885年の「兵式體操要領」（表5-1）では第2学年

表5-4　府県立尋常中学校体操中兵式体操細目

	第四年	第五年
第一表	歩兵操典生兵第一部 第一章第二章第一教 第二教第三教 徒手柔軟體操	歩兵操典生兵第一部第二章 第四教第五教第六教 執銃ニテ歩兵操典生兵第一部第一章ノ復習及生兵第二部第一章 執銃柔軟體操及其復習
第二表	歩兵操典生兵第一部 第一章第二章 徒手柔軟體操	歩兵操典生兵第二部第一章及中隊第一部第一章 執銃柔軟體操及其復習

『法令全書』明治19年下

で行う内容であり，「中隊學第一部第二章」まで修めるとしていた1884年の体操伝習所「甲號課程表」にも及ばない内容である。尋常師範学校に較べると尋常中学校における兵式体操はその配当時間数も少なく到達目標も低かったのである。なお，高等中学校の体操は兵式体操のみの週3時間と規定されていたが，「工學理學志望生」は免除されていた。[75]

　以上のように，1886年に森有礼文部大臣による兵式体操導入によって，学校教練が初等中等教育機関の男性に普く義務付けられたが，中学校には形式的な導入にとどまっていた。一方，師範学校に対しては学校組織の徹底した「兵営化」を伴いながら兵式体操が導入されていったのである。

3．1889年徴兵令改正と兵式体操

　兵式体操の諸学校への導入から3年経った1889年1月21日に徴兵令が改正された。この改正によって歩兵操練科卒業証書所持による兵役年限満期前の早期帰休を規定した第12条が削除される一方，第11条の1年志願制の制度は拡充されている。以下がその改正された第11条である。

　　　第十一條　滿十七歳以上滿二十六歳以下ニシテ官立學校（帝国大學撰科
　　　　　　　及小學科ヲ除ク）府縣立師範學校中學校若クハ文部大臣ニ於テ
　　　　　　　中學校ノ學科程度ト同等以上ト認メタル學校若クハ文部大臣ノ
　　　　　　　認可ヲ經タル學則ニ依リ法律學政治學理財學ヲ教授スル私立學
　　　　　　　校ノ卒業證書ヲ所持シ若クハ陸軍試驗委員ノ試驗ニ及第シ服役
　　　　　　　中食料被服裝具等ノ費用ヲ自辨スル者ハ志願ニ由リ一箇年陸軍

　　　　現役ニ服スルコトヲ得但費用ノ全額ヲ自辨シ能ハサルノ證アル
　　　　者ニハ其幾部ヲ官給スルコトアル可シ
　　　　前項ノ一年志願兵ハ特別ノ教育ヲ授ケ現役滿期ノ後二箇年間豫
　　　　備役ニ五箇年間後備役ニ服セシム
　　　　滿十七歲以上二十六歲以下ニシテ官立府縣立師範學校ノ卒業者
　　　　ハ六箇月間陸軍現役ニ服スルコトヲ得其服役中ノ費用ハ當該學
　　　　校ヨリ之ヲ辨償スルモノトス
　　　　前項志願兵ニシテ現役ヲ終リタル者ハ七箇年間豫備役ニ服シ三
　　　　箇年間後備役ニ服ス[76]

　1883年改正時には官立府県立の学校に限定されていた1年志願制の対象が，私立学校にまで拡大されていることと[77]，費用について自弁できない者に対しての官給制が導入されたことが特徴である。また，それまで徴集猶予の対象となっていた官立府県立師範学校の卒業者に対する6か月現役制が規定されている。これは森の提案によるものだが[78]，同年11月実施される前に6週間現役制に減じられている[79]。なお，これら1年現役制や6か月現役制の対象に要求されているのは当該学校の卒業証書である。歩兵操練とは異なり，兵式体操は兵役年限短縮の必要条件として明記されなかったのである。
　森はそもそも兵役年限の短縮といった軍事上の利点を兵式体操に求めていなかったのであるが，1889年の改正徴兵令で兵役年限短縮の条件と結び付かなかったことが，中学校等における兵式体操の履修意欲の低下をもたらし，森の死後の兵式体操の形骸化につながったと言えよう。

第3節　兵式体操のその後

　前節までに論究したように，森有礼による兵式体操の諸学校への導入により，軍人養成を目的としない初等・中等普通教育機関の男性は普く学校教練が義務付けられ，近代日本の学校教育に学校教練が確立された。兵式体操はそれまでの歩兵操練とは異なり，教科の枠を超えて学校組織を軍隊的な規律と秩序に従って変革する象徴として位置付けられた。「軍国主義」を「他の全領域を軍事的価値に従属させるような思想ないし行動様式」と理解するな

らば，学校組織を軍隊的組織に改変しようとする森の兵式体操は学校教育の領域を軍事的価値に従属させるものに他ならず，近代日本の学校教育が「軍国主義」化する重要な一契機となったと言える。本節では，森による兵式体操導入により徹底して「兵営化」された師範学校における教育に与えた影響と，森死後の兵式体操の変遷について考察する。

1 師範学校の兵営化と師範タイプ

　森による師範学校の「兵営化」は同時代にすでに批判の対象とされていた。[80]例えば，徳富蘇峰は森暗殺後に『國民之友』で下のような森批判を行っている。

> 而して特に其の教育の主眼としたるものは武事教育にして，凡そ教育の世界を擧げて，上大學校より下小學校に至るまて，凡そ生徒として學校にあるものをして兵隊の資格を帯はしむるを以て，其の教育の一大主眼となしたるもの、如く，小學生徒に木銃を擔はしめ，師範學校生に向ては半は兵營のごとき生活をなさしめ，殆んと變則兵士とならしめ，高等中學校の如きに至つても，頻りに其の傾向に運動せしめんと欲したるもの、如し[81]

蘇峰は，学校に在学している生徒をすべて兵隊化することを教育の「一大主眼」としたとして森を批判しているが，中でも特に師範学校生徒については，「半は兵營」のような生活をさせほとんど「變則兵士」としたと批判している。

　また森の死後20年経った1909年には藤原喜代蔵が『明治教育思想史』で次のように森を批判している。

> 彼が師範學校に於て，從順規律等の德性養成を極端に奨勵したる結果，後來の卒業者をして因循卑屈，意氣沮喪，何等の活氣を有せざる奴隷的人物に化せしめ，又徒らに形式を貴び，表面の威儀を繕ふことに汲々して，反つて内面に於ける思想の練磨を忘れ，偽善を以て其身を糊塗すれば，教育者の資格備はれりと思惟するが如き人物を生ずるに至りたる[82]

藤原は，師範学校で「從順規律等の德性養成」を極端に奨励した結果，「因循卑屈，意氣沮喪，何等の活氣を有せざる奴隷的人物」を生み出すこと

につながったとして森を批判している。ここで藤原の言う「奴隷的人物」がいわゆる「師範タイプ」として批判される師範学校卒業生像となっていく。

写真5-3　徳富　蘇峰
国立国会図書館蔵

のちに，唐澤富太郎は「着実性，真面目，親切などがその長所として評価される反面，内向性，裏表のあること，すなわち偽善的であり，仮面をかぶった聖人的な性格をもつていること，またそれと関連して卑屈であり，融通性のきかぬということなどが世の批判を浴びて来た」と「師範タイプ」を定義した上で，「師範タイプ」が形成された原因として，①3・4か月の間仮入学の期間を置いた推薦制度と，②秘密忠告法を用いた人物査定の2つを挙げているのだが，その他に極端に軍隊的な階級制が敷かれた寄宿舎生活から生じた上級生による下級生いじめも問題点として挙げている。ちなみに唐澤は，森による師範教育の近代化，組織的で充実した教育など森の意図には良いものがあったとして森文政を全否定するわけではない。ただ，結果として，「師範タイプ」が森の兵式訓練から生じたものと一般的に考えられていたことは，当時の師範生の回想録を通しても「極めて明らか」だと指摘している。

なお，佐藤秀夫は，輪番制による「分団編制」は，将校・下士・兵の身分的区別が固定している軍隊とは明らかに異なり，また年功序列に基づく上級生支配の組織とも異なるとして，森の兵式体操導入の啓蒙性を評価する立場に立ち，師範学校が「師範タイプ」を生み出す「法制構造」となるのは，1886年からではなく，森の師範学校政策が完全に否定される1892年の師範学校改革からだとしているが，その佐藤も，分団編制の頂点に位置する舎監に，知識・教養面で指導性に欠ける陸軍下士出身者を多く採用したことが，形式的画一的な指揮命令の濫発などの問題を生じさせ，頻発する師範学校紛争の一つの火種となったことなど，森の政策に「意図と結果の食い違い」があったことを認めている。

従って，輪番制による「分団編制」の導入にもかかわらず，学校の組織原理に上意下達の軍隊式を導入したこと自体に問題があったと言わざるを得な

第3節　兵式体操のその後　　301

い。下士出身者が多かった舎監に生徒たちが反発を感じるのであれば，輪番で長となった下級生の指揮命令に上級生が素直に従うとは考えにくい。佐藤は1890年代の分団編制の解体によって，上級者支配あるいは古参者専制の「内務班」的な訓練体制へと転化していくとしているが，そもそも，軍隊式の規律と秩序の徹底と，上級生が下級生の指揮命令に服することを求める分団編制はもともと矛盾するものだったのである。

2 森死後の兵式体操

　木下秀明らの先行研究が指摘しているように，兵式体操に至るまで学校教練の諸学校への導入は文部省主導で行われており，人的な面で協力する余裕のない軍は消極的であった。しかし日清戦争（1894-95年）後は，軍事予備教育や学校教育に対する軍の要求・期待が表明されるようになり，日露戦争（1904-05年）を転機に，軍が教育の側に要求し，教育の側が軍の要求に応えていく関係が出現したとされる。

　遠藤芳信によれば，学校体操のなかに普及しつつあったスウェーデン体操を基調にして兵式体操を制限しようとする学校体操改革の動きが文部省で起きたのに対し，陸軍省は兵式体操を基調とした体操の統一を主張し，1907年両省の間で体操調査会が設置され交渉が行われるようになった。この体操調査会の合意に基づき，1911年７月に高等中学校規定と中学校令施行規則が改正され，さらに1913年１月に学校体操教授要目が規定されたことにより，従来の兵式体操に代わって「教練」が体操に加えられたのである。

　これにより，小学校低学年から男女を問わず，すべての生徒に教練が課せられたことになるが，中学校については兵式体操時に比べて教練の役割はむしろ「弱体化」したと木下秀明は評している。実際，大正デモクラシーの風潮下各学校における教練は形骸化し，臨時教育会議は1917年12月に「兵式教練振作ニ関スル建議」を出している。そこでは，森によって導入された「兵式体操」が近来衰微しているという認識のもとに，当時実施されていた「兵式教練」を振作することを提言している。この建議はすぐには実行されなかったが後に陸軍現役将校学校配属令と青年訓練所令として結実する。

　その後第一次世界大戦後の1920年代に３次にわたって行われた軍縮は現役

将校の過剰を発生させた。これが背景となって1925年に陸軍現役将校学校配属令，翌1926年には青年訓練所令が公布されて，中等学校以上に進学する青年に対しては現役の陸軍配属将校による教練が課される一方，中等学校以上の学校に進学できなかった青年に対しても，前倒しに軍事教練を受けて在営年限を短縮する方法が整備されたのである。

　このうち，中等学校以上への現役陸軍将校配属による教練は，教練の成績を体操科から独立させる単独評価と成果の査閲の制度化などにつながり，それ以前に実施されていた教練とは質的に異なるものとなった。平原春好によれば，学校教育の一角を「軍部が直接掌中におさめた」[98]のである。そして1930年代には，上智大学学生の靖国神社参拝拒否事件（1932年）の際に配属将校を引き上げると軍が圧力をかける等，配属将校制度の導入は「軍の教育支配を可能にする具体的な手立て」[99]として機能していく。その後第二次世界大戦での敗戦による占領下，陸軍現役将校学校配属令等の学校教練関係の訓令は廃止[100]され現在に至るのである。

　森有礼は兵式体操の導入によって日本の学校教育に軍隊的な規律と秩序を確立することを目指したが，森の不慮の死によりその徹底した変革は師範学校にとどまった。しかし，その師範学校では，森の理想とは正反対の偽善的で卑屈な「師範タイプ」の教員が量産されてしまった。導入当初から形式的であった中学校等における兵式体操は，教練と名称が変更されても不振であったが，第一次世界大戦後の軍縮による将校の過剰が背景となって実現した現役陸軍将校学校配属によりその性格を変えていく。この時森が当初構想していた現役将校による学校教練の指導が実現したものの，結果は軍による学校教育支配の道具として教練が機能することとなった。森の死以降形骸化していた学校教練は，陸軍現役将校学校配属制度により学校教育の「軍国主義」化を促進する手段となるのである。

　以上，本章では森有礼の兵式体操論の特徴と，兵式体操の導入過程及びその後の変化について論究してきた。その結果，本章の成果として以下の３点を指摘できる。

　(1) 東京師範学校を視察してその「不規律」に驚いたとされる1884年頃に森有礼の兵式体操論が大きく変化している。

1879年の「教育論－身體ノ能力」から1884年8月の「徴兵令改正ヲ請フノ議」の間に，森有礼は「氣質」を「體軀」から分離した上でその鍛錬を重視する方向に兵式体操論を変化させているが，この段階での森の兵式体操論は，同時代の福澤諭吉等の学校教練論と大差なく，また当時諸学校で実施されていた歩兵操練を否定していなかった。しかし，1884年頃と推測される東京師範学校の視察で森が生徒の「不規律」に驚いた結果，学校に規律と秩序を確立するための手段として森は兵式体操を同師範学校に導入する。これにより，兵式体操は学校に規律と秩序を確立する教育改革の象徴となった。
　(2) 森有礼には学校と軍隊の組織の原理を異なるものとする認識がなかった。
　森は兵式体操を師範学校改革の象徴として師範学校を「兵営化」し，現役将校による兵式体操の指導が望ましいとした。この点は，第2章で論究した，札幌農学校に軍隊生活そのままを持ち込むことには無理があると考えていた高田信清，第4章で論究した軍人社会と平常社会の組織原理を異質なものとした西周，第3章で論究した，教育は軍人ではなくあくまで「文事」を修めた人が担当すべきだとした河野敏鎌らの認識と大きく異なっているのである。
　(3) 師範学校の「兵営化」は森の意図とは逆に，活気に乏しく融通のきかない「師範タイプ」の教員を生み出す結果をもたらした。
　森は「従順」と「卑屈」は異なるとし，兵式体操によって自己規律的な主体を生み出すことを意図していたが，徹底して「兵営化」された師範学校は，森の意図とは逆に活気に乏しく融通のきかない「師範タイプ」の教員を生み出したのである。
　次の終章では，学校教育における教練の位置付けの変化という観点から研究全体を総括し，今後の研究課題を提示する。

註

1　この演説は，森の希望により『東京学士会院雑誌』に掲載されなかったため，一般には知られていなかった。しかし大久保利謙が，帝国学士院史の編纂に当たった際に「教育論－身體ノ能力」と題して「東京学士会院紀

事」第13号に掲載されているのを発見し，著書『森有礼』(1944年)の中で紹介してから世に知られるようになった(『森有礼全集』第1巻，宣文堂書店，解説118頁)．
2 同上書，本文325-329頁．
3 同上書，本文328頁．
4 同上．
5 木下秀明はこれを，「身体教育でありながら，精神教育をも含むという矛盾を犯していた」と批評している(木下秀明『日本体育史研究序説――明治期における「体育」の概念形成に関する史的研究』不昧堂出版，1971年，126頁)．しかし近年，中野浩一は，当時欧州各国に影響を及ぼしていたスイスのシュピース(Spiess)の体操論が「精神」を形成する手段として「身体」の運動を捉えており，その後継者であるマウル(Maul)を通じて森の「身体」観へ影響を与えた可能性があることを指摘している(中野浩一「森有礼の兵式体操論における『身体』の系譜――スイスとの関係に焦点を当てて」『桜門体育学研究』第44巻2号，2009年)．
6 『日本学士院八十年史 資料編一』日本学士院，1961年，92頁．
7 「東京学士会院への返翰」(前掲，『森有礼全集』第1巻，本文329頁)．
8 前掲，『日本学士院八十年史 資料編一』，120頁．
9 前掲，『森有礼全集』第1巻，解説126頁．
10 同上書，本文333頁．
11 同上書，解説126頁．
12 同上書，解説128頁．
13 『官報』第255号，1884年5月8日．
14 前掲，『森有礼全集』第1巻，本文38頁．
15 1883年12月の改正徴兵令は，免役料を廃止する等国民皆兵主義を進め，従来平時免役だった中学校等卒業者も原則徴兵対象とした．その上で一年陸軍現役志願制や，歩兵操練科卒業証書所持による早期帰休制が導入されたが，これらの特典を受ける学校は「官立府県立」に限定されており，私学を排除するものであった(第3章第4節参照)．これに対して森は特典の対象を私学にも広げる構想を持っていた(「徴兵令改正案斷片」同上書，本文41-42頁)．
16 木村吉次『日本近代体育思想の形成』杏林書院，1975年，117-118頁．木下秀明もやはり「軍事目的を否定」していた時期としている(木下秀明『兵式体操からみた軍と教育』杏林書院，1982年，51-58頁)．
17 前掲，『森有礼全集』第1巻，解説27頁．
18 『西周全集』第3巻，宗高書房，1966年，500頁．
19 江木千之「兵式体操を復興せよ」『教育時論』第1138号，1916年11月25日．
20 「體操傳習所第六年報」『文部省第十二年報』附録，582頁．

21　前掲、『西周全集』第3巻、479頁。
22　「体操修業員選抜方ノ件」『陸軍省壱大日記　明治十八年　編冊補遺壱』陸軍省壱大日記 M18-2-48（JACAR〔アジア歴史資料センター〕Ref. C03030003300、明治18年「壹大日記 編冊補遺壱」〔防衛省防衛研究所〕、第3-5画像目）。
23　前掲、『森有礼全集』第1巻、本文483頁。
24　同上書、本文484-485頁。
25　『教育新誌』第179号、明治20年8月3日（『森有礼全集』第1巻、510頁）。
26　犬塚孝明『森有礼』（吉川弘文館、1986年、259頁）及び長谷川精一『森有礼における国民的主体の創出』（思文閣出版、2007年、78頁）。
27　前掲、『森有礼全集』第1巻、解説131-135頁。
28　同上書、本文346頁。
29　同上書、解説133頁。
30　同上書、本文349頁。
31　前掲、『西周全集』第3巻、500頁。
32　同上書、502頁。
33　「附屬體操傳習所年報」『文部省第十三年報』附録、432頁。
34　『文部省第十三年報』、5頁。
35　埼玉県立文書館所蔵「兵式体操要領」M1862-4 110。
36　埼玉県立文書館所蔵「兵式体操課ヲ設クルノ義ニ付伺」M1862-4 115。
37　『歩兵操典　生兵之部』1882年4月、第9条、第337条、第392条。
38　『歩兵操典　中隊之部』1882年4月、第13条、第263条。
39　前掲、木下『兵式体操からみた軍と教育』、109頁。
40　「緒言」生田清範編『圖入兵式體操教範』巻一、金港堂、1886年。
41　「東京師範學校年報」『文部省第十三年報』附録、416頁。
42　「内外雜纂」『教育時論』第23号、1885年12月5日。ただし、『東京高等師範學校沿革略志』は、「明治十九年五月、文部省は本校に訓令して曰く、敎場内外一切の事業を以て氣質鍛錬の資に供し、就中寄宿舍及び體操に係るものを以て敎場外最重の事業として充つべきなり」と、1886年に寄宿舍改革が行われたとしている。（『東京高等師範學校沿革略志』、1911年、38-39頁）
43　前掲、『東京高等師範學校沿革略志』、39頁。ただし、この改革が実施されたのは1886年9月だとしている。
44　『官報』第648号、1885年8月27日。西周の日記には、兵式体操導入の1か月後の6月9日に東京師範学校で「兵式體操云々」があり、2日後に西が森を訪ねて「兵式體操云々」を報知したとの記事がある（前掲、『西周全集』第3巻、509頁）。「兵式體操云々」の内容は不明だが、東京師範学校では兵式体操をめぐって何らかのトラブルが発生した可能性がある。

45 『官報』第660号,1885年9月10日。
46 『官報』第801号,1886年3月8日。
47 文部省『資料臨時教育会議』第2集,1979年,426頁。
48 同上書,426-427頁。
49 「文部より司令役に帯剣の儀照会」『陸軍省大日記 明治十八年 大日記 九月月 陸軍省総務局』陸軍省大日記 M18-21-34(JACAR〔アジア歴史資料センター〕Ref.C04031622300,明治18年「大日記 9月月 陸軍省総務局」〔防衛省防衛研究所〕)。
50 『陸軍省大日記 明治十八年 大日記 十二月日 陸軍省総務局』陸軍省大日記 M18-12-25(JACAR〔アジア歴史資料センター〕Ref.C04031595100,明治18年「大日記 12月月 陸軍省総務局」〔防衛省防衛研究所〕)。
51 『陸軍省大日記 明治十八年 大日記 十二月日 陸軍省総務局』陸軍省大日記 M18-24-37(JACAR〔アジア歴史資料センター〕Ref.C04031628500・Ref.C04031628600,明治18年「大日記 12月月 陸軍省総務局」〔防衛省防衛研究所〕)。
52 前掲,『資料臨時教育会議』第2集,444頁。
53 『文部省第十三年報』,3頁。
54 『官報』第717号,1885年11月19日。
55 『官報』第716号,1885年11月18日。
56 『長野県教育史』第十巻史料編四,1975年,768頁。
57 前掲,「文部省 体操修業員撰抜方ノ件」『陸軍省壱大日記 明治十八年分編冊補遺』,JACAR:C03030003300)。
58 『陸軍省大日記 明治十九年 大日記 陸軍省総務局 二月土』陸軍省大日記 M19-11-19(JACAR〔アジア歴史資料センター〕Ref.C07060166400.Ref.C07060166500,明治19年 「大日記 陸軍省総務局 2月土」〔防衛省防衛研究所〕)。
59 『官報』第741号,1885年12月18日。
60 前掲,木下『兵式体操からみた軍と教育』,86頁。
61 『官報』第818号,1886年3月27日。
62 同上。
63 『文部省第十四年報』6頁。ただし,27名卒業となっている。
64 前掲,木下『兵式体操からみた軍と教育』,88頁。
65 『陸軍省壱大日記 明治十九年九月壱大日記』陸軍省壱大日記 M19-7-43(JACAR〔アジア歴史資料センター〕Ref.C03030118800,明治19年9月「壱大日記」〔防衛省防衛研究所〕)。
66 『官報』第1214号,1887年7月16日。
67 窪田祥宏「第1篇第2章 国家主義教育政策の推進」国立教育研究所編『日本近代教育百年史』第1巻,1973年,154頁。

68 文部省令第2号（『法令全書』明治21年，省令2頁）。
69 文部省令第9号（『法令全書』明治19年下，省令320頁）。
70 佐藤秀夫『教育の文化史　2　学校の文化』阿吽社，2005年，41-42頁。
71 『大阪府教育百年史』第三巻史料編二，1972年，1126頁。
72 前掲，佐藤秀夫『教育の文化史　2　学校の文化』，43頁。
73 文部省訓令第6号（『法令全書』明治19年下，訓令72頁）。
74 『歩兵操典　生兵之部』1882年4月。
75 文部省令第16号（『法令全書』明治19年下，省令427頁）。
76 『法令全書』明治22年，法律2-3頁。
77 森有礼文部大臣の提案による1886年12月1日の徴兵令中改正追加によって「文部大臣ニ於テ認メタル之ト同等ノ學校」が追加されていた。
78 加藤陽子『徴兵制と近代日本——1868-1945』吉川弘文館，1996年，128-129頁。
79 『法令全書』明治22年，法律144頁。
80 「兵営化」以外の観点からも兵式体操は批判されている。同時代の兵式体操に対する批判については，加賀秀雄「森有礼の体育論について」（『日本福祉大学研究紀要』通号7，1963年）や今村嘉雄『修訂　十九世紀に於ける日本体育の研究』（第一書房，1989年，945-948頁）を参照のこと。
81 徳富蘇峰「森有禮君」『國民之友』第4巻第42号，1889年2月22日。
82 藤原喜代蔵『明治教育思想史』冨山房，1909年，313頁。
83 唐澤富太郎『教師の歴史——教師の生活と倫理』創文社，1955年，55頁。
84 同上書，59-60頁。
85 同上書，53頁。
86 同上書，48頁。
87 佐藤秀夫『教育の文化史　1　学校の構造』阿吽社，2004年，267頁。
88 同上書，257頁。
89 同上書，255頁。
90 木戸芳清は，軍隊を範を取った師範学校の皆寄宿舎制を組織原理の観点から批判している（木戸芳清「森文政期における師範学校の皆寄宿舎制の成立と問題——舎監制を中心に」『人文学報』第107号，1975年3月）。
91 前掲，佐藤『教育の文化史　2　学校の文化』，45頁。
92 例えば，前掲，木下『兵式体操からみた軍と教育』，153頁。
93 遠藤芳信『近代日本軍隊教育史研究』青木書店，1994年，599頁。
94 前掲，木下『兵式体操からみた軍と教育』，155頁。
95 前掲，遠藤『近代日本軍隊教育史研究』，603-604頁。
96 前掲，木下『兵式体操からみた軍と教育』，163頁。
97 前掲，文部省『資料臨時教育会議』第2集，420頁。
98 平原春好『配属将校制度成立史の研究』野間教育研究所紀要第36集，1993

年，136頁。
99 同上書，223頁。
100「學徒軍事敎育竝ニ戰時體鍊及學校防空關係諸訓令等ノ措置ニ關スル件」1945年8月24日発動20号（文部大臣官房文書課『終戰敎育事務處理提要』第一輯，1945年，195-197頁）。

終　章

総括と課題

松岡彪編『小學兵式體操書』（国立国会図書館蔵）

一　本書の総括

　本書では，軍隊における兵士の身体的訓練に起源を持つ学校教練が，軍人養成を目的としない普通教育機関にどのような過程で，またどのような理念と期待の下に導入されてきたかについて論究してきた。学校教練の中でも「軍国主義」との関係で本書が注目したのは森有礼文部大臣による兵式体操の諸学校への導入である。序章では本書の課題として，①兵式体操成立過程の通史的論究，②兵式体操成立の近代日本の学校教育史上における意味の究明，③兵式体操に関する先行研究の論争点に対する一定の見解の提示，の3点を提示したが，以下にこれらの課題に対する本書の成果を総括する。なお，研究の総括という性格から，各章で論じた事実やまとめに再度言及する点もあるが，この点をあらかじめ断っておきたい。

　(1) 兵式体操成立過程の通史的論究という課題に対して，本書は考察の時期を，①1872年頃から1881年頃までの「学校教練構想期」，②1881年頃から1884年頃までの「歩兵操練展開期」，③1885年頃から1889年頃までの「兵式体操成立期」，の3つに時期に区分して論究を進めた。この時期区分に即して兵式体操の成立過程を総括する。

　まず，1872年頃から1881年頃までの学校教練構想期は，欧米の教育・軍事制度に学びながら小中学校への学校教練導入が主張された時期である。第1章で明らかにしたように1871年から1873年まで欧米各国を回覧して視察調査を行った岩倉使節団が，その教育制度と兵制を高く評価したのはアメリカ・ドイツ・スイスであった。中でも特にヨーロッパにおける小国スイスにおける民兵制とそれを支える学校教練は日本でも注目された。そして陸軍と関係の深い山田顕義と西周は，兵役年限短縮による兵役負担の軽減を主な理由として学校教練導入を主張したが，これに対して福澤諭吉・阪谷素・尾崎行雄らは，気質鍛錬といった教育効果を狙って学校教練導入を主張していた。

　また第3章で論究したように，元老院では1879年の徴兵令改正の際に，小中学校へ学校教練導入を求める「公立学校ニ於テ兵隊教練ノ課程ヲ設クルノ意見書」が提起されて審議が行われた。学校教練導入を求める意見の背景に

あったのは深刻な徴兵忌避であった。兵役年限短縮による兵役負担の軽減とともに，幼少時から軍事訓練に親しませて徴兵への嫌悪感を解消することを目指して小中学校への学校教練導入が主張されたのである。結局，同意見書は「時期尚早」として採択されなかったものの，文部省は翌1880年11月に陸軍から教官を招聘して体操伝習所の生徒を対象に歩兵操練を教授させて，漸進的な学校教練導入の準備を進めていった。なお1878年には札幌農学校に「武藝」名目の軍事訓練が導入されている。

次の，1881年頃から1884年頃までの歩兵操練展開期は，学校教練が歩兵操練という形で主に師範学校や中学校に導入されていった時期である。第4章で論究したように，1881年の教則大綱制定により師範学校・中学校の正格化が進む中，1882年に官立大阪中学校に導入された歩兵操練をモデルとして，歩兵操練を教則に規定する師範学校・中学校が多数現れた。ただし，この時期の歩兵操練は，身体の発達や健康の保全を目的とする体操科の一構成要素として位置付けられていた。

その後1883年の徴兵令改正によって，歩兵操練科卒業証書による兵役年限満期前の早期帰休が規定されると，文部省も銃器の貸与といった支援に乗り出し，さらに多くの中学校等が歩兵操練を導入した。この時期に導入される歩兵操練は兵役年限短縮の手段としての意味合いが強くなるのである。

そして，1885年頃から1889年頃までの兵式体操成立期は，森有礼文部大臣が歩兵操練に代わる兵式体操の諸学校への導入を推進した時期である。第5章で論究したように，1884年に文部省御用掛となった森有礼は，翌年東京師範学校へ歩兵操練に代わる兵式体操を導入した。その後文部大臣となった森は，1886年に諸学校の「学科及其程度」に兵式体操を規定してその導入を推進した。森による兵式体操導入により，軍人養成目的でない初等・中等普通教育機関の男性に普く学校教練が義務付けられたのである。なお森は，兵式体操を単なる教科の一部ではなく，学校を軍隊的規律と秩序ある組織へと変革する教育改革の理念を象徴する存在として位置付けていた。しかし，1889年の大日本帝国憲法発布の日に森が暗殺されたため森による教育改革は道半ばで終わり，「兵営化」が徹底されたのは師範学校にとどまった。ただし，森の改革が徹底して行われて「兵営化」された師範学校では，結果として多

くの活気に乏しく融通のきかない「師範タイプ」の教員が生み出された。

(2) 兵式体操成立の近代日本の学校教育史上における意味の究明という課題に対して本書は，① 学校教練確立期に展開されていた学校教練論と森有礼の兵式体操論との比較，② アメリカ・マサチューセッツ農科大学や札幌農学校における軍事教育と兵式体操との比較，③ 兵式体操に先立って諸学校で実施されていた歩兵操練と兵式体操との比較，という3つの分析枠組みを設定した。この枠組みに即して兵式体操成立の近代日本の学校教育史上における意味について総括する。

第一に，学校教練確立期に展開されていた学校教練論と森有礼の兵式体操論とを比較した結果，以下のことが明らかになった。

学校教練確立期に展開されていた学校教練論の論拠を分類すると，第1章で明らかにしたように ① 山田顕義・西周らが主張した兵役年限短縮による兵役負担の軽減，② 福澤諭吉・阪谷素・尾崎行雄らが主張した気質鍛錬といった教育効果，の2つに分類できる。なお，第3章で論究したように，元老院では3次にわたって学校教練導入をめぐる議論が行われているが，学校教練導入を求める意見の背景にあったのは，深刻な徴兵忌避であった。兵役年限短縮による兵役負担の軽減とともに，幼少時から軍事訓練に親しませて徴兵への嫌悪感を解消するために，小中学校への学校教練導入が主張されたのである。なお，第5章で明らかにしたように，森有礼の兵式体操論は，兵役年限短縮といった軍事的利点には触れずに「尚武ノ氣象」といった教育効果を重視するものであり，第1章で論究した福澤諭吉らの主張の枠組みに近い。中でも1884年の「徴兵令改正ヲ請フノ議」における森の兵式体操論は，福澤諭吉の主張の枠組みとよく似ている。この段階での森の兵式体操論は同時代の学校教練論と大差ないものであった。

第二に，アメリカ・マサチューセッツ農科大学や札幌農学校における軍事教育と兵式体操とを比較した結果，以下のことが明らかになった。

第2章で論究したように，アメリカ・マサチューセッツ農科大学ではウエストポイント陸軍士官学校同様の本格的な軍事教育が実施されていたが，これは南北戦争という戦時体制下における将校養成を目的として，土地付与大学に軍事教育を義務付けたモリル法に基づくものであった。南北戦争後のア

メリカでは，ウエストポイント陸軍士官学校同様の本格的な軍事教育に対する批判もあり，同農科大学が入学者数減少に苦しむ原因の一つと考えられていた。

　一方，マサチューセッツ農科大学をモデルとした札幌農学校で実施された軍事教育は形式的なものにとどまり，マサチューセッツ農科大学のように日常の学生生活が兵営化されることはなかった。この背景には，札幌農学校卒業後に従軍して将校になることが考えられなかった日本とアメリカとの兵制の違いがあった。森有礼は，兵式体操導入によって日本の諸学校をマサチューセッツ農科大学のような，軍隊的な規律と秩序ある組織に改革しようとしたのであるが，日米の兵制の違いから，兵式体操については軍事的効果ではなく，教育的効果を強調した可能性がある。

　第三に，兵式体操に先立って諸学校で実施されていた歩兵操練と兵式体操とを比較した結果，以下のことが明らかになった。

　兵式体操に先立って諸学校で実施されていた歩兵操練は，第4章で明らかにしたように，1883年の徴兵令改正以降は兵役年限短縮という目的が加わるものの，あくまで身体の発達と健康の保全を目的とする体操の一手段として位置付けられていた。森有礼は歩兵操練に代えて兵式体操を導入したのであるが，それは学校組織を軍隊のように規律と秩序ある組織に変革するためであった。森による兵式体操の導入によって，学校教練は単なる教科の一部から学校を軍隊的規律と秩序ある組織へ改変する象徴的存在へと変化したのである。

　(3) 本書は森の兵式体操導入に関する先行研究の論争点として，① 兵式体操を超国家主義・軍国主義の基礎をつくったとして否定的に評価するのか，それとも「啓蒙主義」的・「開明的・大衆的」であったとして肯定的に評価するのか，② 兵式体操は歩兵操練と連続する性質なのか否か，③ 森の兵式体操論が大きく変化した時期はいつか，の3点を提示した。以下にそれぞれの論争点に関する本書の立場を示す。

　まず，本書は，兵式体操は軍国主義につながる性格を有していたという見解をとる。たしかに，犬塚孝明や長谷川精一が指摘するように森有礼が自己規律的な主体の育成を目指していたことは事実である。また，第5章で明ら

かにしたように，森は「従順」はあくまで「管理上」のことであって，教師は生徒との応答に際してはなるべく自由に発言させ，生徒を「卑屈」にさせてはいけないと注意をしている。さらに，佐藤秀夫が指摘するように，輪番制で上級生が下級生の指揮命令に服することも経験する「分団編制」は，固定した軍隊の階級制とは明らかに異なり，森が学校の集団的訓練機能を重視して兵式体操を重視していたことも事実である。

　しかし，本書が問題とするのは，森には学校と軍隊が異なる原理で動いているという認識が欠けていたことである。第2章で明らかにしたように，札幌農学校で軍事教育改革にあたった高田信清は軍隊的な規律と秩序を導入することの必要性を説きながら，卒業後に士官となるわけではない札幌農学校に軍隊生活そのままを持ち込むことには無理があると考えていた。また，第3章で論究したように，1880年の元老院会議において文部卿河野敏鎌は，学校教練の漸進的導入について説明する中で，学校における教育は軍人ではなくあくまで「文事」を修めた人が担当すべきだとし，学校と軍隊とは異なる原理で動いているという認識を示していた。さらに，森が兵式体操を導入した時に東京師範学校の校務嘱託を務めていた西周は，陸軍参謀本部御用掛も兼任していたが，第4章で明らかにしたように，軍人社会の組織原理を平常社会とは異質なものと認識しており軍隊秩序を師範学校に持ち込むことはなかった。西は，平常社会は「自治自由」を基本原理とすると認識して東京師範学校の校務運営にあたっていたのである。また同じ頃，兼﨑茂樹の「教育論一斑」（『東京日日新聞』）のように，「抵抗心」を剥奪する「兵士ノ体育」を学校教育に持ち込むことに批判的な新聞論調も存在した。

　しかし森には，学校と軍隊が異なる原理で動いているという認識が欠けており，軍隊の規律と秩序を学校組織にも適用して師範学校を徹底して「兵営化」してしまった。輪番制で上級生も下級生の指揮命令に服するとした分団編制は，上意下達の軍隊式規律と秩序を徹底するという目的と当初から矛盾するものであった。

　なお，森の兵式体操は，アメリカ・マサチューセッツ農科大学の軍事教育の影響を受けており，その意味で「近代的」なものである。しかし，第2章で論及したように，マサチューセッツ農科大学のような土地付与大学は，南

北戦争という「戦時」の非常事態の産物であり，同校のウエストポイント陸軍士官学校なみの徹底した軍事教育は，戦争終結後のアメリカ社会で必ずしも好意的には受けとめられていなかった。また，民間人が将校として従軍することも珍しくない民兵制の伝統のあるアメリカと，深刻な徴兵忌避に苦しむ一方で，札幌農学校等の卒業生が徴兵を猶予されていた日本の兵制との違いは大きい。

　ところが，森は軍事的な理由を全く捨象しつつ，規律と秩序を確立するという「教育」的理由を全面に出して師範学校を「兵営化」し，高田信清・河野敏鎌・西周らが認識していた学校と軍隊との組織原理の違いを無視してしまったのである。その徹底した「軍律軍制」の徹底は，学校組織の「自治自由」の原理と両立するものではなかった。「自治自由」が結果的に否定された結果，自己規律的な主体を生み出そうとした森の意図に反して，師範学校は「卑屈」で活気に乏しく融通のきかない「師範タイプ」の教員を生み出すことになってしまうのである。

　次に，本書は歩兵操練と兵式体操は異質であるという見解を支持する。ただし，歩兵操練は兵士としての訓練にとどまる一方，兵式体操は気質鍛錬や道徳教育といった教育的側面を重視したものとする横須賀薫や今村嘉雄の見解や，全国民を実施対象とする兵式体操は，中高等教育を受ける者に限定された歩兵操練に対して「開明的・大衆的」だとする遠藤芳信の見解は適切でないとの立場をとる。

　第4章で論究したように，歩兵操練は1881年の教則大綱制定により師範学校・中学校の正格化が進む中，身体の発達や健康の保全を目的とする体操科の一構成要素として師範学校や中学校が導入したものである。その後1883年の徴兵令改正によって兵役年限短縮の目的も加わるが，歩兵操練は体操科の一部として身体的・精神的教育効果を主目的として導入されたのであり，歩兵操練を兵士としての訓練に限定して捉えるのは適切ではない。また第3章で論究したように，元老院では一貫して小学校への導入を前提として学校教練が議論されており，文部当局者も小学校への学校教練導入を漸進的に進めることを明言していた。1883年の徴兵令改正は，改正前の徴兵令では平時免役となっていた中高等教育機関卒業生も原則服役させるという方針の下に行

われており，小学校を除くとした歩兵操練科卒業証書所持による兵役年限満期前の早期帰休条項についても，漸進的な導入の過度的段階と理解すべきである。従って実施対象の違いから「限定的・非大衆的」な歩兵操練に対して兵式体操を「開明的・大衆的」と理解する遠藤の見解は適切ではない。歩兵操練も将来的には小学校へ対象を拡大することが前提とされていたからである。

　そこで本書が注目するのは歩兵操練と兵式体操の学校教育における位置付けの違いである。第4章で論究したように，歩兵操練は体操科の一部として導入されており学校組織に影響を与える存在ではなかった。これに対し森有礼は，学校組織を軍隊的な規律と秩序のある組織に変えて日本の教育の気風を一変するために，歩兵操練に代えて兵式体操を諸学校に導入した。つまり，兵式体操が体現する軍隊的な規律と秩序に従って学校組織が変わることを森は求めたのであり，兵式体操は一教科の枠を超えて森の教育改革の理念の象徴とされたのである。

　そして，森の兵式体操論が大きく変化した時期については，園田英弘の指摘する1880年頃でも木下秀明の指摘する1887年頃でもなく，1884年頃であったという見解を本書は提示する。第5章で論究したように，1879年の「教育論－身體ノ能力」から1884年8月の「徴兵令改正ヲ請フノ議」の間に，森有礼は「氣質」を「體軀」から分離した上でその鍛錬を重視する方向に兵式体操論を変化させているが，この段階での森の兵式体操論は，同時代の福澤諭吉らの学校教練論と大差ないものであり，また当時諸学校で実施されていた歩兵操練を否定するものではなかった。しかし，1884年頃と推測される東京師範学校の視察で森が生徒の「不規律」に驚いた結果，学校に規律と秩序を確立するための手段として兵式体操を導入したのである。これにより，学校教練は教科の枠を超えた教育改革の象徴となり，森の兵式体操論は同時代の学校教練論に例を見ない独自の主張となったのである。木下秀明は1887年頃に森の兵式体操論が「指導を軍人に依存した軍事目的の国民教育」へと変質したと捉えるが，森は導入当初から兵式体操の指導は現役将校が望ましいと考えていたので適切ではない。森が監督を務めた東京師範学校に関して言えば，1885年に兵式体操の指導教官を陸軍士官学校卒業生の中で「最も俊秀」

と言われた松石安治少尉に代えており，また翌年には校長を軍人に交代させているのである。

　最後に本書の全体の総括をすると，学校教練確立期において軍人養成を目的としない普通教育機関への学校教練導入に期待されたのは①兵役年限短縮による兵役負担の軽減，②精神・身体の鍛錬という教育効果，の２つに集約することができる。そして元老院で小中学校への学校教練導入が何度も提起された背景には深刻な兵役忌避の状況があった。歩兵操練は上述の期待の下に中学校や師範学校に導入されたが，あくまで体操の一部の位置付けにとどまっていた。森有礼による諸学校への兵式体操導入は，軍人養成を目的としない初等・中等普通教育機関の男性に普く学校教練を義務付けるだけでなく，学校教練が一教科の枠を超えて学校組織を軍隊的な規律と秩序ある組織へ変革する教育改革の象徴となったことを意味した点で画期的だったのである。ただし，軍隊の規律と秩序を学校教育に持ち込むことについては同時代でも批判の対象となり，森の死後兵式体操は形骸化して師範学校以外に「兵営化」が広がることはなかった。なお，森の構想した現役将校による学校教練の指導は1925年の現役将校学校配属制度の確立によってようやく実現するが，学校教育に「軍国主義」が深く入り込む手段となってしまうのである。

　従って，犬塚孝明や長谷川精一の指摘するように，森の兵式体操は国民国家を担う自己規律的な主体の育成を企図していたことは事実であり，また，佐藤秀夫が指摘するように，森があくまで学校の集団的訓練機能を重視して，軍隊階級とは異なる「分団編制」を導入したことも事実であるが，学校と軍隊の組織原理の違いを無視して，軍隊の規律と秩序を学校組織に持ち込もうとしたことには，大きな問題があったと言わざるを得ない。「軍国主義」を「他の全領域を軍事的価値に従属させるような思想ないし行動様式」と理解するならば，森による兵式体操の導入は，森の意図はともかく，結果として学校教育の領域を軍事的価値に従属させてしまい，近代日本の学校教育を「軍国主義」化する一契機となってしまったのである。

　ただし，森の論理は広く支持されたわけではなかった。森による師範学校の「兵営化」は同時代においてすでに批判の的となり，森の死後兵式体操は

形骸化していった。また，森が兵式体操を導入する前，札幌農学校で軍事教育改革にあたった高田信清は，軍隊的な規律と秩序を導入することの必要性を説きながら，卒業後に士官となるわけではない札幌農学校に軍隊生活そのままを持ち込むことには無理があると考えていた。そして河野敏鎌文部卿は学校と軍隊の基づく原理は異なるという認識を示しており，陸軍参謀本部御用掛を兼任していた西周の場合も，軍人社会の組織原理は平常社会と異質なものと考えており，自分が校務嘱託をしていた東京師範学校の運営に軍隊の規律と秩序を持ち込むことはなかった。歩兵操練という形の学校教練は，学校教育の領域を軍事的価値に従属させることなく実施されていたのである。深刻な兵役忌避の状況下，在営年限短縮による兵役負担軽減のための学校教練の導入が不可避であったとしても，森によって否定された歩兵操練の方に「軍国主義」とは別の方向に向かう学校教練の可能性を見ることができるであろう。

二　今後の課題

　最後に，今後の課題を示すことにしたい。まず，本書を踏まえた課題として，以下の3点が考えられる。

(1) 森の兵式体操導入時の外国の軍事教育の実態の究明
　本書は，マサチューセッツ農科大学での本格的な軍事教育が入学者数減少の一因ともなっていたことを明らかにする一方，日米の兵制の違いから，同農科大学をモデルとした札幌農学校における軍事教育が形骸化していたことを明らかにした。ただし，マサチューセッツ農科大学以外の土地付与大学における軍事教育については究明が及ばなかった。また，日本では兵式体操導入により師範学校が徹底して「兵営化」されたのだが，その時アメリカその他の国の師範学校はどうであったのかについても未解明である。軍人養成を目的としない普通教育機関における学校教練に関する国際的比較に取り組みたい。

(2) 兵式体操から教練への呼称変更の背景の究明

　本書は，歩兵操練と兵式体操の違いについて論究し，兵式体操によって学校教練が教科の一部から教育改革の象徴へと変化したことを明らかにした。ところで1911年に兵式体操は教練と呼称を変更して教育課程から姿を消すことになる。この間の諸学校における兵式体操の実態はどうであったのか，また教練への呼称変更は何を意味するのかについての究明に取り組みたい。

(3) 兵式体操と現役将校学校配属制度との関係の究明

　森有礼は中学校等においても現役将校による兵式体操指導を構想していたが陸軍の協力が得られず実現には至らなかった。現役将校による学校教練の指導は1925年の陸軍現役将校学校配属令によって実現するが，これは森の意図したようなものであったのか究明に取り組みたい。

　さらに，本書の発展的な課題としては，森以降の学校教練以外の教育政策と「軍国主義」教育との関係を究明することが必要と考える。

あとがき

　本書は，2011年10月に早稲田大学出版部から出版されたモノグラフ版『兵式体操成立史研究──近代日本の学校教育と教練』を学術叢書としてグレードアップ出版したものである。モノグラフ版のもととなったのは，2010年度に早稲田大学に提出した博士学位論文「兵式体操成立史研究──近代日本の学校教育と教練」（第5570号）である。今回は，モノグラフ版にも残っていた誤りを相当数修正するとともに，新たに写真を多く掲載するなどして，書物としてより読みやすくするよう心懸けた。しかし，全体としての大きな論旨に変更はなく，学位論文をより充実させて世に送り出したのが本書という位置付けになる。

　以下は，モノグラフ版のあとがきにも書いたことだが，本書が世に出るまで，多くの方々に支えられた事実に変化はなく，この場を借りて再度感謝の意を表したい。

　まず，早稲田大学大学院でご指導いただいた湯川次義先生には，どれほど感謝してもしきれない。単位取得退学した後も遅々として論文が進まない私を見捨てることなく，研究の道筋を教示されるとともに，今思えばとても稚拙な内容の拙稿に対して，実に辛抱強くかつ丁寧な添削指導をしていただいた。ご多忙の身である先生の，貴重な時間を割いての懇切なご指導に改めて恐縮する次第で，改めてお詫びと御礼を申し上げたい。

　そして，中央大学大学院時代の恩師，金原左門先生にも厚く御礼申し上げたい。2009年，先生には論文審査の副査に加わっていただくことをご快諾していただきながら，私の能力不足で結局論文が出来上がらないという失態を演じてしまった。にもかかわらず，最終的な学位論文の審査にも快く加わっていただき，今後の研究につながる有益なコメントをいただいた。深く感謝申し上げる。

　また，副査をしていただいた早稲田大学の矢口徹也先生からは，論文を修正する上で貴重なお言葉をいただいた。改めて御礼申し上げたい。早稲田大学では，北河賢三先生に研究の方向性について助言をいただいた。感謝申し

上げたい。

　振り返れば，中央大学大学院時代には，菅原彬州先生にお世話になった。今回，明治期のくずし字に対しても臆せず取り組むことができたのは先生に鍛えられたからである。御礼申し上げたい。また，中野光先生からは教育史研究の進め方について助言をいただいた。改めて感謝申し上げたい。

　なお，地方教育史学会で初めて発表した際に声をかけていただいた四方一瀰先生からは，その後も，西周研究に関して何度か貴重な助言をいただいた。厚く御礼申し上げる。

　また，中央大学大学院，早稲田大学大学院のゼミの先輩や研究仲間からも大変多くのことを学び，お世話になったことは言うまでもない。本来ならば全員のお名前を記して謝辞を記すべきであろうが，膨大な数に上ってしまうため心苦しいが略させていただく。

　史料の収集にあたって，多くの図書館，公文書館などにお世話になった。なかでも，早稲田大学中央図書館のレファレンスの方々には，海外の史料の入手などで大変お世話になったことを記しておきたい。また，防衛研究所図書館，国立国会図書館，国立公文書館の3館の史料は特によく利用させていただいた。御礼申し上げる。

　モノグラフの出版に続き，学術叢書へのグレードアップ出版を助成していただいた早稲田大学には感謝の言葉しかない。そして，原稿を書籍の形にするにあたっては，早稲田大学出版部の金丸淳氏にお世話になるとともに，アジール・プロダクションの村田浩司氏には，丁寧な編集をしていただくとともに，数々の有益なアドバイスをいただいた。厚く御礼申し上げたい。

　最後に，好き勝手に我が道を進む息子を温かい目で見守り続けてくれた両親に感謝の言葉を捧げたい。

　　　2013年3月

　　　　　　　　　　　　　　　　　　　　　　　　　奥 野 武 志

参照史料・文献一覧

A 刊行史料

① 人物関係

岩崎行親『神道論』(非売品), 1927年。
江木千之翁経歴談刊行会『伝記叢書1 江木千之翁経歴談 上』大空社, 1987年。
伊藤隆・尾崎春盛編『尾崎三良日記』上巻, 中央公論社, 1991年。
伊佐秀雄『尾崎行雄傳』尾崎行雄傳刊行會, 1951年。
『尾崎咢堂全集』第1巻, 1956年。
大島正健著 大島正満・大島智夫補訂『クラーク先生とその弟子たち』教文館, 1993年。
亀井秀雄・松本博編著『朝天虹ヲ吐ク——志賀重昂「在札幌農學校第貳年期中日記」』北海道大学図書刊行会, 1998年。
『西周全集』第2巻, 宗高書房, 1962年。
『西周全集』第3巻, 宗高書店, 1966年。
『福澤諭吉全集』第3巻, 岩波書店, 1959年。
『福澤諭吉全集』第4巻, 岩波書店, 1959年。
『福澤諭吉全集』第5巻, 岩波書店, 1959年。
石河幹明『福澤諭吉傳』第4巻, 岩波書店, 1932年。
『森有礼全集』第1巻, 宣文堂書店, 1972年。
横山健堂『文部大臣を中心として評論せる日本教育の變遷』中興館書店, 1914年。
大山梓編『山縣有朋意見書』原書房, 1966年。
『日本近代思想大系四 軍隊 兵士』岩波書店, 1989年。

② 岩倉使節団関係

久米邦武編, 田中彰校注『特命全権大使米欧回覧実記 (一)』岩波書店, 1977年。
久米邦武編, 田中彰校注『特命全権大使米欧回覧実記 (二)』岩波書店, 1978年。
久米邦武編, 田中彰校注『特命全権大使米欧回覧実記 (三)』岩波書店, 1979年。
久米邦武編, 田中彰校注『特命全権大使米欧回覧実記 (四)』岩波書店, 1980年。
久米邦武編, 田中彰校注『特命全権大使米欧回覧実記 (五)』岩波書店, 1982年。
文部省『理事功程』巻之十一, 1875年 (『明治初期教育稀覯書集成』第Ⅲ期, 雄松堂書店, 1982年)。

文部省『理事功程』巻之十三,1875年(『明治初期教育稀覯書集成』第Ⅲ期,雄松堂書店,1982年)。

文部省『理事功程』巻之十四,1875年(『明治初期教育稀覯書集成』第Ⅲ期,雄松堂書店,1982年)。

③ マサチューセッツ農科大学関係

A General Catalogue of the Officers and Students of the Massachusetts Agricultural College: 1867-1897, 1897. http://www.archive.org/details/generalcatalogue00mass

Annual Report of the Trustees of the Massachusetts Agricultural College, 1866.

Annual Report of the Trustees of the Massachusetts Agricultural College, 1867.

Fifth Annual Report of the Trustees of the Massachusetts Agricultural College, January, 1868.

Sixth Annual Report of the Trustees of the Massachusetts Agricultural College, January, 1869.

Seventh Annual Report of the Trustees of the Massachusetts Agricultural College, January, 1870.

Eighth Annual Report of the Trustees of the Massachusetts Agricultural College, January, 1871.

Ninth Annual Report of the Trustees of the Massachusetts Agricultural College, January, 1872.

Tenth Annual Report of the Massachusetts Agricultural College, January, 1873.

Eleventh Annual Report of the Massachusetts Agricultural College, January, 1874.

Twelfth Annual Report of the Trustees of the Massachusetts Agricultural College, January, 1875.

Thirteenth Annual Report of the Massachusetts Agricultural College, January, 1876.

Fourteenth Annual Report of the Massachusetts Agricultural College, January, 1877.

Fifteenth Annual Report of the Massachusetts Agricultural College, January, 1878.

Sixteenth Annual Report of the Massachusetts Agricultural College, January, 1879.

Seventeenth Annual Report of the Massachusetts Agricultural College, January, 1880.

Eighteenth Annual Report of the Massachusetts Agricultural College, January,

1881.

Nineteenth Annual Report of the Massachusetts Agricultural College, January, 1882.

Twentieth Annual Report of the Massachusetts Agricultural College, January, 1883.

Twenty-first Annual Report of the Massachusetts Agricultural College, January, 1884.

Twenty-second Annual Report and Catalogue of the Massachusetts Agricultural College, January, 1885.

Twenty-third Annual Report of he Trustees of the Massachusetts Agricultural College, and the Catalogue, January, 1886.

Twenty-fourth Annual Report of the Massachusetts Agricultural College, January, 1887.

Twenty-fifth Annual Report of the Massachusetts Agricultural College, January, 1888.

Twenty-sixth Annual Report of the Massachusetts Agricultural College, January, 1889.

Twenty-seventh Annual Report of the Massachusetts Agricultural College, January, 1890.

Twenty-eighth Annual Report of the Massachusetts Agricultural College, January, 1891.

Twenty-ninth Annual Report of the Massachusetts Agricultural College, January, 1892.

Thirtieth Annual Report of the Massachusetts Agricultural College, January, 1893.

An Address to the Trustees of Massachusetts Agricultural College Concerning Its Managements, from the Associate Alumni, Boston, January 13, 1879.

Collection of College Catalogues (1841-1848). http://www.archive.org/details/collectionofcoll00nulliala

Sol Cohen ed., *Education in the United States A Documentary History*, (New York, 1974), Ⅲ.

National Research Council, *Colleges of Agriculture at the Land Grant Universities Public Service and Public Policy*, (Washington, D. C., 1996).

The Congressional Globe, 35th Congress, 1st Session.

Thirty-Ninth Annual Rounion of the Association of Graduates of the United States Military Academy, at West Point, New York, June 12th, 1908.

④ 札幌農学校関係

日本史籍協会編『明治初期各省日誌集成　開拓使日誌1』東京大学出版会，1987年覆刻。

日本史籍協会編『明治初期各省日誌集成　開拓使日誌4』東京大学出版会，1987年覆刻。

日本史籍協会編『明治初期各省日誌集成　開拓使日誌5』東京大学出版会，1987年覆刻。

恵迪寮史編纂委員会『恵迪寮史』1933年（復刻版，1987年）。

北海道帝国大学恵迪寮第二回寮史編纂委員会編『恵迪寮小史』1943年。

『札幌農黌第一年報』北海道大学図書刊行会，1976年覆刻。

『新撰北海道史』第6巻史料2，1936年。

『北大百年史　札幌農学校史料（一）』1981年。

『北大百年史　札幌農学校史料（二）』1981年。

『北大百年史　通説』1982年。

Reports and Official Letters to the Kaitakushi (Tokei, 1875).

⑤ 体操伝習所・東京学士会院・東京師範学校関係

『體操傳習所規則』1884年2月改正。

『體操傳習所一覽　明治十七，十八年』。

『東京學士會院雑誌』第1篇第7冊。

『日本学士院八十年史　資料編一』日本学士院，1961年。

『東京師範學校一覽　明治13年9月－14年9月』。

『東京師範學校小學師範學科規則』1883年。

『東京師範學校中學師範學科規則』1883年。

『東京高等師範學校沿革略志』1911年。

東京文理科大学『創立六十年』1931年。

⑥ 文部省関係

『文部省出陳教育品附言抄』1881年6月。

『文部省第七年報』。

『文部省第九年報』。

『文部省第十年報』。

『文部省第十一年報』。

『文部省第十二年報』。

『文部省第十三年報』。

『文部省第十四年報』。

日本史籍協会編『明治初期各省日誌集成　文部省日誌』1，東京大学出版会，1985年。
日本史籍協会編『明治初期各省日誌集成　文部省日誌』2，東京大学出版会，1985年。
日本史籍協会編『明治初期各省日誌集成　文部省日誌』3，東京大学出版会，1985年。
日本史籍協会編『明治初期各省日誌集成　文部省日誌』4，東京大学出版会，1985年。
日本史籍協会編『明治初期各省日誌集成　文部省日誌』5，東京大学出版会，1985年。
日本史籍協会編『明治初期各省日誌集成　文部省日誌』6，東京大学出版会，1985年。
日本史籍協会編『明治初期各省日誌集成　文部省日誌』7，東京大学出版会，1985年。
日本史籍協会編『明治初期各省日誌集成　文部省日誌』8，東京大学出版会，1985年。
日本史籍協会編『明治初期各省日誌集成　文部省日誌』9，東京大学出版会，1986年。
日本史籍協会編『明治初期各省日誌集成　文部省日誌』10，東京大学出版会，1986年。
日本史籍協会編『明治初期各省日誌集成　文部省日誌』11，東京大学出版会，1986年。
日本史籍協会編『明治初期各省日誌集成　文部省日誌』12，東京大学出版会，1986年。
日本史籍協会編『明治初期各省日誌集成　文部省日誌』13，東京大学出版会，1986年。
日本史籍協会編『明治初期各省日誌集成　文部省日誌』14，東京大学出版会，1986年。
日本史籍協会編『明治初期各省日誌集成　文部省日誌』15，東京大学出版会，1986年。
日本史籍協会編『明治初期各省日誌集成　文部省日誌』16，東京大学出版会，1986年。
日本史籍協会編『明治初期各省日誌集成　文部省日誌』17，東京大学出版会，1986年。
日本史籍協会編『明治初期各省日誌集成　文部省日誌』18，東京大学出版会，1986年。

日本史籍協会編『明治初期各省日誌集成　文部省日誌』19，東京大学出版会，1986年。
日本史籍協会編『明治初期各省日誌集成　文部省日誌』20，東京大学出版会，1986年。
日本史籍協会編『明治初期各省日誌集成　文部省日誌』21，東京大学出版会，1987年。
日本史籍協会編『明治初期各省日誌集成　文部省日誌』22，東京大学出版会，1987年。
日本史籍協会編『明治初期各省日誌集成　文部省日誌』23，東京大学出版会，1987年。
日本史籍協会編『明治初期各省日誌集成　文部省日誌』24，東京大学出版会，1987年。
日本史籍協会編『明治初期各省日誌集成　文部省日誌』25，東京大学出版会，1987年。

⑦ 参事院・元老院関係
日本史籍協会編『太政官沿革志　三』東京大学出版会，1987年覆刻。
日本史籍協会編『太政官沿革志　六』東京大学出版会，1987年覆刻。
『元老院日誌』第1巻，三一書房，1981年。
『元老院会議筆記』前期第5巻，1969年。
『元老院会議筆記』前期第6巻，1963年。
『元老院会議筆記』前期第7巻，1963年。
『元老院会議筆記』前期第9巻，1965年。
『元老院会議筆記』後期第18巻，1974年。

⑧ 法令全書・官報
『法令全書』明治2年。
『法令全書』明治5年。
『法令全書』明治6年。
『法令全書』明治7年。
『法令全書』明治11年。
『法令全書』明治12年。
『法令全書』明治14年。
『法令全書』明治15年。
『法令全書』明治16年。
『法令全書』明治18年上。

『法令全書』明治18年下。
『法令全書』明治19年上。
『法令全書』明治19年下。
『法令全書』明治21年。
『法令全書』明治22年。
『法令全書』明治23年。
『法令全書』明治44年。
『官報』第255号，1884年5月8日。
『官報』第648号，1885年8月27日。
『官報』第660号，1885年9月10日。
『官報』第716号，1885年11月18日。
『官報』第717号，1885年11月19日。
『官報』第741号，1885年12月18日。
『官報』第801号，1886年3月8日。
『官報』第818号，1886年3月27日。
『官報』第1214号，1887年7月16日。

⑨ 新聞・雑誌

『朝野新聞』1883年12月19日。
『朝野新聞』1883年12月20日。
『朝野新聞』1883年12月22日。
『朝野新聞』1883年12月23日。
『朝野新聞』1883年12月25日。
『東京曙新聞』1876年10月3日。
『東京曙新聞』1876年10月10日。
『東京曙新聞』1876年10月14日。
『東京曙新聞』1876年10月20日。
『東京曙新聞』1876年10月23日。
『東京曙新聞』1876年11月2日。
『東京日日新聞』1882年9月19日。
『東京日日新聞』1883年6月4日。
『東京横浜毎日新聞』1883年12月19日。
『東京横浜毎日新聞』1883年12月22日。
『内外兵事新聞』第398号，1883年4月1日（『近代日本軍隊関係雑誌集成 第1期』，ナダ書房，1990年）。
『新潟新聞』1880年3月30日。

参照史料・文献一覧　331

『新潟新聞』1880年4月1日。
『新潟新聞』1880年4月2日。
『新潟新聞』1880年4月3日。
『新潟新聞』1880年4月6日。
『新潟新聞』1880年4月8日。
『新潟新聞』1880年7月3日。
『新潟新聞』1880年7月4日。
『新潟新聞』1880年7月13日。
『新潟新聞』1880年7月14日。
『新潟新聞』1880年11月6日。
『新潟新聞』1880年11月7日。
『郵便報知新聞』1875年9月22日。
The Springfield Republican, Thursday, July18, 1872.
『教育時論』第23号,1885年12月5日。
『教育時論』第1138号,1916年11月25日。
『教育新誌』第70号,1880年4月。
『月桂新誌』第2号,1879年1月13日。
『月桂新誌』第3号,1879年1月20日。
『月桂新誌』第55号,1880年3月16日。
『月桂新誌』第56号,1880年3月31日。
『現代』第12巻第3号,1931年3月。
『國民之友』第4巻第42号,1889年2月22日。
『明六雑誌』第40号,1875年8月(『明六雑誌』〔下〕,岩波書店,2009年)。
『明六雑誌』第41号,1875年8月(『明六雑誌』〔下〕,岩波書店,2009年)。

⑩ そ の 他

『大阪府教育百年史』第三巻史料編(二),1972年。
彦根正三編『改正官員録』明治16年9月,博公書院。
内務省勧農局編『勧農局年報第二回』。
『群馬縣議會史』第1巻,1951年。
安藤圓秀『駒場農学校等史料』東京大学出版会,1966年。
松岡彪編『小學兵式體操書』1888年。
生田清範編『圖入兵式體操教範』巻一〜巻三,金港堂,1886年。
大沼浮蔵『生徒必携普通兵式體操法』第3編,教育書屋,1889年。
『長野県教育史』第十巻史料編四,1975年。
『歩兵操典 生兵之部』1882年4月。

『歩兵操典　中隊之部』1882年4月。
太政官修史館編『明治史要』第2冊巻14，1883年。
『陸軍士官學校一覽』兵事雜誌社，1904年。
文部省『資料臨時教育会議　第2集』1979年。
文部大臣官房文書課『終戰教育事務處理提要』第一輯，1945年。

B　未刊行史料

① 国立公文書館所蔵史料

「公文録・明治十二年・第百四巻・明治十二年十月・陸軍省二」本館 -2A-010-00・公02533100（JACAR〔アジア歴史資料センター〕画像なし）。

「公文録・明治十三年・第百二十三巻・明治十三年一月～六月・官吏進退（陸軍省）」本館 -2A-010-00・公02754100（JACAR〔アジア歴史資料センター〕画像なし）。

「公文類聚・第七編・明治十六年・第十八巻・兵制四・徴兵・兵学一」本館 -2A-011-00・類00101100（JACAR〔アジア歴史資料センター〕画像なし）。

「公文録・明治十六年・第百四巻・明治十六年十二月・陸軍省」本館 -2A-010-00・公03552100（JACAR〔アジア歴史資料センター〕画像なし）。

「公文録・明治十七年・第百九十九巻・明治十七年八月～十二月・官吏進退（農商務省）」本館 -2A-010-00・公03863100（JACAR〔アジア歴史資料センター〕画像なし）。

「公文録・明治十七年・第二百三巻・明治十七年一月～七月・官吏進退（宮内省）」本館 -2A-010-00・公03867100（JACAR〔アジア歴史資料センター〕画像なし）。

「記録材料・雑書」本館 -2A-035-01・記00427100（JACAR〔アジア歴史資料センター〕Ref.A07060169700）。

「記録材料・参事院回付・考案簿・第二局」本館 -2A-035-02・記00706100（JACAR〔アジア歴史資料センター〕Ref.A07062780500）。

「単行書・元老院会議筆記・自第百二号至第百十一号・八」本館 -2A-034-04・単01896100（JACAR〔アジア歴史資料センター〕Ref.A07090143400）。

「単行書・元老院会議筆記・自第百二十一号至第百三十六号・十」本館 -2A-034-04・単01898100（JACAR〔アジア歴史資料センター〕Ref.A07090143900）。

「単行書・元老院会議筆記・第百四十六号・十二」本館 -2A-034-04・単01900100（JACAR〔アジア歴史資料センター〕Ref.A07090144300）。

「単行書・元老院会議筆記・号外・自第二十号至第二十八号・三」本館 -2A-034-05・単01940100（JACAR〔アジア歴史資料センター〕Ref.A07090152400）。

「単行書・元老院会議筆記・自第二百七号至第二百十八号・十九」本館 -2A-

034-04・単01907100（JACAR〔アジア歴史資料センター〕Ref.A07090145700）。
「単行書・元老院会議筆記・三十二」本館-2A-034-05・単01920100（JACAR〔アジア歴史資料センター〕Ref.A07090148300）。
「単行書・元老院議案録・明治十六年・全」本館-2A-034-05・単01958100（JACAR〔アジア歴史資料センター〕Ref.A07090155800）。
「単行書・修正案・全」本館-2A-034-04・単01866100（JACAR〔アジア歴史資料センター〕Ref.A07090137200）。
「単行書・議定上奏録・全」本館-2A-034-04・単01875100（JACAR〔アジア歴史資料センター〕Ref.A07090139100）。

②防衛省防衛研究所図書館所蔵史料

『陸軍省大日記　大日記諸省来書五月月陸軍省総務局』陸軍省大日記M13-17-46（JACAR〔アジア歴史資料センター〕Ref.C04028780900，明治13年「大日記諸省来書5月月 陸軍省総務局」〔防衛省防衛研究所〕）。
『陸軍省大日記　大日記十月月陸軍省総務局』陸軍省大日記M13-22-51（JACAR〔アジア歴史資料センター〕Ref.C04028812100，明治13年「大日記 10月月 陸軍省総務局」〔防衛省防衛研究所〕）。
『陸軍省大日記　大日記十一月月陸軍省総務局』陸軍省大日記M13-23-52（JACAR〔アジア歴史資料センター〕Ref.C04028816200，明治13年「大日記11月月 陸軍省総務局」〔防衛省防衛研究所〕）。
『陸軍省大日記　砲工十月木坤陸軍省総務局』陸軍省大日記M13-69-98（JACAR〔アジア歴史資料センター〕Ref.C04029720100，明治13年「大日記砲工 10月木坤 陸軍省総務局」〔防衛省防衛研究所〕）。
『陸軍省大日記　起明治十四年四月尽同年六月　諸省院使』各省雑M14-2-102（JACAR〔アジア歴史資料センター〕Ref.C09120829600，起明治14年4月尽同年6月 諸省院使　39　4〔防衛省防衛研究所〕）。
『陸軍省大日記　明治十五年十一月十二月諸省院』各省雑M15-4-156（JACAR〔アジア歴史資料センター〕Ref.C09120977500，明治15年11月　12月　諸省院〔防衛省防衛研究所〕）。
『陸軍省大日記　砲工十一月』陸軍省大日記M16-12-34（JACAR〔アジア歴史資料センター〕Ref.C04030795900，明治16年「大日記 砲工 11月未坤 陸軍省総務局」〔防衛省防衛研究所〕）。
『陸軍省大日記　明治十七年従一月至四月諸省院庁』各省雑M17-1-109（JACAR〔アジア歴史資料センター〕Ref.C09121109500，明治17年従1月至4月　諸省院庁〔防衛省防衛研究所〕）。
『陸軍省大日記　明治十七年従五月八月迄諸省院庁』各省雑M17-2-110（JACAR

〔アジア歴史資料センター〕Ref.C09121151000，明治17年従5月8月迄　諸省院庁〔防衛省防衛研究所〕）。

『陸軍省大日記　明治十七年九・十月分諸省院庁』各省雑 M17-3-111（JACAR〔アジア歴史資料センター〕Ref.C09121177300・Ref.C09121171300，明治17年9　10月分　諸省院庁〔防衛省防衛研究所〕）。

『陸軍省大日記　大日記鎮台四月木乾陸軍省総務局』陸軍省大日記 M17-28-47（JACAR〔アジア歴史資料センター〕Ref.C04031384400，明治17年「大日記 鎮台 4月木乾 陸軍省総務局」〔防衛省防衛研究所〕）。

『陸軍省壱大日記　明治十八年　編冊補遺壱』陸軍省壱大日記 M18-2-48（JACAR〔アジア歴史資料センター〕Ref.C03030003300，明治18年「壹大日記 編冊補遺壱」〔防衛省防衛研究所〕）。

『陸軍省大日記　明治十八年　大日記 十二月日 陸軍省総務局』陸軍省大日記 M18-12-25（JACAR〔アジア歴史資料センター〕Ref.C04031595100，明治18年「大日記 12月日 陸軍省総務局」〔防衛省防衛研究所〕）。

『陸軍省大日記　明治十八年　大日記 九月月 陸軍省総務局』陸軍省大日記 M18-21-34（JACAR〔アジア歴史資料センター〕Ref.C04031622300，明治18年「大日記 9月月 陸軍省総務局」〔防衛省防衛研究所〕）。

『陸軍省大日記　明治十八年　大日記 十二月月 陸軍省総務局』陸軍省大日記 M18-24-37（JACAR〔アジア歴史資料センター〕Ref.C04031628500・Ref.C04031628600，明治18年「大日記 12月月 陸軍省総務局」〔防衛省防衛研究所〕）。

『陸軍省壱大日記　明治十九年九月壱大日記』陸軍省壱大日記 M19-7-43（JACAR〔アジア歴史資料センター〕Ref.C03030118800，明治19年9月「壹大日記」〔防衛省防衛研究所〕）。

『陸軍省大日記　明治十九年　大日記　陸軍省総務局　二月土』陸軍省大日記 M19-11-19（JACAR〔アジア歴史資料センター〕Ref.C07060166400.Ref.C07060166500，明治19年「大日記　陸軍省総務局　2月土」〔防衛省防衛研究所〕）

『陸軍省大日記　壱大日記　明治二十四年七月』陸軍省壱大日記 M24-7　府第65号．（JACAR〔アジア歴史資料センター〕Ref.C03030665100，明治24年7月「壹大日記」〔防衛省防衛研究所〕）

③ その他史料

東京都公文書館所蔵「明治十七年中学書類　81」614.C4-06　府明Ⅱ明17-091。
東京都公文書館所蔵「明治十八年師範学校書類　46」615.A3-08　府明Ⅱ明18-089。
埼玉県立文書館所蔵「兵式体操要領」M1862-4 110。
埼玉県立文書館所蔵「兵式体操課ヲ設クルノ義ニ付伺」M1862-4 115。

早稲田大学図書館所蔵「新定教育令ヲ更ニ改正スヘキ以前ニ於テ現在施行スヘキ件」。

C 研 究 書

秋枝蕭子『森有礼とホーレス・マンの比較研究試論──日米近代女子教育成立史研究の過程から』梓書院，2004年。

有賀貞『アメリカ革命』東京大学出版会，1988年。

伊佐秀雄『尾崎行雄』（人物叢書新装版）吉川弘文館，1987年。

『石川謙博士還暦記念論文集教育の史的展開』講談社，1952年。

石田雄『明治政治思想史研究』未來社，1954年。

伊藤廣『屯田兵の研究』同成社，1992年。

犬塚孝明『森有礼』吉川弘文館，1986年。

今村嘉雄『日本体育史』不昧堂出版，1970年。

今村嘉雄『修訂　十九世紀に於ける日本体育の研究』第一書房，1989年。

上原貞雄『アメリカ教育行政の研究──その中央集権化の傾向』東海大学出版会，1971年。

遠藤芳信『近代日本軍隊教育史研究』青木書店，1994年。

大江志乃夫『国民教育と軍隊』新日本出版社，1974年。

『大久保利謙歴史著作集　8　明治維新の人物像』吉川弘文館，1989年。

大久保利謙『明六社』講談社学術文庫，2007年。

加藤陽子『徴兵制と近代日本──1868-1945』吉川弘文館，1996年。

唐澤富太郎『教師の歴史──教師の生活と倫理』創文社，1955年。

神埜努『柳本通義の生涯──クラークの直弟子札幌農学校第一期生』共同文化社，1995年。

木下秀明『日本体育史研究序説──明治期における「体育」の概念形成に関する史的研究』不昧堂出版，1971年。

木下秀明『兵式体操からみた軍と教育』杏林書院，1982年。

木村吉次『日本近代体育思想の形成』杏林書院，1975年。

久保田正志『日本の軍事革命』錦正社，2008年。

倉沢剛『教育令の研究』講談社，1975年。

倉沢剛『小学校の歴史　第2　小学校政策の模索過程と確立過程』ジャパンライブラリービューロー，1965年。

国立教育研究所編『日本近代教育百年史』第1巻，1973年。

佐藤秀夫『教育の文化史　1　学校の構造』阿吽社，2004年。

佐藤秀夫『教育の文化史　2　学校の文化』阿吽社，2005年。

佐藤秀夫『教育の文化史　3　史実の検証』阿吽社，2005年。

島根県立大学西周研究会編『西周と日本の近代』ぺりかん社，2005年。
清水多吉『西周——兵馬の権はいずこにありや』ミネルヴァ書房，2010年。
園田英弘『西洋化の構造——黒船・武士・国家』思文閣出版，1993年。
武田清子『人間観の相剋——近代日本の思想とキリスト教』弘文堂，1959年。
東京女子大学新渡戸稲造研究会編『新渡戸稲造研究』春秋社，1969年。
仲新・伊藤敏行編『日本近代教育小史』福村出版，1984年。
長田豊臣『南北戦争と国家』東京大学出版会，1992年。
成田十次郎『近代ドイツ・スポーツ史Ⅰ　学校・社会体育の成立過程』不昧堂出版，1977年。
西田長寿『明治時代の新聞と雑誌』至文堂，1961年。
能勢修一『明治体育史の研究——体操伝習所を中心に』逍遙書院，1965年。
能勢修一『明治期学校体育の研究——学校体操の確立過程』不昧堂出版，1995年。
『林竹二著作集　第Ⅵ巻　明治的人間』筑摩書房，1984年。
長谷川精一『森有礼における国民的主体の創出』思文閣出版，2007年。
原田一典『お雇い外国人　13開拓』鹿島出版会，1975年。
平原春好『配属将校制度成立史の研究』野間教育研究所紀要第36集，1993年。
広田照幸『陸軍将校の教育社会史——立身出世と天皇制』世織書房，1997年。
藤田文子『北海道を開拓したアメリカ人』新潮社，1993年。
藤原彰『日本軍事史　上巻　戦前篇』日本評論社，1987年。
藤原喜代蔵『明治教育思想史』冨山房，1909年。
松沢真子『札幌農学校の忘れられたさきがけ——リベラル・アーツと実業教育』北海道出版企画センター，2005年。
松下芳男『屯田兵制史』五月書房，1981年。
丸山眞男『増補版　現代政治の思想と行動』未來社，1964年。
三好信浩『日本農業教育成立史の研究——日本農業の近代化と教育』風間書房，1982年。
山田千秋『日本軍制の起源とドイツ——カール・ケッペンと徴兵制および普仏戦争』原書房，1996年。
四方一弥『「中学校教則大綱」の基礎的研究』梓出版社，2004年。

Alfred Charles True, *A History of Agricultural Education in the United States 1785-1925*（New York 1969）.

Harold Whiting Cary, *The University of Massachusetts A History of One Hundred Years*,（Amherst, Massachusetts, 1962）.

Ivan Parker Hall, *MORI ARINORI*,（Cambridge, Massachusetts, 1973）.

John M. Maki, *A Yankee in Hokkaido The Life of William Smith Clark*（Lanham,

2002).

Mary Beth Norton et al., *A People and a Nation: a History of the United States*, (Boston, 2005), 7th ed.

Richard G. Axt, *The Federal Government and Financing Higher Education*, (New York, 1952).

Samuel P. Huntington, *The Soldier and the State*, renewed ed., (Cambridge, Massachusetts/London, England, 1985).

D 研究論文

青山英幸・山田博司「札幌農学校成立の背景」『北大百年史編集ニュース』第1号, 1977年6月。

朝比奈英三「堀誠太郎について」『北大百年史編集ニュース』第3号, 1977年12月。

梅渓昇「近代日本軍隊の性格形成と西周」『人文學報』Ⅳ号, 1954年。

遠藤芳信「19世紀フランス徴兵制研究ノート」『北海道教育大学紀要第1部B社会科学編』第36巻第1号, 1985年9月。

大久保利謙「西周の軍部論——軍部成立の思想的裏づけ」『日本歴史』第45号, 1952年2月。

大久保英哲「地方から見た近代体育史上の歩兵操練・兵式体操」『成田十次郎先生退官記念論文集 体育・スポーツ史研究の展望——国際的成果と課題』不昧堂出版, 1996年。

大崎恵治「札幌農学校の特異な教科目」『北大百年史編集ニュース』第2号, 1977年9月。

加賀秀雄「森有礼の体育論について」『日本福祉大学研究紀要』通号7, 1963年。

木戸芳清「森文政期における師範学校の皆寄宿舎制の成立と問題——舎監制を中心に」『人文学報』第107号, 1975年3月。

木下秀明「札幌農学校『演武場』とマサチューセッツ農科大学」『体育学研究』第32巻第3号, 1987年12月。

木村吉次「兵隊教練論——兵式体操論以前」『体育の科学』第14巻10号, 1964年10月。

木村吉次「森有礼——兵式体操の推進者」『体育の科学』第14巻11号, 1964年11月。

木村吉次「兵式体操の成立過程に関する一考察——とくに徴兵制との関連において」『中京体育学論叢』第5巻第1号, 1964年。

木村吉次「兵式体操成立過程の再検討」『体育学研究』第43号第1号, 1988年5月。

小枝弘和「札幌農学校建学の理念――W・S・クラークの教育思想とその実践を中心に」『北大百二十五年史　論文・資料編』2003年。

佐喜本愛「小学校の兵式体操――特に木銃の使用に注目して」『日本の教育史学』第49集，2006年。

塩入隆「徴兵令改正と教育――学校に於ける兵式体操をめぐって」『國學院雑誌』1964年7月。

塩入隆「兵式体操の起源と発達」『軍事史学』創刊号，1965年5月。

鈴木敏夫「札幌農学校のミリタリー・ドリル――担当教員の推移を中心として」『体育史研究』17号，2000年3月。

立川明「二つの科学とランド・グラント・カレジ――マサチューセッツの場合」『日本の教育史学』第30集，1987年。

中野浩一「森有礼の兵式体操論における『身体』の系譜――スイスとの関係に焦点を当てて」『桜門体育学研究』第44巻2号，2009年。

長谷川精一「森有礼の師範学校政策」『相愛女子短期大学研究論集』第52巻，2005年。

原田一典「研究ノート　開拓使仮学校考（1）」『北大百年史編集ニュース』第7号，1978年12月。

宮村治雄「『会議弁』を読む――『士民の集会』と『兵士の調練』序論」『福澤諭吉年鑑』第28号，2001年。

横須賀薫「森有礼の思想と教育政策Ⅳ-7兵式体操」『東京大学教育学部紀要』第8巻，1965年。

図・表・写真一覧

序　章
写真（扉）　『生徒必携普通兵式體操法』

第1章
表1-1　徳川家兵学校資業生教育課程
表1-2　徳川家兵学校附属小学校教育課程
表1-3　「文武學校基本幷規則書」小学教育課程
表1-4　武學資業生教育課程
表1-5　「政律」「史道」資業生教育課程
写真（扉）　『米欧回覧実記』
写真1-1　『理事功程』
写真1-2　山田顕義
写真1-3　西周
写真1-4　福澤諭吉
写真1-5　阪谷素
写真1-6　尾崎行雄

第2章
表2-1　Course of Study and Instruction（Amherst College）
表2-2　マサチューセッツ農科大学軍事戦術担当教員一覧（1867-91年）
表2-3　マサチューセッツ農科大学における軍事教育（1870年）
表2-4　マサチューセッツ農科大学在校生・卒業生数一覧（1867-92年度）
表2-5　札幌農学校・マサチューセッツ農科大学教育課程対照表
表2-6　農事修学場「學科ノ順序」
表2-7　「在札幌農學校第貳年期中日記」中「演武」関連記事
表2-8　札幌農学校の教育課程の変遷（1889-1907年）
写真（扉）　マサチューセッツ農科大学の教練
写真2-1　マサチューセッツ農科大学歴代学長
写真2-2　Charles Adiel Lewis Totten
写真2-3　黒田清隆
写真2-4　初期のアメリカ人教師たち
写真2-5　新渡戸稲造
写真2-6　志賀重昂

写真 2 - 7　佐藤昌介
写真 2 - 8　兵式教練（1897年頃）

第 3 章

表 3 - 1　徴兵対象人員・免役人員一覧（1876-79年）
表 3 - 2　第146号議案修正委員一覧
表 3 - 3　号外第27号意見書に関して発言した議官一覧
表 3 - 4　号外第27号意見書賛成意見の論拠一覧
表 3 - 5　号外第27号意見書反対意見の論拠一覧
表 3 - 6　楠本修正案に関して発言した議官一覧
表 3 - 7　楠本修正案賛成の論拠一覧
表 3 - 8　楠本修正案反対の論拠一覧
表 3 - 9　参事院修正内容一覧
表 3 -10　第411号議案審議の際学校教練について発言した議官一覧
表 3 -11　第411号議案審議の際の学校教練導入論の論拠一覧
表 3 -12　元老院修正内容一覧
表 3 -13　1883年徴兵令条文修正の変遷一覧
表 3 -14　文部卿と歩兵操練
写真（扉）『元老院会議筆記』
写真 3 - 1　元老院
写真 3 - 2　大給恒
写真 3 - 3　佐野常民
写真 3 - 4　福羽美静
写真 3 - 5　山口尚芳
写真 3 - 6　細川潤次郎
写真 3 - 7　中島信行
写真 3 - 8　河野敏鎌
写真 3 - 9　田中不二麿
写真 3 -10　楠本正隆
写真 3 -11　安場保和
写真 3 -12　玉乃世履
写真 3 -13　箕作麟祥
写真 3 -14　津田真道
写真 3 -15　渡邉昇
写真 3 -16　島田三郎
写真 3 -17　久保田譲

写真3-18　大山巌
写真3-19　参事院章程
写真3-20　渡邊洪基
写真3-21　渡邊清
写真3-22　九鬼隆一
写真3-23　上杉茂憲

第4章
表4-1　中学校・師範学校教則伺出状況一覧（1881-1884年）
表4-2　『文部省日誌』記載教則改正時期一覧
表4-3　大阪中学校「體操」内容一覧（1882年）
表4-4　歩兵操練導入中学校・師範学校体操授業要旨一覧
表4-5　東京師範学校歩兵操練「進歩ノ程度」
表4-6　体操伝習所における体操（1884年）
表4-7　体操伝習所の歩兵操練教科細目（1884年）
写真（扉）　森有礼・西周・山川浩
写真4-1　体操伝習所全図
写真4-2　福岡孝弟
写真4-3　東京師範学校（1874年）
写真4-4　大木喬任

第5章
表5-1　「兵式體操要領」科目表
表5-2　『歩兵操典　生兵之部』構成
表5-3　『歩兵操典　中隊之部』構成
表5-4　府県立尋常中学校体操中兵式体操細目
図5-1　「氣を着け」図
図5-2　「方向變換」図
図5-3　「銃を肩に接する法」図
図5-4　「間隔開閉法」図
写真（扉）　『陸軍省壱大日記　明治十八年編冊補遺壱』
写真5-1　森有礼
写真5-2　江木千之
写真5-3　徳富蘇峰

図・表・写真一覧　343

終　章
　　写真（扉）『小學兵式體操書』

「兵式体操成立史」関係年表（1872-1889年）

年	事件・政府関係	学校教練論関係	学校関係	その他
1872（明治5）	9.5「学制」公布。			
1873（明治6）	1.10 徴兵令公布。	9.12 山田顕義「兵制につき建白書」執筆。		
1874（明治7）	10.30 屯田兵例則制定。	福澤諭吉『會議辨』刊行。		
1875（明治8）	4.14 元老院設置。	8月 阪谷素『養精神一説』を『明六雑誌』に掲載。	7.18 The Springfield Republican 紙が森有礼がマサチューセッツ農科大学の軍事教育を評価している旨の記事を掲載。	
1876（明治9）		10.3 尾崎行雄「解兵論」を『東京曙新聞』に掲載。	9.8 札幌農学校諸規則認可される。	
1877（明治10）	2.15～9.24 西南戦争。		4.16 札幌農学校教頭クラークアメリカに帰国。	
1878（明治11）		9月 福澤諭吉『通俗民権論』刊行。9.15 西周、「兵賦論」の講演開始（～1881）。	11.29 陸軍少尉加藤重任、札幌農学校武芸教員に着任。	
1879（明治12）	7.10～10.21 元老院第146号議案（徴兵令及ヒ近衛兵編制改正案）第1読会～第3読会。9.29 教育令制定。10.27 徴兵令改正。	10.15～11.15 森有礼、東京学士会院で「教育論－身體ノ能力」演説。12.15 阪谷素、東京学士会院で「森學士調練ヲ體操ニ組合セ教課ト爲ス説ノ後ニ附録ス」演説。	1.13 マサチューセッツ農科大学同窓会臨時委員会、大学運営に関する報告書発表。5.1 クラーク、マサチューセッツ農科大学学長退任。	

1880 (明治13)	2.28 河野敏鎌文部卿就任。 12.22～12.23 元老院第217号議案（教育令改正布告案）第1読会～第3読会。 12.28 教育令改正。	12月 尾崎行雄『尚武論』刊行。	3.19 河野文部卿，東京師範学校と体操伝習所への「人員」派遣を陸軍卿に依頼。 11.8 体操伝習所，陸軍教導団から教官を招聘しての歩兵操練教習(～1881.5.31)。	
1881 (明治14)	4.7 福岡孝弟，文部卿就任。 7.29 中学校教則大綱制定。 8.19 師範学校教則大綱制定。 10.21 参事院設置。	9月 福澤諭吉『時事小言』刊行。		
1882 (明治15)		9.12 森有礼，ロンドンより「學政片言」を伊藤博文に送る。 9.16～9.19『東京日日新聞』兼崎茂樹「教育論一斑」掲載。	2.9 開拓使廃止に伴い，札幌農学校農商務省へ移管。 4.8 官立大阪中学校教則認可。「體操」中に「歩兵操練」を規定。 この年，マサチューセッツ農科大学の入学者が13人に落ち込む。	
1883 (明治16)	9.6 陸軍卿大山巖徴兵令改正上申。 10.23 参事院徴兵令改正上申。 11.16～12.21 元老院第411号議案（徴兵令改正ノ儀）第1読会～第3読会。 12.12 大木喬任，文部卿就任。 12.27 改正徴兵参事院再修正案三條實美太政大臣に送付。	4.1『内外兵事新聞』社説「小學ノ教育ニ武技ヲ交ヘ用フヘキノ論」掲載。 6.4『東京日日新聞』社説「尚武ノ氣象ハ體育ニ起ル」掲載。 12.12～12.27『東京横浜毎日新聞』社説「徴兵令改正ノ議」掲載。	6.23 西周，東京師範学校校務嘱託就任。 8月 東京師範学校小学師範学科規則改正。「體操」中に「歩兵操練」を規定。 9月 東京師範学校中学師範学科規則改正。「體操」中に「歩兵操練」を規定。	

年				
	12.28 徴兵令改正。改正徴兵令第12条に歩兵操練卒業証書所持者に対する兵役年限前の早期帰休制を明記。			
1884 (明治17)	5.7 森有礼, 文部省御用掛就任。12.1 文部省, 各府県に対して歩兵操練用銃器貸与数希望調査実施。	8月 森有礼「徴兵令改正ヲ請フノ議」。9.29 森有礼, 香港知事・英国公使の諸学校巡覧に同伴。	2.25「體操傳習所規則」改正増補。歩兵操練教習復活。2.28 大木文部卿, 体操伝習所に歩兵操練調査を命じる。6.27 陸軍歩兵大尉倉山唯永文部省御用掛就任, 体操伝習所勤務。9.9 退職歩兵大尉高田信清, 札幌農学校助教に着任。9.22 倉山唯永, 東京師範学校生徒の歩兵操練科授業の「監督」開始。11.17 体操伝習所, 文部省に歩兵操練調査結果を復申。	
1885 (明治18)	3.30 文部省で「兵式體操立學ノ議」行われる。11.18 文部省, 各府県に対して体操伝習所修業員の任用希望調査実施。12.22 森有礼, 文部大臣就任。12.22 参事院廃止。	12.19 森有礼, 埼玉県尋常師範学校にて演説。	5.5 東京師範学校で兵式体操試行開始。8.26 西周, 東京師範学校校務嘱託退任。森有礼, 東京師範学校監督就任。9.8 陸軍歩兵少尉松石安治文部省御用掛就任, 体操伝習所勤務。11.12 文部省, 体操伝習所に「兵式體操及ヒ輕體操教員養成ノ要領」達。	3.28 群馬県議会,「中學教科ニ歩兵操練ヲ加ルノ建議」可決。6.30「兵式體操要領」演述(埼玉県立文書館蔵)
1886 (明治19)			1.26 札幌農学校, 北海道庁設置に伴い, 北海道庁へ移管。	

「兵式体操成立史」関係年表 (1872-1889 年)　347

	4.10 師範学校令・小学校令・中学校令・諸学校通則公布。		1月 札幌農学校助教兼舎監高田信清辞職。 3.6 陸軍大佐山川浩東京師範学校校長就任。	
1887 (明治20)		夏頃，森有礼「閣議案」「兵式体操に關する建言案」。		
1888 (明治21)				
1889 (明治22)	1.21 徴兵令改正。歩兵操練科卒業証書所持による早期帰休規定の削除，一年志願制の拡充。 2.11 大日本帝国憲法発布。 7.30 屯田兵条例改正	2.12 森有礼死去。	9.19 札幌農学校校則改正，兵学科設置。	

事 項 索 引

◆アルファベット

The Springfield Republican　95

◆あ行

岩倉使節団　22
燕喜会　50
大阪中学校　239
大阪府尋常師範学校規則　296

◆か行

『會議辨』　53
「解兵論」　61
「閣議案」　279
学校教練　2
学校令　296
『教育新誌』　60
「教育論－身體ノ能力」　271
軍国主義　2
軍事戦術（millitary tactics）　77
軍人社會　254
元老院　142

◆さ行

札幌農学校　74
三気質　277
参事院　187
3 読会制　142
『時事小言』　55
自治自由　254
師範タイプ　301
従命法　254
『尚武論』　63

◆た行

体操伝習所　3

超国家主義　11
「徴兵令改正ヲ請フノ議」　273
『通俗民権論』　54
『東京曙新聞』　61
東京師範学校　250
『東京日日新聞』　245
『東京横浜毎日新聞』　247
「徳川家沼津學校追加掟書」　42
「徳川家兵學校掟書」　41
土地付与大学（land-grant college）　76
屯田兵　121

◆な行

『内外兵事新聞』　243
南北戦争（The Civil War）　75
農事修学場　102

◆は行

分団編制　296
「文武學校基本幷規則書」　44
『米欧回覧実記』　23
兵学科（札幌農学校）　123
兵学科（military department, マサチューセッツ農科大学）　89
兵学科別課生　124
兵式体操　276
「兵式體操に關する建言案」　279
「兵式體操要領」　282
平常社會　254
「兵制につき建白書」　36
歩兵操典　285
歩兵操練　242

◆ま行

マサチューセッツ農科大学（Massachusetts Agricultural College:MAC）　79

349

『森學士調練ヲ體操ニ組合セ教課ト爲ス説ノ後ニ附録ス』　59
モリル法（Morrill Act）　76

◆や行

「養精神一説」　57

◆ら行

『理事功程』　23
練兵（Military Drill）　86

人名索引

◆あ行

赤松大三郎　41
アクスト（Richard G. Axt）　78
アルヴォード（Henry E. Alvord）　85
石田雄　11
井田譲　206
伊藤博文　273
犬塚孝明　12
今村嘉雄　9
上原貞雄　76
上杉茂憲　200
梅渓昇　50
江木千之　254
遠藤芳信　10
大木喬任　256
大久保利謙　14
大久保英哲　10
大鳥圭介　195
大野誠　260
大山巌　184
岡三郎　121
大給恒　151
尾崎三良　188
尾崎行雄　61

◆か行

加賀秀雄　8
加藤重任　106
加藤陽子　50
金子堅太郎　122
兼崎茂樹　245
亀井秀雄　108
唐澤富太郎　11
河田景与　162
木下秀明　9

木村吉次　9
九鬼隆一　176
楠本正隆　167
グデル（Henry H. Goodell）　86
久保田譲　177
クラーク（William Smith Clark）　81
倉沢剛　179
倉山唯永　252
黒田清隆　98
ケアリー（Harold Whiting Cary）　95
ケプロン（Horace Capron）　99
河野敏鎌　157
小枝弘和　83
木場貞長　292

◆さ行

斎藤利行　160
阪谷素　57
佐喜本愛　10
佐藤昌介　122
佐藤秀夫　9
佐野常民　152
塩入隆　9
志賀重昂　108
滋野清彦　260
柴原和　207
島田三郎　177
シュピース（Adolf Spiess）　10
鈴木敏夫　10
曾禰荒助　208
園田英弘　9

◆た行

高田信清　111
武田清子　11
立川明　79

351

田中不二麿　165
玉乃世履　170
チャドボーン（Paul A.Chadbourne）　79
調所広丈　100
津田出　206
津田真道　171
土屋忠雄　11
徳富蘇峰　14
トッテン（Charles Adiel Lewis Totten）　89

◆な行

内藤（堀）誠太郎　95
中島信行　147
中野浩一　10
永山武四郎　124
西周　40
西田長寿　61
新渡戸（太田）稲造　107
ノースロップ（Birdsey G. Northrop）　100
能勢修一　9
野村彦四郎　282

◆は行

長谷川貞雄　63
長谷川精一　10
林竹二　11
原田一典　99
ハンチントン（Samuel P. Huntington）　78
福岡孝弟　236
福澤諭吉　52
福羽美静　154
ブキャナン（James Buchanan）　76
藤原喜代蔵　300
ブルックス（William P. Brooks）　117
フレンチ（Henry F. French）　79

ペンハロー（David P. .Penhallow）　100
ホイーラー（William Wheeler）　100
ホール（Ivan Parker Hall）　11
細川潤次郎　155

◆ま行

マキ（John M. Maki）　81
松石安治　291
松沢真子　81
三浦安　207
箕作麟祥　170
三好信浩　101
メリル（A. H. Merrill）　89
森有礼　270
森源三　111

◆や行

安田定則　112
安場保和　167
山縣有朋　147
山川浩　291
山口尚芳　154
山田顕義　36
湯地定基　100
横須賀薫　9
横地敬三　62
吉田清成　100

◆ら行

リンカーン（Abraham Lincoln）　77

◆わ行

渡邊清　195
渡邉昇　174
渡邊洪基　193

The Establishment of *Heishiki Taisou* (Military-Style Physical Training in Schools)

OKUNO Takeshi

This article aims to explain, with reference to the history of modern Japanese school education, why *Gakkou Kyouren* (a form of physical training that originated from the infantry) was introduced in non-military elementary and secondary educational institutions in 1886 in the form of *Heishiki Taisou* (military-style physical training).

This paper thus examines three perspectives. First, the arguments made by Mori Arinori (the first education minister of Japan) advocating *Heishiki Taisou* are compared with various opinions about *Gakkou Kyouren* held by his contemporaries. Second, *Heishiki Taisou* is compared with military education at Massachusetts Agricultural College (MAC) in the U.S. and Sapporo Agricultural College (SAC) in Japan. Finally, *Heishiki Taisou* is compared with *Hohei Souren* (a form of military drill practiced at schools before *Heishiki Taisou* was introduced).

The analysis reveals that the members of *Genrouin* (the Senate) repeatedly proposed introducing military drill into elementary and junior high schools because of the pressing issue of conscription evasion. This paper also shows that, SAC imitated MAC only superficially with regard to military training:, unlike in MAC, military discipline and order were absent in SAC. This discrepancy was a result of the differences between the military system of Japan (conscription system) and that of the U.S. (militia system).

This paper also elucidates that military drill was initially introduced into Japanese non-military schools for two main reasons. The first was an attempt to lessen the burden on the people by reducing the term of compulsory military service, and the second was to avail of the educational effects of military drill, which inculcated physical and mental discipline in students.

In addition, this paper shows that *Hohei Souren,* introduced in secondary or normal schools to fulfill the above expectations, was merely a part of the subject *Taiso* (gymnastics). However, Mori's introduction of *Heishiki Taisou* instead of *Hohei Souren* was significant in that military training was not only made universally compulsory at non-military elementary and secondary schools, but also was considered more than just a part of a subject. Such military training became a symbol of educational reform in modern Japan, changing the style of school organization into a military one that involves strict discipline and orderliness.

However, this paper reveals that the introduction of discipline into school education in the same way as it was done in the military was harshly criticized. After Mori died, *Heishiki Taisou* became a mere formality, and thus, the practice of *Heieika* (having students live in barrack-like dormitories) did not become widespread except in normal schools.

Key words: military drill, educational reform, Mori Arinori, *Heishiki Taisou*, *Hohei Souren*

著者略歴

奥 野 武 志（おくの　たけし）

- 1964年　東京都生まれ
- 1988年　早稲田大学政治経済学部政治学科卒業
- 1994年　中央大学大学院法学研究科政治学専攻博士課程前期課程修了
- 2001年　中央大学大学院法学研究科政治学専攻博士課程後期課程単位取得満期退学
- 2009年　早稲田大学大学院教育学研究科博士後期課程教育基礎学専攻単位取得満期退学

修士（法学）・博士（教育学）
職歴：東京都立高等学校教諭（1990〜2005年）
現在：早稲田実業学校・早稲田大学高等学院・早稲田大学・立正大学・工学院大学・日本工業大学非常勤講師
主要業績：『連続と非連続の日本政治』（共著，中央大学出版部，2008年），「陸軍現役将校学校配属と新聞」（『法学新報』第107巻第9・10号，2001年），「同時代人の森有礼評価に関する一考察――追悼評論分析の試み」（『中央大学社会科学研究所年報』第8号，2004年），「東京師範学校と西周――校務嘱託としての位置」（『地方教育史研究』第29号，2008年），「西周における道徳と教育――『東京師範学校ニテ道徳学ノ一科ヲ置ク大意ヲ論ス』の史的位置」（『関東教育学会紀要』第35号，2008年），「札幌農学校の初期軍事教育に関する一考察」（『地方教育史研究』第32号，2011年）。

早稲田大学学術叢書 25

兵式体操成立史の研究

2013年5月30日　初版第1刷発行

著　者…………　奥野　武志
発行者…………　島田　陽一
発行所…………　株式会社　早稲田大学出版部
　　　　　　　　169-0051　東京都新宿区西早稲田 1-1-7
　　　　　　　　電話 03-3203-1551　　http://www.waseda-up.co.jp/
装　丁…………　笠井亞子
印刷・製本………　精文堂印刷株式会社

Ⓒ2013 Takeshi Okuno. Printed in Japan　　ISBN978-4-657-13702-9
無断転載を禁じます。落丁・乱丁本はお取替えいたします。

刊行のことば

　早稲田大学は、2007年、創立125周年を迎えた。創立者である大隈重信が唱えた「人生125歳」の節目に当たるこの年をもって、早稲田大学は「早稲田第2世紀」、すなわち次の125年に向けて新たなスタートを切ったのである。それは、研究・教育いずれの面においても、日本の「早稲田」から世界の「WASEDA」への強い志向を持つものである。特に「研究の早稲田」を発信するために、出版活動の重要性に改めて注目することとなった。

　出版とは人間の叡智と情操の結実を世界に広め、また後世に残す事業である。大学は、研究活動とその教授を通して社会に寄与することを使命としてきた。したがって、大学の行う出版事業とは大学の存在意義の表出であるといっても過言ではない。そこで早稲田大学では、「早稲田大学モノグラフ」、「早稲田大学学術叢書」の2種類の学術研究書シリーズを刊行し、研究の成果を広く世に問うこととした。

　このうち、「早稲田大学学術叢書」は、研究成果の公開を目的としながらも、学術研究書としての質の高さを担保するために厳しい審査を行い、採択されたもののみを刊行するものである。

　近年の学問の進歩はその速度を速め、専門領域が狭く囲い込まれる傾向にある。専門性の深化に意義があることは言うまでもないが、一方で、時代を画するような研究成果が出現するのは、複数の学問領域の研究成果や手法が横断的にかつ有機的に手を組んだときであろう。こうした意味においても質の高い学術研究書を世に送り出すことは、総合大学である早稲田大学に課せられた大きな使命である。

　「早稲田大学学術叢書」が、わが国のみならず、世界においても学問の発展に大きく貢献するものとなることを願ってやまない。

２００８年１０月

早稲田大学

「研究の早稲田」 早稲田大学学術叢書シリーズ

中国古代の社会と黄河
濱川 栄 著　　　　　　　　　　　　　　　　476頁　￥5,775

東京専門学校の研究
──「学問の独立」の具体相と「早稲田憲法草案」
真辺 将之 著　　　　　　　　　　　　　　　380頁　￥5,670

命題的推論の理論
──論理的推論の一般理論に向けて
中垣 啓 著　　　　　　　　　　　　　　　　444頁　￥7,140

一亡命者の記録
──池明観のこと
堀 真清 著　　　　　　　　　　　　　　　　242頁　￥4,830

ジョン・デューイの経験主義哲学における思考論
──知性的な思考の構造的解明
藤井 千春 著　　　　　　　　　　　　　　　410頁　￥6,090

霞ヶ浦の環境と水辺の暮らし
──パートナーシップ的発展論の可能性
鳥越 皓之 編著　　　　　　　　　　　　　　264頁　￥6,825

朝河貫一論
──その学問形成と実践
山内 晴子 著　　　　　　　　　　　　　　　655頁　￥9,345

源氏物語の言葉と異国
金 孝淑 著　　　　　　　　　　　　　　　　304頁　￥5,145

経営変革と組織ダイナミズム
──組織アライメントの研究
鈴木 勘一郎 著　　　　　　　　　　　　　　276頁　￥5,775

帝政期のウラジオストク
──市街地形成の歴史的研究
佐藤 洋一 著　　　　　　　456頁＋巻末地図　￥9,765

民主化と市民社会の新地平
──フィリピン政治のダイナミズム
五十嵐 誠一 著　　　　　　　　　　　　　　516頁　￥9,030

石が語るアンコール遺跡
──岩石学からみた世界遺産
内田 悦生 著　下田 一太（コラム執筆）　口絵12頁＋266頁　￥6,405

モンゴル近現代史研究：1921～1924年
──外モンゴルとソヴィエト, コミンテルン
青木 雅浩 著　　　　　　　　　　　　　　　442頁　￥8,610

金元時代の華北社会と科挙制度
──もう一つの「士人層」
飯山 知保 著　　　　　　　　　　　　　　　460頁　￥9,345

平曲譜本による近世京都アクセントの史的研究
上野 和昭 著 568頁 ￥10,290

Pageant Fever
— Local History and Consumerism in Edwardian England
YOSHINO, Ayako 著 296頁 ￥6,825

全契約社員の正社員化
──私鉄広電支部・混迷から再生へ（1993年～2009年）
河西 宏祐 著 302頁 ￥6,405

対話のことばの科学
──プロソディが支えるコミュニケーション
市川 熹 著 250頁 ￥5,880

人形浄瑠璃のドラマツルギー
──近松以降の浄瑠璃作者と平家物語
伊藤 りさ 著 404頁 ￥7,770

清朝とチベット仏教
──菩薩王となった乾隆帝
石濱 裕美子 著 口絵4頁＋342頁 ￥7,350

ヘーゲル・未完の弁証法
──「意識の経験の学」としての『精神現象学』の批判的研究
黒崎 剛 著 700頁 ￥12,600

日独比較研究 市町村合併
──平成の大合併はなぜ進展したか？
片木 淳 著 240頁 ￥6,825

Negotiating History
— From Romanticism to Victorianism
SUZUKI, Rieko 著 266頁 ￥6,195

人類は原子力で滅亡した
──ギュンター・グラスと『女ねずみ』
杵渕 博樹 著 324頁 ￥6,930

兵式体操成立史の研究
奥野 武志 著 366頁 ￥8,295

分水と支配
──金・モンゴル時代華北の水利と農業
井黒 忍 著 474頁 ￥8,820

島村抱月の文藝批評と美学理論
岩佐 壯四郎 著 560頁 ￥10,500

すべてA5判・価格は税込